全国高等职业教育“十二五”规划教材
中国电子教育学会推荐教材
全国高等职业教育规划教材·精品与示范系列

单片机应用系统设计项目化教程

乔之勇　彭仁明　主编

方飞　童强　郭辛　副主编

電子工業出版社
Publishing House of Electronics Industry
北京·BEIJING

内 容 简 介

本书根据教育部新的教学改革要求和企业岗位技能需求，以高技能应用型人才专业能力培养为目标，结合作者多年的教学经验与课程改革成果进行编写。全书通过6个典型项目任务，着重介绍单片机基本原理及应用系统的设计方法与技巧，包括流水灯控制系统设计、简易数字时钟设计、数字电压表设计、低频信号发生器设计、数据存储及回放系统设计和窗帘智能控制系统设计等。本书采用“理实一体、项目化教学”模式进行内容编排，将单片机原理及应用系统设计的相关知识点融入项目中进行讲解，易教易学，效果良好。

本书为高等院校电子信息类、通信类、自动化类、机电类、机械制造类等专业的单片机技术课程的教材，也可作为开放大学、成人教育、自学考试、中职学校和培训班的教材，以及电子工程技术人员的参考书。

本书配有电子教学课件、习题参考答案及**精品课网站**等，详见前言。

图书在版编目（CIP）数据

单片机应用系统设计项目化教程 / 乔之勇，彭仁明主编. —北京：电子工业出版社，2014.9
全国高等职业教育规划教材. 精品与示范系列
ISBN 978-7-121-23485-9

Ⅰ. ①单… Ⅱ. ①乔… ②彭… Ⅲ. ①单片微型计算机－系统设计－高等职业教育－教材 Ⅳ. ①TP368.1

中国版本图书馆 CIP 数据核字（2014）第 124476 号

策划编辑：陈健德（E-mail：chenjd@phei.com.cn）
责任编辑：底　波
印　　刷：三河市鑫金马印装有限公司
装　　订：三河市鑫金马印装有限公司
出版发行：电子工业出版社
　　　　　北京市海淀区万寿路 173 信箱　邮编 100036
开　　本：787×1 092　1/16　印张：21.25　字数：544 千字
版　　次：2014 年 9 月第 1 版
印　　次：2016 年 8 月第 2 次印刷
定　　价：45.00 元

凡所购买电子工业出版社图书有缺损问题，请向购买书店调换。若书店售缺，请与本社发行部联系，联系及邮购电话：（010）88254888。

质量投诉请发邮件至 zlts@phei.com.cn，盗版侵权举报请发邮件至 dbqq@phei.com.cn。

服务热线：（010）88258888。

前言

党的“十八大”明确提出“加快发展现代职业教育”，现代职业教育不仅要注重对学生技能的培养，还要注重对学生现代职业道德、职业素质的培养。特别是我国1999年新升本科院校转型为应用型、职业教育的同时，学科设置、人才培养目标要同市场“零距离”对接，真正把人才培养和社会需要结合起来。本书在吸取国内外当代职业教育教学改革的经验和成果的基础上，构建了基于工作过程的项目化系统教学体系，开发了项目驱动、任务引导的教学内容，并构建了以能力考核为出发点，理实结合、注重过程、覆盖全面的考核体系。

本书以高技能应用型人才专业能力培养为目标，结合作者多年的教学经验与课程改革成果进行编写。全书通过6个典型项目任务，着重介绍单片机基本原理及应用系统的设计方法与技巧。每个项目采用“由简单到复杂”、“模块化”、“自成体系”的设计思路，又细分为2～4个设计任务进行讲解。通过本课程的学习，读者完全可以自行完成简单智能化电子产品的开发与设计。本书项目包括：流水灯控制系统设计、简易数字时钟设计、数字电压表设计、低频信号发生器设计、数据存储及回放系统设计和窗帘智能控制系统设计等。其中，流水灯控制系统设计项目采用汇编与C51两种编程语言分别实现，重点讲述单片机内部资源的使用，包括I/O端口操作、定时器、中断系统和串口模块等内部资源；该项目汇编部分侧重讲解单片机的基本结构及工作原理，基于“理论够用、注重实践”的原则进行内容的编排；C51语言编程部分侧重讲解C51的基本语法及结构化编程思路。其他5个项目则利用C51语言编程实现，重点讲解常用外部模块的使用和综合应用系统设计思路，内容涉及数码管、键盘、蜂鸣器、液晶显示器、DA转换器、AD转换器、步进电机、无线遥控器和光敏电阻等器件的应用编程。为方便读者进行系统学习，附录介绍了与单片机相关的其他知识以供参考。

本书建议按照“理实一体化”模式进行教学，并严格执行“过程量化”考核体系，也可为学生提供“开放性第二课堂”实训教学环境，便于学生完成大量的课后实践练习。本课程教学建议为80～106学时，各院校可根据实际教学情况对内容进行适当调整。

本书由绵阳职业技术学院乔之勇、绵阳师范学院彭仁明任主编并进行统稿，参加编写的还有绵阳师范学院郭辛、张心心，内江师范学院方飞，乐山师范学院童强、常峰。在编写过程中，得到了绵阳职业技术学院胥勋涛博士、王荣海教授、李川副教授、何小河副教授、李兴伟同学、西南科技大学张笑微教授、西南自动化研究所陈秋良高级工程师、中国工程物理研究院第五研究所傅煊研究员、乐山师范学院何光谱教授以及教学合作企业技术人员的大力支持，在此，一并表示感谢！

由于编者水平有限，书中遗漏和错误之处在所难免，请读者多提宝贵意见。

为方便教学，本书配有免费的电子教学课件、习题参考答案，请有需要的教师登录华信教育资源网（http://www.hxedu.com.cn）免费注册后进行下载，如有问题请在网站留言或与电子工业出版社联系（E-mail:hxedu@phei.com.cn）。读者也可通过该精品课网站（http://dpjyy.myvtc.edu.cn）浏览和参考更多的教学资源。

编　者

目　录

项目 1 流水灯控制系统设计

项目要求

利用单片机内部资源实现 LED 灯的亮灭、闪烁和流动显示控制。要求学习单片机 I/O 口、定时器、中断系统、串口等内部资源的原理及编程方式，具体要求如下。

（1）设计单片机最小系统电路及其与 LED 灯的接口电路，编程实现对单片机 I/O 口的写操作，从而 LED 灯亮灭。

（2）设计软件延时程序、定时器查询方式延时程序和定时器中断延时程序分别控制 LED 灯的闪烁及流动显示。

（3）利用单片机串行通信模块实现 LED 灯的 PC 远程控制系统设计。

（4）利用 C51 编程方式实现流水灯控制程序的设计。

（5）利用 Keil 软件和 Proteus 软件进行系统的仿真设计。

项目拓展要求

（1）可拓展 LED 灯多种显示方式的功能设计。

（2）可拓展 LED 动态显示广告牌的设计。

（3）可拓展远程控制功能的设计。

（4）可拓展音乐节拍灯的显示系统设计。

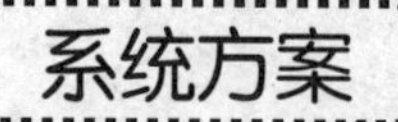

1. 单片机的选择

系统选择 AT89S51 单片机作为控制芯片，该单片机属 MCS-51 系列单片机，学习资料丰富、开发成本低、应用广泛，是简单智能电子产品设计的优选单片机之一，也是一款较好的入门级单片机。该单片机的学习可为后续高性能单片机的学习打下坚实的基础。

2. 流水灯延时控制

流水灯需结合灯亮灭控制及延时控制才能实现，延时采用软件延时和硬件延时两种方式实现，皆利用单片机内部资源实现，这种设计便于学习单片机的工作原理及内部资源的使用。

3. 远程控制系统设计

远程控制采用单片机内部串口模块实现与 PC 的通信。单片机系统通过串口获取远程 PC 控制信号来控制 LED 灯的亮灭，可以较好学习单片机串行通信设计原理及方法。

4. 编程语言

系统分部利用汇编语言和 C 语言进行软件设计，使用汇编语言可加深对单片机指令系统、存储器等工作过程的学习；使用 C 语言可极大简化程序设计过程。

任务分解

该系统按由简单到复杂、由部分到整体的模块化设计思路，细分为点亮最简单的单片机系统、LED 闪烁及流动显示控制、上位机控制 LED 灯和 C51 编程控制 LED 灯 4 个任务进行讲解。

任务 1.1 点亮最简单的单片机系统

任务要求

设计一个最简单的单片机系统，编程控制发光二极管的亮灭。具体要求如下。

（1）单片机最小系统的设计。

（2）LED 外围电路的设计。

（3）汇编程序的编写。

（4）软硬件的仿真调试。

教学目标

（1）掌握单片机最小系统的概念相关引脚及电路设计。

（2）掌握单片机 I/O 口的控制方法。

（3）掌握发光二极管发光原理及驱动电路设计。

（4）掌握单片机特殊功能寄存器 PC、ACC、P0～P3 等概念。

（5）理解单片机指令的执行过程。

（6）掌握单片机软件开发流程。

（7）掌握单片机汇编程序设计的基本方法。

（8）掌握部分单片机汇编指令及伪指令的使用。

（9）熟悉 Keil 集成开发环境的基本使用方法。

（10）熟悉 Proteus 仿真软件的基本使用方法。

1.1.1　系统硬件电路设计

1. 认识单片机

1）什么是单片机

单片机（Single Chip Microcomputer）即单片微型数字计算机，其本质是计算机。对于计算机大家非常熟悉，包括硬件和软件两大部分。硬件包括主机和外设，主机又由主板、CPU、硬盘、内存、电源、外设接口（即 I/O 接口：网卡、显卡、声卡、键盘接口等）等组成。所有设备通过控制总线（CB）、地址总线（AB）和数据总线（DB）进行连接，即所谓的三总线结构。其拓扑结构如图 1.1 所示。

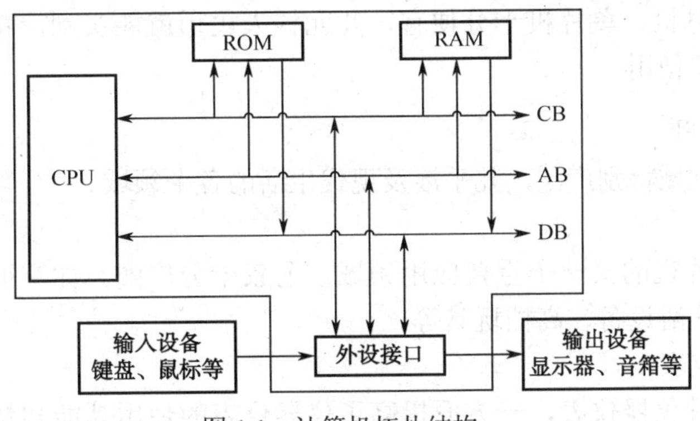

图 1.1　计算机拓扑结构

（1）CPU（Central Processing Unit）

CPU 即中央处理单元，主要由算术逻辑运算单元 ALU（Arithmetic Logic Unit）和控制单元 CU（Control Unit）组成。ALU 主要用于完成加、减、乘、除及与、或、非等运算，控制器发控制命令。

（2）ROM（Read-Only Memory）

ROM 即程序存储器，用于存放程序，CPU 只能对其进行读取操作，不能改写其内容。编写的程序是通过专门的编程器写入 ROM 的。

（3）RAM（Random Access Memory）

RAM 即随机存取存储器，用于存放临时数据及变量等，CPU 可以对其进行读写操作。

（4）I/O 接口（Input/Output Interface）

I/O 接口用于连接外部设备，如计算机的网卡可连接到网络通信设备、显卡用以连接显示器等。

（5）三总线（CB、AB、DB）

CPU 上可以连接很多设备并对其进行控制，这些设备通过控制总线（CB）、地址总线（AB）及数据总线（DB）和 CPU 进行连接。

控制总线用于传输控制信号；地址总线解决数据从哪来及到哪去的问题；数据总线则是数据的传输通道。

利用硅集成工艺将 CPU、ROM、RAM、I/O 接口以及一些常用部件（定时器、中断系统、串行通信口等）集成在一块芯片内便形成了单片机，如图 1.2 所示。

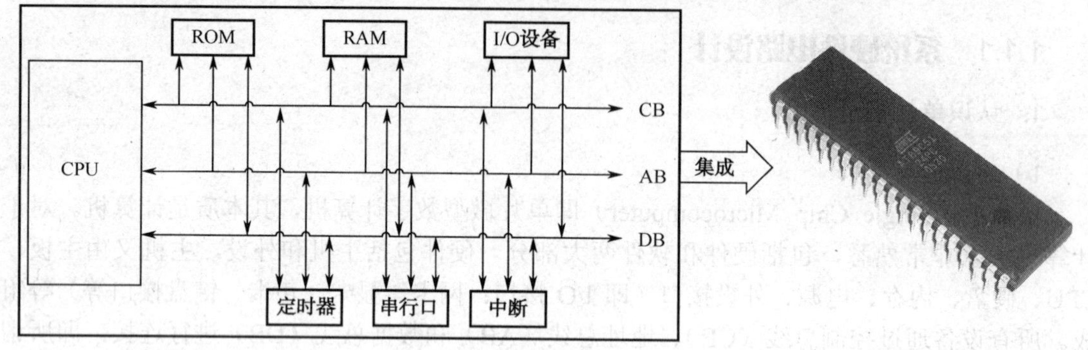

图 1.2　单片机的构成

相比于个人计算机，单片机十分便宜，几元钱人民币就能买到，特别适合在低成本智能电子产品的设计中使用。

2）单片机的应用

单片机的应用领域特别广泛，几乎涉及现代生活的各个领域。

（1）家用电器

家用电器是单片机的又一个重要应用领域，前景十分广阔。如空调器、电冰箱、洗衣机、电饭煲、高档洗浴设备、高档玩具等。

（2）智能仪器仪表

单片机用于各种仪器仪表，一方面提高了仪器仪表的使用功能和精度，使仪器仪表智能化，同时还简化了仪器仪表的硬件结构，从而可以方便地完成仪器仪表产品的升级换代。如各种智能电气测量仪表、智能传感器等。

（3）机电一体化产品

机电一体化产品是集机械技术、微电子技术、自动化技术和计算机技术于一体，具有智能化特征的各种机电产品。单片机在机电一体化产品的开发中可以发挥巨大的作用。典型产品如机器人、数控机床、自动包装机、点钞机、医疗设备、打印机、传真机、复印机等。

（4）实时工业控制

单片机还可以用于各种物理量的采集与控制。电流、电压、温度、液位、流量等物理参数的采集与控制均可以利用单片机方便地实现。在这类系统中，利用单片机作为系统控制器，可以根据被控对象的不同特征采用不同的智能算法，实现期望的控制指标，从而提高生产效率和产品质量。典型应用如电机转速控制、温度控制、自动生产线等。

（5）分布式系统的前端模块

在较复杂的工业系统中，经常要采用分布式测控系统完成大量的分布参数的采集。在这类系统中，采用单片机作为分布式系统的前端采集模块，系统具有运行可靠、数据采集方便灵活、成本低廉等优点。

另外，在交通领域中，汽车、火车、飞机、航天器等均有单片机的广泛应用。如汽车自动驾驶系统、航天测控系统、黑匣子等。

3）单片机的选择

单片机的选择主要考虑运行速度、存储容量、I/O 口数量、增强型功能、功耗、开发成本等几个方面。

（1）运行速度

运行速度主要从单片机一次性处理数据的位数来衡量，由此将单片机分为 8 位、16 位和 32 位。通常情况下，位数越高性能越好，运行速度越快。其中 8 位单片机是最基础的一类单片机，主要包括 MCS-51 系列单片机、AVR 单片机等。

（2）存储容量

单片机的存储容量主要是指 RAM 和 ROM 的大小，这包含两层意思：一是单片机内部是否有存储器，存储器大小是多少；二是存储器的可扩展性。如 MCS-51 系列单片机中的 8031 单片机就不带 ROM，8051 有 4 KB 的 ROM，8052 有 8 KB 的 ROM，最多可扩展至 64 KB，而 STC 公司的部分单片机自身就带有 64 KB 的 ROM 存储空间。

（3）I/O 数量

这主要取决所设计单片机应用系统的外设对 I/O（输入/输出口）的需要，MCS-51 系列单片机的标准 I/O 口配置为 32 个，但有些廉价单片机的 I/O 口配置仅有 8 个、16 个等，可根据实际情况进行选择从而实现低成本设计。

（4）增强型功能

仍以 MCS-51 系列单片机为例，其内部的标准配置包括定时器、RS232 串口、中断系统等，但很多功能强大的单片机还配置了 A/D 转换电路、PWM 输出及捕获电路、I^2C 及 SPI 串口模块等增强型电路，这为单片机应用系统的开发带来了极大的方便。

（5）功耗

作为简易控制系统设计的核心器件，单片机在便携式智能设备中的应用对低功耗的要求就显得尤为重要，这也是很多单片机制造商追求的设计目标之一，其中 MPS430 系列单片机的功耗已达到 0.1 μA 以下。

（6）开发成本

开发成本主要取决于开发工具、开发周期、开发技术资料获取等几方面。很多单片机厂商在技术支持方面做得很好，提供了大量的开发案例，可以极大地缩短开发周期，但开发工具比较昂贵。对于初学者来说，选择技术比较成熟的 MCS-51 系列单片机无疑可以很好地节约学习成本和学习周期。

4）MCS-51 系列单片机

自从美国 Intel 公司于 1976 年推出第一款 MCS-48 系列 8 位单片机以来，相继于 1980 年研制生产了现在还十分流行的 MCS-51 系列 8 位单片机，以及 MCS-96 系列 16 位单片

机。之后，Intel 公司将主业转入 PC。Philips、Microchip、Atmel 等微处理器生产公司在 MCS-51 系列单片机基础上，不断改进单片机的性能，从而生产出各具特色的系列单片机。

在教学中，我们选用市场占有率较高的 Atmel 公司生产的 AT89S51 单片机，该单片机属 MCS-51 系列单片机，学习资料丰富、使用方便、开发成本也十分低廉，其具有以下特征。

（1）MCS-51 内核，指令完全兼容。

（2）4 KB 可编程 Flash 存储器（寿命为 1 000 次写/擦循环），具有在系统下载功能（ISP）。

（3）全静态工作，时钟频率最高可达 33 MHz。

（4）三级程序存储器保密锁定。

（5）128×8 位内部 RAM。

（6）两个 16 位定时器/计数器。

（7）5 个中断源。

（8）可编程串行通道。

（9）低功耗的闲置和掉电模式。

在此，值得一提的是在系统下载功能（In System Program，ISP）。我们写好的程序要写入 ROM 中才能被 CPU 执行，没有 ISP 功能的单片机，只能采用专门的编程器将程序写进去，这对教学带来了极大的不方便，而具有 ISP 功能的单片机只需通过一个单片机的下载接口，再利用简单的下载工具就可以完成程序的写入了。为此，在教学中我们选用了这款具有 ISP 下载功能的 AT89S51 单片机。

2. 最简单单片机系统硬件电路设计

1）单片机硬件系统的组成

在设计单片机应用系统之前，首先要搞清楚单片机硬件系统的组成。如图 1.3 所示，单片机系统硬件部分主要由单片机最小系统及外围电路两部分组成。

（1）单片机最小系统

单片机最小系统就是能让单片机工作起来的最少电路组成，有了最小系统后，单片机就能运行起来，主要包括单片机、电源电路、时钟电路、复位电路等几部分。

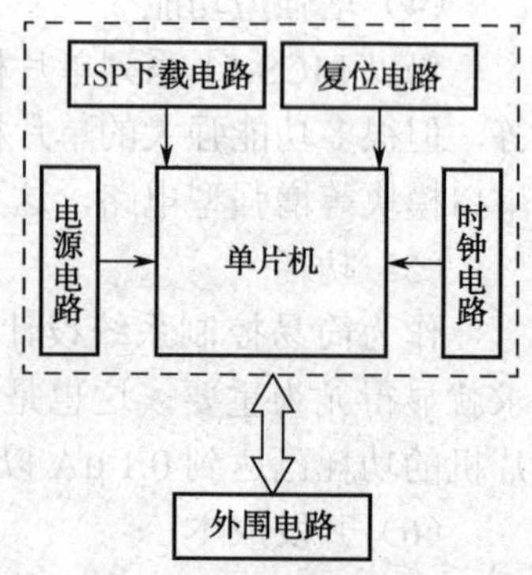

图 1.3　单片机系统构成

其中，单片机是系统的核心器件，它是整个系统的大脑，实现了系统的智能化；当然，单片机作为电子器件，首先需要电源提供其所需电能才能工作；同样，作为典型的数字电路，单片机也必须在时钟信号的配合下，才能完成相应的工作，它相当于人的脉搏；而复位电路的作用就相当于 PC 的上电自检或故障重启，包括上电复位电路和按键复位电路两部分。

在此，我们在通常意义的小系统电路中增加了一个 ISP（In System Programming）电路，将它作为学习型单片机硬件系统组成的不可缺少的部分。ISP 即在系统编程，所谓编程，就是将写好的程序存放到单片机系统的 ROM 中的过程。传统的编程方法需要专门的编程器，必须将 ROM 从单片机系统板上取出并插到编程器上才能进行，非常麻烦且容易损坏器件。而 ISP 是一种无须将程序存储芯片（如 Flash ROM）从单片机系统板上取出就能对其

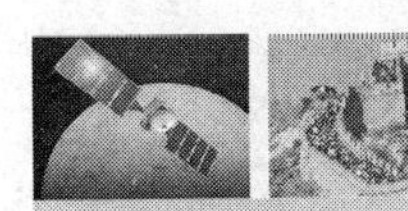

进行编程的过程，从而极大简化了程序的下载工作。

（2）外围电路

外围电路主要是指单片机的输入、输出电路，输入电路相当于我们的眼睛、鼻子、耳朵等感知器官，而输出电路相当于我们的手和脚。单片机可以通过输入电路获得不同的控制信号去控制输出电路中输出设备的动作。比如，键盘就是一种典型的输入设备，而我们本系统所要控制的发光二极管就是其中的一种输出设备，当我们按不同的键时，设计好的单片机程序就可以根据按键情况控制某些发光二极管的亮灭。

输入电路主要包括键盘电路、模拟信号采集电路、触摸屏、摄像头、GPS 接收器、红外线接收电路等；输出电路主要包括显示电路、发声电路、电机控制电路、继电器输出电路、红外线发射电路等。

总之，单片机、电源电路、时钟电路和复位电路是每一个单片机系统所必备的基本电路，有了这些基本电路，单片机就可以工作了，它们共同构成单片机最小系统。外围电路则根据不同的系统功能要求进行设计，如本系统要点亮发光二极管，则发光二极管电路就是我们的外围电路。

2）单片机系统硬件电路设计经验分享

单片机系统是一个比较复杂的智能系统，由硬件和软件两部分组成。作为硬件电路的设计相对简单，但要设计出性能优越的单片机系统还是比较困难。在此，我们就学习单片机系统设计过程中所体会的几点经验跟大家分享。

（1）具备模电、数电等基础知识，知道如何查阅和设计一些基本电路。

（2）具备从简单到复杂、模块化设计的思路。

（3）认真学好单片机等所需芯片的原理及硬件特征。

（4）掌握至少一种硬件仿真软件的使用。

（5）熟练掌握各种仪器仪表及工具的使用。

（6）最重要的一点就是一定要动手焊板子、调板子，在做的过程中体验学习的快乐。

3）AT89S51 单片机的引脚

要搭建单片机系统硬件电路，首先应掌握的就是单片机的引脚及其功能。但由于 AT89S51 单片机的引脚有 40 个之多（如图 1.4 所示），并且有些引脚具有多种功能，对于初学者要一下子全部掌握，实属不易。为此，本书将根据项目的进程，由简单到复杂逐一给大家详解。在此，我们暂且将单片机引脚分为小系统相关引脚、通用 I/O 口和系统扩展辅助引脚 3 部分进行学习，以便于大家归类记忆。

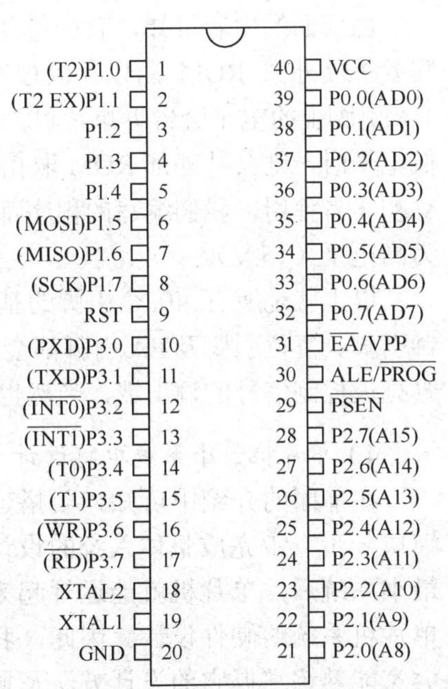

图 1.4　AT89S51 单片机引脚

（1）小系统相关引脚

① 电源引脚：VCC（40 引脚）和 GND（20 引脚），外部电源将从这两个引脚送入单片机。将 5 V 电源正极接到 VCC，负极接到 GND 就构成了单片机系统的

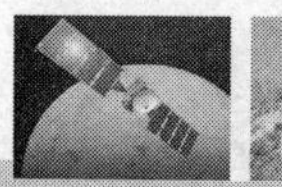

电源电路。

② 时钟引脚：XTAL1（19 引脚）和 XTAL2（18 引脚），晶体振荡器或外部时钟信号接到该引脚上就构成了单片机的时钟电路。

③ 复位引脚：RST（9 引脚），当该引脚上保持一段时间的高电平后，单片机就会产生复位。

④ 下载线引脚：图中 P1.5、P1.6 及 P1.7（即 5、6、7 引脚）为 ISP 串行编程接口。编程的本质就是数据的串行传送，即将编写好的程序传送到单片机 ROM 中。其中 P1.5 为 MOSI 引脚（Master Out Slave In），即输入引脚，程序由主机 PC 经该引脚传到单片机系统 ROM 中；P1.6 为 MISO 引脚（Master In Slave Out），即输出引脚，数据经该引脚由单片机传到主机 PC；P1.7 为 SCK 引脚（Serial Clock），即串行时钟引脚，提供串行通信所必需的时钟信号。

（2）通用 I/O 口（Input/Output）

通用 I/O 口即单片机与外部器件进行联系的通道。标准的 MCS-51 系列单片机共有 32 个 I/O 口，分为 4 组，每组 8 个引脚，即 P0 口（32～39 引脚）、P1 口（1～8 引脚）、P2 口（21～28 引脚）、P3 口（10～17 引脚）。数据可以在这些引脚上双向传递，键盘等输入设备可以通过这些引脚传送信息到单片机，单片机也可以从这些引脚输出高/低电平去控制发光二极管等输出设备的工作。当然，这些引脚的输入/输出功能都要靠执行程序才能实现。

需要说明的是，P0～P3 口除了作为通用 I/O 口使用外，大部分引脚都具有第二功能，其内部电路和连线方式也不尽相同，这在以后的设计中再进行详述。

（3）系统扩展辅助引脚

所谓系统扩展，主要包括存储器和 I/O 口的扩展，即当单片机本身所提供的存储器或 I/O 口不够用时，就需要扩展。在扩展时，$\overline{\text{PSEN}}$（29 引脚）、ALE/$\overline{\text{PROG}}$（30 引脚）、$\overline{\text{EA}}$（31 引脚）这 3 个引脚将辅助完成扩展功能，在此不细述，需要大家必须掌握的是 $\overline{\text{EA}}$ 引脚的含义。

由前面的内容可知，有些单片机内部有 ROM，但有些没有或是内部 ROM 不够用，而需要扩展外部 ROM 用以存放程序，那么程序放在内部 ROM 还是外部扩展的 ROM 呢？$\overline{\text{EA}}$ 引脚上的电平会告诉单片机，当将该引脚接高电平时，单片机将从内部取指令，而接为低电平时，则会从外部 ROM 取指令。由于本书所选取的 AT89S51 单片机内部 ROM 已经足够初学者使用，我们编写的程序都是放在内部 ROM 中的，因此，所有项目的 $\overline{\text{EA}}$ 引脚都接为高电平（+5 V）。

以上就是所有 40 个引脚的基本功能介绍，其中，对所有的单片机系统，电源引脚、时钟引脚、复位引脚及 $\overline{\text{EA}}$ 引脚都会用到。在本系统中，还会用到 P1 口，它将作为发光二极管亮灭控制信号的输出端，当然也可以用其他 3 组 I/O 口中的任意一组来实现这个功能。

4）单片机最小系统电路设计

在前面的介绍中可知，要搭建单片机系统使其完成所需的功能，应由简单到复杂、分模块一步一步完成整体系统的设计。单片机最小系统电路就是应该搭建的基本电路，有了最小系统后，单片机就能运行起来，再根据系统功能要求设计外围功能电路即可完成整个单片机系统的硬件设计。因此，我们将单片机最小系统作为一个基础模块来讲解，并要求大家能熟练掌握它的设计方法及原理，在以后的学习中会发现，每个单片机系统都需要完成最小系统的设计。

（1）电源电路设计

AT89S51 单片机采用 5 V 供电，在此我们选用 9 V 电源供电方式，此方式非常适合便携式产品电源设计，在市面上购买 1 只 9 V/800 mA 电源适配器、1 个电源插座、1 片 LM7805、2 只 25 V/100 μF 电解电容、2 只 104 瓷片电容即可，其电路原理如图 1.5 所示，各部分电路原理简要介绍如下。

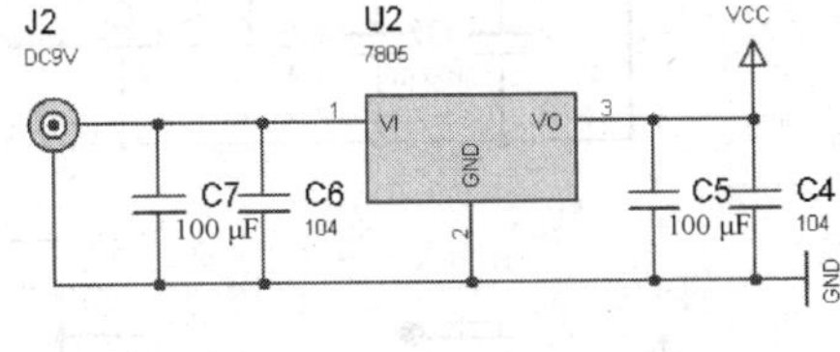

图 1.5　电源电路原理图

① 9 V 电源由市电 220 V 供电，输出 9 V 电源接入电源插座。

② LM7805 为三端线性稳压芯片，可将 9 V 电压转换为 5 V 电压并稳定输出，其输出功率可达 1 A，完全满足一般单片机系统的要求。

③ 电容 C4、C5、C6、C7 起滤波作用，通过滤波后将使单片机得到一个抗干扰能力强的稳定电源。

④ 图 1.5 中 VCC 即为 5 V 电源的正极，接单片机的 VCC（40 引脚），7805 的 2 引脚也就是电源的负极，接单片机的 GND（20 引脚）。

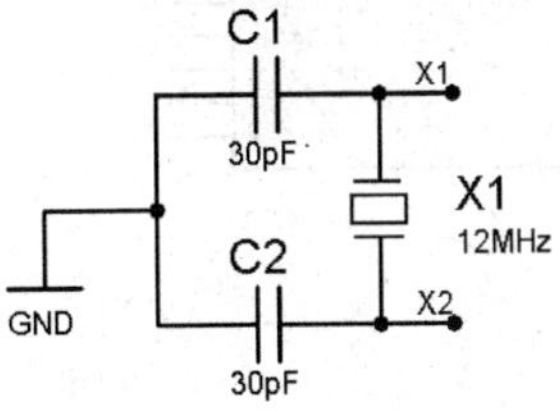

图 1.6　内部时钟方式电路

（2）时钟电路原理及设计

在单片机 XTAL1 和 XTAL2 引脚上接一个石英晶体谐振器和两只 30 pF±10 pF 谐振电容即可搭建好内部时钟电路（如图 1.6 所示），它们配合单片机内部的反向放大器形成自激振荡电路，产生时钟序列。自激振荡电路的工作原理可不必深究，有兴趣的读者可参考模拟电子技术相关部分内容。

（3）复位电路原理及设计

从前面的介绍可知，所谓复位就是让单片机回到初始状态，重新开始执行程序。而复位是通过给 RST 引脚一段时间的高电平来实现的，当复位后单片机正常工作时又要求 RST 引脚保持低电平。为达到这一时序要求，上电复位电路往往采用如图 1.7 所示的 RC 延时电路来实现，图中与 C3 并联的按键起手动复位的作用。当单片机初次上电时，由于电容电压不能突变，使得 RST 上保持为 5 V 电压直到电容充满电后才下降至 0 V，从而实现上电复位；单片机工作时按下 SB 键将使 RST 引脚上出现一段时间的高电平，直到按键松开后又将变为低电平从而实现了手动复位。

（4）ISP 电路设计

ISP 下载电路原理如图 1.8 所示，采用 IDC10 插头，分别与地线、电源正、RST 及 P1.5～P1.7 等引脚按如图所示连接即可。

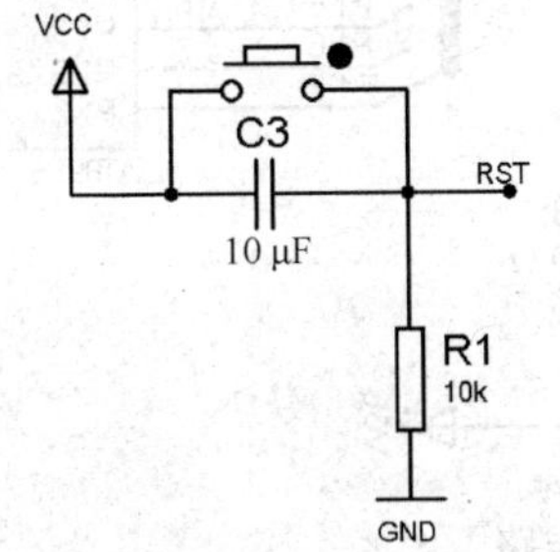

图 1.7　复位电路

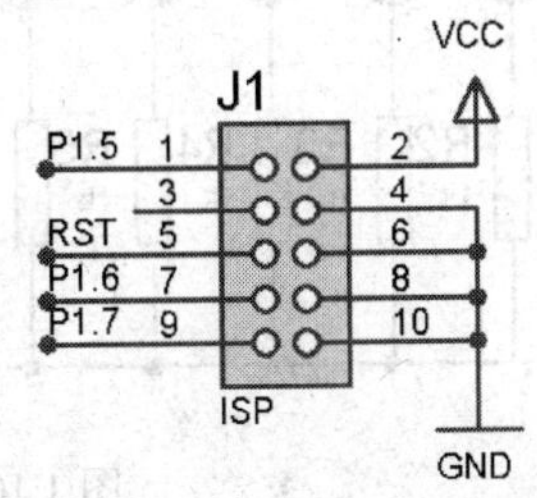

图 1.8　ISP 下载电路

有了单片机、电源、时钟、复位电路及 ISP 下载电路后，单片机就可以运行起来了，其电路原理图如图 1.9 所示。其中 $\overline{EA}$ 接 5 V 是告诉单片机应从内部 ROM 取指令开始执行程序。

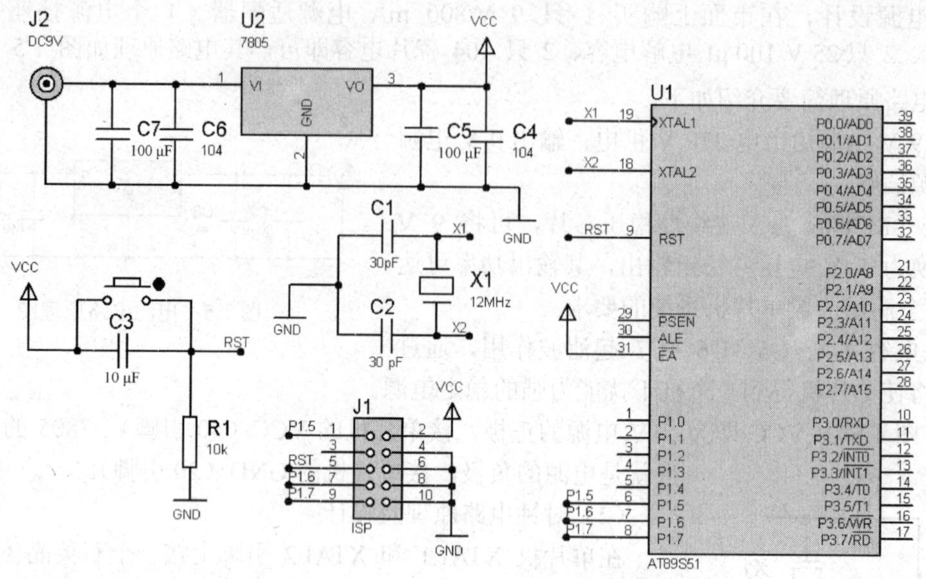

图 1.9 单片机最小系统原理图

5）发光二极管外围电路设计

（1）发光二极管怎样才会亮

发光二极管是单片机系统中经常使用到的一种显示器件，只要加在发光二极管的正向电压超出其导通压降时开始工作，发光二极管的导通压降一般为 1.7～1.9 V，此外，流过的电流要满足该二极管的工作要求。满足电流和电压的要求，发光二极管就可以发光了。

（2）单片机如何与发光二极管连接

单片机可以通过 4 组 I/O 引脚（P0～P3 口）与外部设备进行联系，发光二极管的负极经一只 470Ω电阻接到 P1 口的某个引脚（如 P1.0），正极连到+5 V 电源上（如图 1.10 所示）。当 P1.0 口输出低电平（0 V）时，发光二极管就能达到发光电压和电流要求而发光，但当 P1.0 输出高电平（5 V）时，由于二极管上压差为 0 V，不满足发光电压要求，因而不亮。

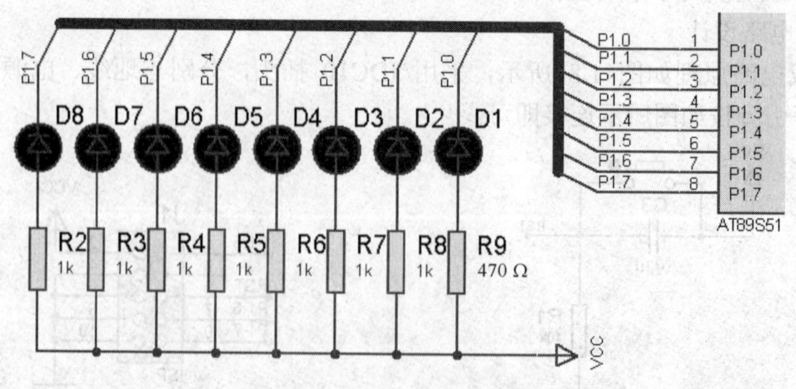

图 1.10 发光二极管连接电路

（3）为什么要接一只电阻

发光二极管发光时正向电流一般为 25 mA，而 P1.0 口最大电流为 10 mA，25 mA 电流流经 P1.0 口时就会造成其损坏，因此要接电阻以满足端口对最大电流的限制。在 5 V 驱动时，多采用 470 Ω限流电阻，将电流限制在 5～10 mA，若采用 1 kΩ的电阻，电流为 3～5 mA。当然，为了更亮一点，可以减小电阻值，但二极管的电流不要超出单片机的 I/O 口最大电流。这个问题也是在以后硬件电路设计中应十分注意的驱动问题。

若必须用 P1 口驱动使发光二极管电流为 25 mA，则需要加电流放大电路（驱动电路），最简单的驱动电路就是射极输出器（非门）。

1.1.2 系统软件设计

1. 认识单片机软件

单片机全称为单片微型计算机，有了硬件电路还需要软件的配合才能完成特定的任务。软件由一条条指令组成，软件工程师根据工作任务借助计算机等工具把软件（称为源程序）编写好后，再将源程序翻译成二进制机器码并写入单片机系统的程序存储器（ROM）中。系统工作时，单片机 CPU 在时钟信号及程序地址寄存器的配合下，逐条按顺序将指令从 ROM 中取出进行译码并执行。任务软件的编写及执行过程：任务分析—软件编写—软件编译—软件装入—软件运行。

1）编程语言

单片机的编程语言有：机器语言、汇编语言和高级语言（主要是 C 语言）。

（1）机器语言

用二进制代码编写的程序称为机器语言程序。在使用机器语言编程时，不同的指令用不同的二进制代码表示，这种二进制代码构成的指令就是机器指令。在使用机器语言编写程序时，由于需要记住大量的二进制代码指令及这些代码代表的功能，所以很不方便且容易出错，现在很少有人用机器语言对单片机进行编程了。例如：

```
01110100  00000010（机器语言）
```

（2）汇编语言

由于机器语言编程很不方便，人们便用一些有意义并且容易记忆的符号来表示不同的二进制代码指令，这些符号称为助记符。用助记符表示的指令称为汇编语言指令，用助记符编写出来的程序称为汇编语言程序。例如：

```
01110100  00000010（机器语言）
MOV A,    #02H （汇编语言）
```

这两行程序的功能是一样的，都是将二进制数据 00000010 送到累加器 A 中。可以看出，机器语言程序要比汇编语言难写，并且容易出错。

（3）高级语言

高级语言是依据数学语言设计的，在使用高级语言编程时不用过多考虑单片机的内部结构。与汇编语言相比，高级语言易学易懂，而且通用性很强。单片机常用 C 语言作为高级编程语言。实现上述功能的 C 语言指令如下：

```
ACC=0X02;
```

上面 3 种编程语言中，高级语言编程较为方便且容易实现复杂算法。实现相同的功

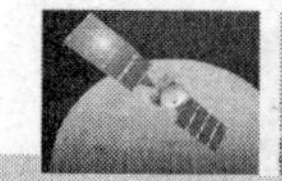

能，汇编语言代码少、运行效率高，另外对于初学单片机的读者，学习汇编语言编程有利于更好地理解单片机的结构与工作原理，也能为以后学习高级语言编程打下扎实的基础。而机器语言已不再使用，但单片机只认识机器语言，所以不管是汇编语言程序或是高级语言程序都必须用编译软件翻译成机器语言才能被单片机 CPU 执行。

2）软件的编译

编译即编写翻译，在明确任务的基础上利用汇编或 C 语言编写的程序称为源程序；利用编译软件将源程序翻译成机器语言的过程称为汇编；汇编后再进行仿真运行，如有问题则进行调试，再汇编、再调试，直到达到任务要求为止。

源程序的编写通常可以利用记事本、Word 等文本编辑器进行，但文件后缀名必须保存为.Asm（汇编语言）或.C（C 语言）；汇编需要用专门的编译软件，如 A51 及 C51 等；仿真调试也需要专门的软件才能完成。通常我们将源程序编写、汇编、仿真调试等软件做在一起称为单片机集成开发环境，常用的有 Keil、Wave、Medwin 等集成开发软件。

编译过程：编写源程序—汇编—调试—汇编—调试—……—调试通过。

3）软件下载

汇编的结果是将汇编语言或高级语言源程序翻译成为二进制机器代码，接下来则要利用下载软件将二进制代码下载到单片机系统的 ROM 中，这个过程称为编程。单片机编程实际上就是将二进制代码当做普通数据，利用串行或并行通信接口和专门的通信软件将数据送到单片机内部或外部 ROM 并固化。

4）软件执行过程

程序放入 ROM 后，由 CPU 逐条取出并执行，执行过程包括取指令、译码及执行 3 个步骤。要掌握好单片机执行程序的过程，首先应了解单片机的内部结构。

（1）单片机的内部结构

单片机内部采用总线结构，所有模块通过地址总线、数据总线及控制总线组成的系统总线与 CPU 进行连接，称为三总线结构，如图 1.11 所示。

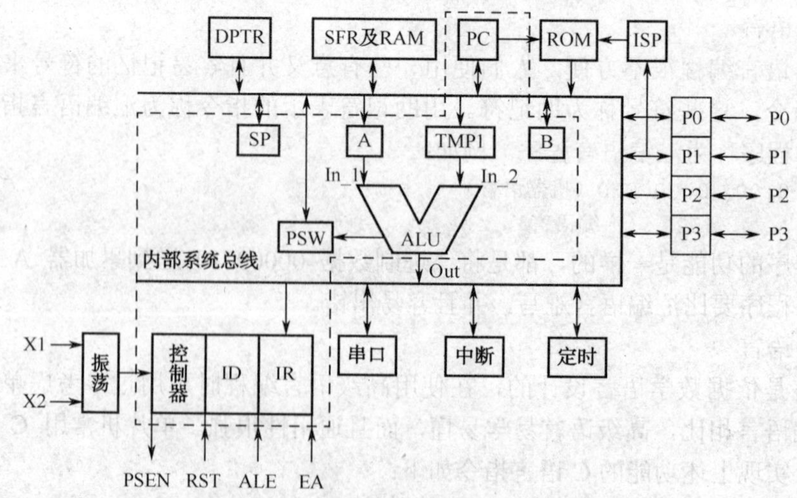

图 1.11 51 系列单片机的基本结构图

整个单片机由 CPU、片内 ROM、片内 RAM、功能模块（串口、中断、定时、I/O、ISP 等）组成。图中虚线框内为单片机的 CPU，由算术逻辑单元 ALU、累加器 A（8 位）、B 寄存器（8 位）、程序状态字 PSW（8 位）、程序计数器 PC（16 位）、指令寄存器 IR（8 位）、指令译码器 ID、控制器等部件组成。

① 算术逻辑单元 ALU（Arithmetic Logic Unit）。

算术逻辑单元是 CPU 中的核心器件，可完成加、减、乘、除等算术运算和与、或、异或、求补、循环等逻辑运算。

② 累加器 A（Accumulator）和 B 寄存器。

累加器 A 和 B 寄存器用来临时存放运算的中间结果，辅助 ALU 完成相应的运算。由于 ALU 内部没有寄存器，参加运算的操作数，必须放在累加器 A 中。累加器 A 也用于存放运算结果。例如，下面指令完成累加器 A 和寄存器 B 的内容相加，结果再送回累加器 A。

执行指令：ADD A，B

注意，B 寄存器的主要作用是辅助 CPU 完成乘法和除法运算。

③ 程序计数器 PC（Program Counter）。

PC 用来存放将要执行的指令地址（ROM 的某个单元地址），CPU 将从该地址进行取指，其特点如下。

- 复位后 PC 指向 ROM 的 0000H 单元，即复位后 CPU 从 ROM 的 0000H 单元开始执行指令。
- 16 位，可对 64 KB ROM 直接寻址。
- 自动加 1 功能，从 ROM 中低地址到高地址顺序取指。
- 不能读写。

④ 指令寄存器 IR（Instruction Register）。

IR 用来存放即将执行的指令代码，CPU 从 PC 所指向的 ROM 单元中取出指令并放入 IR 中。

⑤ 指令译码器 ID （Instruction decoder）。

ID 用于对送入 IR 中的指令进行译码，所谓译码就是把指令转变成执行此指令所需要的电信号。

⑥ 程序状态字 PSW（Program Status Word）。

PSW 用于记录运算过程中的状态，如是否溢出、进位等。

⑦ 控制器。

指令译码后，将在时钟信号的配合下，由控制器对 CPU 各部件产生控制信号完成指令任务。

⑧ 功能模块。

功能模块主要包括 I/O、定时、中断、串口、ISP 等，由 CPU 通过程序对它们进行控制，在以后的章节中我们再详细介绍。

（2）软件执行过程

软件编译完成并利用 ISP 将二进制代码下载到 ROM 后，单片机系统就可以工作了。系统上电后 PC 指向 ROM 的 0000H 单元，此时 CPU 便从 ROM 的 0000H 单元取出第一条指令并放入 IR 中（同时，PC 自动加 1 指向 ROM 的 0001H 单元，为取下一条指令做好准备），IR 中的指令经 ID 译码后再由定时与控制电路发出相应的控制信号，从而完成指令的

功能。第一条指令执行完毕后，CPU 再从 PC 所指向的 ROM 的 0001H 单元取第二条指令译码并执行，直到程序结束。

2. 认识单片机汇编语言

学习汇编语言编程有利于更好地理解单片机的结构与原理，也能为以后学习高级语言编程打下扎实的基础，而且对于某些实时控制系统，汇编语言的优势也是不可取代的。因此，基础篇部分我们采用汇编语言进行软件设计。

1）汇编语言指令

汇编语言指令分为可执行指令和伪指令两大类。可执行指令是指单片机 CPU 能执行的指令，该类指令将被编译软件翻译成对应的机器代码并由单片机 CPU 执行；伪指令则是由 Keil 等编译软件执行，用于辅助编译软件进行源程序的编译，而不被单片机 CPU 执行。

（1）可执行指令

MCS-51 系列单片机可执行指令共有 111 条，按字节长度分为单字节指令（49 条）、双字节指令（46 条）及三字节指令（16 条）；按执行时间分为单机器周期指令（64 条）、双机器周期指令（45 条）及四机器周期指令（2 条）；按用途又可分为数据传送类指令、算术操作类指令、逻辑操作类指令、程序转移类指令及位操作类指令。在编写汇编语言源程序时有统一的格式：

```
标号:指令助记符 操作数 1,操作数 2,操作数 3;注释
```

① 标号。

源程序写好后编译成二进制机器代码存入 ROM 的某个地址单元，标号就是程序设计人员给这个地址单元起的名字，便于程序的转移。由英文字母或数字组成，但必须以英文字母开头，再用“:”隔开，标号可以省略。

② 指令助记符。

指令助记符告诉 CPU 要完成的任务，如助记符 MOV 就要求 CPU 进行一次数据的传送。每个操作码都有对应的机器代码，不可省略。

③ 操作数。

操作数指明操作码所操作的对象，如助记符 MOV 只告诉 CPU 要进行数据传送，到底数据从哪里来又传到哪里去呢，完整的写法是：MOV A,R0，这就告诉 CPU 应从通用寄存器 R0 取数据并送到累加器 A 中。所有指令分为无操作数指令、单操作数指令、双操作数指令和三操作数指令 4 种，MOV 指令属双操作数指令，注意操作数与操作码之间用空格隔开，而多个操作数之间必须用“,”隔开。

④ 注释。

注释是对该指令在程序中的作用进行解释说明，便于程序的阅读。书写时用“;”隔开，可以省略。

注意，不管是注释用的“;”，标号后的“:”还是操作数间的“,”都必须是英文半角状态下输入，否则编译软件不能识别。

（2）伪指令

伪指令是告诉 A51 编译软件如何编译源程序的指令。不被编译成机器代码，即不被单片机 CPU 执行的指令，故称为伪指令。在对源程序进行编译时，伪指令会告诉编译软件定

义了哪些数据、机器代码放在 ROM 的什么地方以及程序编译是否结束等信息。例如：

```
ORG 0030H
MOV A,R0
END
```

伪指令 ORG 0030H 告诉 A51 编译软件：汇编指令 MOV A,R0 的机器代码应从 ROM 的 30H 单元开始存放。而伪指令 END 则告诉 A51 编译软件：源程序编译到此结束，即汇编结束伪指令。对于常用伪指令的使用，本书将在项目软件中逐一给读者介绍。

（3）寻址方式

指令中的操作数可以为 RAM、SFR、ROM 的某个地址单元或以“#”开头写在指令中的数据，告诉 CPU 操作数所在地址单元的方式称为寻址方式。例如：

```
MOV  R0,A
MOV 00H,A
```

上面两个指令实际上是一回事，都是将累加器 A 的内容送入通用寄存器 R0 中，但采用的寻址方式却有差异。一个给出寄存器的名字 R0，称为寄存器寻址；另一个则直接给出 R0 所在的内部 RAM 地址 00H，称为直接寻址。

寻址方式包括立即数寻址、直接寻址、寄存器寻址、寄存器间接寻址、基址加变址寻址、相对寻址及位寻址等 7 种方式，本书将在项目程序中逐一给大家介绍。

2）汇编语言程序设计经验与技巧

（1）明确软件设计步骤。

① 分析问题：明确所求解问题的意义及任务，并将实际问题转化为单片机可以解决的问题，如该系统是控制发光二极管的亮灭，对于单片机来说就是控制单片机 I/O 引脚电平的高低。

② 确定算法：根据实际问题和指令系统的特点确定计算公式和计算方法。

③ 绘制流程图：根据算法制定的运算步骤和顺序，把运算过程画成流程图，这样使程序清晰、结构合理、便于调试。

④ 分配资源：根据程序区、数据区、暂存区、堆栈区等预计所占空间大小，对片内、外存储区进行合理分配并确定每个区域的首地址，以便于编程使用。

⑤ 编写程序：用汇编语言来实现上面已确定的算法。

⑥ 仿真调试：利用单片机各种开发工具对所编写的程序进行测试，检验程序是否完成制定功能，测试过程尽可能详细，要保证每条支路都能得到检验。

⑦ 程序固化：即将调试好的程序生成机器代码后固化到程序存储器中。

（2）熟练掌握单片机存储器结构及功能特点。

（3）熟练掌握各汇编指令的格式及功能。

（4）掌握各种器件的编程特点。

（5）熟练掌握单片机的寻址方式。

（6）具备由简单到复杂及模块化设计思路。

（7）掌握子程序的设计方法。

3. MCS-51 系列单片机的存储器结构

汇编语言是和硬件联系非常紧密的编程语言，由指令读写相关存储单元的值来实现单

片机系统的功能，因此对于存储器的学习就显得尤为重要。AT89S51 单片机内部存储器包括程序存储器（ROM）、数据存储器（RAM）和特殊功能寄存器（SFR）3 部分。SFR 用于配合单片机各内部电路完成某种特定任务（如向特殊功能寄存器 P1 写数据，实际上就是控制 P1 引脚的电平）。

1）ROM（Read-Only Memory）

ROM 即只读存储器（所谓只读是相对于单片机 CPU 的），也称程序存储器，掉电不丢失，用于存放程序和表格。AT89S51 片内具有 4 KB 的 Flash ROM（可扩展至 64 KB），具有在系统下载（ISP）功能。需要说明的是，我们从 0000H 开始给 ROM 的每个字节按顺序编了一个号，即地址，4 KB ROM 的地址范围是 0000H～0FFFH。

2）RAM（Random Access Memory）

RAM 即随机存储器，也称数据存储器，单片机 CPU 可对其随机读写，掉电数据丢失，主要用于临时存放 CPU 运算的中间结果。AT89S51 具有 128B 的 RAM（可扩展至 64 KB），地址范围为 00H～7FH，分为通用寄存器区、位寻址区和用户区。

（1）通用寄存器区（00H～1FH）

该区共 32 个字节，分为 4 组，每组 8 个字节，每组的 8 个字节都以 R0～R7 命名，如表 1.1 所示。也就是说有 4 个字节都用同样的名字“R0”，到底是哪个地址则取决于当前用的是哪组通用寄存器，组别用状态字寄存器 PSW 的 RS0 和 RS1 来区分，CPU 复位后定位在第 0 组。

表 1.1 通用寄存器

PSW.4（RS1）	0	0	1	1
PSW.3（RS0）	0	1	0	1
寄存器名	0 组地址	1 组地址	2 组地址	3 组地址
R0	00H	08H	10H	18H
R1	01H	09H	11H	19H
R2	02H	0AH	12H	1AH
R3	03H	0BH	13H	1BH
R4	04H	0CH	14H	1CH
R5	05H	0DH	15H	1DH
R6	06H	0EH	16H	1EH
R7	07H	0FH	17H	1FH

（2）位寻址区（20H～2FH）

该区共 16 个字节，一个字节 8 位，共 128 位，位地址编号为 00H～7FH，如表 1.2 所示，由专门的位操作指令进行读写。前面的 R0～R7 只能进行字节操作（8 位），而所谓位寻址是指 CPU 可以对这 128 位中的任意一位进行读写（当然也可以进行字节操作）。

（3）用户区（30H～7FH）

该区共 80 个字节，没有特殊的意义，只是供用户使用的一般数据存储区，只能进行字节操作。

表 1.2 RAM 中的位寻址区地址表

RAM 地址	D_7	D_6	D_5	D_4	D_3	D_2	D_1	D_0
20H	07	06	05	04	03	02	01	00
21H	0F	0E	0D	0C	0B	0A	09	08
22H	17	16	15	14	13	12	11	10
23H	1F	1E	1D	1C	1B	1A	19	18
24H	27	26	25	24	23	22	21	20
25H	2F	2E	2D	2C	2B	2A	29	28
26H	37	36	35	34	33	32	31	30
27H	3F	3E	3D	3C	3B	3A	39	38
28H	47	46	45	44	43	42	41	40
29H	4F	4E	4D	4C	4B	4A	49	48
2AH	57	56	55	54	53	52	51	50
2BH	5F	5E	5D	5C	5B	5A	59	58
2CH	67	66	65	64	63	62	61	60
2DH	6F	6E	6D	6C	6B	6A	69	68
2EH	77	76	75	74	73	72	71	70
2FH	7F	7E	7D	7C	7B	7A	79	78

3）特殊功能寄存器 SFR(Special Function Register)

特殊功能寄存器的地址位于 80H～0FFH，AT89S51 共 26 个 SFR，占据了 128 个字节中的 26 个，各寄存器名称及复位初始值如表 1.3 所示，其中地址能被 8 整除的 SFR 可以进行位寻址。这些寄存器很重要，单片机功能的实现实际上就是通过读写这些特殊功能寄存器来实现的。但 SFR 有很多，在此我们只需知道 ACC 叫累加器，P0～P3 寄存器的数字对应着 P0～P3 引脚电平的高低等概念即可，即读写特殊功能寄存器 P0～P3，实际就是对相应引脚 P0～P3 进行操作。

表 1.3 AT89S51 特殊功能寄存器及复位值

0F8H									0FFH
0F0H	B 00000000								0F7H
0E8H									0EFH
0E0H	ACC 00000000								0E7H
0D8H									0DFH
0D0H	PSW 00000000								0D7H
0C8H									0CFH
0C0H									0C7H

续表

0B8H	IP ××000000								0BFH
0B0H	P3 11111111								0B7H
0A8H	IE 0X000000								0AFH
0A0H	P2 11111111		AUXR1 ×××××××0				WDTRST ××××××××		0A7H
98H	SCON 0000000	SBUF ××××××××							9FH
90H	P1 11111111								97H
88H	TCON 00000000	TMOD 00000000	TL0 00000000	TL1 00000000	TH0 00000000	TH1 00000000	AUXR ×××00××0		8FH
80H	PO 11111111	SP 00000111	DP0L 00000000	DP0H 00000000	DP1L 00000000	DP1H 00000000		PCON 0×××0000	87H

4. 明确单片机如何控制 P1.0 口的电平

之前我们完成了系统的硬件设计，并且知道，通过控制 P1 口引脚电平的高低就可以控制发光二极管的亮灭，而 P1 电平的高低则是通过程序来进行控制的，在学习编程之前，首先应熟悉 P1 口的内部结构及操作特点。

1）P1 口的内部结构特点

P1 口由 8 位组成，即 P1.0～P1.7，其每一位的内部结构如图 1.12 所示，由总线、锁存器（即寄存器）及驱动电路组成。写数据时，所写数据来自内部总线，经锁存器反向及场效应管反向后锁存到外部引脚上，所以 P1 口具有输出锁存功能。

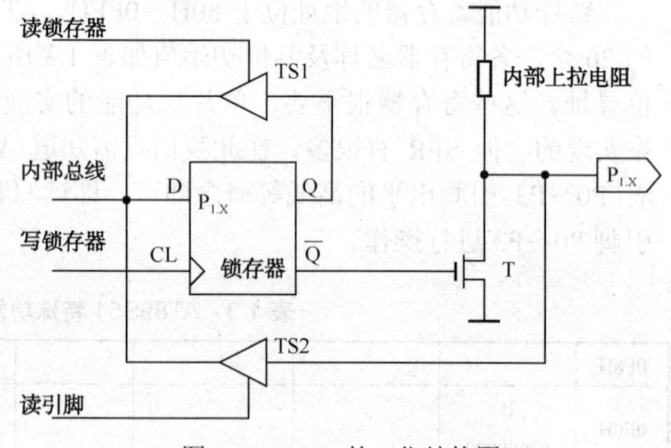

图 1.12　P1 口的一位结构图

对 P1 口的读可以读锁存器或外部引脚，由图 1.12 可知，要正确地从引脚上读入外部信息，必须先使场效应管关断，以便由外部输入的信息确定引脚的状态，为此，在作引脚读入前，必须先对该端口写 1，具有这种操作特点的输入/输出端口，称为准双向 I/O 口，P1 口、P2 口、P3 口都是准双向口。

2）P1 口的编程

本例要求控制 P1 口相关引脚的电平，即是对 P1 口的写操作，由结构分析可知，写引脚，实际就是将数据送入该引脚所对应的输出锁存器（即引脚对应的特殊功能寄存器，寄存器名同引脚名），可采用数据传送指令 MOV 来编程实现。

5. 系统软件设计

1）系统功能分析

系统功能要求控制8个二极管的亮灭，实际上就是控制P1口相应引脚电平的高低。

2）算法确定

该系统功能的软件功能很简单，一条指令就可以完成控制作用。

3）流程图绘制

虽然系统功能很简单，但软件的编写必须遵循相应的流程，流程图如图1.13所示。图中点亮或熄灭某盏灯的功能只需一条指令就能实现，循环等待实际上是一个死循环，CPU在执行完控制程序后会一直执行这个死循环语句，它的主要作用是为了防止程序失控。如果没有这个死循环，在CPU执行完控制程序后，还会继续从ROM后面的单元逐条顺序取指令并执行，而后面单元并没有存放我们的功能程序，而可能是一些随机的二进制数据，执行后会产生意想不到的结果，这就是所谓的程序跑飞。在程序编写中一定要注意这一点，即程序一定要受控。

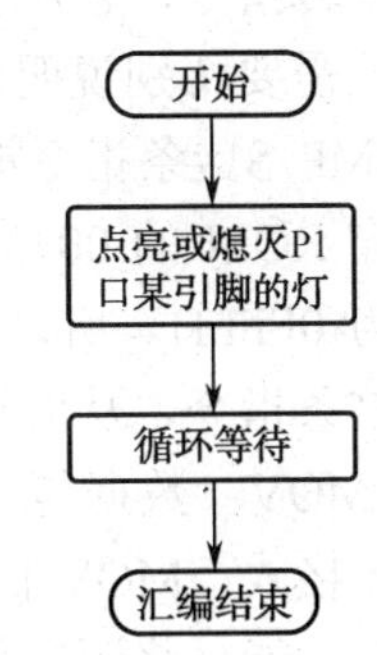

图1.13 亮灭控制LED流程图

4）分配资源

（1）ROM存储空间分配

该系统程序只有几字节，也即是说ROM只需几字节就能存放系统软件，片内ROM有4 KB，已足够用（本书项目程序一般都比较小，全部采用内部ROM存放程序）。对于程序的存放地址有两点必须注意。

① CPU复位后PC总是指向ROM的0000H单元，即CPU从0000H单元开始执行程序，所以程序的第一条指令应放在0000H单元。

② ROM中0003H～0030H之间的存储单元有特殊用途，一般不要占用，所以功能程序都从0030H单元开始存放。

这是一个问题，即程序的第一条指令必须放在0000H单元，但0003H～0030H单元又要预留它用。一般我们在0000H单元放一条跳转指令，使CPU执行完0000H单元的跳转指令后马上转到0030H单元去执行程序。

（2）RAM及SFR存储空间分配

本系统程序很小，没有定义变量，也没有临时数据需要存放，因此不会用到RAM存储单元，但会用到SFR中的P1寄存器。

5）程序清单

```
;;;;;;;;;;;;;;;;;;;;;;;;;;;;;;;;;;;;;;;;;;
;点亮最简单的单片机系统
;;;;;;;;;;;;;;;;;;;;;;;;;;;;;;;;;;;;;;;;;;
            ORG   000H                ;将后面程序定位到ROM的0000H单元
            LJMP  START               ;跳转指令，跳转到START标号处执行程序
            ORG   0030H               ;将后面程序定位到ROM的0030H单元
```

```
START:  MOV P1,#11111110B          ;将 P1.0 引脚清"0"，即点亮该引脚所接 LED
        LJMP $                     ;死循环，防止程序跑飞
        END                        ;汇编结束
```

（1）可执行指令格式及功能

① LJMP（长跳转指令）。

指令格式：LJMP 标号。

指令功能：该指令是无条件跳转指令，跳转距离大，可在 64 KB 范围内跳转，因此称之为长跳转指令，它可以改变 PC 值，从而使 CPU 转到相应的标号处执行程序。

在此需要特别说明的是"$"符号，它是一个地址符号，其值为当前指令所在地址，即代表 LJMP $这条指令被翻译成机器代码后所存放的 ROM 单元地址。比如这条指令的机器代码放在 ROM 的 0033H 单元，则"$"符号就为 0033H，但若放在 0FFFH 单元，则"$"符号就为 0FFFH。所以一旦执行 LJMP $这条跳转指令后，PC 仍指向这条指令，CPU 将一直执行这条指令，从而构成死循环。

② MOV（数据传送类指令）。

指令格式：MOV 目的操作数，源操作数。

指令功能：将源操作数的数据送到目的操作数。

该程序中，目的操作数为 P1 寄存器，源操作数为二进制数"#11111110B"，执行指令后将 P1.0 口清零而将其他引脚置 1，即点亮 P1.0 引脚上的 LED 灯，而熄灭其他 7 只 LED 灯。

可以看出，要控制哪只灯亮就将 P1 寄存器清零即可，反之则应置 1。

（2）寻址方式

① 直接寻址。

在指令中，操作数直接以 RAM 或 SFR 的单元地址的形式给出，如程序中的 P1 就是特殊功能寄存器的名字，在指令中直接写 P1 即告诉 CPU 数据应送到 SFR 的 90H 单元。例如：

```
MOV 30H,#11111110B
```

该指令中 30H 表示内部 RAM 的 30H 字节单元，存储单元地址直接在指令中给出。

直接寻址方式可以访问内部 RAM 的低 128B 和 SFR，而且对于 SFR 的访问用且只能用直接寻址方式。

② 立即数寻址。

所操作数据在指令中直接给出，如 MOV 指令中的源操作数#11111110B，注意立即数必须以"#"打头以区别于直接寻址，结尾的"B"表示二进制数（Binary），若以"H"结尾则表示十六进制数（Hexadecimal），若"D"结尾或省略则表示十进制数（Decimal）。例如：

```
MOV 30H,#40H
```

注意，"30H"代表 RAM 的 30H 字节单元，是一个存储单元地址，属直接寻址；而"#40H"则表示一个十六进制数，属立即数寻址。该指令的功能是将十六进制数 40H 送到 RAM 的 30H 存储单元。立即数是一个数，不能作为目的操作数。

（3）伪指令格式及功能

① ORG（程序定位伪指令）。

指令格式：ORG addr16。

指令功能：该伪指令用在一段源程序的前面，编译程序会将紧跟其后的源程序机器代

码从ROM的addr16单元开始存放，此处的addr16为16位地址（4位十六进制数）。

程序中，LJMP START 指令的机器代码将从ROM的0000H单元开始存放，而MOV P1,#11111110B及其后面指令的机器代码将顺序从ROM的0030H单元开始存放。

② END（汇编结束伪指令）。

指令格式：END。

指令功能：汇编语言源程序的最后一条指令，告诉编译软件源程序编译结束，即编译软件只对END指令前的指令进行编译。

1.1.3 软件的编写、编译及仿真调试

我们写的汇编语言源程序要变为CPU可以执行的机器码有两种方法，一种是手工汇编，另一种是机器汇编。目前已极少使用手工汇编的方法了。机器汇编是通过汇编软件将源程序变为机器码，随着单片机开发技术的不断发展，从普遍使用汇编语言到逐渐使用高级语言开发，单片机的开发软件也在不断发展，Keil软件是目前最流行的开发MCS-51系列单片机系统的软件。

Keil提供了包括C编译器、宏汇编、连接器、库管理和一个功能强大的仿真调试器等在内的完整开发方案，通过一个集成开发环境（μVision）将这些部分组合在一起。掌握这一软件的使用对于51系列单片机系统开发人员来说是十分必要的，如果使用C语言编程，那么Keil几乎就是不二之选，即使不使用C语言而仅用汇编语言编程，其方便易用的集成环境、强大的软件仿真调试工具也会令用户事半功倍。

初学者可以到Keil公司的官方网站（www.keil.com）下载Keil软件的评估版，它在某些方面的功能有一定的限制，如目标代码长度限制在2 KB内，不支持浮点运算等，但对于初学者来说，这种限制并不影响学习效果。

下面我们将进述如何建立工程、对工程进行详细的设置、输入源程序、如何将源程序变为目标代码、体会仿真调试器的使用。

1. 创建项目

μVision 2包括一个项目管理器，它可以使8051应用系统设计变得简单。要创建一个应用，需要按下列步骤进行操作。

（1）启动μVision 2，新建一个项目文件并从器件库中选择一个器件。

（2）新建一个源文件并把它加入到项目中。

（3）针对目标硬件设置工具选项。

（4）编译项目并生成可以编程PROM的HEX文件。

下面将以本系统软件的设计过程为例，逐步指引读者创建一个简单的μVision 2项目。

1）启动 μVision 2 并创建一个项目

μVision 2是一个标准的Windows应用程序，直接单击程序图标就可以启动它。启动后的界面如图1.14所示。整个界面包括菜单栏、项目管理窗口、工具条、文件编辑窗口和输出窗口5部分。菜单栏包括文件、编辑、视图、项目、调试等11个菜单；工具条实际就是菜单栏命令的图标表示，单击图标可以完成相应的命令操作；项目管理窗口包括3个标签，即文件（File）、寄存器（Regs）及数据（Books）；输出窗口包括编译信息（Build）、汇编命令（Command）和

查找（Find in Files）3 个标签；文件编辑窗口主要用于编辑源程序及调试设置等。

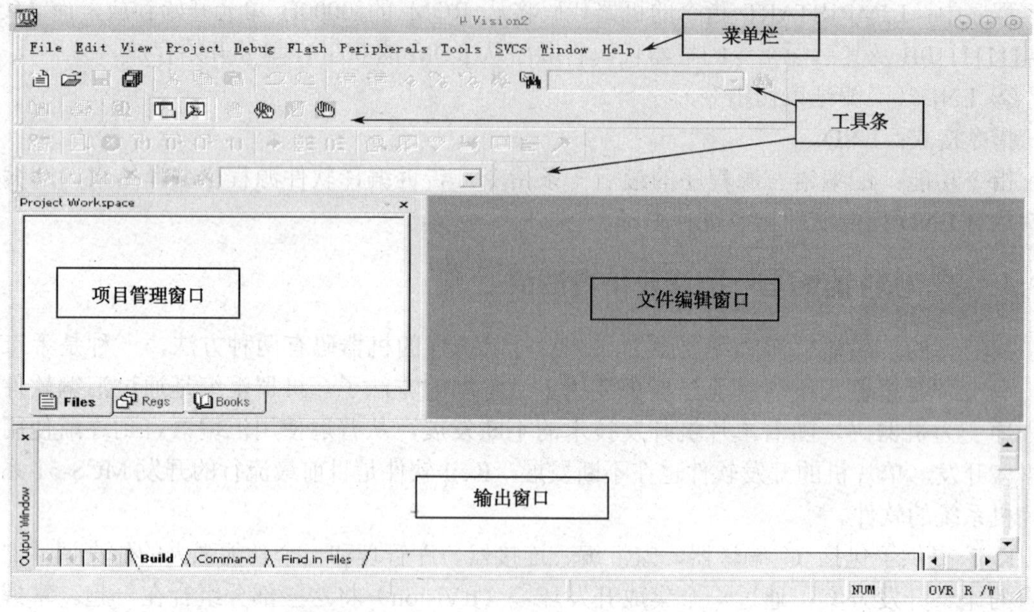

图 1.14　µVision 2 启动后的界面

从µVision 2 的 Project 菜单中选择 New Project 新建一个项目文件，这将打开一个标准的 Windows 对话框，此对话框要求输入项目文件名，建议新建文件夹及项目文件名为“Keil 项目文件”\“点亮最简单的单片机系统”\led1.uv2。单击“保存”按钮后，会出现“Select Device for Target 'Target1'”对话框，如图 1.15 所示，要求选择 CPU，我们选择 Atmel 目录下的 AT89S51，单击“确定”按钮后出现的对话框如图 1.16 所示，询问是否添加 8051 标准启动文件 STARTUP.A51，启动代码主要用于清除数据存储器并初始化硬件等，单击“否”按钮完成项目新建。新建项目信息将在项目窗口显示，并且可以在 Books 标签打开 CPU 的使用手册等资料，如图 1.17 和图 1.18 所示。

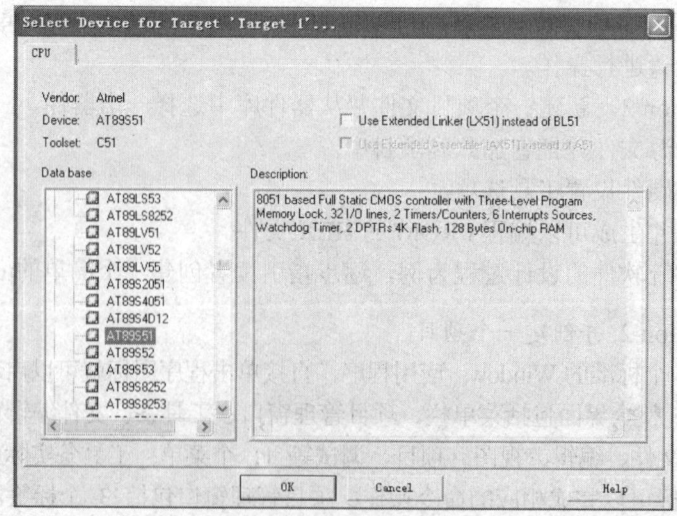

图 1.15　CPU 选择对话框

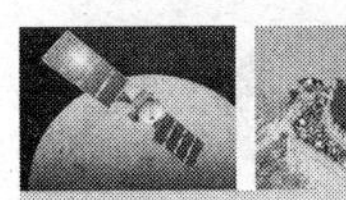

图 1.16 启动文件 STARTUP.A51 添加对话框

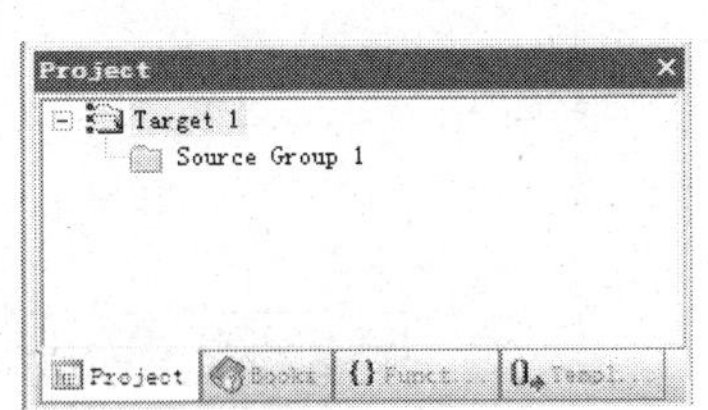

图 1.17 项目管理窗口 Files 标签显示项目文件信息

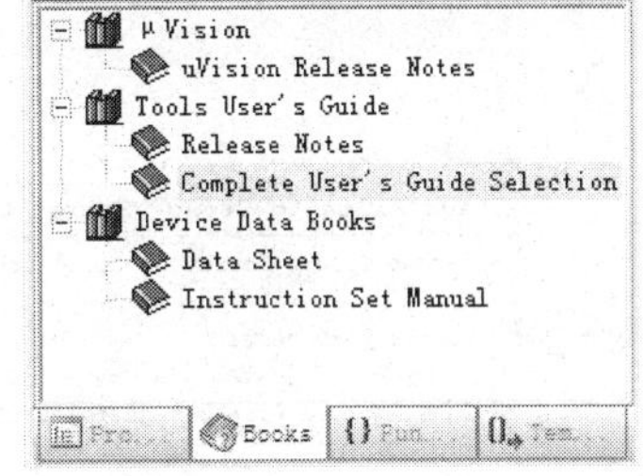

图 1.18 项目管理窗口 Books 标签显示手册

2）创建源文件并加入到项目中

用菜单选项 File-New 或直接单击工具栏的 图标新建一个源文件，这将打开一个空的编辑窗口。在该窗口中输入汇编语言源代码，并保存为 led1.A，注意后缀名必须是“.A”，表明这是一个汇编语言源程序。保存后将出现如图 1.19 所示的文件窗口。

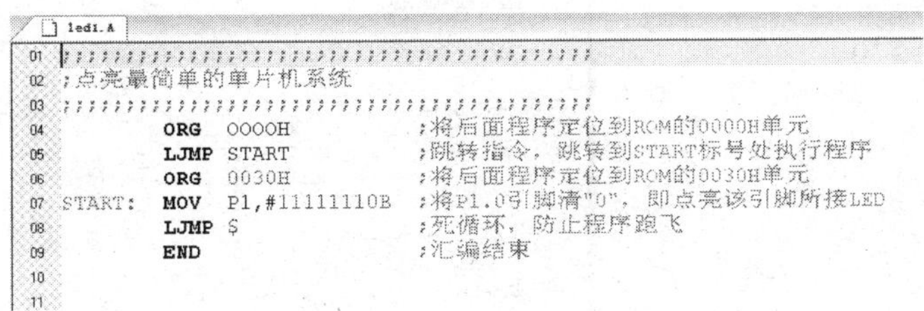

图 1.19 汇编源程序窗口

在源程序中，Keil 用不同颜色的文字来区分指令助记符、标号、操作码及注释文字。再次提醒：除了注释文字外，不管是注释打头用的“;”，标号后的“:”还是操作数间的“,”都必须是在英文半角状态下输入的，否则编译软件不能识别。

源程序建好后,在项目窗口单击“Target 1”→“Source Group 1”选项，并在区域内右键单击出现如图 1.20 所示的菜单，单击“Add Files to Group 'Source Group 1'”选项，选择源程序“led1.A”后单击“确定”按钮就将源程序添加到项目中了，项目窗口显示如图 1.21 所示。

3）针对目标硬件设置选项

在将汇编语言源程序编译成机器代码之前，应先设置目标硬件的相关选项。如图 1.22 所示，单击“Target 1”→“Options for Target 'Target 1'”选项后便进入如图 1.23 所示的选项卡界面。为生成应用，先设置“Target”选项，参数的含义及设置说明如表 1.4 所示。

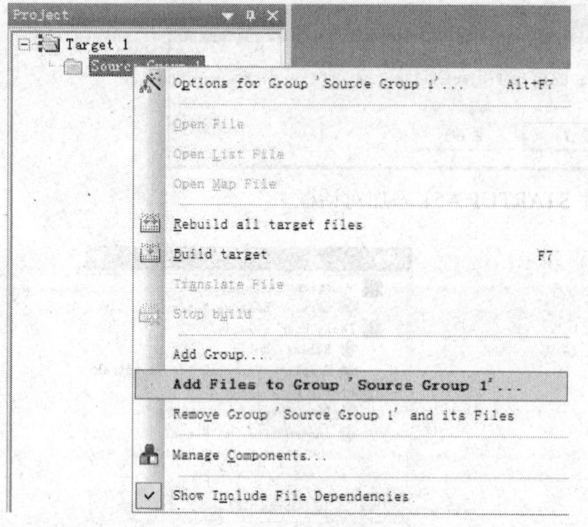

图 1.20　添加源程序到项目

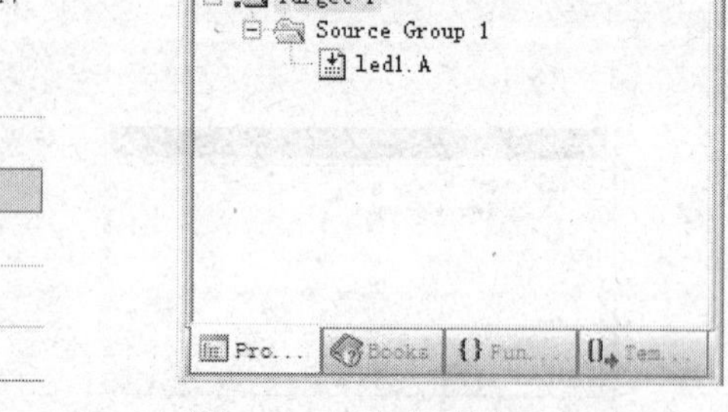

图 1.21　添加源程序后的项目窗口

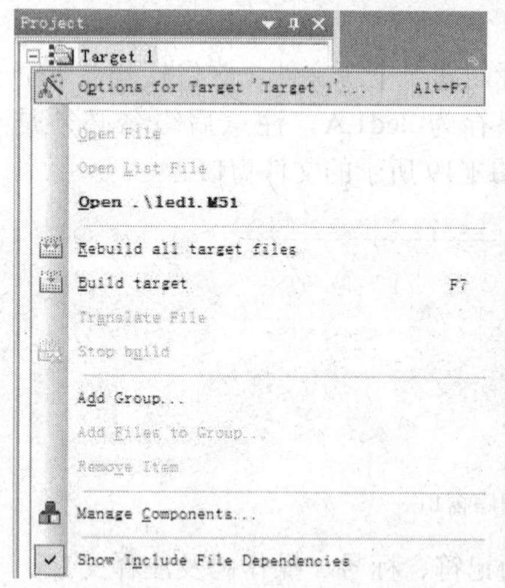

图 1.22　单击进入选项界面

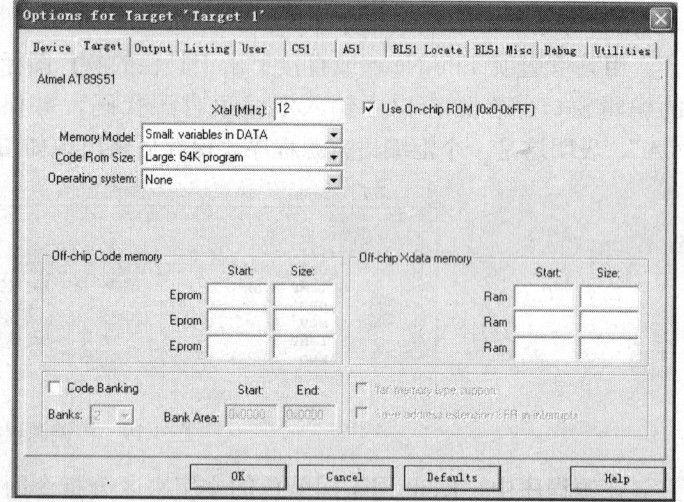

图 1.23　目标硬件选项

表 1.4　设置 Target 选项，参数的含义及设置说明

对话框条目	描述	设定值
Xtal	定义 CPU 时钟，同系统所选时钟频率	12 MHz
Memory Model	定义编译器的存储模式	分别选 Small、Large、None
Off-chip…Memory	定义目标硬件上所有外部存储器区域	采用内部存储器，不填
CodeBanking Xdata Banking	为代码和数据的分段定义参数，用于存储器扩展至 2 MB	采用内部存储器，不填

4）编译并生成 HEX 文件

通常情况下，在“Options”→“Target”对话框中的设置已经足够开始一个新的应用。单击工具条上的图标，可以编译所有的源文件并生成应用，当应用有语法错误时，μVision 2 将在“Output Window”→“Build”页显示这些错误和警告信息，如图 1.24（a）

所示，双击这个信息将打开此信息对应的文件并定位到语法错误处，修改错误并最终编译通过，如图 1.24（b）所示。

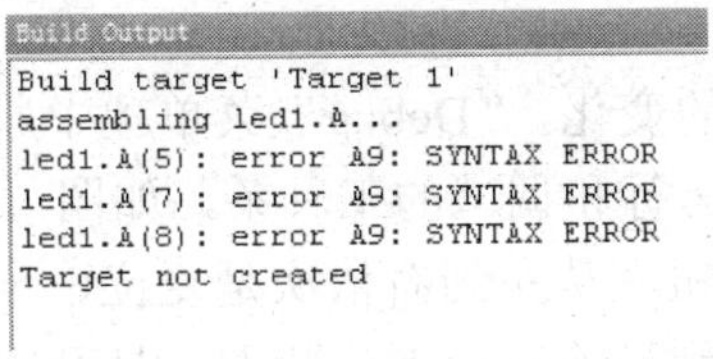

```
Build Output
Build target 'Target 1'
assembling led1.A...
led1.A(5): error A9: SYNTAX ERROR
led1.A(7): error A9: SYNTAX ERROR
led1.A(8): error A9: SYNTAX ERROR
Target not created
```

（a）

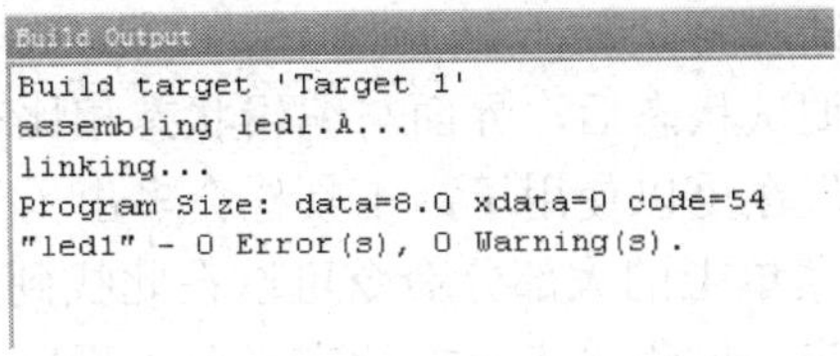

```
Build Output
Build target 'Target 1'
assembling led1.A...
linking...
Program Size: data=8.0 xdata=0 code=54
"led1" - 0 Error(s), 0 Warning(s).
```

（b）

图 1.24　编译信息显示

一旦成功生成应用，即可进行调试，软件的调试将在 1.1.4 节讲述。调试完成后，需要创建一个 HEX 文件（即机器代码）来“烧片子”（即写入 ROM）或软件模拟，当“Options for Target”→“Output”中的输出 HEX 文件使能时，μVision 2 每进行一次 Build 都会生成 HEX 文件。如果定义了“Options for Target”→“Output”中的“Run User Program #1”选项时，在编译操作完成后，将自动运行此处定义的操作，如编程 PROM 器件。设置选项如图 1.25 所示。

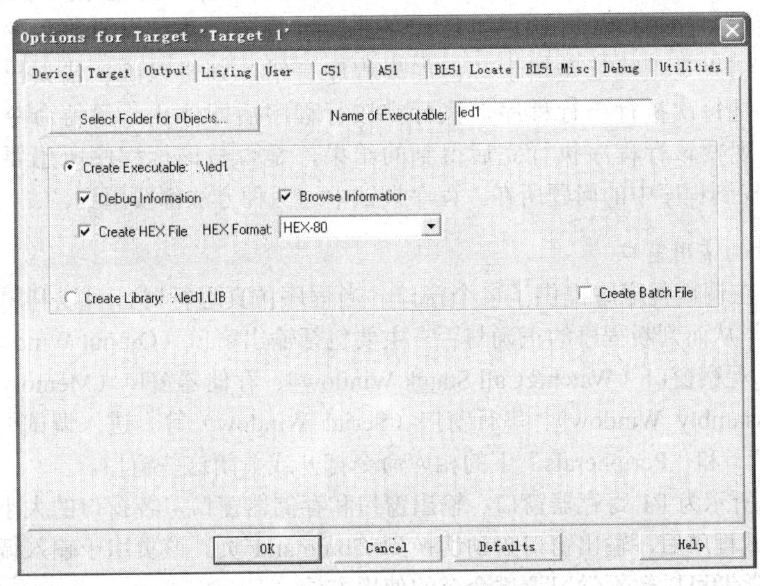

图 1.25　“Output”选项卡的设置

2. 软件仿真及调试

之前我们讲述了如何建立工程、汇编、连接工程，并获得目标代码，但是做到这一步仅仅代表源程序没有语法错误，至于源程序中存在的其他错误，必须通过调试才能发现并解决。事实上，除了简单的程序以外，绝大部分的程序都要通过反复调试才能得到正确的结果，因此，调试是软件开发中重要的一个环节，下面将介绍常用的调试命令、调试窗口和调试方法，并通过实例介绍这些方法的使用。

1）常用的调试命令

在对工程成功地进行汇编、连接后，按“Ctrl+F5”组合键或者使用菜单“Debug”→

"Start/Stop Debug Session"即可进入调试状态。Keil 内建了一个仿真 CPU 用来模拟执行程序，该仿真 CPU 功能强大，可以在没有硬件和仿真机的情况下进行程序的调试，下面讲述该模拟调试功能。

进入调试状态后，界面与编辑状态相比有明显的变化，"Debug"菜单项中原来不能使用的命令现在可以使用了，工具栏会多出一个用于运行和调试的工具条，如图 1.26 所示。"Debug"菜单上的大部分命令可以在此找到快捷按钮，从左到右依次是复位、全速运行、暂停、单步、过程单步、执行完当前子程序、运行到当前行、下一状态、打开跟踪、观察跟踪、反汇编窗口、观察窗口、代码作用范围分析、1#串行窗口、内存窗口、性能分析、工具按钮等命令。

图 1.26 调试工具条

学习程序调试，首先必须明确下面几个重要调试工具的概念及用途。

（1）复位按钮，单击该按钮，单片机各内部寄存器及存储器单元恢复到初始状态。

（2）全速运行按钮与单步执行按钮。全速运行是指一行程序执行完毕后紧接着执行下一行程序，中间不停止，这样执行程序的速度很快，并可以看到程序执行的总体效果，即最终的结果是正确还是错误，但如果程序有错，则难以确认错误出现在哪些程序行。单步执行是每次执行一行程序，执行完该行程序后即停止，等待命令执行下一行程序，此时可以观察该行程序执行完后得到的结果，是否与该行程序所想要得到的结果相同，借此可以找到程序中的问题所在。程序调试中这两种方法都要用到。

2）调试时的常用窗口

Keil 软件在调试程序时提供了多个窗口，当程序仿真运行时，可以利用这些窗口查看相关运行结果，从而判断程序的正确与否。主要包括输出窗口（Output Window）、外设窗口（Peripherals）、观察窗口（Watch&Call Statck Window）、存储器窗口（Memory Window）、反汇编窗口（Dissambly Window）、串行窗口（Serial Window）等。进入调试模式后，可以通过菜单"View"和"Peripherals"下的相应命令打开或关闭这些窗口。

如图 1.27 所示为 P1 寄存器窗口、输出窗口和存储器窗口，各窗口的大小可以使用鼠标调整。进入调试程序后，输出窗口自动切换到 Command 页。该页用于输入调试命令和输出调试信息。初学者可以暂不学习调试命令的使用方法。

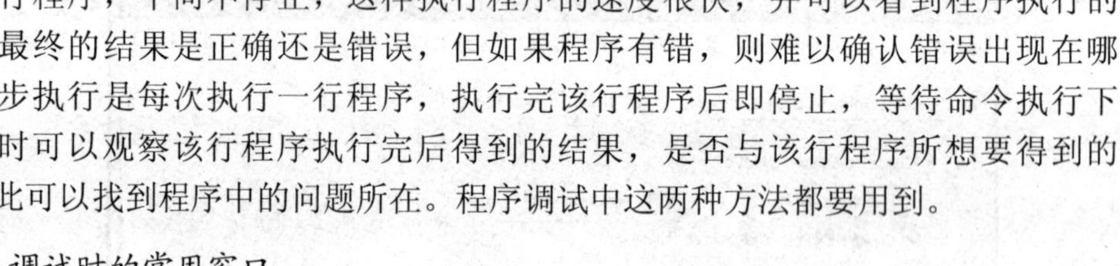

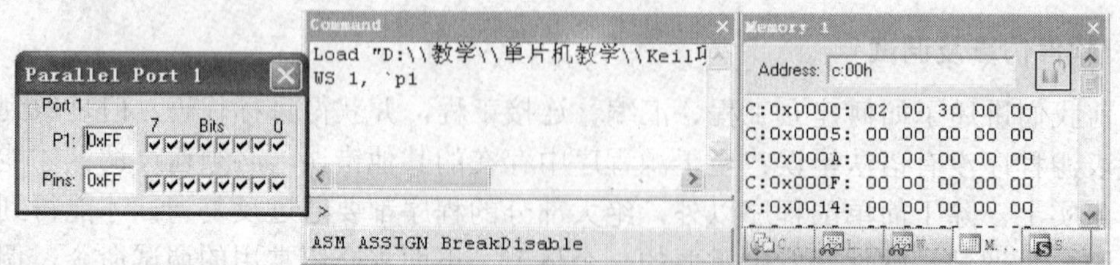

图 1.27 调试窗口（P1 寄存器窗口、输出窗口和存储器窗口）

（1）存储器窗口

存储器窗口可以显示系统中各种存储器中的值，通过在 Address 后的编辑框内输入"字

母：数字”即可显示相应内存值，其中字母可以是 C、D、I、X，分别代表代码存储空间、直接寻址的片内存储空间、间接寻址的片内存储空间、扩展的外部 RAM 空间，数字代表想要查看的地址。例如，输入“D：0”即可观察到地址 0 开始的片内 RAM 单元值，输入“C：0”即可显示从 0 开始的 ROM 单元中的值，即查看程序的二进制代码。该窗口的显示值可以以各种形式显示，如十进制、十六进制、字符型等，改变显示方式的方法是单击鼠标右键，在弹出的快捷菜单中选择，图中的 Modify Memory at X:xx 用于更改鼠标处的内存单元值，选中该项即出现如图 1.28 所示的对话框，可以在对话框内输入修改内容，如图 1.29 所示。

（2）工程窗口寄存器页

图 1.30 所示为工程窗口寄存器页的内容，寄存器页包括了当前的工作寄存器组、系统寄存器和程序运行状态等信息，系统寄存器组有一些是实际存在的寄存器，如 a、b、dptr、sp、psw 等，有一些是实际中并不存在或虽然存在却不能对其操作的寄存器，如 PC、states 等。每当程序中执行到对某寄存器的操作时，该寄存器会以反色（蓝底白字）显示，用鼠标单击然后按下 F2 键，即可修改该值。

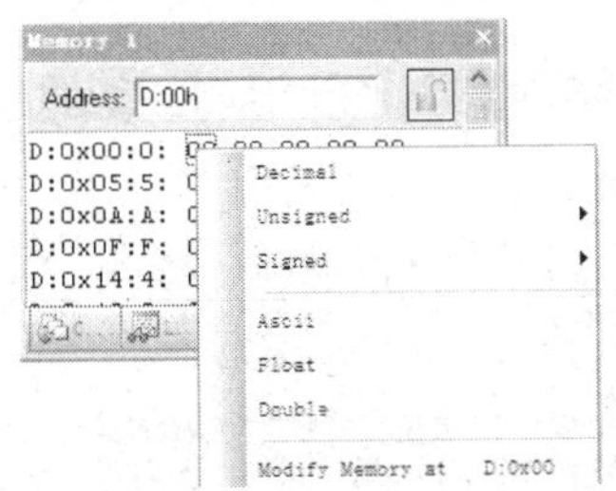

图 1.28 存储器数值各种方式显示选择

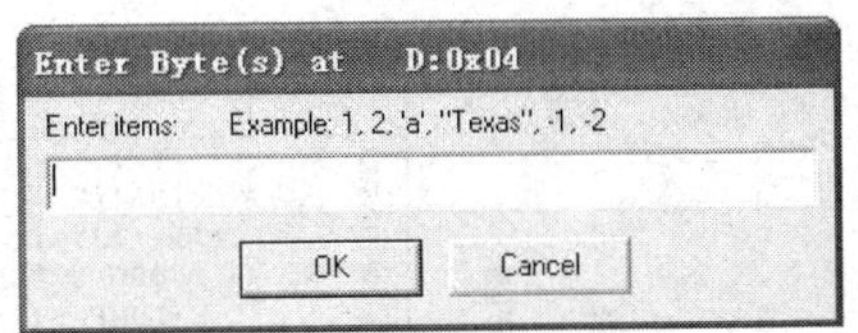

图 1.29 存储器的值的修改

（3）观察窗口

观察窗口是很重要的一个窗口，如图 1.31 所示的工程窗口中仅可以观察到工作寄存器和有限的寄存器，如 a、b、dptr 等。如果需要观察其他所示的寄存器的值或者在高级语言编程时需要直接观察变量，就要借助观察窗口了。一般情况下，我们仅在单步执行时才对变量值的变化感兴趣。

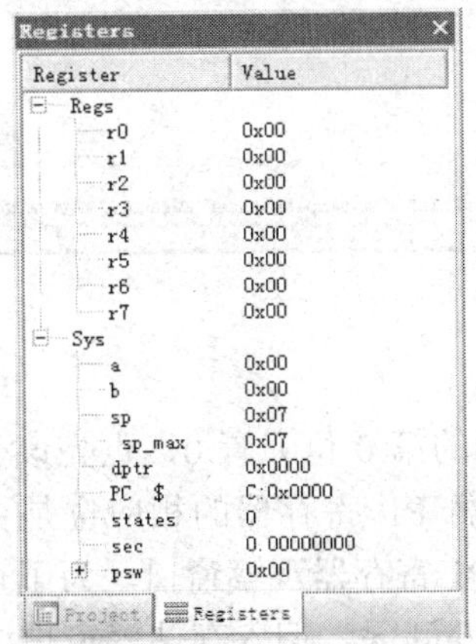

图 1.30 工程窗口寄存器页

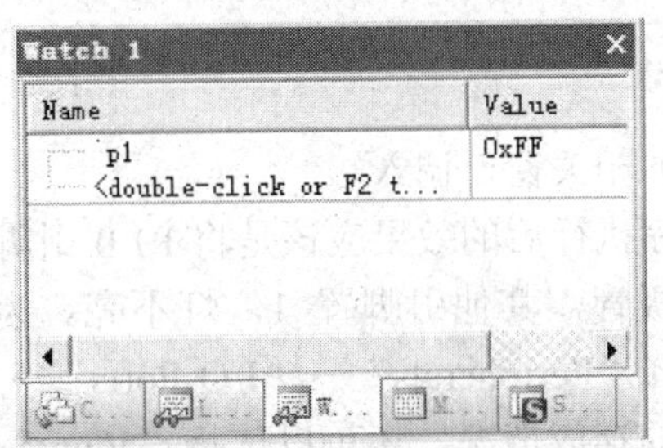

图 1.31 观察窗口

总之，在调试的过程中我们是根据观察相关窗口值的变化情况来判断程序是否正确的，因此，调试时对窗口的使用显得尤为重要。其他窗口将在以后的项目中逐步介绍。

3）项目的仿真调试

为了进行调试，我们在源程序中制造一个错误，将 MOV P1,#11111110B 改成 MOV P1,#00000001B。项目本来的目的是要点亮 P1.0 引脚上的发光二极管，下面我们来看看如何利用 Keil 的仿真调试发现错误并进行修改。

（1）进入调试状态

进入调试状态后，界面显示如图 1.32 所示，界面显示工程窗口、文件编辑窗口和输出窗口。调试窗口寄存器页除显示 r0～r7、a、b、dptr、sp、psw、pc 各寄存器的初始（即单片机复位时）值外，还包括 states 和 sec 两个程序执行状态，其中 states 显示的是程序执行的机器周期数，sec 表示程序的执行时间。

程序执行箭头指向即将执行的指令，即 PC 所对应的 0000H 单元，表示复位后程序将从 0000H 单元开始执行，修改 PC 值为 0030H 单元会发现箭头也会跟着执行该单元所对应的指令。

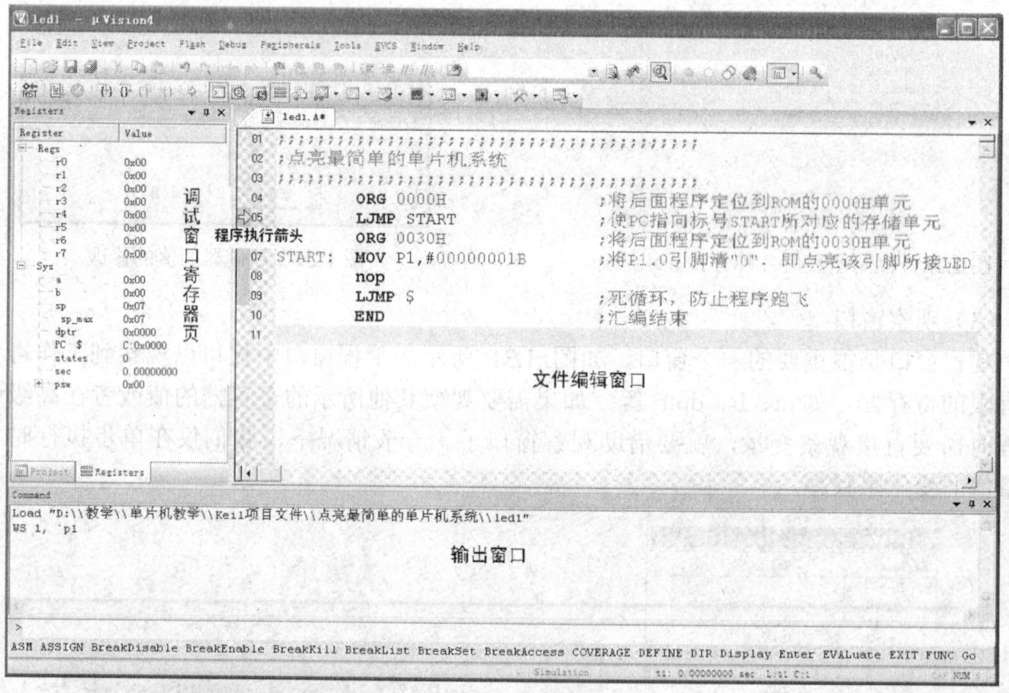

图 1.32　调试状态界面

（2）相关窗口调入

程序执行后的效果应该是将 P1.0 引脚（即 P1 寄存器的第 0 位）置 0，点亮该引脚上的发光二极管，其他引脚置 1，灯不亮。为此我们需要观察 P1 寄存器的相应位是否为预期值，选择“Peripherals”→“I/O-Ports”→“Port1”调入 P1 寄存器观察窗口。为了查看程序及数据的存放情况，还可以选择“View”→“Memory Window”调入存储器窗口。调入窗口如图 1.33 所示。

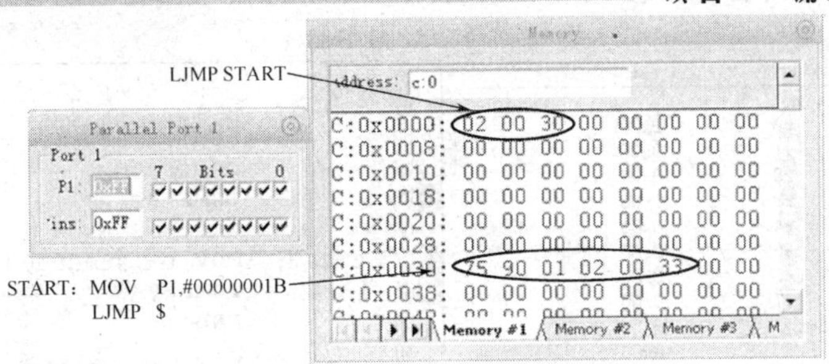

图 1.33　P1 及 Memory 窗口

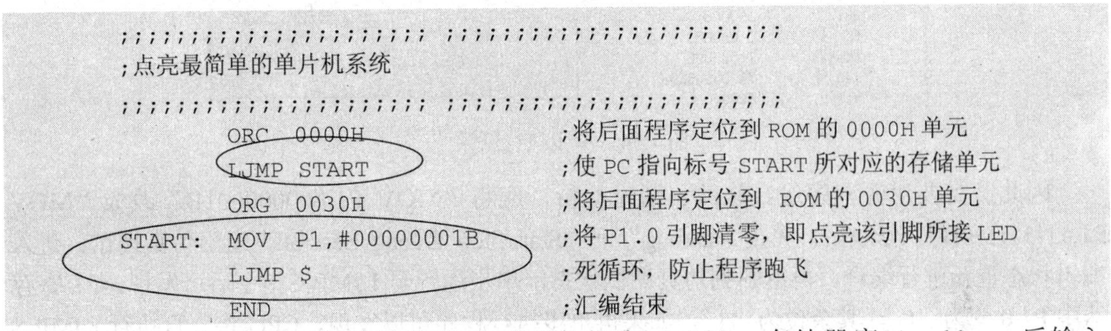

```
;;;;;;;;;;;;;;;;;;;;;;;; ;;;;;;;;;;;;;;;;;;;;;;;;;;
;点亮最简单的单片机系统
;;;;;;;;;;;;;;;;;;;;;;;; ;;;;;;;;;;;;;;;;;;;;;;;;;;
          ORG  0000H               ;将后面程序定位到 ROM 的 0000H 单元
          LJMP START               ;使 PC 指向标号 START 所对应的存储单元
          ORG  0030H               ;将后面程序定位到 ROM 的 0030H 单元
START:    MOV  P1,#00000001B       ;将 P1.0 引脚清零，即点亮该引脚所接 LED
          LJMP $                   ;死循环，防止程序跑飞
          END                      ;汇编结束
```

调入窗口后，P1 各位为初始值“1”（各位为‘√’），存储器窗口 address 后输入“c:0”可以观察源程序机器代码在 ROM 中的存放情况，见椭圆中的内容。再和源程序进行比较可以发现如下知识点：

① 只有椭圆内的可执行指令会被翻译成机器代码存放到 ROM 中让单片机执行；伪指令 ORG、END 不被翻译成机器代码，只是起代码存储定位及汇编结束等指示性作用。被 Keil 软件执行，LJMP START 指令的机器代码从 0000H 单元开始存放，而“MOV P1,#00000001B”及其后面的程序代码将从 0030H 单元开始存存放。

② 标号实际上就是为某个存储单元起的名字，程序中“START”标号本质代表 ROM 的 0030H 单元地址。“LJMP START”的机器代码为“02H 0030H”，其中，“02H”对应“LJMP”指令的机器码，即执行该指令后，将跳到 0030H 单元继续执行程序。

③“LJMP \$”指令的机器代码是“02H 0033H”，其中，“0033H”对应“\$”的机器代码，表示要跳转到 ROM 的 0033H 单元执行指令，而该指令机器代码正好是从 0033H 单元开始存放，所以“\$”代表当前指令所在 ROM 存储单元起始地址。

（3）程序仿真调试

按单步按钮 {} 或 {}，直到程序执行箭头指向“LJMP \$”指令，如图 1.34 所示。我们观察到：

① 寄存器页的“PC \$”（即 PC 当前值）由初始值 0000H 变为 0033H，即接下来将执行 0033H 单元的指令代码。

② states 的值为 4，表示单片机总共执行了 4 个机器周期。

③ sec 值表示程序执行时间为 0.000 004 00 s，即 4 μs，（晶振为 12 MHz）。

④ 最重要的是，观察 P1 寄存器窗口可以发现：P1 各位（即 P1 口对应的 8 个引脚电平）由原来的初始值 11111111 变成了 00000001，即 P1.1～P1.7 7 个引脚呈现低电平，相应发光二极管亮，而 P1.0 脚上为高电平，发光二极管不亮，没能达到项目要求。

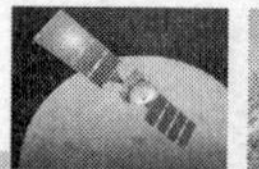

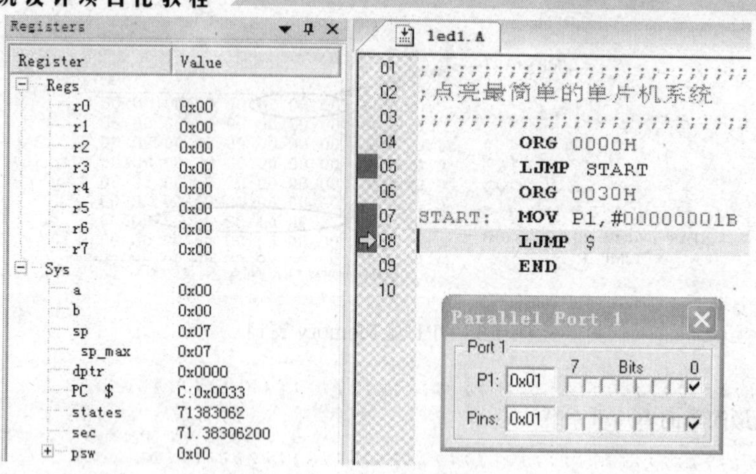

图 1.34　单步执行结果

因此，需要对源程序进行修改。通过分析，应将“MOV P1,#00000001B”改成“MOV P1,#11111110B”。修改后，单击“Debug”→“Start/Stop Debug Session”退出仿真调试，进入编辑状态重新进行编译，再返回到仿真调试状态，单步运行至 LJMP $指令后可发现：P1 寄存器中 P1.0 变为“0”，其余位为“1”，如果再单步执行程序可以发现，CPU 将一直执行 LJMP $ 指令，形成死循环，而 P1 口的值保持不变，从而实现了项目要求的功能，完成调试。

总之，仿真调试实际上就是利用集成开发环境（μVision）中的仿真调试软件模拟单片机执行程序，编程人员通过观察相应窗口所显示的运行结果，并不断修改源程序使之最终达到项目功能要求的过程。

1.1.4　系统软硬件联合仿真

1.1.3 节介绍的仿真调试仅仅利用集成开发环境（μVision）中的仿真调试软件对应用程序进行模拟仿真，这种仿真可以大致确定软件的正确性。但硬件电路设计是否正确？软件灌入硬件电路 ROM 后能否正常工作？正常工作后能否达到预期效果？这些问题则必须通过软硬件联合仿真调试才能得到解决。

Proteus 软件组合了高级原理布图、混合模式 SPICE 仿真、PCB 设计以及自动布线来实现一个完整的电子设计系统。作为单片机教学，可以利用该软件对多种类型的单片机进行软硬件联合仿真。其中，对于 8051 系列单片机系统的仿真，具有以下特点。

（1）全部 8051 指令系统和 SFRs。

（2）所有 I/O 操作。

（3）所有片上外设的各种操作模式：包括 Timers、UART。

（4）所有中断模式。

（5）包括光耦，存储器，多种串行通信，直流、步进和伺服电机，键盘，显示、喇叭等多种单片机系统外围器件仿真模型。

（6）内部产生处理器时钟以优化经济结构性能，I/O 和其他事件定时器精确至一个时钟相位。

（7）程序和外部数据存储器能被仿真为内部模型，以提高吞吐量，或仿真为外部模型

以验证硬件设计。

（8）提供内部一致性代码检查功能。

（9）完整集成 ISIS 的源码级调试和源码管理系统。

（10）支持集成 Keil 等第三方编译器和调试器。

总之，该软件是一款功能强大的单片机系统仿真软件，对于单片机的教学起到了较好的辅助作用。利用 Proteus 软件进行单片机系统仿真的步骤如下：

（1）绘制原理图。

（2）单片机软件处理。

（3）软硬件联合仿真调试。

1. 原理图的绘制

电路原理图是由电子器件符号和连接导线组成的图形。在图中，器件有编号、名称、参数等属性，连接线有名称、连接的器件引脚等属性。电路原理图的设计就是放置器件并把相应的器件引脚用导线连接起来，并修改器件和导线的属性。可以按照以下步骤逐步完成设计。

1）建立设计文件

双击桌面 ISIS.EXE 文件出现如图 1.35 所示界面，整个界面被分为 3 个区域，即图形编辑窗口、对象预览窗口、对象选择器窗口。

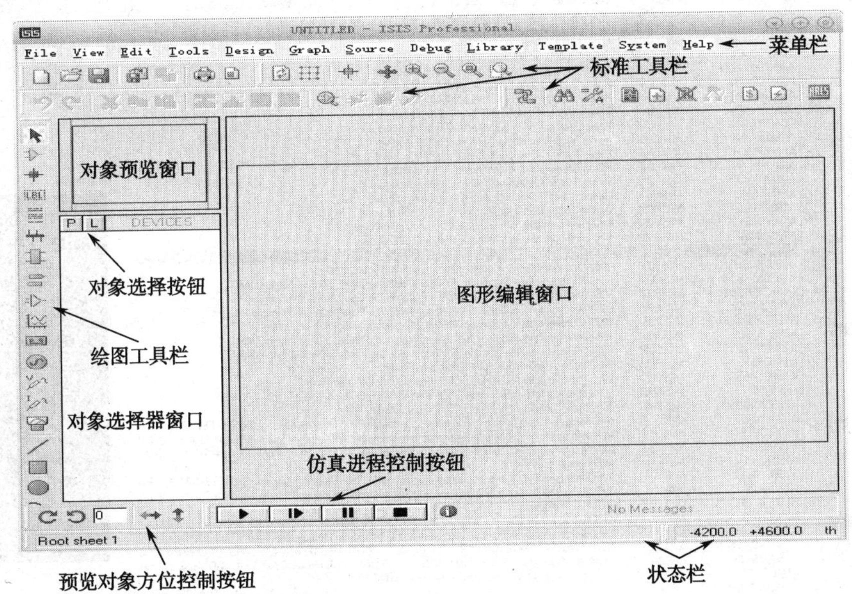

图 1.35 Protuse 工作界面

（1）图像编辑窗口显示正在编辑的电路原理图。

（2）对象预览窗口显示整个图纸布局和要放置的器件及方向。

（3）对象选择器窗口显示选择的工具子类型或器件名称。

此外，还包括菜单栏、标准工具栏、绘图工具栏、状态栏、对象选择按钮、预览对象方位控制按钮、仿真进程控制按钮等。

单击“File”→“New Design”或新建设计，将打开图纸选择窗口，选择合适的图纸类

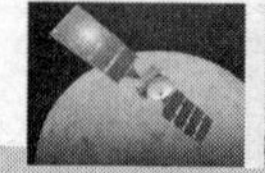

型，确认后自动建立一个默认标题（UNTITLED）的文件，再选择“File”→“Save Design As”将文件另存为 led1.dsn（其中后缀名.dsn 表示设计文件）。

2）放置器件对象

（1）器件的选择

器件是电路的主体，要在图形编辑窗口绘制电路图，首先应从器件库中选择器件到对象选择器窗口。单击工具箱左上角的“P”按钮，弹出“Pick Devices”界面，如图 1.36 所示。在“Keywords”窗口填上器件名称，可自动搜索到所要的器件，或在“Category”窗口（种类）选择器件类型库，再从“Results”窗口选择具体器件；双击器件名称将进入对象选择器工具箱中。注意，右边的两个“Preview”窗口可以看到选择器件的原理图符号和 PCB 封装形式，如原理图窗口显示“No Simulator Model”的器件将不能仿真调试。

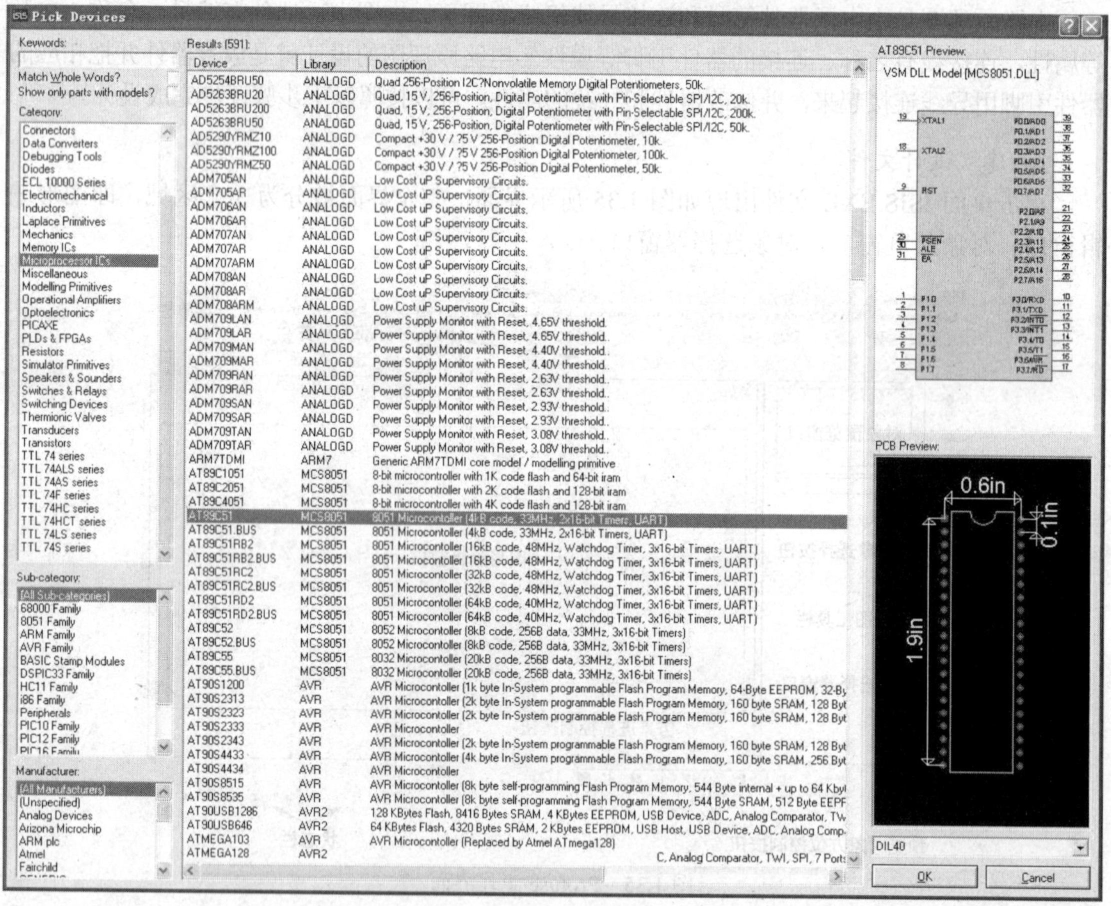

图 1.36　添加器件（Pick Dvices）窗口

根据该项目的原理图可知，该项目硬件电路包括 AT89S51 单片机、5 V 电源、12 MHz 晶振、30 pF 瓷片电容、10 μF 极性电容、1 kΩ电阻、发光二极管等器件。因此，首先应将这些器件选出放入对象选择器工具箱中。请注意，Proteus 仿真软件已经将单片机电源部分包含在单片机仿真模型内，因此不需要画电源电路；该版本软件中没有 AT89S51 单片机，可采用 AT89C51 来代替，不会影响仿真结果。器件选择后，对象选择器工具箱如图

1.37 所示。

（2）放置器件

接下来选择系统器件放到图形编辑窗口，如图 1.38 所示。注意电源、地等终端器件的放置方法：编辑窗口中单击鼠标右键，选择“Place”→“Terminal”→“POWER”，如图 1.39 所示。

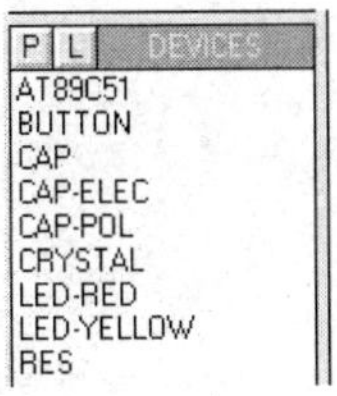

P L DEVICES
AT89C51
BUTTON
CAP
CAP-ELEC
CAP-POL
CRYSTAL
LED-RED
LED-YELLOW
RES

图 1.37　所添加器件

（3）放置连线

Proteus 连线十分方便，只需将鼠标指针移动到需要连线的器件端子处单击左键即可。总线的绘制电路图如图 1.39 所示，选择“Place”→“Terminal”→“BUS”，绘制完成的电路图如图 1.40 所示。注意：总线进行连线时，必须对分支线进行标号，标号相同的分支线相连接，如图中的 P1.0～P1.7。

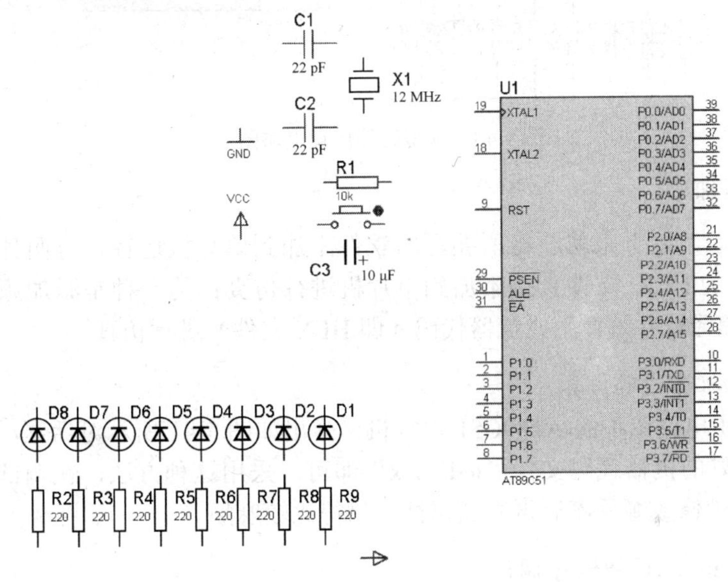

图 1.38　器件放置

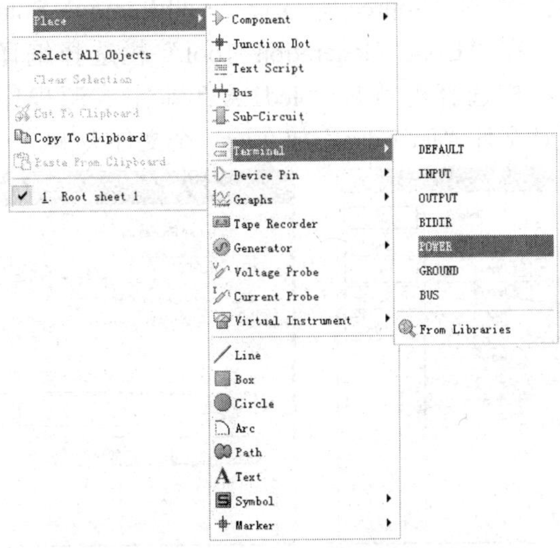

图 1.39　电源、地等终端器件的放置

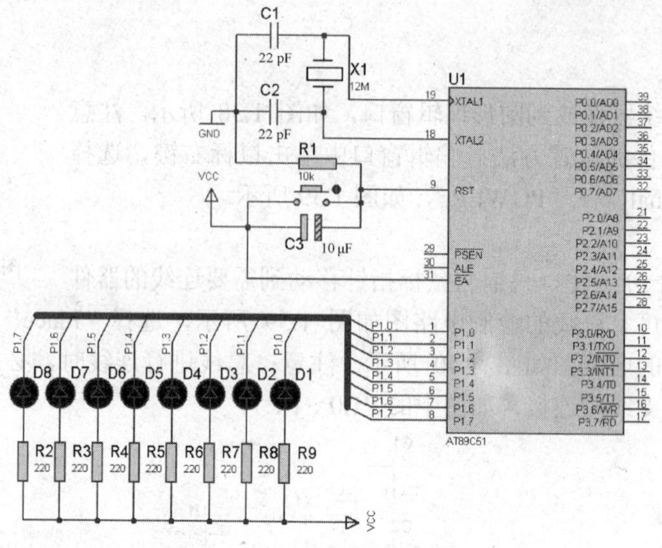

图 1.40　系统硬件仿真电路图

2. 软件的添加

电路搭建好后，接下来就要将所编写的软件添加到单片机运行，有两种方法：一种是将 Keil 编译好的.HEX 文件直接添加到单片机进行仿真；另一种是添加源程序，再利用 Proteus 自带的编译软件编译生成机器代码（即.HEX 文件）进行仿真。

1）直接添加机器代码仿真

鼠标左键双击电路图中的 AT89C51 单片机，弹出如图 1.41 所示对话框，在 Program 栏中选择添加编译好的机器代码文件“led1.hex”即可。采用这种方法，在调试的过程中遇到问题需要到 Keil 中修改源程序后再添加调试，显得比较麻烦。

2）利用 Proteus 编译源程序调试

（1）添加源程序

右击单片机或单击菜单栏的“Source”，选择“Add/Remove Source Code Files”后出现如图 1.42 所示对话框，在“Code Generation Tool”栏选择编译工具“ASEM51”，在“Source Code Filename”栏选择源程序“led1.A”即完成源程序添加。注意，源程序“led1.A”要与 Proteus 设计文件“led1.dsn”放在同一个文件夹中。

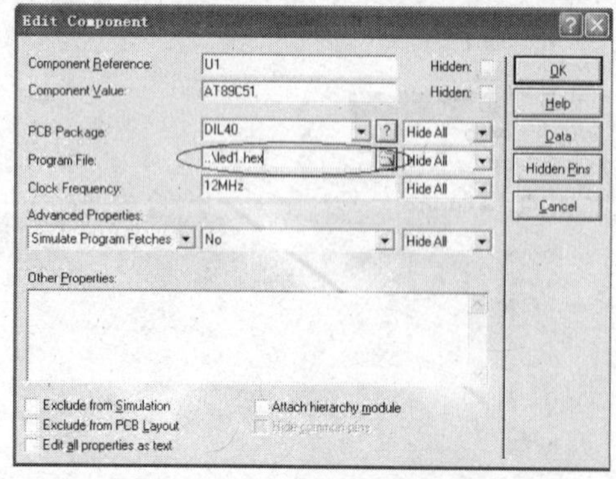

图 1.41　添加机器代码到单片机

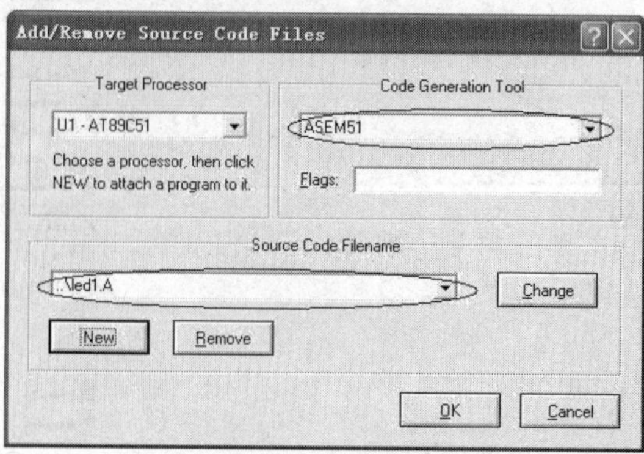

图 1.42　添加源程序对话框

（2）编译源程序

单击“Source”→“Build All”对源程序进行编译生成机器代码，之后即可进行仿真调试。在调试过程中单击“Source”→“led1.A”即可打开源程序编辑窗口修改源程序。

3. 软硬件联合仿真调试

1）全速运行程序

程序添加完成将可以进行系统的软硬件联合仿真调试了。同理，为了便于调试过程的理解，将“MOV P1,#11111110B”改成“MOV P1,#00000001B”。单击仿真进程控制按钮 ▶ 程序开始全速运行，可以发现 P1.1～P1.7 引脚上的灯亮，而 P1.0 引脚上的灯未亮，如图 1.43 所示。这说明程序有问题，需要找出问题并修改源程序。

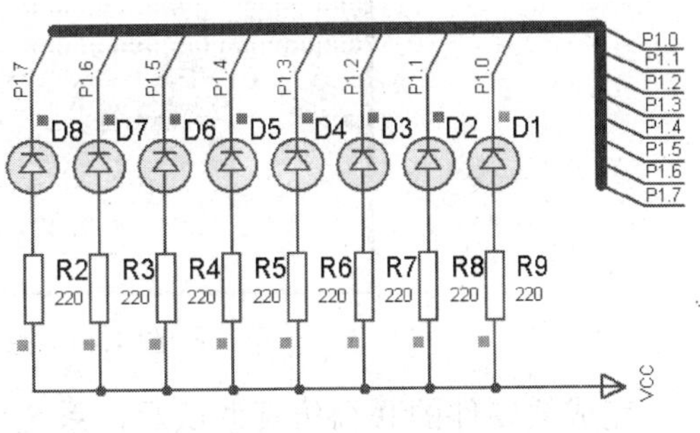

图 1.43　全速运行结果

2）观察窗口、查找错误

单击按钮 ❚❚，程序暂停执行，再右击单片机，显示如图 1.44 所示窗口选择栏。选择寄存器窗口和源代码窗口可以观察程序运行的相关信息，如图 1.45 所示。可以发现 P1 寄存器数据为十六进制 01H，即引脚电平为 00000001B，这说明 P1 寄存器赋值错误，不能达到项目要求，应送 11111110B。

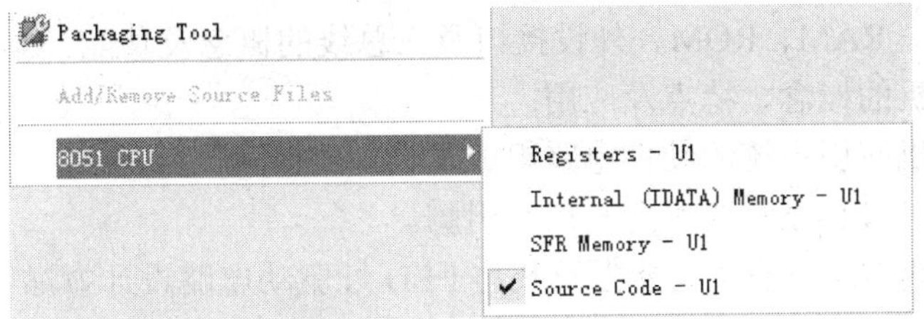

图 1.44　观察窗口选择条

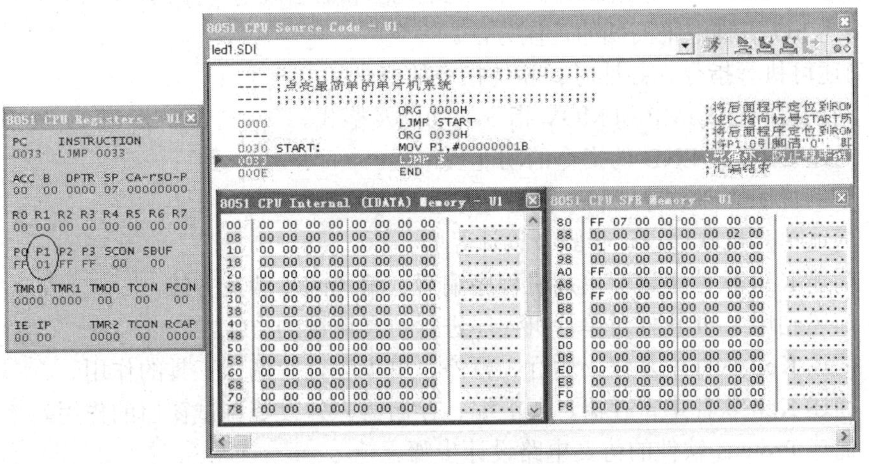

图 1.45　寄存器、源代码窗口

3）源程序修改

单击“Source”→“led1.A”，打开源程序编辑器，如图 1.46 所示，将源程序中的“MOV P1, #00000001B”改成“MOV P1, #11111110B”。完成程序修改，再编译运行即可达到系统功能要求，完成调试。

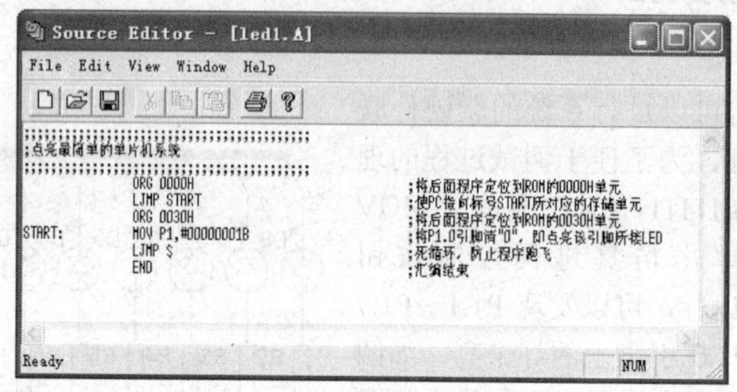

图 1.46 源程序编辑器窗口

完成软硬件的联合仿真调试后，系统设计可暂告一段落，有兴趣的读者可以开始做自己的电路板了。需要说明的是，由于这个程序比较简单，我们没有用到单步运行、断点设置等调试工具，它们将在以后的调试过程中进一步讲解。

思考与练习题 1

1. 简答题

（1）简述 CPU、RAM、ROM、外设接口及三总线的概念及功能。

（2）简述单片机的概念、特点及应用。

（3）简述单片机应用系统的硬件电路组成及设计经验。

（4）简述单片机最小系统的概念及相关引脚。

（5）简述单片机 I/O 口的驱动能力及其与 LED 灯驱动电路设计方法。

（6）简述单片机程序执行过程及 PC 寄存器的作用与特点。

（7）简述 AT89S51 单片机存储器结构、地址范围和命名规则（含 RAM、ROM 和 SFR）。

（8）简述 I/O 引脚电平高低的控制方法。

（9）简述可执行指令、寻址方式和伪指令的概念。

（10）简述可执行 LJMP 和 MOV 指令的功能及格式。

（11）简述 ORG 和 END 伪指令的功能及格式。

（12）举例说明立即数寻址和直接寻址的概念与区别。

（13）简述单片机软件设计步骤及设计经验。

（14）简述 Keil 软件中进行单片机程序编写、编译的步骤及方法。

（15）简述利用 Keil 软件对单片机程序进行仿真调试的方法。

（16）简述 Keil 软件中复位、运行、暂停、单步运行等调试工具的作用。

（17）简述 Keil 软件中寄存器、反汇编、存储器、外设等调试窗口的作用。

（18）简述 Proteus 软件的仿真电路设计步骤。

2. 设计题

（1）利用 Keil 软件完成灯亮灭控制程序的编写、编译及仿真调试。

（2）完成灯亮灭控制系统的 Proteus 软硬件仿真设计。

（3）设计任意 LED 灯亮灭的控制程序的编写，并完成程序的编写、编译及软硬件仿真调试。

（4）完成教程实验电路板 I 的制作，即灯亮灭控制系统的硬件实物电路，并下载程序完成软硬件联合调试（实物电路板 I 要求引出 I/O 引脚及电源线，以便于在此实物电路基础上进行后续系统的功能扩展。）

注：程序设计题全部要求完成流程图绘制、软件的编写、编译及软硬件仿真调试等功能，并按要求撰写设计报告。

任务 1.2　LED 灯的闪烁及流动显示

任务要求

设计软件利用单片机内部资源实现延时并控制灯的闪烁及流动显示，具体要求如下。

（1）软件延时实现灯的闪烁及流动显示。

（2）定时器查询方式控制灯的闪烁及流动显示。

（3）定时器中断方式控制灯的闪烁及流动显示。

（4）系统的软硬件仿真调试

教学目标

（1）掌握时钟周期、机器周期和指令周期的概念。

（2）掌握汇编语言循环程序、子程序及中断服务子程序的编写方法。

（3）掌握软件延时程序的编写。

（4）掌握单片机内部定时器的基本结构、寄存器及其工作原理。

（5）掌握定时器查询方式延时程序的设计方法。

（6）掌握单片机中断系统的含义、结构、寄存器及其工作原理。

（7）掌握中断服务程序的编写步骤。

（8）掌握定时中断延时程序的编写方法。

（9）掌握汇编语言循环程序、子程序、中断服务子程序等相关指令的使用。

（10）进一步掌握 Keil 及 Proteus 调试功能的使用。

1.2.1　软件延时子程序控制灯的闪烁及流动

1. 如何实现灯的闪烁及流动

1）闪烁及流动显示原理

灯的闪烁即灯亮—灭—再亮—再灭……，所以要实现灯的闪烁，首先应能控制灯的亮

灭， P1.0 引脚置 0 灯亮，置 1 灯灭。闪烁的快慢可以通过控制亮灭的间隔时间实现，这便涉及时间控制的问题。

对于灯的流动显示，先假设一盏灯向左流动显示，即灯亮的顺序为 D1—D2—…—D7—D1—D2…，其实现方法是先将 P1.0 引脚置 0，其他口置 1，点亮 D1，间隔时间到后，将 P1.1 引脚置 0，其他口置 1，点亮 D2……依次循环下去。

因此，不管是闪烁还是流动控制，都需要延时，下面首先学习延时程序的设计。

2）如何进行时间控制

时间控制方法有两种：一种是软件延时，它利用单片机执行指令所耗时间来实现延时；另一种是利用单片机内部定时器实现延时。

2. 软件延时程序设计

软件延时的前提是单片机 CPU 执行指令要花时间，而 NOP 指令更是专门为软件延时设计的指令之一，要控制延时时间，首先应弄清楚执行一次指令要花多长时间。因此有必要学习单片机的时序。

1）单片机的时序

（1）时钟周期

时钟电路所提供给单片机的时钟信号周期，单片机内部所有电路的工作时钟都来自于此，当时钟电路晶振频率为 12 MHz，它的时钟周期就是 1/12 μs。

（2）机器周期

单片机工作时，是逐条地从 ROM 中取指令，然后逐步执行。单片机访问一次存储器的时间，称之为一个机器周期，这是一个时间基准。一个机器周期包括 12 个时钟周期，如果一个单片机选择的时钟频率为 12 MHz，那么它的时钟周期就是 1/12 μs，机器周期则为 12×(1/12) μs，也就是 1 μs。

（3）指令周期

所谓指令周期就是 CPU 执行一条指令所花的时间。51 单片机的所有指令中，有一些完成得比较快，只要一个机器周期就行了，有一些完成得比较慢，需要 2 个机器周期，还有两条指令需要 4 个机器周期才能完成。NOP 指令属单机器周期指令。

从上面的分析可知，时钟频率的快慢直接影响单片机指令的执行效率及定时精度，AT89S51 单片机的时钟信号频率范围为 0～33 MHz，我们选取 12 MHz，所以执行一次 NOP 指令花 1 μs。

2）单循环 1 ms 软件延时程序设计

根据上面的分析可知，执行一次 NOP 指令耗时 1 μs，假设延时 1 s（即 10^6 μs），则需要执行 NOP 指令 10^6 次，我们不可能在程序中写 10^6 条 NOP 指令，利用循环结构可以很好地解决这个问题。

（1）单循环程序设计

本循环为循环次数控制的循环程序，其基本流程图如图 1.47 所示。

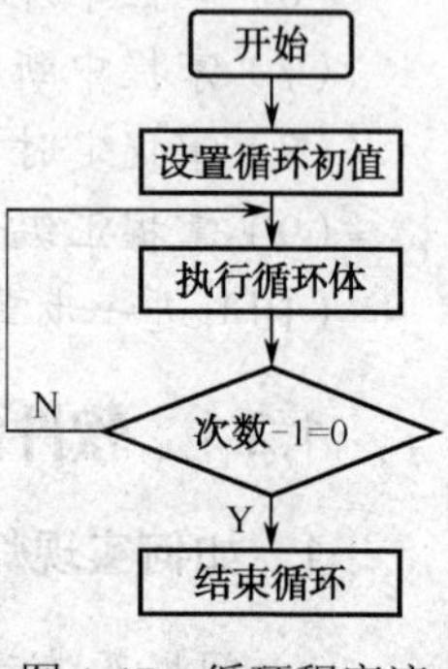

开始
设置循环初值
执行循环体
次数−1=0
N
Y
结束循环

图 1.47　循环程序流程图

① 循环程序包括设置循环初值、循环体、循环次数修改及终值判断（循环条件判断）等。其中，循环体、循环次数修改及条件判断

为需要多次重复执行的程序块，而循环次数则取决于初值与终值之差和循环次数的增量。

② 执行整个循环程序的耗时为：

$$t=\text{赋初值时间}+\text{循环次数}\times(t_{\text{循环体}}+t_{\text{次数}-1\text{及条件判断}})+\cdots$$

（2）1 ms 延时程序设计

① 程序功能分析。

单片机采用 12 MHz 晶振，机器周期为 1 μs，要实现 1 ms 软件延时，即需单片机执行 1 000 个机器周期。

② 算法确定。

采用循环程序，循环执行指令 1 000 个机器周期。

③ 程序流程图。

从循环程序的结构分析可知，循环程序包括设置循环初值、循环体、次数修改及循环条件判断等部分。

- 设置循环次数及初值。利用通用寄存器 R0 存放循环次数，赋初值 200 表示循环 200 次（注意，R0 为 8 位寄存器，存放数据范围为 0～255）。
- 循环次数修改及条件判断。利用汇编指令 DJNZ 能实现该两项功能，注意其执行时间为 2 个机器周期，即 2 μs，且该指令要执行 200 次，耗时 400 μs。
- 循环体。DJNZ 指令耗时 400 μs，还需 600 μs，循环体共执行 200 次，则每次耗时应为 3 μs，所以循环体安排 3 条 NOP 指令即可。当然，赋初值指令将耗时 1 μs，整个延时程序执行时间为 1001 μs。

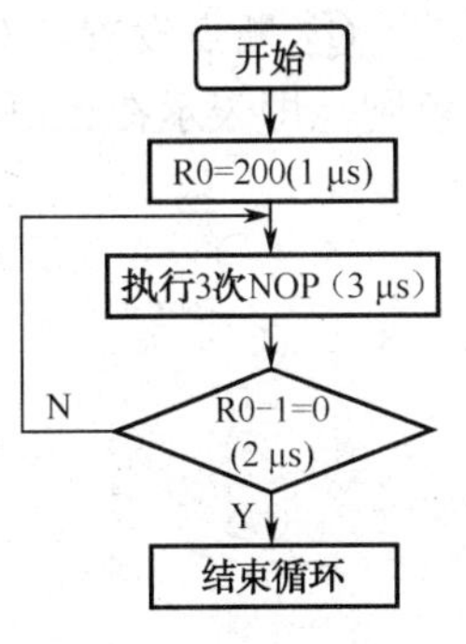

图 1.48　1 ms 延时程序流程图

软件延时程序流程图如图 1.48 所示。

④ 汇编语言源程序。

```
DELAY1 ms:  MOV R0,#200          ;设置循环次数及初值，1 μs
LP1:        NOP                  ;循环体，执行三次 NOP，3 μs
            NOP
            NOP
            DJNZ    R0,LP1       ;循环次数及条件判断，2 μs
```

⑤ 关键指令说明。

```
DJNZ    R0,LP1
```

该指令为条件跳转指令，双机器周期指令，执行时间为 2 μs，CPU 执行该指令将完成以下操作：

- R0=R0−1，即将 R0 的内容减 1。
- 减 1 后判断 R0 是否为 0。
- 不为 0 则跳到标号 LP1 处执行循环程序，否则执行 DJNZ 下一条指令（退出循环）。

可以看出，利用这一条指令便实现了循环次数修改及条件判断的功能，以后的循环程序中会经常使用这条指令。各指令的执行时间见源程序注释，其他指令可查阅指令表。

⑥ 寻址方式。

寄存器寻址，将操作数存放在寄存器中，寄存器包括 R0～R7、A、B 等。

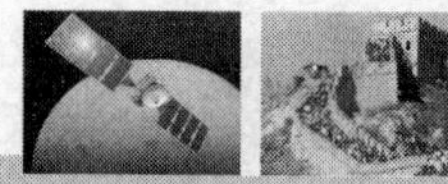

程序中的“MOV R0,#200”指令，指令功能是将十进制数 200 送入寄存器 R0 中，目的操作数 R0 便为寄存器寻址方式。

⑦ 时间计算。

$$t=1+200\times(3+2)=1\ 001\ \mu s$$

（3）程序调试仿真。

当然，上面不是一个完整的程序，要利用 Keil 软件对其进行调试，则必须加上汇编结束伪指令 END。注意，可以不使用 ORG 伪指令定位机器代码，此时，编译程序自动将机器代码从 ROM 的 0000H 单元开始顺序存放。同时，为了防止程序跑飞还在程序结束之前加上“LJMP $”指令。

源程序编写好后，建立项目 delay1 ms（注意将晶振设为 12 MHz），并调入源程序进行编译，再进入仿真调试环境，设置断点，程序运行后，界面如图 1.49 所示。

使用单步调试工具可以逐条执行程序语句并观察其运行结果，而利用断点调试工具可以调试某个程序块。按下列步骤调试：

① 断点设置。双击“LJMP $”语句前的程序执行箭头（如图 1.49 所示），显示一个红色圆点即表示在该语句处设置了一个断点，再双击该箭头则取消断点。

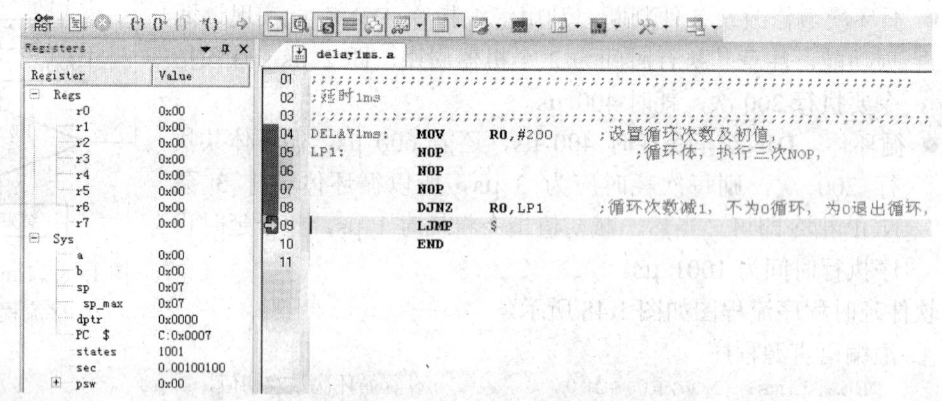

图 1.49 断点调试延时程序界面

② 运行程序。断点设好后，单击全速运行按钮，程序将被执行到断点处，并在各窗口显示相关信息。

③ 查看运行结果。states 显示为 1 001，sec 显示为 0.001 001 00 s，分别表示该程序段执行了 1 001 个机器周期和 0.001 001 00 s（即 1 001 μs）满足延时要求。否则修改源程序，直到调试通过。

3）多重循环 1 s 软件延时程序设计

前面的程序中使用了寄存器 R0 存放循环次数，赋值 200，延时 1 ms，依此类推，如果给 R0 赋值 200 000 就可以实现 1 s 的延时。但由于 AT89S51 为 8 位单片机，除 PC 和 DPTR 外，其余都是 8 位存储器单元，最大存储数据为 255，因此，要实现更长时间的软件延迟，可考虑采用多重循环。

（1）算法确定及流程图

延时 1 s 需循环执行 1 ms 软件延时 1 000 次，由于寄存器位数受限，将 1 000 拆分为

100×10，即先设计 10 ms 延时程序，再循环调用 10 ms 延时程序 100 次即可，分别采用 R0～R2 存放循环次数，流程图如图 1.50 所示。

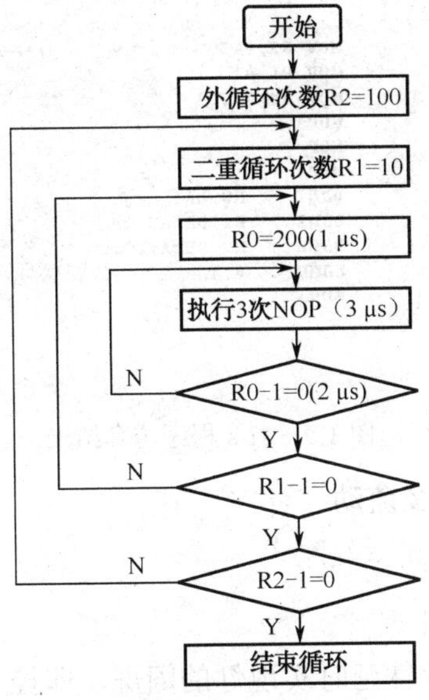

图 1.50　1 s 延时程序流程图

（2）汇编语言源程序

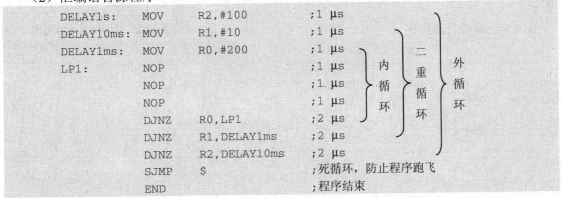

```
DELAY1s:    MOV    R2,#100          ;1 μs
DELAY10ms:  MOV    R1,#10           ;1 μs
DELAY1ms:   MOV    R0,#200          ;1 μs
LP1:        NOP                     ;1 μs
            NOP                     ;1 μs
            NOP                     ;1 μs
            DJNZ   R0,LP1           ;2 μs
            DJNZ   R1,DELAY1ms      ;2 μs
            DJNZ   R2,DELAY10ms     ;2 μs
            SJMP   $                ;死循环，防止程序跑飞
            END                     ;程序结束
```

（内循环：LP1 至 DJNZ R0,LP1；二重循环：DELAY10ms 至 DJNZ R1,DELAY1ms；外循环：DELAY1s 至 DJNZ R2,DELAY10ms）

（3）程序执行时间计算

多重延时程序时间计算由内至外进行，计算公式如下：

$$t = 100\times(10\times(200\times(3+2)+1+2)+1+2)+1 = 100\,3301\ \mu s$$

这是程序执行的精确时间，因为在设计源程序时，仅考虑内核 1 ms 程序循环执行 1 000 次，但要完成这个任务，还需要很多指令的配合，这些指令的执行也是要花时间的。设计源程序时的粗略估算对于精度要求不高的场合影响不大。

（4）软件仿真调试

保存源文件，建立项目，添加源文件，编译后进入仿真调试状态，设置断点并运行，显示结果如图 1.51 所示，结果符合设计预期。

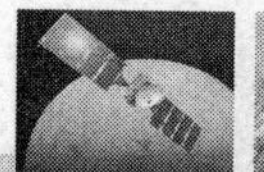

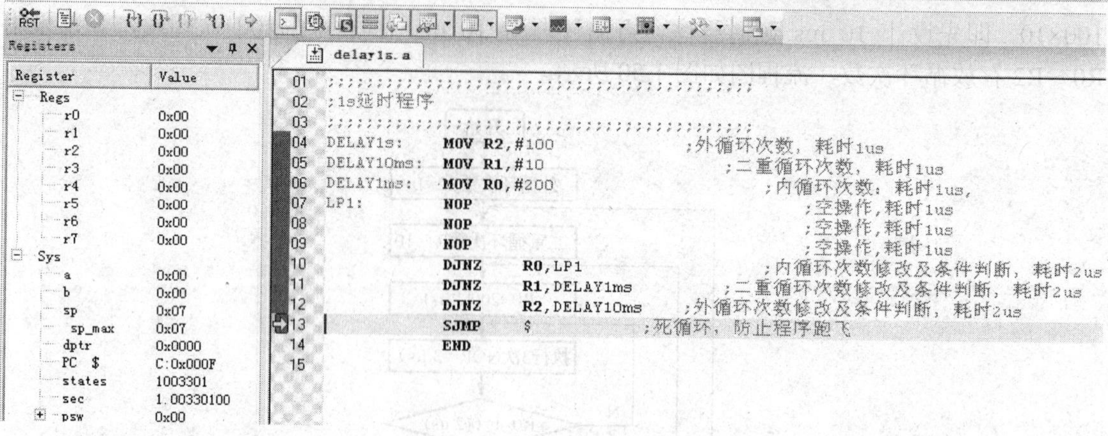

图 1.51　1 s 程序仿真结果

3. 软件延时实现灯的闪烁及流动

1）软件延时实现灯闪烁

（1）系统功能分析及流程图

此系统的主要功能是利用软件延时实现灯的闪烁，即控制某盏灯亮—延时—灯灭—延时—再亮—延时—再灭—延时……因此，主程序实际是一个循环程序，流程图如图 1.52 所示。

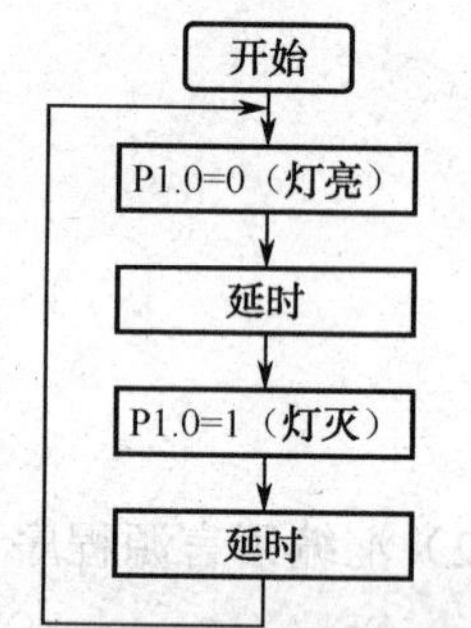

图 1.52　灯闪烁显示流程图

（2）汇编语言源程序

```
            ORG     0000H
            LJMP    START
            ORG     0030H
START:      CLR     P1.0            ;P1.0=0，灯亮
;;;;;;;;;;;;;;;;;;;;;;;;;;;;;;;;;;
; 延时 1 s
;;;;;;;;;;;;;;;;;;;;;;;;;;;;;;;;;;;;;;;;;;;;;;;;;;;;;;;;;
DELAY1s:    MOV     R2,#100
DELAY10ms:  MOV     R1,#10
DELAY1ms:   MOV     R0,#200
LP1:        NOP
            NOP
            NOP
            DJNZ    R0,LP1
            DJNZ    R1,DELAY1ms
            DJNZ    R2,DELAY10ms
            SETB    P1.0            ;P1.0=1，灯灭
;;;;;;;;;;;;;;;;;;;;;;;;;;;;;;;;;;
; 延时 1 s
;;;;;;;;;;;;;;;;;;;;;;;;;;;;;;;;;;;;;;;;;;;;;;;;;;;;;;;;;
DELAY1s1:   MOV R2,#100
DELAY10ms1: MOV R1,#10
DELAY1ms1:  MOV R0,#200
```

```
LP11:       NOP
            NOP
            NOP
            DJNZ    R0,LP11
            DJNZ    R1,DELAY1ms1
            DJNZ    R2,DELAY10ms1
            LJMP    START           ;跳转到START处，灯亮
            END
```

注意，此程序中未加“LJMP $”指令，因为程序本身就是一个死循环，一直执行置0、置1及延时程序。

（3）关键指令

① CLR （位置0）。

指令格式：CLR　bit，（bit表示某个位寻址单元，如P1.0）。

指令功能：将某位置0，双字节指令。“CLR P1.0”将P1.0引脚置0，灯亮。

② SETB（位置1）。

指令格式：SETB bit。

指令功能：将某位置1，双字节指令。“SETB P1.0”将P1.0引脚置1，灯灭。

（4）寻址方式

前面讲的寻址方式都是按字节进行操作，如“MOV R2,#100”指令是对寄存器R2（8位）进行赋值。而所谓位寻址，是对某位进行操作，如程序中的“CLR P1.0”指令，指令功能是将P1寄存器中的P1.0位清“0”。利用位寻址方式可以很方便地对某些特定位进行赋值及逻辑运算操作。

（5）仿真调试

建立项目并编译完成后，进入调试状态，调出P1窗口，全速执行程序，可以发现P1.0的内容在不停地变化。如果利用Proteus软件仿真也可以看到D1闪烁的效果，达到设计要求。

但这种设计方法使程序显得臃肿，延时程序写了两遍，存储器占用量大。采用模块化设计效果更佳，即系统程序由一个主程序和若干个子程序组成，在主程序中调用子程序，从而实现相应的程序功能。

2）延时子程序设计

（1）子程序概念

在解决实际问题时，经常会遇到一个程序中多次使用同一个程序段，为了节约存储空间，我们把这种具有一定功能的独立程序段编成子程序，如上面的延时子程序。当需要时，可以去调用这些独立的子程序，调用程序称为主程序，被调用程序称为子程序。

（2）子程序调用及返回

如图1.53所示（“[]”中代表指令所在ROM地址，仅为子程序分析用，实际程序编写则不需要）为灯闪烁控制程序，由主程序和延时子程序两部分构成，主程序需要延时的时候才转去执行延时子程序，但为了完成系统功能，延时子程序执行完毕后还得返回主程序控制灯的亮灭。首先弄清子程序是如何被调用又是如何返回的？

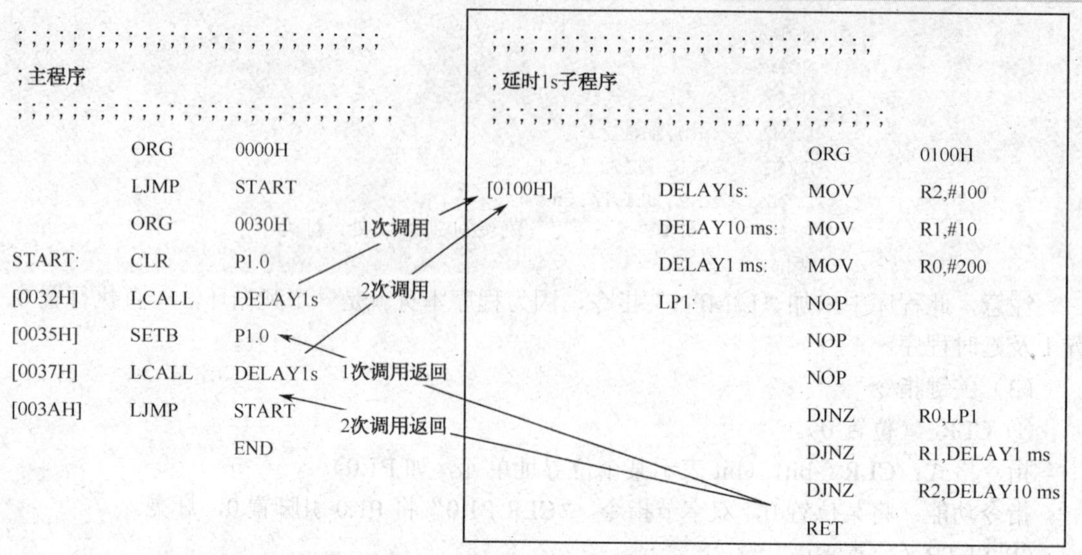

图 1.53 子程序的调用及返回

① CPU 执行哪段程序取决于指令指针寄存器 PC 的值，如图 1.53 所示，延时子程序定位在 ROM 的 0100H 单元，当 PC=0100H 时，CPU 将执行延时子程序。再以 1 次调用为例，延时子程序执行完毕后，使 PC=0035H，CPU 将返回到主程序执行“LCALL DELAY1s”后面的“SETB P1.0”语句，使灯熄灭。

② LCALL 为子程序调用指令，可完成 PC=0100H 的功能，同时进行断点地址保护；RET 为子程序返回指令，可将之前保护的断点地址送给 PC（即 PC=0035H），返回到主程序。

③ 断点地址即 LCALL 指令的下一条指令所在 ROM 地址，断点地址保护在堆栈中。

④ 堆栈，存放临时数据（如断点地址）的某段 RAM 区域。

（3）子程序调用及返回指令

① LCALL（子程序调用指令）。

指令格式：LCALL 标号，标号即子程序入口地址（子程序名），如图 1.53 中的 DELAY1s。

指令功能：CPU 执行 LCALL 指令时，依次完成以下操作：

- PC 自动加 1 指向 LCALL 下一条指令所在 ROM 单元地址即断点地址（此处为 SETB P1.0 指令所在地址单元，即 PC=0035H）。注意，LCALL 为三字节指令。
- 保护 PC 中的断点地址 0035H 到堆栈。
- 将子程序 DELAY1s 的入口地址 0100H 赋给 PC（即 PC=0100H）。

完成上述工作后，CPU 就会转向 DELAY1s 子程序取指令执行。

② RET（子程序返回指令）。

子程序必须以 RET 指令结尾，CPU 执行 RET 指令时，将取出先前保护在堆栈中的断点地址 0035H 赋给 PC（即 PC=0035H），从而使程序回到 LCALL 下一条指令（断点）处继续执行程序。

注意，LCALL 子程序调用指令必须与 RET 指令配合使用才能有效地完成子程序的调用和返回功能。

3）延时子程序实现灯的闪烁

```
;;;;;;;;;;;;;;;;;;;;;;;;;;;;;
;主程序
;;;;;;;;;;;;;;;;;;;;;;;;;;;;;;;;;;;;;;;;;;;;;;;;;;;;;;;;;;;;;;;;;;;;;;;;;
            ORG     0000H
            LJMP    START
            ORG     0030H        ;定位主程序起始地址为 0030H
START:      CLR     P1.0         ;灯亮
            LCALL   DELAY1s      ;调用 1 s 延时子程序
            SETB    P1.0         ;灯灭
            LCALL   DELAY1s      ;调用 1 s 延时子程序
            LJMP    START        ;跳到 START 处，灯亮
;;;;;;;;;;;;;;;;;;;;;;;;;;;;;;
; 延时 1s 子程序
;;;;;;;;;;;;;;;;;;;;;;;;;;;;;;;;;;;;;;;;;;;;;;;;;;;;;;;;;;;;;;;;;;;;;;;;;
            ORG     0100H        ;定位延时子程序起始地址为 0100H
DELAY1s:    MOV     R2,#100
DELAY10 ms: MOV     R1,#10
DELAY1 ms:  MOV     R0,#200
LP1:        NOP
            NOP
            NOP
            DJNZ    R0,LP1
            DJNZ    R1,DELAY1 ms
            DJNZ    R2,DELAY10 ms
            RET                  ;子程序返回
            END
```

以上是一个完整的利用延时子程序控制灯闪烁的汇编语言源程序，将该程序添加到 Proteus 进行仿真，效果非常好。但是上面延时子程序的延迟时间固定为 1 s，即闪烁的速度不好控制，要想在程序中随意控制闪烁的速度该怎么办呢？

4）带参数延时子程序实现闪烁速度的控制

控制闪烁速度的本质是控制延时时间的长短，通过前面的学习可知，控制延时时间长短可以通过控制循环次数来实现，即改变通用寄存器 R2 的值（当然也可以改变 R0 或 R1 的值）。我们在主程序中对 R2 赋值，在子程序中修改 R2 便能实现延时时间的控制。

由此可见，通过 R2 实现了主程序到子程序之间的参数传递，R2 称为子程序的入口参数。源程序如下：

```
;;;;;;;;;;;;;;;;;;;;;;;;;;;;;;
;主程序
;;;;;;;;;;;;;;;;;;;;;;;;;;;;;;;
            ORG     0000H
            LJMP    START
            ORG     0030H        ;定位主程序起始地址为 0030H
START:      CLR     P1.0         ;灯亮
            MOV     R2,#200      ;给入口参数赋值，延时 2 s
```

```
                LCALL   DELAY10 ms          ;调用延时子程序
                SETB    P1.0                ;灯灭
                MOV     R2,#50              ;给入口参数赋值，延时 0.5 s
                LCALL   DELAY10 ms          ;调用延时子程序
                LJMP    START               ;跳到 START 处，灯亮
;;;;;;;;;;;;;;;;;;;;;;;;;;;;;;;
; 带参数延时子程序，入口参数为 R2
;;;;;;;;;;;;;;;;;;;;;;;;;;;;;;;;;;;;;;;;;;;;;;;;
                ORG     0100H               ;定位延时子程序起始地址为 0100H
DELAY10 ms:     MOV     R1,#10
DELAY1 ms:      MOV     R0,#200
LP1:            NOP
                NOP
                NOP
                DJNZ    R0,LP1
                DJNZ    R1,DELAY1 ms
                DJNZ    R2,DELAY10 ms       ;修改循环次数并进行循环条件判断
                RET                         ;子程序返回
                END
```

再将此源程序添加到 Proteus 进行仿真可以发现，亮的时间长，灭的时间短，从而很好地控制了闪烁的速度。利用参数传递的方式可以使子程序的功能变得更加强大，通用性更强，后续项目中还会遇到很多带参数的子程序，希望读者认真理解。

注意，上面程序采用寄存器进行参数传递，除此之外还可以采用堆栈及存储器进行子程序参数传递。

5）延时子程序实现灯的流动显示

（1）功能分析

对于灯的流动显示，先假设一盏灯向左流动显示，即灯亮的顺序为 D1—D2—⋯—D7—D1—D2⋯，其实现方法是先将 P1.0 置 0，其他口置 1，点亮 D1，间隔时间到后，将 P1.1 置 0，其他口置 1，点亮 D2⋯⋯依次循环下去。

从上面的分析可知，我们只要依次给 P1 口送#11111110B—#11111101B—#11111011B—#11110111B—#11101111B—#11011111B—#10111111B—#01111111B—#11111110B⋯，就可以实现灯的向左移动显示，控制间隔时间就可以控制移动的速度了。

（2）循环移位指令

① RL（循环左移）。

指令格式：RL A（注意，该指令只能以累加器 A 作为操作数）。

指令功能：如图 1.54 所示，执行一次该指令，将使累加器 A 的内容依次向左移动一位，即 A.0→A.1→⋯→A.6→A.7→ A.0→⋯。例如，A 的内容为#11111110B，则执行一次“RL A”指令后，就变成了#11111101B。

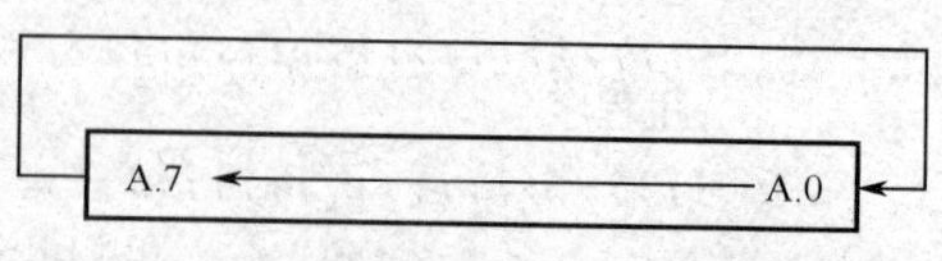

图 1.54　循环左移指令执行过程

② RR（循环右移）。

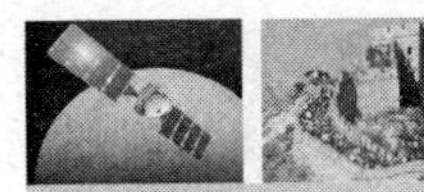

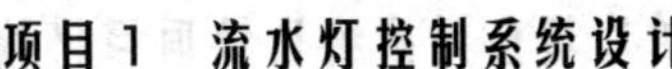

指令格式：RR A（注意，该指令只能以累加器 A 作为操作数）。

指令功能：如图 1.55 所示，执行一次该指令，将使累加器 A 的内容依次向右移动一位，即 A.7→A.6→ …→A.1→A.0→A.7→…。例如，A 的内容为#11111110B，则执行一次“RL A”指令后，就变成了#01111111B。

（3）程序流程图

综上所述，可以利用移位指令实现灯的左/右动显示。程序流程图如图 1.56 所示。

图 1.55 循环右移指令执行过程

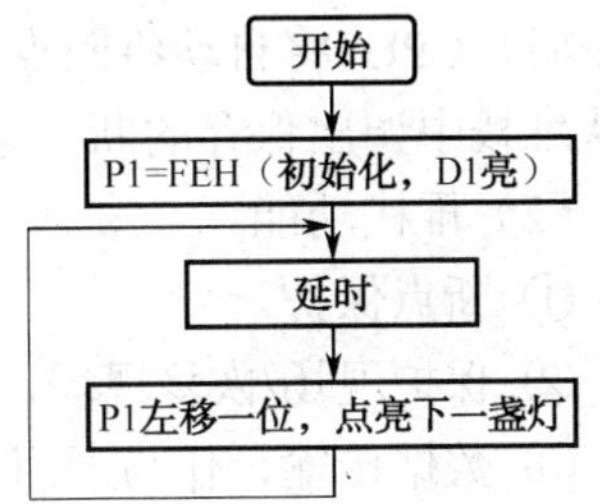

图 1.56 灯向左流动显示流程图

（4）汇编语言源程序

```
;;;;;;;;;;;;;;;;;;;;;;;;;;;;;;
;主程序
;;;;;;;;;;;;;;;;;;;;;;;;;;;;;;;;;;;;;;;;;;;;;;;;;;;;;
        ORG     0000H
        LJMP    START
        ORG     0030H
START:  MOV     P1,#0FEH            ;给 P1 口赋初值，点亮 D1
NEXT:   MOV     R2,#50              ;设置延时时间为 0.5s，实现流动速度控制
        LCALL   DELAY10 ms
        MOV     A,P1                ;下面语句实现 P1 内容循环左移 1 位
        RL      A                   ;循环指令只能以累加器 A 为操作数
        MOV     P1,A                ;点亮下一盏灯
        LJMP    NEXT                ;跳到 NEXT 处，延时
;;;;;;;;;;;;;;;;;;;;;;;;;;;;;;;
; 带参数延时子程序，入口参数为 R2
;;;;;;;;;;;;;;;;;;;;;;;;;;;;;;;;;;;;;;;;;;;;;;;;;;;;;;;;;;
                ORG 0100H
DELAY10 ms:     MOV     R1,#10
DELAY1 ms:      MOV     R0,#200
LP1:            NOP
                NOP
                NOP
                DJNZ    R0,LP1
                DJNZ    R1,DELAY1 ms
                DJNZ    R2,DELAY10 ms
                RET
                END
```

建立项目，添加源程序编译后，利用 Proteus 软件仿真，观察灯的显示情况，很好地实

现了灯的向左流动显示。如果要向右流动显示，只需将指令 RL 换成 RR 即可。

注意，程序中的 P1 赋初值点亮第一盏灯的语句不能少，否则再怎么移动，灯也不会亮，当然也不能赋初值为全亮，这些效果读者可以自己试一试。

6）选学——堆栈

（1）基本概念

堆栈是片内 RAM 的一部分，用于临时存放数据。例如，子程序操作执行 LCALL 调用指令时，CPU 将自动将断点地址保存到堆栈（压栈），当执行子程序返回指令 RET 时，自动从堆栈中调出保存的断点地址（出栈），完成断点返回功能。

（2）堆栈功能

① 断点保护。

② 保护现场/恢复现场，现场主程序调用子程序时，单片机所有 RAM 单元信息。

③ 数据传输，作为通用的数据存储单元使用。

（3）堆栈的操作

堆栈区由特殊功能寄存器堆栈指针 SP 管理，复位后 SP=07H，使得堆栈实际上是从 08H 开始的，如图 1.57 所示。但我们从 RAM 的结构分布中可知，08H～1FH 隶属 1～3 工作寄存器区，若编程时需要用到这些数据单元，通常会对堆栈指针 SP 进行初始化，原则上设在任何一个区域均可，但一般设在 30H～7FH 之间较为适宜。堆栈操作的原则是“先进后出，后进先出”，操作方法有如下两种。

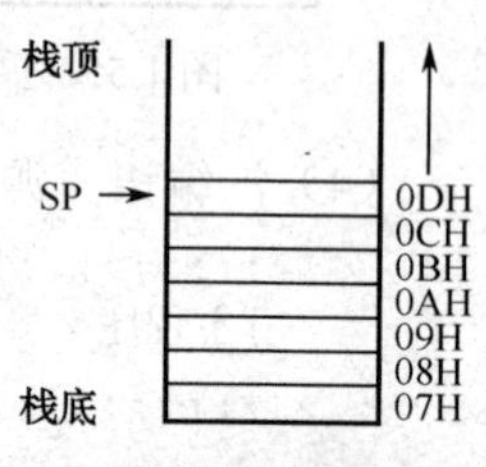

图 1.57　堆栈

① 自动方式，即在子程序调用时，返回地址自动进栈。当需要返回执行主程序时，返回的地址自动交给 PC，以保证程序从断点处继续执行，这种方式是不需要编程人员干预的。

② 人工指令方式，使用专有的堆栈操作指令进行进/出栈操作，只有两条指令：进栈为 PUSH 指令；出栈为 POP 指令。

（4）堆栈用于现场保护

假设在调用延时子程序之前，主程序中使用了 R1 及 R2 寄存器存放数据，并要求子程序执行后能恢复之前的值（设 R2=05H，R1=11H），即所谓的现场保护，子程序修改如下：

```
                ORG     0100H
                PUSH    R1                  ;R1 先进栈
                PUSH    R2                  ;R2 后进栈
DELAY1s:        MOV     R2,#100
DELAY10 ms:     MOV     R1,#10
DELAY1 ms:      MOV     R0,#200
LP1:            NOP
                NOP
                NOP
                DJNZ    R0,LP1
                DJNZ    R1,DELAY1 ms
                DJNZ    R2,DELAY10 ms
                POP     R2                  ;R2 先出栈
                POP     R1                  ;R1 后出栈
                RET                         ;子程序返回
```

① 指令说明。

● PUSH（压栈）

指令格式：PUSH direct。

指令功能：将 direct 的内容存入堆栈，执行过程如下：

a．SP=SP+1=08H

b．(direct)→(SP)，即 R1 的内容送入 RAM 的 08H 单元

● POP

指令格式：POP direct。

指令功能：将 SP 所指向的 RAM 单元内容取出放入 direct，执行过程如下：

a．(SP)→(direct)，即 RAM 的 08H 单元的内容送入 R1

b．SP=SP-1=07H

② 执行过程

如图 1.58 所示，之前 SP=07H，即执行 RAM 的 07H 单元。

压栈时：

● SP 加 1，指向 RAM 的 08H 单元，按指令安排顺序先将 R1 的内容 11H 放入 RAM 的 08H；

● SP 再加 1，指向 RAM 的 09H 单元，再将 R2 的内容 05H 放入 RAM 的 09H。

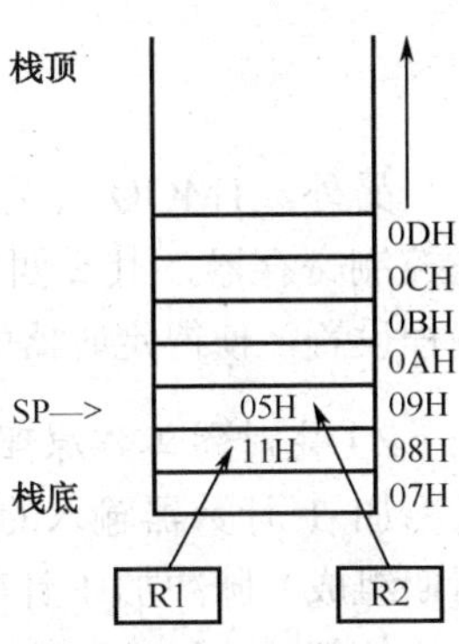

图 1.58 堆栈操作

出栈时：

● 先将栈顶 09H 单元的内容取出，放入 R2，SP 减 1，指向 RAM 的 08H 单元；

● 再将新栈顶 08H 单元的内容取出，放入 R1，SP 再减 1，指向 RAM 的 07H 单元。

从上面的分析可知，堆栈操作时，随着数据的进栈或出栈，SP 始终指向堆栈的栈顶。先压栈的数据后弹出，后压栈的数据先弹出，即所谓的“先进后出”，所以在安排指令顺序时必须遵循该原则，否则数据的恢复就要出错。

1.2.2 以定时器查询方式控制灯的闪烁及流动

软件延时有两点不足：其一，软件延时是通过 CPU 执行指令实现的，大大降低了 CPU 效率；其二，延时精度低，从软件延时时间计算结果来看，要通过软件延时精确地延时 1 s 几乎是很难的。因此，在时间精度要求较高的场合，我们考虑采用单片机内部定时器进行时间控制，而且可以提高 CPU 的效率。

1. 认识单片内部定时器/计数器

8051 单片机内部有两个 16 位可编程定时/计数器，称为定时器 0（TO）和定时器 1（T1），可作为定时器或计数器使用，其工作方式、定时时间、计算值、启动、中断请求等都可以由程序设定。

1）定时器内部结构

定时器内部结构如图 1.59 所示。定时器的本质是加 1 计数器，由高 8 位 TH 和低 8 位 TL 两个寄存器组成（T0 为 TH0 和 TL0，T1 为 TH1 和 TL1），加 1 计数实际上就是对这两

个寄存器进行加 1。

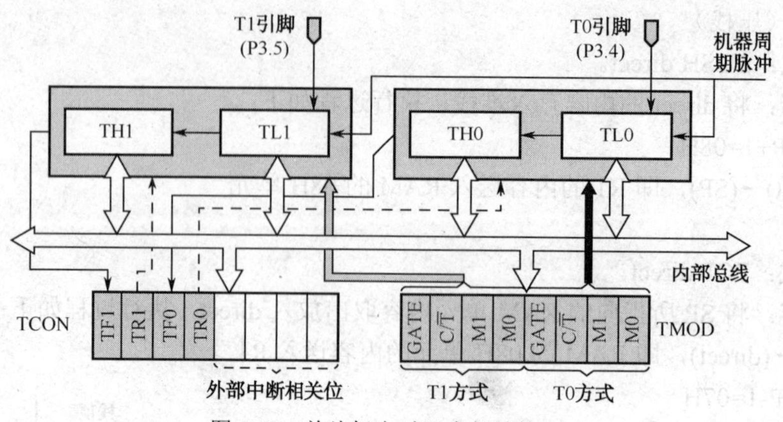

图 1.59 单片机定时器内部结构

另外，TMOD 是定时器的工作方式寄存器，确定工作方式、功能和启动方式；TCON 是控制寄存器，其高四位用于控制定时器的启停和定时器溢出标志。对这两个寄存器进行编程设置，使得定时器的操作变得十分灵活。

2）定时器工作原理

加 1 计数器输入的计数脉冲有两个来源：作为定时器使用时，对机器周期（12 个时钟周期组成）脉冲加 1 计数；作为计数器使用时，对来自单片机引脚 T0(P3.4)或 T1(P3.5)上输入的外部脉冲加 1 计数。

根据定时时间或计数个数对 TH 和 TL 设定初值，启动定时器后，开始加 1 计数，当计数器加到为全 1 时，再输入一个脉冲就使计数器回零（溢出），且计数器的溢出使 TCON 中 TF0 或 TF1 置 1，作为定时器工作时，表示定时时间已到；如果工作于计数模式，则表示计数值已满。

可见，溢出时计数器的值减去计数初值便是加 1 计数器的计数值，如 16 位定时器，初值设为 55 536，溢出值为 65 535（全 1）+1=65 536，则计数值为 10 000；再假设，作为定时器使用时，机器周期为 1 μs（设时钟频率为 12 MHz），则定时时间为 10 ms，反过来要定时 10 ms，则应将定时器初值设为 55 536。

3）定时器寄存器

（1）控制寄存器 TCON（SFR，88H）

TCON 的低 4 位用于控制外部中断，高 4 位用于控制定时/计数器的启停和溢出标志。其格式如图 1.60 所示。各位功能定义如下：

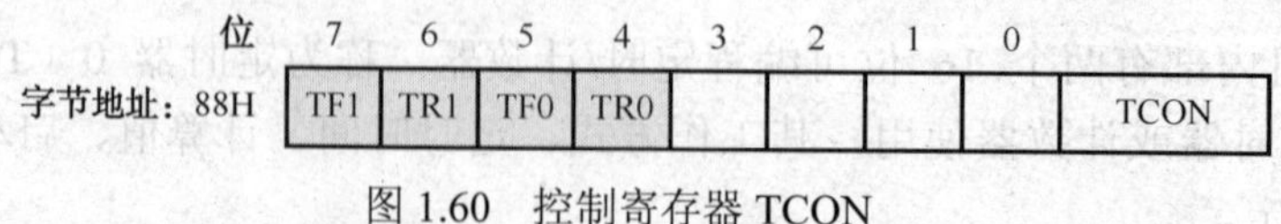

图 1.60 控制寄存器 TCON

① TF1（TCON.7）：T1 溢出志位，定时器溢出时硬件自动置 1，表示定时时间到或计数个数到，可供 CPU 查询或向 CPU 申请中断。查询时必须软件清零 TF1，响应中断后 TF1 由硬件自动清零。

② TR1（TCON.6）：T1 启停控制位。TR1=1 定时器 1 进行加 1 计数工作，为 0 则停止计数。

③ TF0（TCON.5）：T0 溢出标志位，其功能与 TF1 类同。

④ TR0（TCON.4）：T0 启停控制位，其功能与 TR1 类同。

（2）工作方式寄存器 TMOD（SFR，89H）

工作方式寄存器 TMOD 用于设置定时/计数器的工作方式，低 4 位用于 T0，高 4 位用于 T1。其格式如图 1.61 所示。注意，TMOD 映射地址为 89H，不能位寻址，只能进行字节操作。

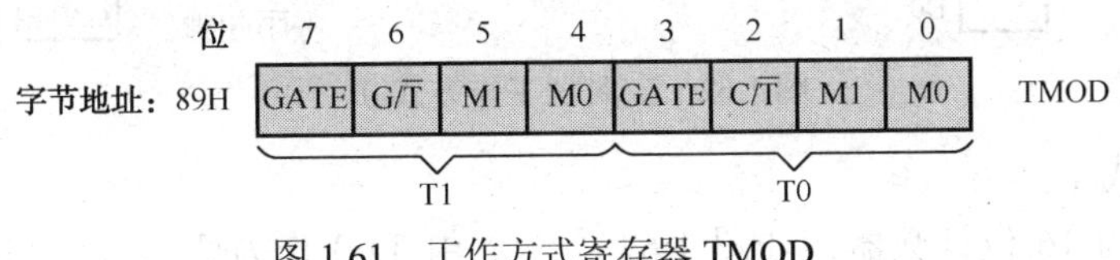

图 1.61 工作方式寄存器 TMOD

① GATE，门控位（也称启动方式控制位）。

GATE=0 时，只要用软件使 TCON 中的 TR0 或 TR1 为 1，就可以启动定时/计数器工作；

GATE=1 时，要用软件使 TR0 或 TR1 为 1，同时外部中断引脚（$\overline{\text{INT0}}$（P3.2）或 $\overline{\text{INT1}}$（P3.3））为高电平时，才能启动定时/计数器工作。

提示：GATE=1 常用来测量外中断引脚上正脉冲的宽度，作为普通定时/计数器使用时，一般将 GATE 置 0。

② $C/\overline{T}$，定时/计数模式选择位：

$$C/\overline{T}=\begin{cases}1，计数工作模式\\0，定时工作模式\end{cases}$$

③ M1M0，工作方式设置位。

定时/计数器有 4 种工作方式，由 M1M0 进行设置，如表 1.5 所示。

4）定时器工作方式

定时器的工作方式可通过设置方式寄存器 TMOD 的 M1、M0 进行选择，可选择的工作方式有 4 种，如表 1.5 所示。

表 1.5 定时器的工作方式

M1M0	工 作 方 式	说 明
00	方式 0	13 位定时/计数器
01	方式 1	16 位定时/计数器
10	方式 2	8 位自动重装定时/计数器
11	方式 3	T0 分成两个独立的 8 位定时/计数器；T1 此方式停止计数

（1）工作方式 0

工作方式 0 为 13 位计数器，如图 1.62 所示。由 TL0 的低 5 位（高 3 位未用）和 TH0 的 8 位组成。TL0 的低 5 位溢出时向 TH0 进位，TH0 溢出时，置位 TCON 中的 TF0 标志。最大计数值为 $2^{13}=8\ 192$，如果采用 12 MHz 时钟信号，则最大定时时间为

8 192×1 μs=8.192 ms 。

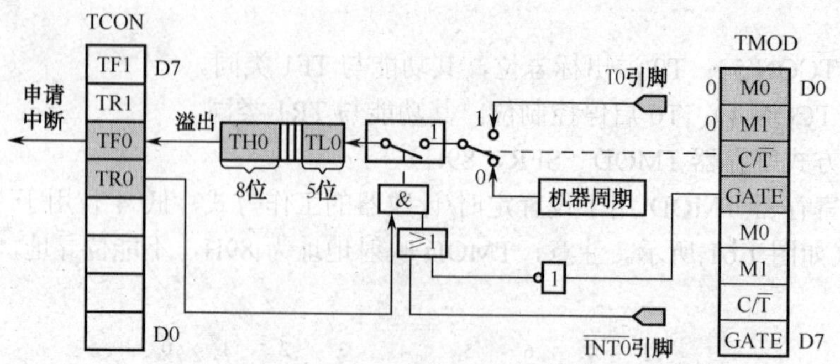

图 1.62　定时器工作方式 0

（2）工作方式 1

工作方式 1 为 16 位计数器，如图 1.63 所示。由 TL0 作为低 8 位、TH0 作为高 8 位，TL0 溢出时，向 TH0 进位，TH0 溢出时，置位 TCON 中的 TF0 标志。最大计数值为 $2^{16}=65\,536$，如果采用 12 MHz 时钟信号，则最大定时时间为 65 536×1 μs=65.536 ms 。

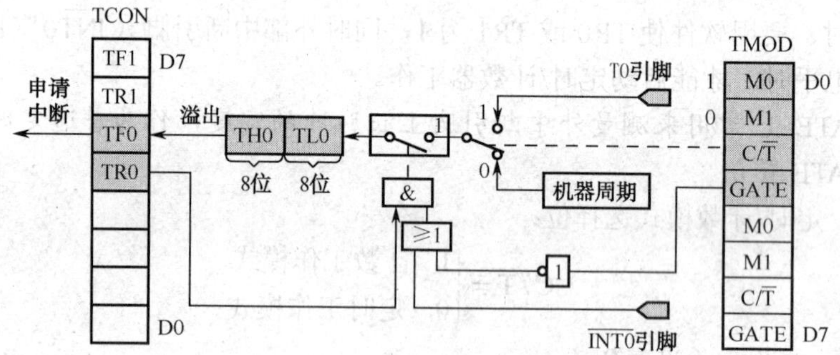

图 1.63　定时器工作方式 1

（3）工作方式 2

工作方式 2 为自动重装初值的 8 位计数方式，如图 1.64 所示。TL0 为 8 位加 1 计数器，TH0 用以保存计数初值，程序初始化时，TL0 和 TH0 由软件赋予相同的初值，TL0 加 1 计数溢出时，置位 TCON 中的 TF0 标志，同时自动将 TH0 中的初值装入 TL0，从而进入新一轮计数，如此循环下去。最大计数值为 $2^8=256$，如果采用 12 MHz 时钟信号，则最大定时时间为 256×1 μs=0.256 ms 。工作方式 2 一般用做串行通信等较精确的脉冲信号发生器。

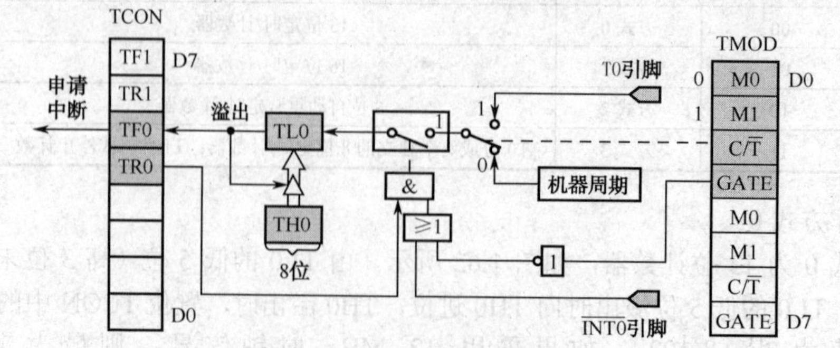

图 1.64　定时器工作方式 2

（4）工作方式3

工作方式3只适用于定时/计数器T0，定时器T1此时可以停止计数。该工作方式将T0分成为两个独立的8位计数器TL0和TH0，如图1.65所示。TL0占用T0的控制位、引脚和中断源，可定时亦可计数，加1计数溢出置TF0为“1”；TH0占用T1的控制位TF1、TR1，只能用做定时，不能对外部脉冲进行计数。方式3为两个8位定时器，最大计数值及定时时间同方式2。

注意，T1设置为工作方式3时，停止工作，但T0工作在方式3时，T1可以工作在方式0、方式1、方式2，此时，T1通常用做控制串口数据传输速度。

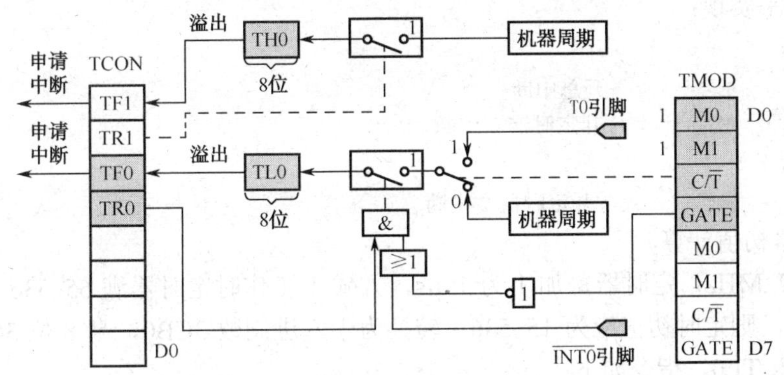

图1.65　定时器工作方式3

5）定时器/计数器的初始化程序设计

对定时器的初始化需完成如下工作：

（1）对TMOD赋值，以确定T0和T1的工作方式；

（2）计算初值，并将其写入TH0、TL0或TH1、TL1；

（3）中断方式时，则对IE赋值，开放中断；

（4）使TR0或TR1置位，启动定时/计数器定时或计数。

2. 定时器查询方式1 s延时程序编写

定时时间到后，硬件将TF置1，CPU可以采取两种方式获取TF的状态，一种是查询方式，即定时器开始工作后，CPU就利用位条件转移指令对TF进行查询，一旦TF为1，表示定时时间到；另一种是中断方式，时间到后，TF置1，同时通过单片机中断系统主动告诉CPU定时时间到。

1）定时程序功能分析

选择12 MHz晶振，采用工作方式1，最大定时时间为65.536 ms，要实现1 s的定时，可利用工作方式1定时50 ms，循环定时20次即可。

2）程序流程图

由功能分析可知，该程序为一个循环程序，流程图如图1.66所示。

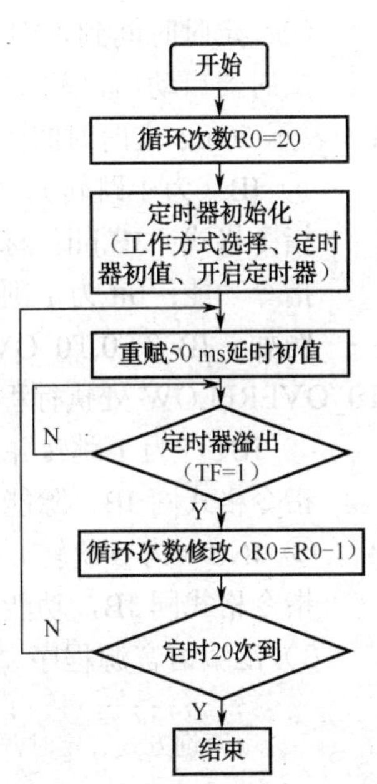

图1.66　定时器1 s流程图

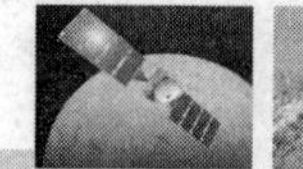

（1）定时器的初始化

① 工作方式设置。

定时器工作方式设置是通过指令给工作方式寄存器 TMOD 相应位赋值来实现的。选择定时器 0（TMOD 低 4 位赋值）、定时工作（$C/\overline{T}=0$）、工作方式 1（M1M0=01）、软件开启定时（GATE=0）。赋值指令为：

```
MOV   TMOD, #01H
```

② 中断控制。

若采用中断方式，则需开启中断，否则禁止中断，通过对 IE 寄存器的 EA 及 ET0、ET1 位的设置来实现：

- 开中断

```
SETB    EA         ;开总中断
SETB    ET0        ;开定时器 0 中断
```

- 关中断

```
CLR     ET0         ;开定时器 0 中断
```

③ 定时器初值计算。

晶振为 12 MHz，定时器每加 1 为 1 μs，方式 1 工作时定时器满 65 536 溢出，要实现 50 ms 的延时，则定时初值应为 15 536，转换为十六进制数 3CB0，高 8 位 3C 送入 TH0，低 8 位 B0 送入 TL0，指令如下：

```
MOV   TH0, #3CH
MOV   TL0, #0B0H
```

④ 定时器开启。

GATE=0，采用软件开启定时器，TCON（可位操作）的 TR0 置 1 便可启动定时器工作，指令为：

```
SETB   TR0
```

（2）定时时间到查询

定时器启动后，从 15 536 开始加 1 计数，加到 65 535 后再加 1 定时器溢出将 TF0 置 1，表示 50 ms 定时时间到，可利用位查询指令查询 TF0 的状态，查询指令如下。

① JB（为 1 跳转）。

指令格式：JB bit，标号。

指令功能：bit 为 1 则跳转到标号处执行程序，否则执行下一句指令。

例如，JB TF0,T0_OVERFLOW，该指令首先读取 TF0 的值，当 TF0 为 1 时跳转到 T0_OVERFLOW 处执行程序，否则执行 JB 后面的指令。

② JBC（为 1 跳转并清零位）。

指令格式同 JB，除能完成 JB 的查询跳转功能外，跳转时同时将 TF0 位清 0。

③ JNB（为 0 跳转）。

指令格式同 JB，功能与 JB 相反，即 TF0 为 0 跳转，为 1 执行 JNB 下一句程序。

3）汇编语言源程序

```
;;;;;;;;;;;;;;;;;;;;;;;;;;;;;;;;;;;;;;;;;;;;;;;;;;;;;;;;;;;;;;;;;;
;查询方式、定时器实现 1 s 定时程序。主程序
;;;;;;;;;;;;;;;;;;;;;;;;;;;;;;;;;;;;;;;;;;;;;;;;;;;;;;;;;;;;;;;;;;;;;;;;;;;;;;
```

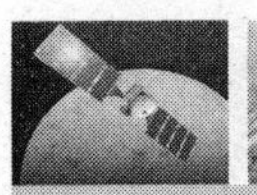

```
ORG              0000H
                 LJMP    START
                 ORG     0030H
START:           LCALL   INIT_TIMER0         ;定时器初始化
                 MOV     R0,#20              ;50 ms 定时 20 次
NEXT_50 ms:      MOV     TH0, #3CH           ;定时器重新赋 50 ms 延时初值
                 MOV     TL0, #0B0H
WAIT:            JBC     TF0,TIMER0_FLOW     ;查询等待定时器溢出，溢出表示50 ms 到时
                 LJMP    WAIT
TIMER0_FLOW:     DJNZ    R0, NEXT_50 ms      ;循环定时 50 ms 次数修改
DELAY1s_UP:      LJMP    $                   ;1 s 定时时间到后，进入死循环
;;;;;;;;;;;;;;;;;;;;;;;;;;;;;;;;;;;;;;;;;;;;;
;定时器初始化子程序
;;;;;;;;;;;;;;;;;;;;;;;;;;;;;;;;;;;;;;;;;;;;;;;;;;;;;;;;;;;;;;;;;;;;;;;;;;;;;
INIT_TIMER0:     MOV     TMOD,#01H           ;T0 设为定时工作、方式 1、软件启动
                 MOV     TH0, #3CH           ;赋 50 ms 定时初值 15 536
                 MOV     TL0, #0B0H          ;即十六进制数 3CB0H
                 CLR     ET0                 ;关中断
                 SETB    TR0                 ;启动计时
                 RET                         ;子程序返回
                 END
```

4）软件的仿真调试

利用 Keil 软件建立项目、编译项目后进入调试状态进行仿真，在标号 DELAY1s_UP 处设置断点，全速运行程序显示结果如图 1.67 所示，运行时间为 1.000 175 s，基本达到延时要求，但我们发现还有一定误差，请读者分析产生误差的原因。

图 1.67　查询方式定时器延时 1 s 程序仿真结果

3. 定时器查询方式控制灯的闪烁

1）定时器查询方式控制灯的闪烁程序设计

在上述 1 s 延时程序的基础上很容易实现灯的闪烁及流动显示控制，修改程序如下：

```
;;;;;;;;;;;;;;;;;;;;;;;;;;;;;;;;;;;;;;;;;;;;;;;;;;;;;;;
;查询方式、定时器实现1 s定时程序。主程序
;;;;;;;;;;;;;;;;;;;;;;;;;;;;;;;;;;;;;;;;;;;;;;;;;;;;;;;;;;;;;;;;;;
                ORG     0000H
                LJMP    START
                ORG     0030H
START:          LCALL   INIT_TIMER0       ;定时器初始化
NEXT_1s:        MOV     R0,#20            ;50 ms定时20次
NEXT_50 ms:     MOV     TH0, #3CH
                MOV     TL0, #0B0H
WAIT:           JBC     TF0,TIMER0_FLOW
                LJMP    WAIT
TIMER0_FLOW:    DJNZ    R0, NEXT_50 ms    ;循环定时50 ms次数修改
                CPL     P1.0              ;1 s到后，进行灯的亮灭控制
DELAY1s_UP:     LJMP    NEXT_1s           ;进行下次1 s延时，不断循环
;;;;;;;;;;;;;;;;;;;;;;;;;;;;;;;;;;;;;;;;;;;;
;定时器初始化子程序
;;;;;;;;;;;;;;;;;;;;;;;;;;;;;;;;;;;;;;;;;;;;;;;;;;;;;;;;;;;;;;;;;;;;
INIT_TIMER0:    MOV     TMOD,#01H    ;T0设为定时工作、方式1、软件开启定时
                MOV     TH0, #3CH    ;定时器初值，定时50 ms，初值设为15 536
                MOV     TL0, #0B0H   ;即十六进制数3CB0H
                CLR     ET0          ;关中断
                SETB    TR0          ;启动计时
                RET                  ;子程序返回
                END
```

分析程序可知，在上述1 s延时程序的基础上，仅仅在1 s延时时间到后将P1.0取反就实现了灯亮灭的控制，为了实现闪烁，灯亮灭控制后将进行下一次1 s延时并不断循环，因此再次回到NEXT_1s标号处执行程序。读者可以结合前面的内容绘制整个程序的流程图，并试着用此方法实现灯的左右流动显示控制。

2）指令说明

CPL，字节或位取反指令。

指令格式1：CPL A（注意，操作数只能是累加器A）。

指令格式2：CPL bit（bit代表某个位变量）。

指令功能：执行该指令将使A的各位取反或仅对bit位取反，如程序中CPL P1.0指令完成将P1口的第0个引脚电平取反，从而实现灯的亮灭控制。

1.2.3 定时器中断方式控制灯的闪烁及流动

采用查询方式定时需要CPU不断对TF0进行查询，使单片机执行效率降低。一般情况下可以采用中断方式编程进行定时。

1. 认识单片机中断系统

1）什么叫中断

（1）中断的概念

① 如图1.68所示，CPU在处理事件A时，发生了事件B请求CPU迅速去处理（中断

请求)；引起事件B的根源，称之为中断源，如定时器溢出。

② CPU暂时中断当前的工作，转去处理事件B（中断响应和中断服务）。

③ 待CPU将事件B处理完毕后，再回到原来事件A被中断的地方（断点）继续处理事件A（中断返回）。

这一过程称为中断，实现上述中断功能的部件称为中断系统。观察执行过程可知，中断和子程序调用类似，只不过子程序是利用LCALL指令在主程序中进行调用，处于被动调用；而中断是主动向CPU申请执行程序而已。

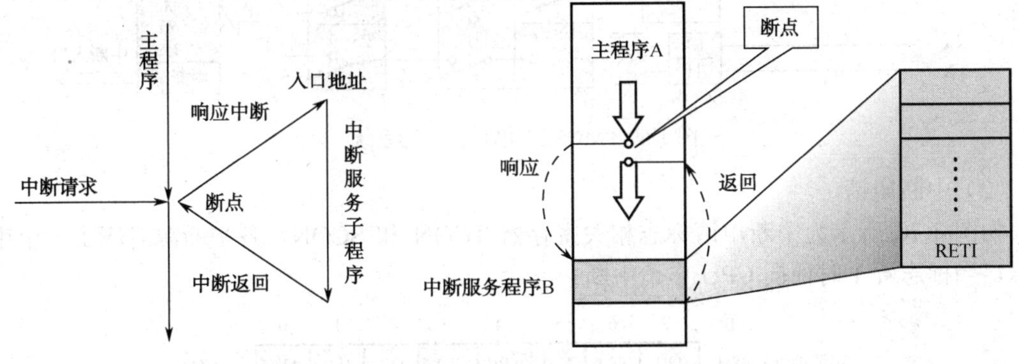

图1.68 中断的概念

（2）为什么要使用中断

① 分时操作。CPU可以分时为多个I/O设备服务，提高了计算机的利用率。

② 实时响应。CPU能够及时处理应用系统的随机事件，系统的实时性大大增强。

③ 可靠性高。CPU具有处理设备故障及掉电等突发性事件的能力，从而使系统可靠性提高。

2）MCS-51系列单片机的中断系统

如图1.69所示为MCS-51系列单片机中断系统。

（1）中断源及入口地址

51单片机内部有5个中断源，分别是外部中断0（$\overline{\text{INT0}}$）、定时中断0（T0）、外部中断1（$\overline{\text{INT1}}$）、定时中断1（T1）和串口中断（TX和RX共用），其编号及入口地址如表1.6所示。

中断入口地址是指CPU响应中断后应转入的中断服务程序首地址。例如，CPU响应定时器0的中断申请后，会使PC=000BH，CPU从000BH处取指令执行。

表1.6 MCS-51系列单片机中断源

序号	中 断 源	中 断 标 志	入 口 地 址	自然优先级
1	外部中断0	IE0	0003H	最高
2	定时器0	TF0	000BH	↓
3	外部中断1	IE1	0013H	↓
4	定时器1	TF1	001BH	↓
5	串口中断	RI或TI	0023H	最低

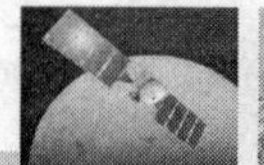

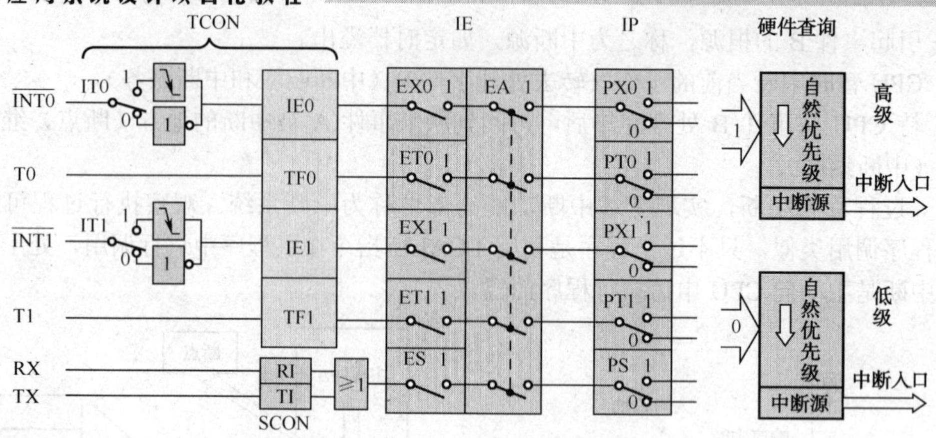

图 1.69　MCS-51 单片机中断系统

（2）中断申请

如图 1.70 所示为中断申请标志相关寄存器 TCON 和 SCON，各中断源对应了一个申请标志，当标志置 1 时便向 CPU 申请中断。

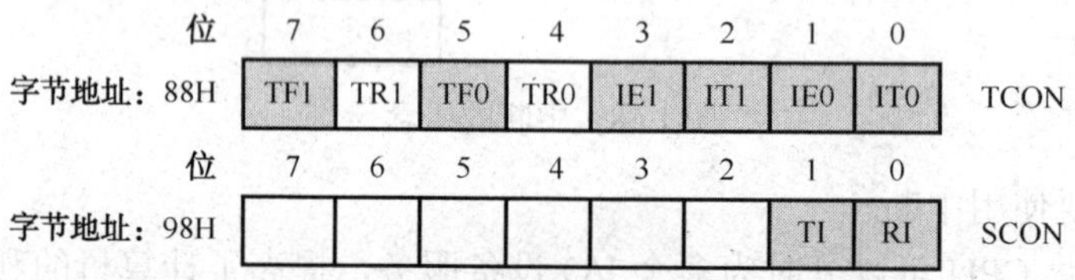

位	7	6	5	4	3	2	1	0	
字节地址：88H	TF1	TR1	TF0	TR0	IE1	IT1	IE0	IT0	TCON
位	7	6	5	4	3	2	1	0	
字节地址：98H							TI	RI	SCON

图 1.70　MCS-51 系列单片机中断申请标志寄存器

① IE0(TCON.1)，外部中断 0 中断请求标志。当 CPU 检测到 $\overline{\text{INT0}}$（P3.2）引脚上出现有效的中断信号时，中断标志 IE0（TCON.1）置 1，向 CPU 申请中断，边沿触发时，CPU 响应中断后，硬件清零 IE0。

② IE1(TCON.3)，外部中断 1 中断请求标志。当 CPU 检测到 $\overline{\text{INT1}}$（P3.3）引脚上出现有效的中断信号时，中断标志 IE1（TCON.3）置 1，向 CPU 申请中断，边沿触发时，CPU 响应中断后，硬件清零 IE1。

③ TF0（TCON.5），片内定时/计数器 T0 溢出中断请求标志。当定时/计数器 T0 发生溢出时，置位 TF0，并向 CPU 申请中断，CPU 响应中断后，硬件清零 TF0。

④ TF1（TCON.7），片内定时/计数器 T1 溢出中断请求标志。当定时/计数器 T1 发生溢出时，置位 TF1，并向 CPU 申请中断，CPU 响应中断后，硬件清零 TF1。

⑤ RI（SCON.0）或 TI（SCON.1），串行口中断请求标志。当串行口接收完一帧串行数据时置位 RI 或当串行口发送完一帧串行数据时置位 TI，向 CPU 申请中断，CPU 响应中断后，需用软件清零 RI 或 TI。

另外，IT0（TCON.1）、IT1（TCON.2）用于选择外部中断引脚 $\overline{\text{INT0}}$（P3.2）、$\overline{\text{INT1}}$（P3.3）为低电平有效还是下降沿有效。

（3）中断控制

中断源向 CPU 提出申请，CPU 是否响应申请并执行相应的中断服务程序，可以通过编程来控制，中断控制包括中断允许控制和中断优先级控制两方面。

① 中断允许控制。

中断允许控制是通过设置中断允许寄存器 IE（如图 1.71 所示）相应位来实现的，包括总中断允许 EA 和相应中断允许标志两部分。

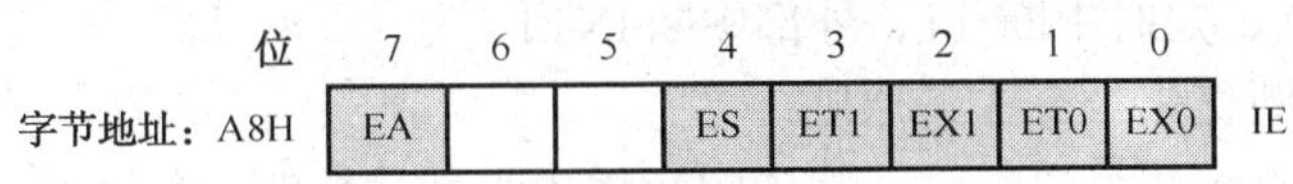

图 1.71　中断允许寄存器 IE

- EA（IE.7），CPU 中断允许（总允许）位；
- EX0（IE.0），外部中断 0 允许位；
- ET0（IE.1），定时/计数器 T0 中断允许位；
- EX1（IE.2），外部中断 1 允许位；
- ET1（IE.3），定时/计数器 T1 中断允许位；
- ES（IE.4），串行口中断允许位。

相应标志置 1 即可开启中断，否则屏蔽，开启中断必须开启总中断，并同时将相应允许标志置 1。例如，要开启定时器 0 中断，首先应开启总中断（将 EA 置 1），同时将 ET0 置 1，指令如下：

```
MOV IE,#10000010B
```

或:

```
SETB    EA
SETB    ET0
```

② 选学——中断优先级控制。

51 单片机有 5 个中断源，假如有两个或两个以上中断源同时向 CPU 提出申请，且相应中断都被开启，到底 CPU 先响应哪个中断申请，取决于其各自优先级的高低。

51 单片机有两个中断优先级，即可实现二级中断服务嵌套。每个中断源的中断优先级高低可以通过编程优先级寄存器（IP）进行设置，如图 1.72 所示。

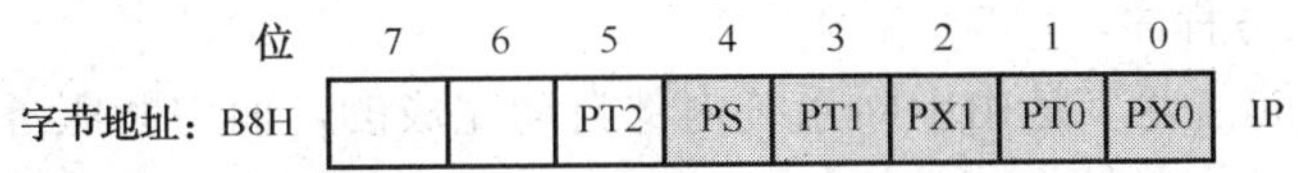

图 1.72　中断优先级控制寄存器 IP

- PX0（IP.0），外部中断 0 优先级设定位；
- PT0（IP.1），定时/计数器 T0 优先级设定位；
- PX1（IP.2），外部中断 1 优先级设定位；
- PT1（IP.3），定时/计数器 T1 优先级设定位；
- PS （IP.4），串行口优先级设定位；
- PT2 (IP.5)，定时/计数器 T2 优先级设定位。

某位置 1，便将相应的中断设为高优先级，同一优先级中的中断申请不止一个时，其优先级由中断系统硬件确定的自然优先级确定，自然优先级如表 1.6 所示，单片机复位后 IP 各位置 0，遵循自然优先级。

例如指令：

```
SETB    PT0        ;PT0=1，设置定时器 0 为高优先级
```

```
        SETB    PS          ;PS=1，设置串口为高优先级
```

设置后，定时器 0 和串口为较高的同一优先级，其他三个为较低一级，再依照表 1.6 所示的自然优先级排序，从而判断出各中断优先级由高到低依次为：定时中断 T0、串口中断、外部中断 $\overline{INT0}$、定时中断 T1、外部中断 $\overline{INT1}$。

51 单片机的中断优先级有 3 条原则：

- CPU 同时接收到几个中断时，首先响应优先级别最高的中断请求；
- 正在进行的中断过程不能被新的同级或低优先级的中断请求所中断；
- 正在进行的低优先级中断服务，能被高优先级中断请求所中断。

3）中断服务子程序的执行过程

（1）中断响应条件

① 中断源有中断请求。

② 此中断源的中断允许位为 1。

③ 总中断允许打开（即 EA=1）。

同时满足时以上 3 个条件时，CPU 才有可能响应中断。但遇到以下任意一个条件，CPU 将不会产生中断响应。

① CPU 正在处理同级或高优先级中断。

② 当前查询的机器周期不是所执行指令的最后一个机器周期。即在完成所执行指令前，不会响应中断，从而保证指令在执行过程中不被打断。

③ 正在执行的指令为 RET、RETI 或任何访问 IE 或 IP 寄存器的指令。即只有在这些指令后面至少再执行一条指令时才能接受中断请求。

（2）中断响应过程

① 将相应的优先级状态触发器置 1（以阻断后来的同级或低级的中断请求）。

② 执行一条硬件 LCALL 指令，首先将断点地址压入堆栈进行保存，再将相应的中断服务程序入口地址送入 PC。

③ 执行中断服务程序。

中断响应过程的前两步是由中断系统内部自动完成的，而中断服务程序则要由用户编写程序来完成。

（3）中断返回

根据中断的定义可以知道，中断服务程序执行完毕后应返回到断点处继续执行主程序，在编写中断服务程序时，必须以 RETI 指令结尾，用以完成中断返回的功能，该指令具体功能是：

① 将中断响应时压入堆栈保存的断点地址从栈顶弹出送回 PC，CPU 从原来中断的地方继续执行程序；

② 将相应中断优先级状态触发器清零，通知中断系统，中断服务程序已执行完毕。注意，不能用 RET 指令代替 RETI 指令。

4）中断服务程序的编写

（1）中断服务程序都是从对应的中断入口地址处开始执行的，如定时中断 0 入口地址为 000BH，但各中断入口地址之间只相隔 8 个字节（即 0013H 为外部中断 1 的入口地址），

这 8 个字节容纳不下服务程序，通常在入口地址处安排 LJMP 跳转指令，于是可以将中断服务程序定位在 ROM 中的任意位置。

（2）在执行当前中断时，为防止高优先级中断，则需用软件屏蔽中断，在中断返回前再开放中断。

（3）中断服务程序和主程序可能会同时使用 ACC、PSW、R0～R7 等寄存器，编写中断服务程序时可利用 PUSH 和 POP 指令进行现场保护，注意堆栈操作的先进后出原则。

（4）中断服务程序必须以 RETI 指令结尾。

2. 定时中断实现灯的闪烁及流动

要求利用定时器中断方式设计程序实现灯的闪烁及流动显示控制。闪烁及流动显示间隔时间为 1 s。

1）定时中断延时 1 s 程序设计

（1）程序功能分析及流程图

中断方式编程时，程序一般包括两大模块：主程序和中断服务程序。主程序主要完成初始化工作后就进入死循环，定时器溢出后产生中断，随之转到执行中断服务程序执行，本中断服务子程序主要完成 1 s 延时的功能。

本系统程序中，初始化程序包括对定时器、中断系统、50 ms 循环初值等部分的初始化。其中，中断系统初始化主要包括中断允许和中断优先级控制；中断服务程序主要进行延时时间控制。

为了便于观察，我们设位寻址单元 00H（RAM 的 20H.0）为 1 s 到时标志，（00H）=0 时表示 1 s 延时时间未到，（00H）=1 时表示 1 s 延时时间到，流程图如图 1.73 所示。

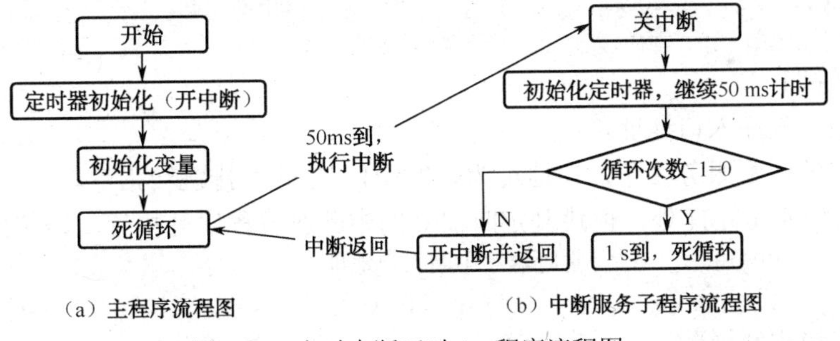

图 1.73　定时中断延时 1 s 程序流程图

（2）汇编源程序

```
;;;;;;;;;;;;;;;;;;;;;;;;;;;;;;;;;;;;;;;;;;;;;;;;;;;
;中断方式编程实现定时器的 1 s 延时
;主程序，初始化及循环等待
;;;;;;;;;;;;;;;;;;;;;;;;;;;;;;;;;;;;;;;;;;;;;;;;;;;;;;;;;;;;;;;;;;;;;;
            ORG     0000H
            LJMP    START
            ORG     000BH           ;定时器 0 中断入口地址
            LJMP    INT_T0
            ORG     0030H
```

```
START:          LCALL   INIT_TIMER0 ;定时器及中断系统初始化
                MOV     R0,#20      ;延时 1 s，50 ms 计时循环次数设为 20
                CLR     00H         ;1 s 延时时间到标志清零
                LJMP    $           ;循环等待定时中断
;;;;;;;;;;;;;;;;;;;;;;;;;;;;;;;;;;;;;;;;;;;;;;
;初始化子程序，完成定时器及中断系统的初始化工作
;;;;;;;;;;;;;;;;;;;;;;;;;;;;;;;;;;;;;;;;;;;;;;;;;;;;;;;;;;;;;
INIT_TIMER0:    MOV     TMOD,#01H
                MOV     TH0, #3CH
                MOV     TL0, #0B0H
                SETB    EA              ;开中断
                SETB    ET0
                SETB    TR0
                RET
;;;;;;;;;;;;;;;;;;;;;;;;;;;;;;;;;;;;;;;;;;;;;;
;中断服务子程序，时间控制（执行程序的主要功能）
;;;;;;;;;;;;;;;;;;;;;;;;;;;;;;;;;;;;;;;;;;;;;;;;;;;;;;;;;;;;;
INT_T0:         CLR     EA              ;关中断
                MOV     TH0, #3CH       ;定时器重赋 50 ms 初值定时初值
                MOV     TL0, #0B0H
MOV             TL0,    #0B0H
                DJNZ    R0,NEXT_50 ms   ;循环次数减 1 判断 1 s 到否
                SETB    00H             ;1 s 到时，标志置 1,并进入死循环
                LJMP    $
NEXT_50 ms:     SETB    EA              ;1 s 未到，开中断，继续 50 ms 延时
RETURN:         RETI                    ;中断返回
                END
```

（3）程序说明

① 中断服务程序入口地址。

定时器 0 的中断服务程序入口地址为 000BH，在此安排跳转指令。一旦定时器溢出将首先由主程序跳到 000BH 处，再跳到定时器 0 的中断服务程序处执行。语句如下：

```
ORG     000BH       ;定时器 0 中断入口地址
LJMP    INT_T0
```

② 高优先级中断屏蔽。

进入中断服务程序后，首先关闭总中断（即 EA 置 0）可以屏蔽高优先级中断打断定时器 0 中断的执行，退出中断前再打开。

③ 中断返回。

中断程序必须以 RETI 指令结束，执行该指令将返回主程序。

④ 程序执行过程

上电后，单片机从主程序开始执行，主程序启动定时器后定时器开始加 1 计数。此后，定时器加 1 计数工作，同时，主程序完成其他初始化任务后，执行死循环（若有其他任务，可以由其他语句替换该死循环语句）。注意，定时器初始化后，定时器的计数工作与主程序同步执行，当定时器溢出后便会由中断系统使 CPU 转至中断服务程序执行，执行完毕后再返回到主程序。具体流程图如图 1.73 所示。

（4）软件的仿真调试

建立项目、添加源程序、编译后进入调试环境，分析流程图可知，当 1 s 延时时间到后就会执行中断服务程序中断的“LJMP \$”指令，在该指令处设置断点，全速运行程序，仿真结果如图 1.74 所示。20H.1 位被置 1，延时时间为 1.000 177 s，请思考如何使延时更精确？

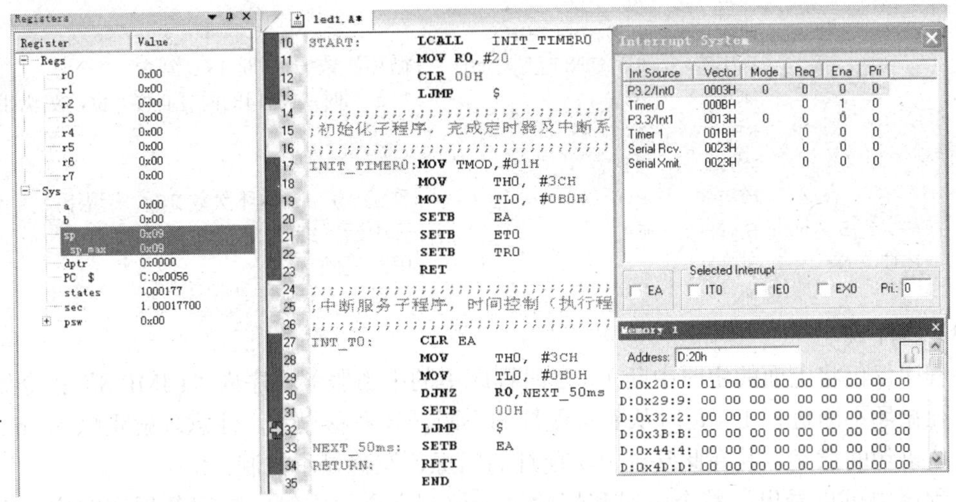

图 1.74　定时中断延时 1 s 程序仿真结果

2）定时中断控制灯的流动显示程序设计

（1）程序功能分析

同理，在上述定时中断延时 1 s 的程序的基础上很容易将其改为灯的流动显示控制程序。

（2）汇编源程序

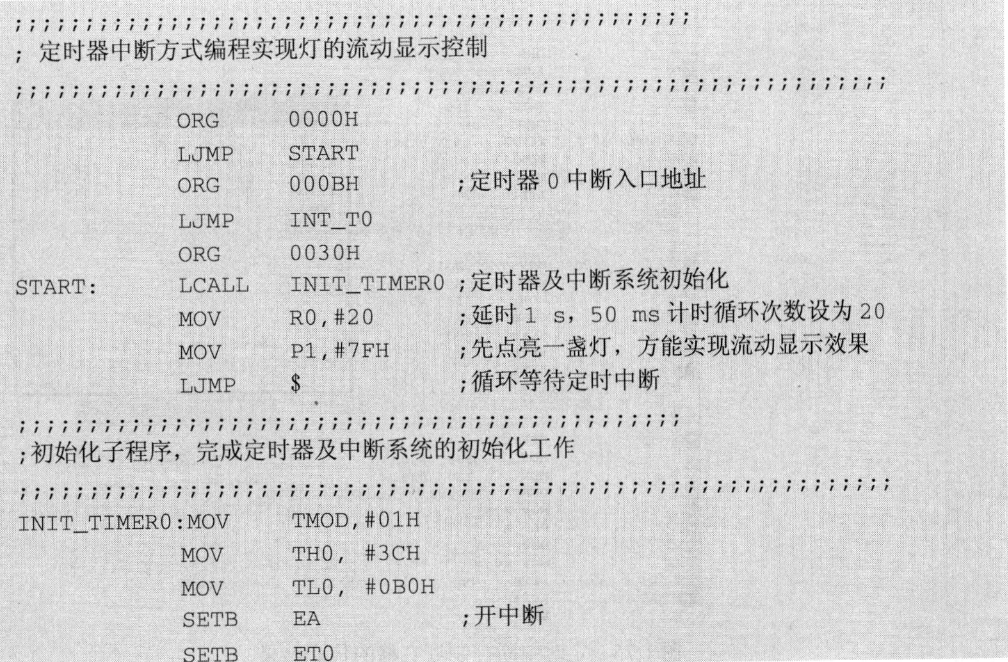

```
;;;;;;;;;;;;;;;;;;;;;;;;;;;;;;;;;;;;;;;;;;;;;;;;;
; 定时器中断方式编程实现灯的流动显示控制
;;;;;;;;;;;;;;;;;;;;;;;;;;;;;;;;;;;;;;;;;;;;;;;;;;;;;;;;;;;;;
            ORG     0000H
            LJMP    START
            ORG     000BH           ;定时器 0 中断入口地址
            LJMP    INT_T0
            ORG     0030H
START:      LCALL   INIT_TIMER0     ;定时器及中断系统初始化
            MOV     R0,#20          ;延时 1 s, 50 ms 计时循环次数设为 20
            MOV     P1,#7FH         ;先点亮一盏灯，方能实现流动显示效果
            LJMP    $               ;循环等待定时中断
;;;;;;;;;;;;;;;;;;;;;;;;;;;;;;;;;;;;;;;;;;;;;;;;;
;初始化子程序，完成定时器及中断系统的初始化工作
;;;;;;;;;;;;;;;;;;;;;;;;;;;;;;;;;;;;;;;;;;;;;;;;;;;;;;;;;;;;;
INIT_TIMER0:MOV     TMOD,#01H
            MOV     TH0, #3CH
            MOV     TL0, #0B0H
            SETB    EA              ;开中断
            SETB    ET0
```

```
                SETB    TR0
                RET
;;;;;;;;;;;;;;;;;;;;;;;;;;;;;;;;;;;;;;;;;;;;;;;;;;
;中断服务子程序，时间及灯的右移显示控制（执行程序的主要功能）
;;;;;;;;;;;;;;;;;;;;;;;;;;;;;;;;;;;;;;;;;;;;;;;;;;;;;;;;;;;;;;;;;;;
INT_T0:         CLR     EA              ;关中断
                MOV     TH0, #3CH
                MOV     TL0, #0B0H
                DJNZ    R0,NEXT_50 ms   ;循环次数-1 判断 1 s 到否
                MOV     A,P1            ;1 s 到时，P1 口的内容右移一位，实现灯的流动
                RR      A
                MOV     P1,A
                MOV     R0,#20          ;重赋 50 ms 循环次数 20，实现下 1 s 延时
NEXT_50 ms:     SETB    EA              ;开中断，继续 50 ms 延时
RETURN:         RETI                    ;中断返回
                END
```

（3）程序说明

该程序仅仅将上面的定时中断 1 s 延时程序中的中断服务程序内“LJMP $”指令做了替换，并死循环不断进行 1 s 延时从而实现灯的不断循环右移显示。注意理解重赋 50 ms 循环次数初值语句的意义，并在此基础上实现灯的闪烁、左移显示控制。

从程序中可以看出，整个定时和灯的显示控制完全由定时中断服务程序完成，主程序仅仅做了定时器、中断、变量等的初始化工作，而在定时器加 1 计数未溢出的过程中，主程序有足够多的时间处理其他功能程序，从而有效地提高了 CPU 的工作效率。

（4）系统的软硬件联合调试

源程序编译完成后，进入 Proteus 仿真软件，仿真结果如图 1.75 所示。

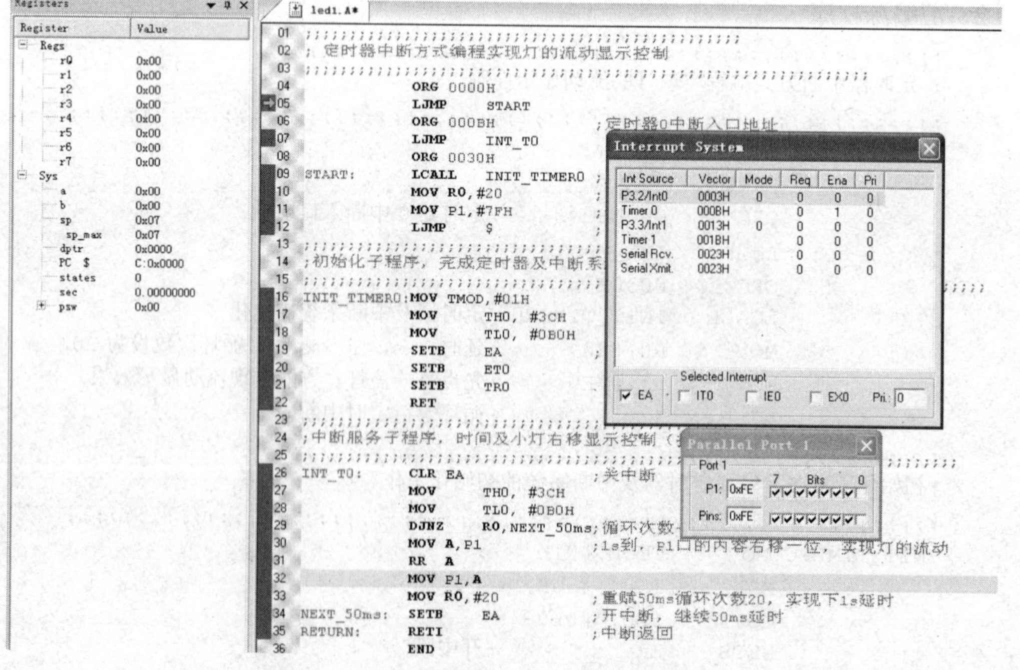

图 1.75　定时中断控制灯右移的仿真结果

思考与练习题2

1. 简答题

（1）简述LED灯的闪烁及流动显示控制方法，以及延时程序在其中的作用。

（2）简述单片机时钟周期、机器周期和指令周期的概念，假设时钟频率为 8 MHz，试计算各种周期的时间。

（3）查表获取 LJMP、MOV、NOP、DJNZ 等指令的执行机器周期数，设时钟频率为 12 MHz，试计算各指令的执行时间。

（4）简述循环程序的结构，并举例说明循环程序执行时间的计算方法。

（5）简述DJNZ指令在循环程序中的作用及执行次数。

（6）举例说明Keil调试环境中断点工具的使用和程序执行时间的观察方法。

（7）简述SETB和CLR指令的功能、格式及使用注意事项。

（8）举例说明寄存器寻址和位寻址的概念。

（9）简述子程序的概念、执行过程及编写方法。

（10）简述LCALL和RETI指令的功能及格式。

（11）简述RL和RR指令的功能、格式及使用注意事项。

（12）简述带参数子程序的作用及参数传递方法。

（13）简述AT89S51单片机内部定时器/计数器的结构及组成。

（14）简述定时器/计数器的定时/计数工作原理。

（15）简述定时器/计数器的工作方式。（强调工作方式1）

（16）简述定时器相关寄存器的作用，如TH、TL、TOMD、TCON等。

（17）简述定时器的初始化步骤。

（18）简述定时器查询方式延时程序设计方法。

（19）简述JB、JNB和JBC等条件跳转指令功能的格式。

（20）简述Keil调试环境中定时器寄存器窗口的使用。

（21）简述中断的概念及作用。

（22）举生活实例说明中断源、中断申请、中断允许、中断优先级、中断响应、中断服务、中断返回等概念并说明中断执行过程。

（23）简述AT89S51单片机中断系统，包括中断源、中断申请、入口地址、中断控制、中断优先级等概念及相关寄存器（IE、TCON、SCON、IP）。

（24）简述定时器中断延时程序的编写方法及执行过程。

（25）简述Keil软件中中断系统寄存器窗口的使用。

2. 设计题

（1）单循环编写 2 ms 软件延时程序，在此基础上编写多重循环程序实现周期为 2 s 的方波信号输出，设时钟频率为 6 MHz。在Keil软件中仿真观察程序执行时间，在Proteus软件中利用虚拟示波器观察输出波形。

（2）设计一带参数延时子程序，实现灯亮 1 s、灭 1.5 s 的闪烁控制，设时钟频率为 24 MHz。

（3）利用定时器查询方式编程设计 100 ms 延时程序，并在此基础上设计两盏灯同时左移的控制程序，要求移动间隔时间为 1.5 s，时钟频率设为 6 MHz。

（4）定时器中断方式编程实现灯右移的控制，要求显示及延时功能在定时器中断程序中实现，移动时间间隔为 1 s，时钟频率为 12 MHz。

（5）在实验电路板 I 下载程序，完成系统的软硬件联合调试。

注：程序设计题全部要求完成流程图的绘制、软件的编写、编译及软硬件仿真调试等功能，并按要求撰写设计报告。

任务 1.3　上位机控制 LED 显示

任务要求

设计单片机与 PC 的通信系统，利用上位机控制 LED 的显示。

（1）设计单片机与 PC 的串行通信接口电路。

（2）设计串口通信软件实现单片机与 PC 的通信。

（3）编程实现上位 PC 控制灯的亮灭。

（4）利用串口调试助手配合 Proteus 软件进行系统仿真。

教学目标

（1）掌握串行通信的基本概念。

（2）掌握串行通信接口电路的设计方法。

（3）掌握单片机串行通信接口的结构、工作方式、波特率设置。

（4）掌握单片机与 PC 的串行通信程序设计。

（5）掌握单片机命令接收程序的编写。

（6）掌握串行通信的 Proteus 调试方法。

（7）掌握串口调试助手的使用方法。

1.3.1　单片机与 PC 串口电路设计

要利用上位 PC 控制单片机系统灯的亮灭，应首先建立单片机和 PC 的通信系统，利用单片机内部的串行通信功能模块可以很方便实现和 PC 的通信。

1. 认识计算机串行通信

随着多微机系统的广泛应用和计算机网络技术的普及，计算机的通信功能越来越重要。计算机通信是指计算机与外部设备或计算机与计算机之间的信息交换，可以分为两大类：并行通信与串行通信。

并行通信通常是将数据字节的各位用多条数据线同时进行传送，如图 1.76 所示。并行通信控制简单、传输速度快，但由于传输线较多，长距离传送时成本高且接收方的各位同时接收存在困难。

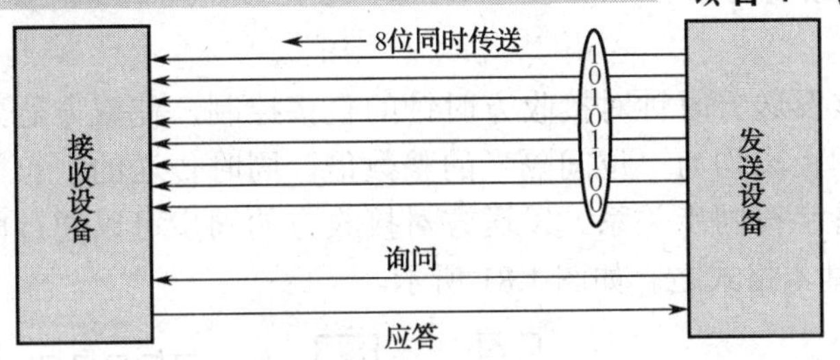

图 1.76 并行通信

串行通信是将数据字节分成一位一位的形式在一条传输线上逐个传送，如图 1.77 所示。其通信的特点是传输线少、长距离传送时成本低，且可以利用电话网等现成的设备，但数据的传送控制比并行通信复杂。

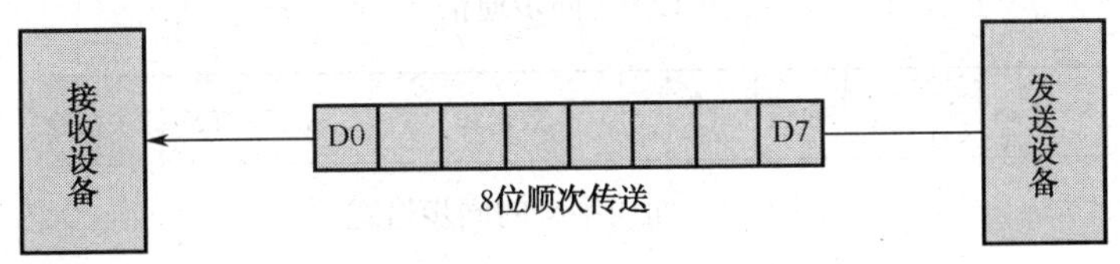

图 1.77 串行通信

1）串行通信中的异步通信与同步通信

在串行通信中按数据传输方式，又可分为异步通信和同步通信。

（1）异步通信

异步通信是指通信的发送与接收设备使用各自的时钟控制数据的发送和接收过程。为使双方的收发协调，要求发送和接收设备的时钟尽可能一致。异步通信是以字符（构成的帧）为单位进行传输的，字符与字符之间的间隙（时间间隔）是任意的，但每个字符中的各位是以固定的时间传送的，即字符之间是异步的，但同一字符内的各位是同步的（各位之间的距离均为"位间隔"的整数倍）。异步通信及其格式分别如图 1.78 和图 1.79 所示。

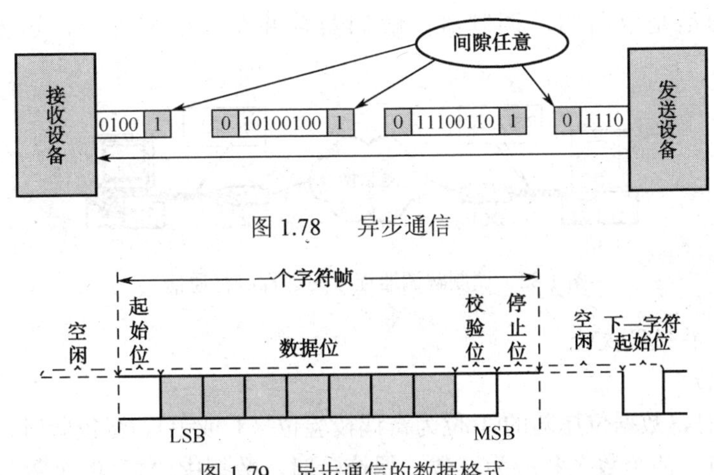

图 1.78 异步通信

图 1.79 异步通信的数据格式

异步通信的特点：不要求收发双方时钟的严格一致，实现容易，设备开销较小，但每个字符要附加 2～3 位用于起止位，各帧之间还有间隔，因此传输效率不高。

（2）同步通信

同步通信要建立发送方时钟对接收方时钟的直接控制，使双方达到完全同步。此时，传输数据的位之间的距离均为“位间隔”的整数倍，同时传送的字符间不留间隙，即保持位同步关系，也保持字符同步关系。发送方对接收方的同步可以通过两种方法实现，如图1.80所示。 其通信基本格式之一如图1.81所示。

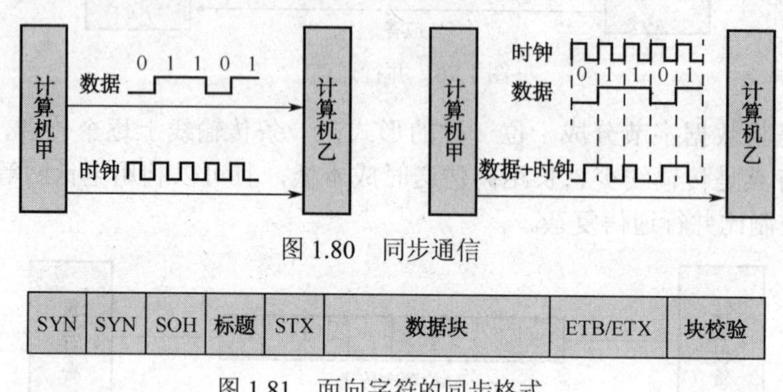

图1.80 同步通信

SYN	SYN	SOH	标题	STX	数据块	ETB/ETX	块校验

图1.81 面向字符的同步格式

2）串行通信的方向

（1）单工

单工是指数据传输仅能沿一个方向，不能实现反向传输。

（2）半双工

半双工是指数据传输可以沿两个方向，但需要分时进行，即所谓的分时双向。

（3）全双工

全双工是指数据可以同时进行双向传输。

3）信号的调制与解调

作为远距离数据传输，常利用调制器（Modulator）把数字信号转换成模拟信号，然后送到通信线路上去，再由解调器（Demodulator）把从通信线路上收到的模拟信号转换成数字信号。由于通信是双向的，调制器和解调器合并在一个装置中，这就是调制解调器Modem。

图1.82 调制解调器连接的远程串行通信

4）串行通信的错误校验

（1）奇偶校验

在发送数据时，数据位尾随的1位为奇偶校验位（1或0）。奇校验时，数据中“1”的个数与校验位“1”的个数之和应为奇数；偶校验时，数据中“1”的个数与校验位“1”的个数之和应为偶数。接收字符时，对“1”的个数进行校验，若发现不一致，则说明传输数据过程中出现了差错。

（2）代码和校验

代码和校验是发送方将所发数据块求和，产生一个字节的校验字符（校验和）附加到数据块末尾。接收方接收数据的同时对数据块（除校验字节外）求和，将所得的结果与发送方的“校验和”进行比较，相符则无差错，否则即认为传送过程中出现了差错。

（3）循环冗余校验

这种校验是通过某种数学运算实现有效信息与校验位之间的循环校验，常用于对磁盘信息的传输、存储区的完整性校验等。这种校验方法纠错能力强，广泛应用于同步通信中。

5）传输速率与传输距离

（1）传输速率

比特率是每秒钟传输二进制代码的位数，单位是位/秒（b/s）。如每秒钟传送 240 个字符，而每个字符格式包含 10 位(1 个起始位、1 个停止位、8 个数据位)，这时的比特率为：

$$10\text{ 位}\times 240\text{ 个/秒}=2\,400\text{ b/s}$$

波特率表示每秒钟调制信号变化的次数，单位是波特（Baud）。

波特率和比特率不总是相同的，对于将数字信号 1 或 0 直接用两种不同电压表示的所谓基带传输，比特率和波特率是相同的。因此，我们也经常用波特率表示数据的传输速率。

（2）传输距离与传输速率的关系

串行接口或终端直接传送串行信息位流的最大距离与传输速率及传输线的电气特性有关，传输距离随传输速率的增加而减小。当比特率超过 1 000 b/s 时，最大传输距离迅速下降，如 9 600 b/s 时最大距离下降到只有 76 m。

6）RS232 串行通信接口标准

（1）RS232C 概述

串行通信接口标准包括 RS232、RS485\USB、SPI、I^2C、1WIRE 等，RS232 是 PC 与通信工业中应用较为广泛的一种串行接口，它被定义为一种在低速率串行通信中增加通信距离的单端标准。

RS232C 协议的全称是 EIA-RS-232C 协议，其中 EIA（Electronic Industry Association）代表美国电子工业协会，RS（Recommeded Standard）代表推荐标准，232 是标识号，C 代表 RS232 的最新一次修改(1969)，在这之前，有 RS232B、RS232A。它规定连接电缆和机械、电气特性、信号功能及传送过程。

（2）机械特性

连接器：由于 RS232C 协议并未定义连接器的物理特性，因此出现了 DB25、DB15 和 DB9 各种类型的连接器，在此，我们介绍常用的 DB9 连接器，如图 1.83 所示。作为近距离通信，不需要 Modem，通常只需要使用引脚 2、引脚 3、引脚 5。这几个引脚的功能定义如下：

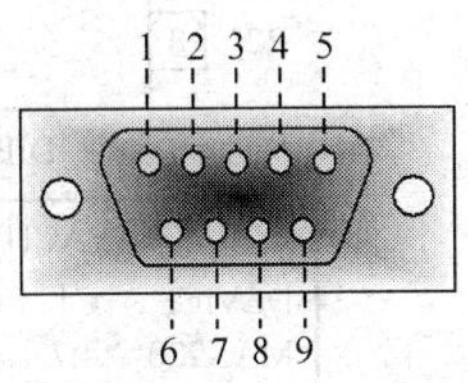

图 1.83 DB9 连接器

① 引脚 2（RXD），数据接收引脚，用于接收发送方发送来的数据。

② 引脚 3（TXD），数据发送引脚，需要发送的数据有该引脚发送数据。

③ 引脚 5（GND），信号地。

（3）电气特性

RS232 电平不是+5 V 和地，而是采用负逻辑。传送数据时，逻辑“0”为：+5～

+15 V，逻辑“1”为：-5～-15 V；当无数据传输时，线上为 TTL 电平。接收器典型的工作电平在+3～+12 V 与-12～-3 V，即所谓的 RS232 电平。

RS232 的传送距离最大约为 15 m，最高速率为 20 kb/s，适合本地设备之间的通信。

（4）电平转换

PC 的串口输出为 RS232 电平，而单片机为 TTL 电平，要实现单片机与 PC 的通信，必须进行 TTL 电平到 RS232 电平间的转换，市面上有很多相应的转换芯片，常用的有传输线发送器 MC1488 和传输线接收器 MC1489、MAX232 等。其中，MAX232 是比较常用的 RS232 电平转换芯片，该芯片一块即可完成接收和发送数据的电平转换，且只需采用 5 V 电源及几个电容就可以搭建转换电路，使用起来非常方便。

2. PC 与单片机串行通信接口电路设计

MCS-51 单片机内部有 1 个功能很强的全双工串行口，可同时发送和接收数据。其数据接收引脚为 RXD（P3.0），数据发送引脚为 TXD（P3.1），单片机通过这两个引脚和 PC 进行数据的收发。利用 PC 有一个 RS232 串行口，单片机引脚输出为 TTL 电平，需设计电平转换接口电路才能实现两者之间的通信。采用 MAX232 芯片进行电平转换。

1）认识 MAX232 芯片

如图 1.84 所示为 MAX232 系列芯片引脚图，该芯片可实现 TTL 电平和 RS232 电平的相互转换，从而实现单片机和 PC 间的串行接口电路。MAX232 芯片具有以下特点。

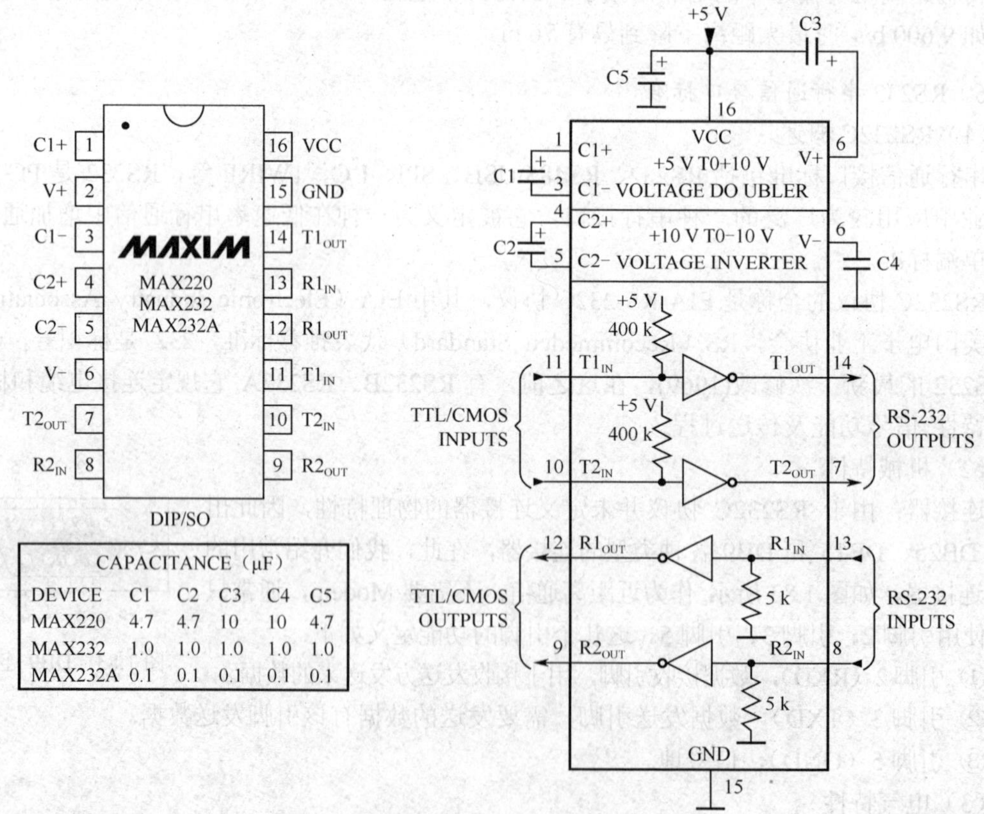

CAPACITANCE（μF）					
DEVICE	C1	C2	C3	C4	C5
MAX220	4.7	4.7	10	10	4.7
MAX232	1.0	1.0	1.0	1.0	1.0
MAX232A	0.1	0.1	0.1	0.1	0.1

图 1.84　MAX232 构成的电平转换电路

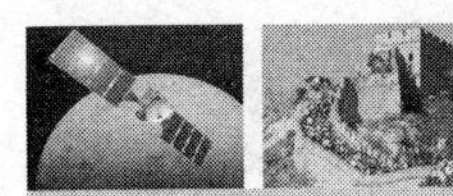

① 单 5 V 供电。

② 低功耗设计，最低可达 5 μW 以内。

③ 两组驱动/接收器。

MAX232 内部结构基本可分为以下三部分。

第一部分是电荷泵电路。由 1、2、3、4、5、6 引脚和 4 只电容构成。功能是产生+12 V 和−12 V 两个电源，提供给 RS232 电平的需要。

第二部分是数据转换通道。由 7、8、9、10、11、12、13、14 引脚构成两个数据通道。其中 13 引脚（$R1_{IN}$）、12 引脚（$R1_{OUT}$）、11 引脚（$T1_{IN}$）、14 引脚（$T1_{OUT}$）为第一数据通道；8 引脚（$R2_{IN}$）、9 引脚（$R2_{OUT}$）、10 引脚（$T2_{IN}$）、7 引脚（$T2_{OUT}$）为第二数据通道。

单片机送来的 TTL/CMOS 数据从 $T1_{IN}$、$T2_{IN}$ 输入 MAX232 芯片转换成 RS232 数据从 $T1_{OUT}$ 和 $T2_{OUT}$ 送到计算机的 DB9 插头；计算机经 DB9 插头送来的 RS232 数据从芯片的 $R1_{IN}$、$R2_{IN}$ 输入转换成 TTL/CMOS 数据后从 $R1_{OUT}$、$R2_{OUT}$ 输出到单片机。

第三部分为供电电源。15 引脚 GND、16 引脚 VCC（+5 V）。

2）串行接口电路

如图 1.85 所示为单片机与 PC 的串行通信接口电路。由图可见，利用系统板上的 5 V 电源、4 只电容和 1 个 DB9 标准 RS232 插头即可很方便地构成接口电路。

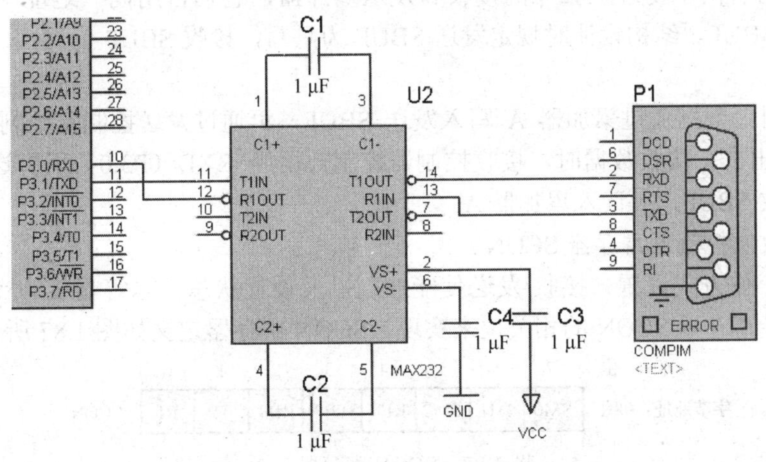

图 1.85　单片机与 PC 串行通信接口电路

1.3.2　单片机与 PC 之间的串口通信程序设计

本任务要求设计单片机与 PC 的串行通信系统，单片机可对 PC 发送过来的信息进行分析判断并回送相应的提示信息。为此，首先应对单片机内部串行口的基本结构、收发数据工作原理、工作方式、波特率等概念进行学习。

1. MCS-51 单片机串行口的结构及工作原理

1）MCS-51 单片机串行口的内部结构

MCS-51 单片机串行口内部结构如图 1.86 所示，由接收发送缓冲器 SBUF、波特率发生电

路、收发控制电路、串并转换电路、移位寄存器及数据收发引脚 TXD 和 RXD 几部分组成。

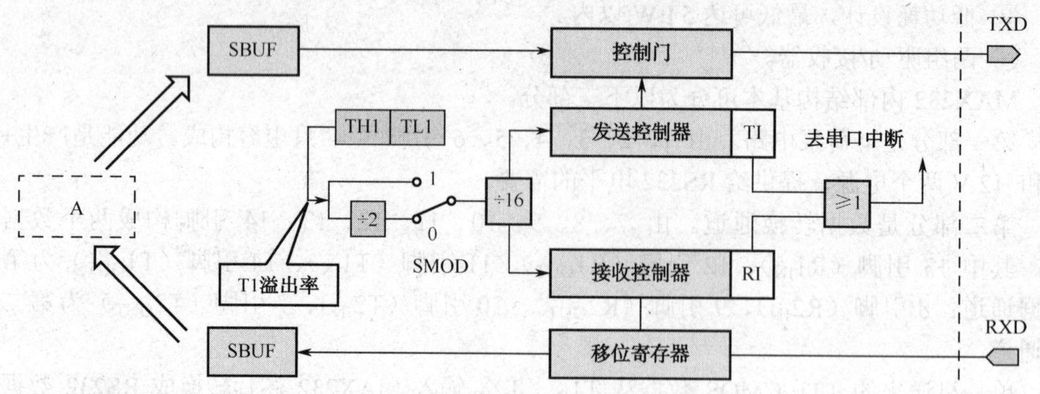

图 1.86 MCS-51 单片机串行口内部结构

（1）数据收发引脚

MCS-51 系列单片机的 P3.0 口和 P3.1 口分别为内部串行口模块的数据接收引脚（RXD）和数据发送引脚（TXD），内部串口模块通过这两个引脚与外部器件连接而构成数据的收发通道。

（2）数据收发缓冲器

串口收发器有两个物理上独立的接收和发送缓冲器，它们占用同一地址 99H，使用同一个寄存器名 SBUF。结构设计时规定发送 SBUF 为只写，接收 SBUF 为只读，从而不会产生重叠错误。

发送数据时，数据通过累加器 A 写入发送 SBUF，再通过发送控制器控制数据经 TXD（P3.1）引脚送出去；接收数据时，接收控制器控制数据经 RXD（P3.0）引脚送入移位寄存器，再送到接收 SBUF，并读入累加器 A。

（3）数据收发控制器寄存器 SCON

串行口的工作方式设置、接收/发送使能控制以及设置状态标志等功能的实现，可以通过设定特殊功能寄存器 SCON 的相关位来实现，SCON 寄存器定义如图 1.87 所示。

图 1.87 SCON 寄存器

① 工作方式选择位（SM0、SM1）。

SM0 和 SM1 为工作方式选择位，可选择 4 种工作方式，如表 1.7 所示。

表 1.7 工作方式选择

SM0	SM1	方 式	说 明	波 特 率
0	0	0	移位寄存器	$f_{osc}/12$
0	1	1	10 位异步收发器（8 位数据）	可变
1	0	2	11 位异步收发器（9 位数据）	$f_{osc}/64$ 或 $f_{osc}/32$
1	1	3	11 位异步收发器（9 位数据）	可变

② REN，允许串行接收位。

由软件置 REN=1，则启动串行口接收数据；若软件置 REN=0，则禁止接收。

③ 发送中断标志位（TI）。

在方式 0 时，当串行发送第 8 位数据结束时，或在其他方式，串行发送停止位的开始时，由内部硬件使 TI 置 1，向 CPU 发送中断申请。在中断服务程序中，必须用软件将其清零，取消此中断申请。

④ 接收中断标志位（RI）。

在方式 0 时，当串行接收第 8 位数据结束时，或在其他方式，串行接收停止位的中间时，由内部硬件使 RI 置 1，向 CPU 发送中断申请。在中断服务程序中，也必须用软件将其清零，取消此中断申请。

为了便于理解，在此暂时未对多机通信相关位（包括 SM2、TB8、RB8）进行介绍，读者可参考单片机相关资料进一步学习。

（4）波特率控制寄存器 PCON

SMOD（PCON.7）波特率倍增位，位于 PCON 寄存器的最高位。在串行口方式 1、方式 2、方式 3 时，波特率与 SMOD 有关，当 SMOD=1 时，波特率提高一倍。复位时，SMOD=0。波特率控制寄存器 PCON 如图 1.88 所示。

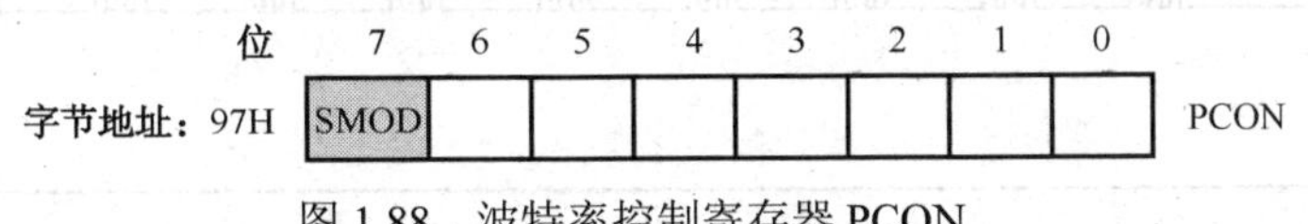

图 1.88 波特率控制寄存器 PCON

2）MCS-51 单片机串行口的工作方式

MCS-51 系列单片机内部串行口包括方式 0、方式 1、方式 2 和方式 3 等 4 种工作方式，可供不同场合使用。

（1）方式 0

方式 0 时，串行口为同步移位寄存器的输入/输出方式。主要用于扩展并行输入或输出口。数据由 RXD（P3.0）引脚输入或输出，同步移位脉冲由 TXD（P3.1）引脚输出。发送和接收均为 8 位数据，低位在先，高位在后。波特率固定为 $f_{osc}/12$。

（2）方式 1

方式 1 是 10 位数据的异步通信口，常用于双机通信。TXD 为数据发送引脚，RXD 为数据接收引脚，传送一帧数据的格式如图 1.89 所示。其中 1 位起始位（“0”），8 位数据位，1 位停止位。波特率可以设置。

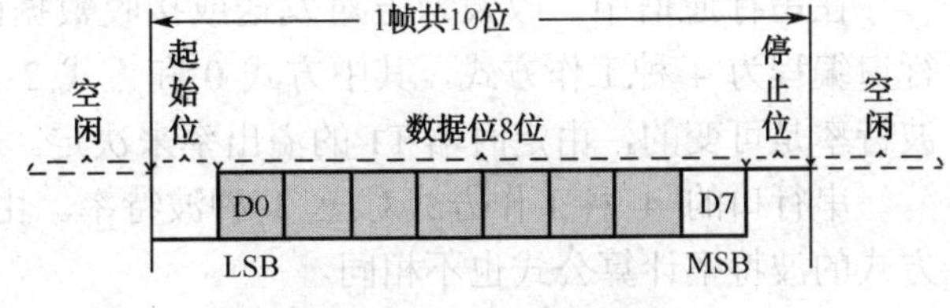

图 1.89 方式 1 数据帧格式

① 方式 1 输出数据。

利用方式 1 发送数据时，数据从 TXD 引脚送出。将数据由累加器 A 写入发送 SBUF 时，便启动串口发送一帧数据（10 位），当一帧数据发送结束时，串口自动将 TI 置 1 供 CPU 查询或向 CPU 申请中断，CPU 可以继续发下一帧数据。方式 1 发送数据时序如图 1.90 所示。

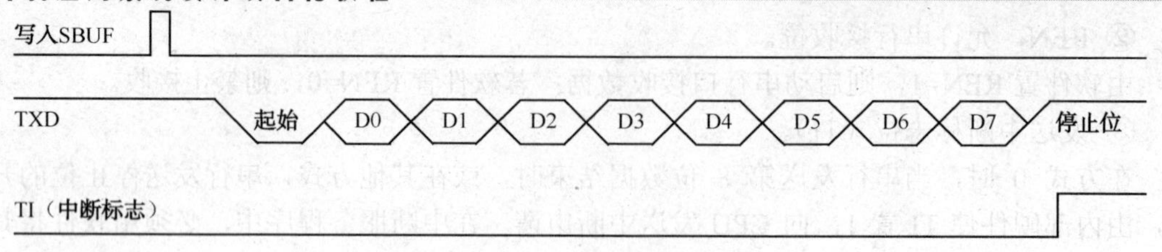

图 1.90　方式 1 发送数据时序

② 方式 1 接收数据。

接收数据由 RXD 引脚送入，没有数据时，RXD 一直保持高电平。要接收数据，首先必须用软件置 REN 为 1，接收器便对 RXD 引脚电平进行采样，检测到 RXD 引脚输入电平发生负跳变时（“1”变为“0”），则说明起始位有效，将其移入输入移位寄存器，并开始接收这一帧信息的其余位。接收过程中，数据从输入移位寄存器右边移入，起始位移至输入移位寄存器最左边时，控制电路进行最后一次移位。接收完一帧数据后将 RI 置 1，供 CPU 查询或向 CPU 请求中断。方式 1 数据接收时序如图 1.91 所示。

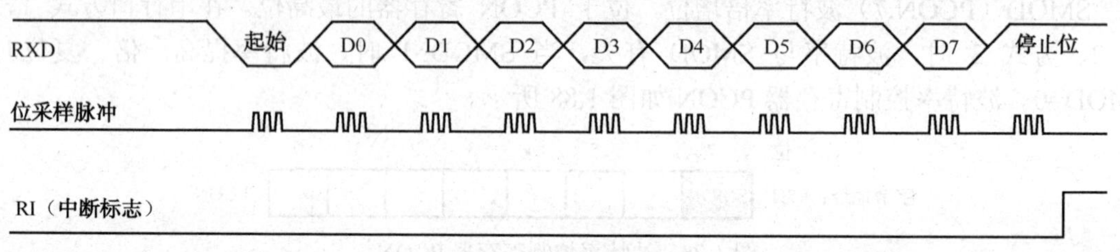

图 1.91　方式 1 数据接收时序

（3）方式 2 和方式 3

除波特率不同外，方式 2 或方式 3 完全相同，它们都是 11 位数据的异步通信口，主要用于多机通信。TXD 为数据发送引脚，RXD 为数据接收引脚。11 位帧数据格式为：起始位 1 位，数据 9 位（含 1 位附加的第 9 位，发送时为 SCON 中的 TB8，接收时为 RB8），停止位 1 位。方式 2 的波特率固定为晶振频率的 1/64 或 1/32，方式 3 的波特率由定时器 T1 的溢出率决定。

3）MCS-51 单片机串行口波特率设置

在串行通信中，收发双方对发送或接收数据的速率要有约定。通过软件可对单片机串行口编程为 4 种工作方式，其中方式 0 和方式 2 的波特率是固定的，而方式 1 和方式 3 的波特率是可变的，由定时器 T1 的溢出率来决定。

串行口的 4 种工作方式对应 3 种波特率。由于输入的移位时钟的来源不同，所以各种方式的波特率计算公式也不相同。

方式 0 的波特率 $= f_{osc}/12$

方式 2 的波特率 $= (2^{SMOD}/64) \cdot f_{osc}$

方式 1 的波特率 $= (2^{SMOD}/32) \cdot$（T1 溢出率）

方式 3 的波特率 $= (2^{SMOD}/32) \cdot$（T1 溢出率）

当 T1 作为波特率发生器时，最典型的用法是使 T1 工作在自动重装入的 8 位定时器方式（即方式 2），且 TCON 的 TR1=1，以启动定时器。这时溢出率取决于 TH1 中的计数值。

$$T1溢出率=f_{osc}/\{12\times[256-(TH1)]\}$$

在单片机的应用中，常用的晶振频率为 12 MHz 和 11.0592 MHz。因此，选用的波特率也相对固定。常用的串行口波特率以及各参数的关系如表 1.8 所示。

表 1.8 串行口波特率以及各参数的关系

串口工作方式及波特率（b/s）		f_{osc}（MHz）	SMOD	定 时 器 T1		
				C/$\overline{T}$	工作方式	初值
方式 1、3	62.5 k	12	1	0	2	FFH
	19.2 k	11.059 2	1	0	2	FDH
	9 600	11.059 2	0	0	2	FDH
	4 800	11.059 2	0	0	2	FAH
	2 400	11.059 2	0	0	2	F4H
	1 200	11.059 2	0	0	2	E8H

2. 串行口编程实现单片机与 PC 的通信

现假设先由单片机向 PC 发送一提示信息，PC 再根据提示信息发送相关控制命令给单片机，单片机接收到命令后，再向 PC 回送收到的命令表示命令接收成功。

1）单片机串行口编程步骤

单片机串行口编程包括串行口初始化和接收数据或发送数据两部分程序。

（1）串行口的初始化

在利用串行口进行通信之前，首先应对其进行初始化，包括工作方式选择、波特率设置、中断控制、接收启动等。

① 工作方式选择。通过设置 SCON 寄存器中断 SM0 和 SM1 位来实现，双机通信常选择方式 1。

② 波特率设置。对于方式 1 和方式 3，须对 T1 进行初始化，要求 T1 定时器工作、方式 2、关中断等。

③ 串行口在中断方式工作时，要进行中断设置，包括中断允许和优先级控制（编程 IE、IP 寄存器）。

④ 如果要进行数据接收则需置 REN 为 1。

（2）数据接收

为提高 CPU 工作效率，一般采用中断方式进行数据的收发，串口初始化后，允许接收标志 REN 置为有效，CPU 就可以执行其他程序了。同时，串行口处于接收状态，接收器不断检测 RXD 引脚状态，当有数据送来时，接收器将数据接收并送到接收 SBUF，同时将接收中断标志 RI 置 1，向 CPU 申请中断接收数据，CPU 响应中断从 SBUF 读取数据后，用软件清零 RI，接收器便可以继续接收下一帧数据。

（3）数据发送

同样，采取中断方式进行数据发送，CPU 将要发送的数据写入发送 SBUF 后便启动串行口进行数据的发送，CPU 转而执行其他程序，发送器经 TXD 逐位将数据发送出去，当一帧数据发

送完后，发送器自动将发送结束中断标志 TI 置 1，向 CPU 申请发送下一帧数据，CPU 响应后将下一帧数据写入发送 SBUF，并用软件将 TI 清零后，发送器将继续发送下一帧数据。

2）认识串口调试助手

串口调试助手是一个 PC 应用程序，该软件通过 PC 的 RS232 接口进行数据的收发。启动后，界面如图 1.92 所示。利用该界面可以很方便地完成串行数据收发、波特率设置、帧格式设置等功能。

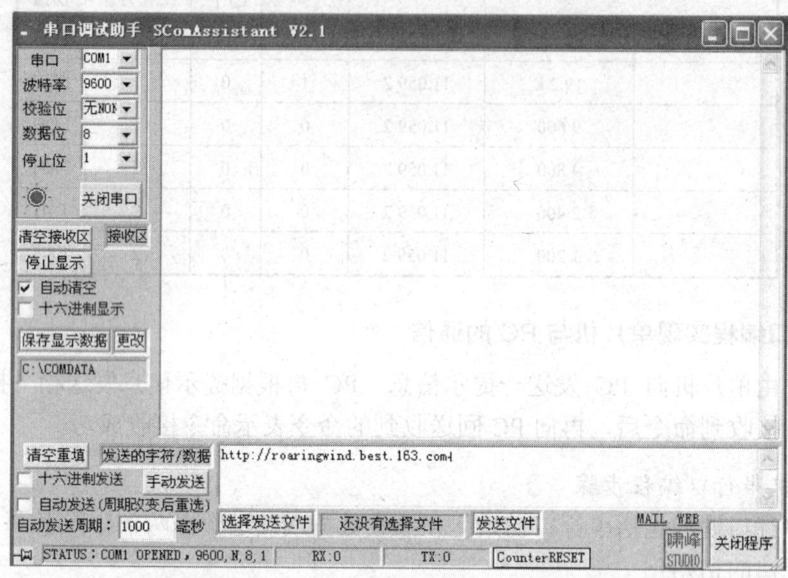

图 1.92　串口调试界面及参数设置

3）字符串发送程序的编写

（1）软件功能分析

该程序要求单片机向 PC 发送一字符串提示信息，具体要求如下。

① 要求串口工作于方式 1，波特率设为 9 600 b/s。

② 采用查询方式进行字符串发送。

③ 单片机向 CPU 发送开机界面：“Welcome to online operating system !”。

④ 利用虚拟串口和 PC 的串口调试助手完成软件仿真调试。

（2）程序流程分析

程序包括串口初始化和字符串发送两部分，初始化程序主要完成串行口工作方式选择、波特率设置、串行中断控制及接收允许控制等功能，流程图如图 1.93 所示。

字符串发送程序在编写时必须注意以下两点。

① 首先 PC 和单片机的通信时，传输的是字符的 ASCII 码（即美国标准信息交换码），也就是说单片机发送或接收的都是字符对应的 ASCII 码。

② 单片机只能逐个字节进行数据的发送，一般情况下，我们以表格的形式先将所要发送字符的 ASCII 存入 ROM 中，再利用查表指令逐条取出来进行发送。

为此，首先编写单字节发送子程序，再多次调用它才能完成一个字符串的传送。单字节发送子程序流程图如图 1.94 所示。

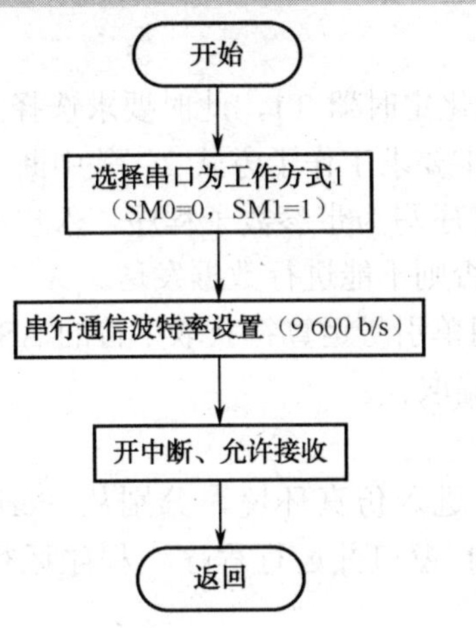

图 1.93　串行口初始化

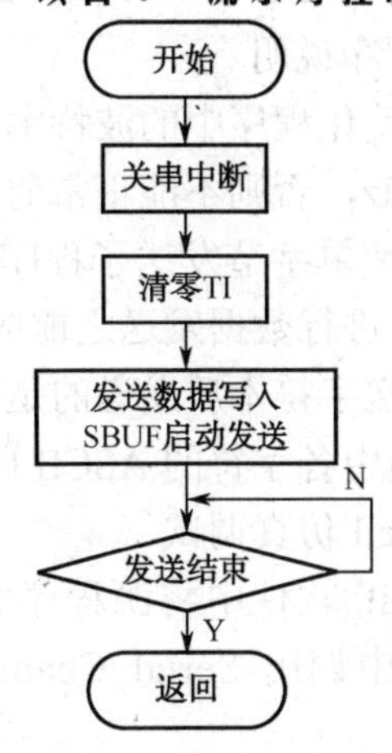

图 1.94　查询发送单字节

（3）单字节发送汇编源程序

单字节发送汇编源程序如下：

```
;************************
;单字节发送程序
;****************************************************
            ORG     0000H
            LJMP    START
            ORG     0030H
START:      LCALL   INIT_S
            MOV     A,#'W'          ;取字节的 ASCII 码放入 A 中准备发送
            LCALL   SEND_BYTE
            LJMP    $
;************************
;串行口初始化子程序
;****************************************************
INIT_S:     MOV     SCON,#40H       ;工作方式 1
            MOV     TMOD,#20H       ;波特率设为 9 600 b/s
            MOV     TH1,#0FDH
            MOV     TL1,#0FDH
            SETB    TR1
            SETB    REN             ;接收允许
            CLR     ES              ;关串口中断
            RET
;***************************
;带参数单字节发送子程序，A 为入口参数，放待发送的数据
;****************************************************
SEND_BYTE:  CLR     TI              ;清零串口发送中断标志
            MOV     SBUF,A          ;启动数据发送
WAIT_SEND:  JBC     TI,RETURN       ;等待发送结束，结束返回并清零 TI
            LJMP    WAIT_SEND
RETURN:     RET
            END
```

（4）程序说明

① 初始化程序中的波特率设置实际上就是初始化定时器 T1，此时要求选择晶振频率为 11.0592 MHz，否则不能正常通信。另外，定时器 T1 要求工作于方式 2，关中断。

② 为使单字节发送子程序更具通用性，将该程序写为带参数子程序，入口参数为累加器 A，每次进行数据发送之前应用软件将 TI 置 0，否则不能进行数据发送。

③ 发送字符本质发送的是其 ASCII 码，在此用单引号运算符获取字符的 ASCII 码，若是取字符串中各字符的 ASCII 码，则可采用双引号提取。

（5）Keil 仿真调试

在 Keil 软件中将源程序编写、编译完成后，进入仿真环境，分别从 Peripherals 和 View 菜单中调出 Serial Channel 窗口和 UART #1 窗口并运行程序，程序运行结果如图 1.95 所示。

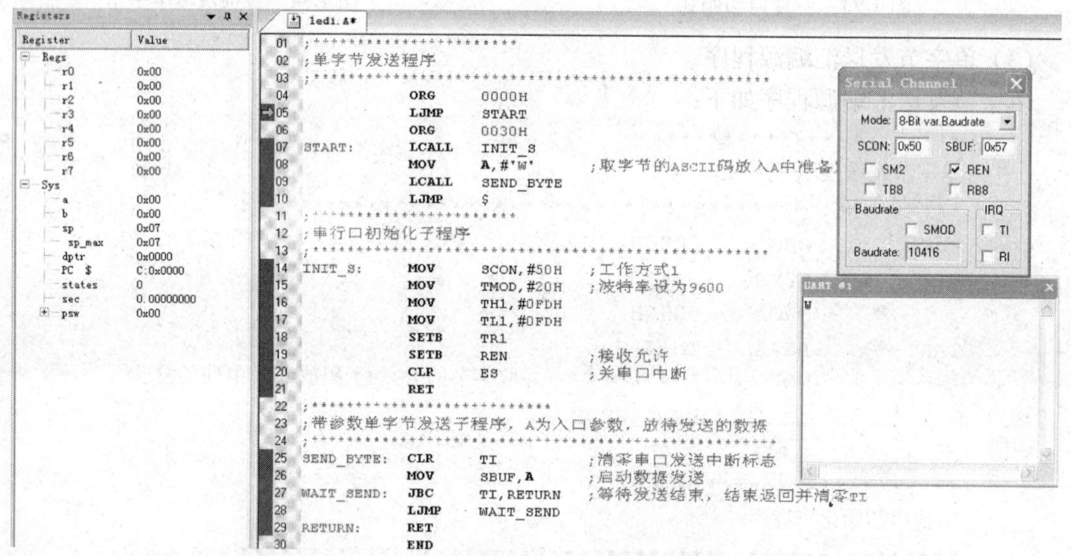

图 1.95　单字节发送程序仿真结果

（6）多字节发送程序设计

首先将要发送的数据以表格的形式顺序存放在 ROM 中，表格以 0FFH 结尾；再利用查表指令逐条依次取出并调用单字节发送指令进行发送，直到取出的数据为 0FFH 时表示字符串发送结束。

① 数据表的建立。

首先介绍定义字节数据伪指令 DB。

指令格式。标号：DB，字节数据表。

指令功能。将字节数据表依次存放在 ROM 中，标号为表的起始字节数据所在 ROM 地址名称。例如，在 Keil 软件中对如下源程序进行编译后的存储情况如图 1.96 所示。

```
            ORG     0030H
HELLO_TAB:  DB      "Welcome to online operating system!"
            DB      0DH,0AH,0FFH
            END
```

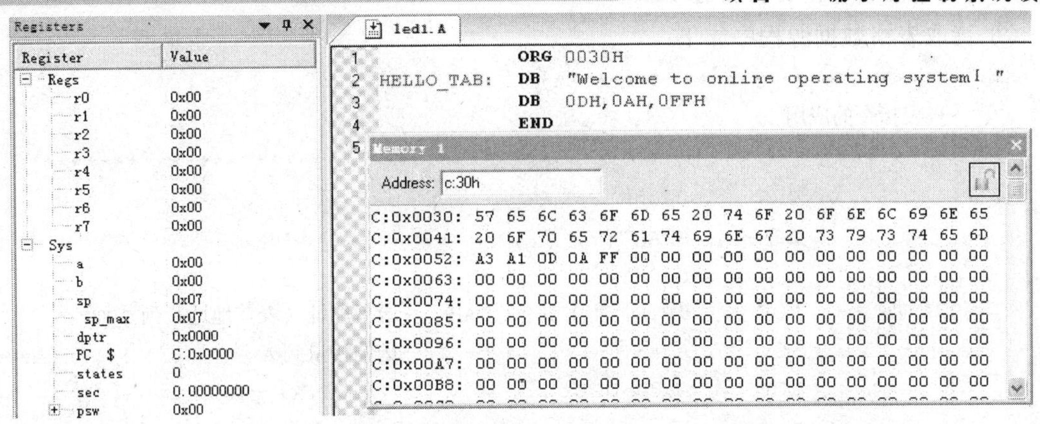

图 1.96　编译软件执行 DB 伪指令后数据存储情况

观察存储情况可以发现：

- 数据表从 ROM 的 0030H 单元开始依次往后存放。
- DB 后加双引号部分字符以 ASCII 码的形式存放；而以逗号隔开的 0DH 、0AH 分别为回车和换行的 ASCII 码，0FFH 定义为字符串结束标志，直接存放在 ROM 中。
- 再观察标号 HELLO_TAB 的值为 c:0030H，即 ROM 的 0030H 单元。

② 查表功能的实现。

查表实际上就是采用指令读取 ROM 中的表格数据，前面所学的 MOV 指令只能读写 RAM 内容，为此，专门设计了一条指令 MOVC 用于读 ROM 中的数据，习惯上称之为查表指令。

同理，要读取 ROM 中的内容，首先应告诉指令所取数据的 ROM 地址，但在定义表格时，一般只给表的首地址取了名字，为此，在读取表格内容时，通常以此首地址为基地址，加上偏移量后就得到相应数据所在 ROM 地址，即所谓的基址+偏移量寻址。

例如，上面表格首地址为 HELLO_TAB（C:0030H），假设要读取 Welcome 单词中“c”的 ASCII 码（63H），可以采取# HELLO_TAB+3 得到其 ROM 存储地址 0033H。

- 查表指令 MOVC

指令格式：MOVC　　A,@A+DPTR。

指令功能：将 A+DPTR 所指向 ROM 地址单元内容送入 A，即（A+DPTR）—>A。

DPTR 为一特殊功能寄存器，即数据指针寄存器，可用于访问片外 RAM 或 ROM，由于片外存储器可扩展至 64 KB，所以 DPTR 为 16 位寄存器，由 DPH 和 DPL 两个 8 位寄存器组成。在查表指令中用于存放表的首地址（即所谓的基址）。

@为地址符，@A+DPTR 为基址+偏移量寻址方式，A+DPTR 的内容为 ROM 的某个单元地址，指向所要取的数据单元。

查表时，首先将表的首地址装入 DPTR，再将所查数据所在 ROM 地址相对于基地址的偏移量放入 A 中，之后执行 MOVC 指令即可完成查表工作。

注意，该指令会两次用到 A，查表前放偏移量，执行查表指令后存放的是所读取的表格内容。

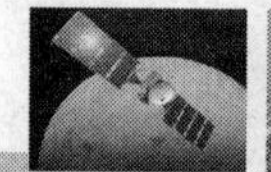

③ 读取表格数据源程序如下：

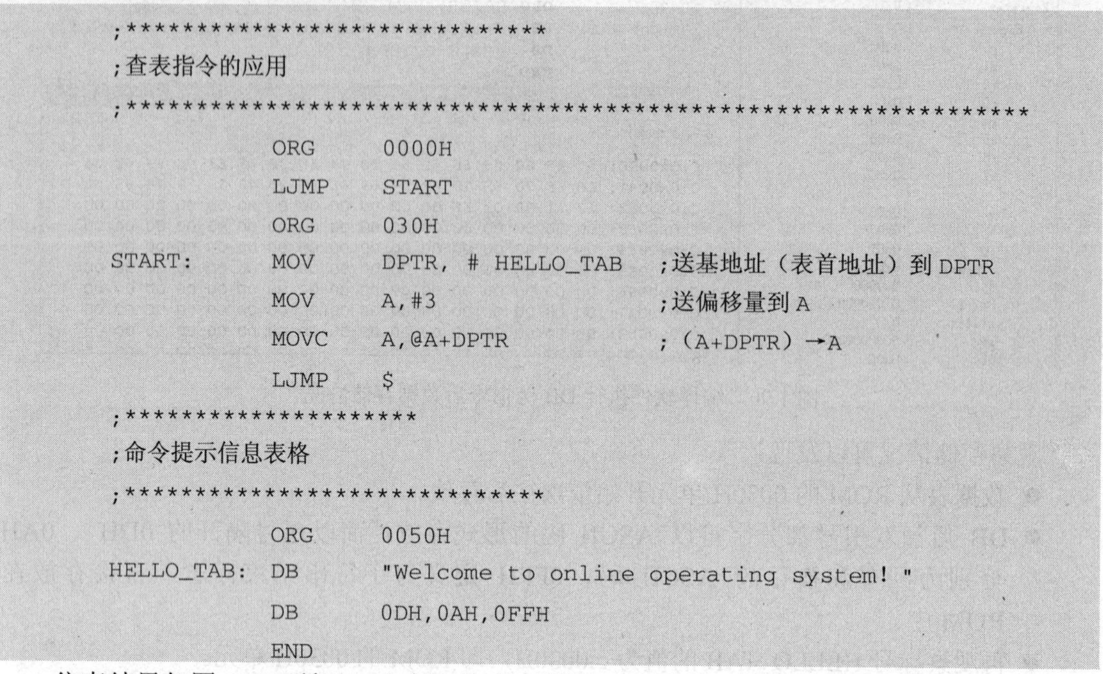

```
;*******************************
;查表指令的应用
;**************************************************************
            ORG     0000H
            LJMP    START
            ORG     030H
START:      MOV     DPTR, # HELLO_TAB     ;送基地址（表首地址）到 DPTR
            MOV     A,#3                  ;送偏移量到 A
            MOVC    A,@A+DPTR             ;（A+DPTR）→A
            LJMP    $
;********************
;命令提示信息表格
;*******************************
            ORG     0050H
HELLO_TAB:  DB      "Welcome to online operating system! "
            DB      0DH,0AH,0FFH
            END
```

仿真结果如图 1.97 所示。由上面的查表程序可以看出，所谓查表实际就是将表中的某个数据取出，需要经过如下步骤。

- 用 DB 伪指令定义一张表，如 HELLO_TAB。
- 将表的首地址赋给 DPTR，如 MOV DPTR, #HELLO_TAB。
- 将所取数据与表首地址之间的偏移量送入累加器 A，假设取表中第 4 个字符“c”，则应执行 MOV A,#3 指令。
- 执行 MOVC A,@A+DPTR，便将“c”的 ASCII 码 63H 取出并存入 A 中。

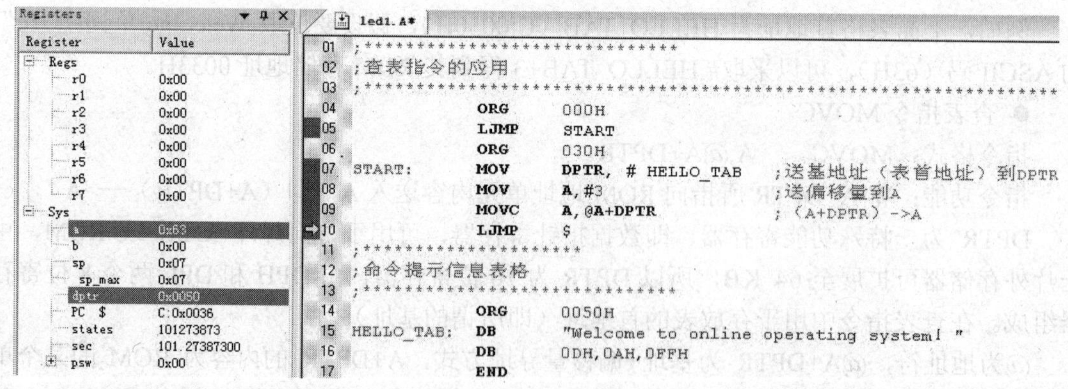

图 1.97　查表指令执行结果

④ 字符串发送程序设计。

结合查表程序和单字节发送程序可以很方便地实现字符串数据的发送，流程图如图 1.98 所示。汇编源程序如下：

```
;********************************
;发送字符串
;************************************************
            ORG     0000H
            LJMP    START
            ORG     0030H
START:      LCALL   INIT_S
            MOV     DPTR,#HELLO_TAB ;送首地址到 DPTR
            LCALL   SEND_STRING
            LJMP    $
;************************
;串行口初始化子程序
;*********************************
INIT_S:     MOV     SCON,#40H       ;串口工作方式 1
            MOV     TMOD,#20H       ;波特率 9 600 b/s
            MOV     TH1,#0FDH
            MOV     TL1,#0FDH
            SETB    TR1
            CLR     EA              ;关中断
            RET
;*************************
;字符串发送子程序，DPTR 为入口参数，放字符串表格首地址，要求字符串以 0FFH 结尾
;*****************************************************************
SEND_STRING:MOV     R4,#00H         ;R4 为表格字符偏移量，每发送一字节递增 1
SEND_NEXT:  MOV     A,R4
            MOVC    A,@A+DPTR       ;查表获取被发送字符的 ASCII 码
            CJNE    A,#0FFH,SEND_B  ;是否发送结束
            RET                     ;发送结束则返回
SEND_B:     LCALL   SEND_BYTE       ;发送未结束则进行发送
            INC     R4
            LJMP    SEND_NEXT
;***************************
;单字节发送子程序（A 中为待发送的数据）
;*************************************************************
SEND_BYTE:  CLR     TI
            MOV     SBUF,A      ;启动数据发送
            JNB     TI,$
RETURN:     RET
;******************************
;命令提示信息表格
;***************************************************
            ORG     0100H
HELLO_TAB:  DB      " Welcome to online operating system! "
            DB      0DH,0AH,0FFH
            END
```

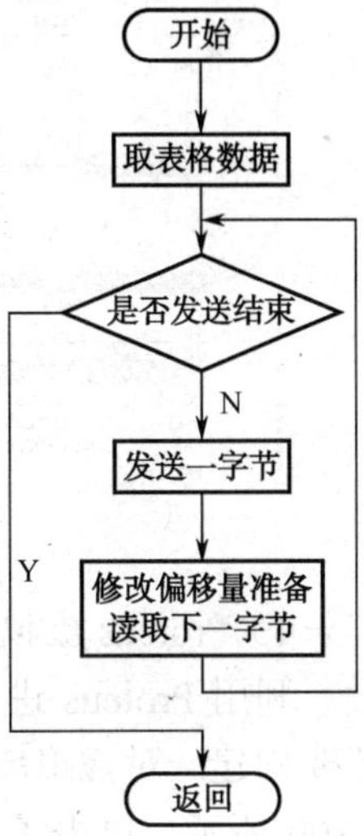

图 1.98 发送字符串流程图

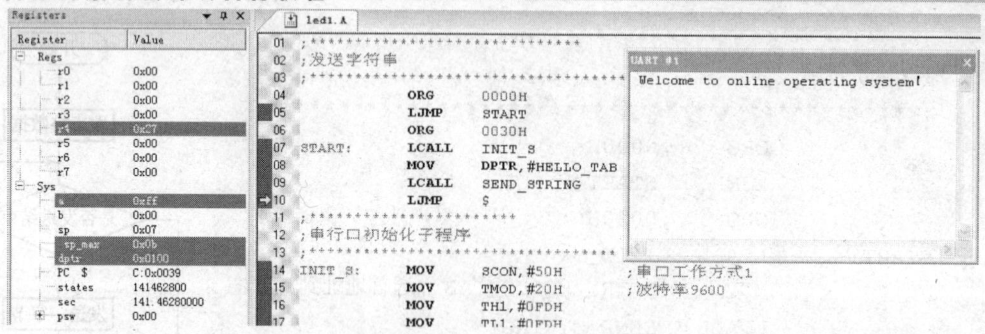

图 1.99　字符串发送程序仿真结果

4）Proteus 虚拟串口调试

利用 Proteus 进行虚拟串行口调试，除了需要用到串口调试助手、Proteus 仿真软件外，还要构建一对虚拟串口。常采用 Virtual Serial Port Driver 构建虚拟串口，程序运行界面如图 1.100 所示，单击【Add pair】按钮即可添加一对虚拟串口 COM3 和 COM4，添加虚拟串口后可以关闭串口，后续程序中就可以使用这对串口了。

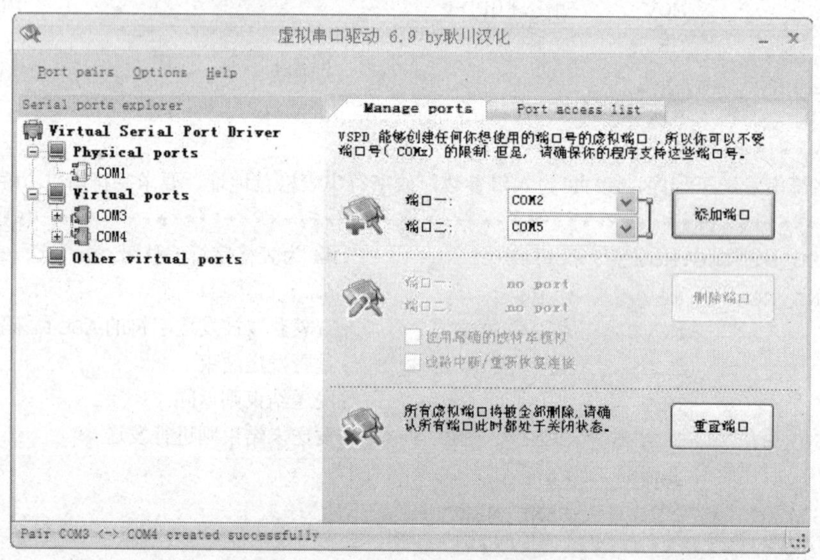

图 1.100　虚拟串口的创建

有了虚拟串口后，再搭建 Proteus 串口仿真电路如图 1.101 所示。构建串口仿真电路需要用到串口仿真模型 COMPIM，在 Proteus 的 Miscellaneous 元件库中调出该元件并添加到电路中。需要说明的是，该仿真模型不需要做 TTL 与 RS232 电平转换，因此，直接将 COMPIM 的 RXD 引脚和 TXD 引脚与单片机的对应引脚相连即可。另外，还可以很方便地利用虚拟终端 VT1 观察串口调试助手发送给单片机的数据，该终端在终端仪表模型库（Virtual Instruments Mode）中可以找到。

电路搭建好后需要设置器件的相关参数。

- 按源程序波特率设置情况选择单片机晶振为 11.0592 MHz。
- 设置串口模型 COMPIM 参数，如图 1.102 所示，Physical port 虚拟串口 COM4，根据源程序选择波特率为 9 600 b/s，数据位 8 位，停止位 1 位。

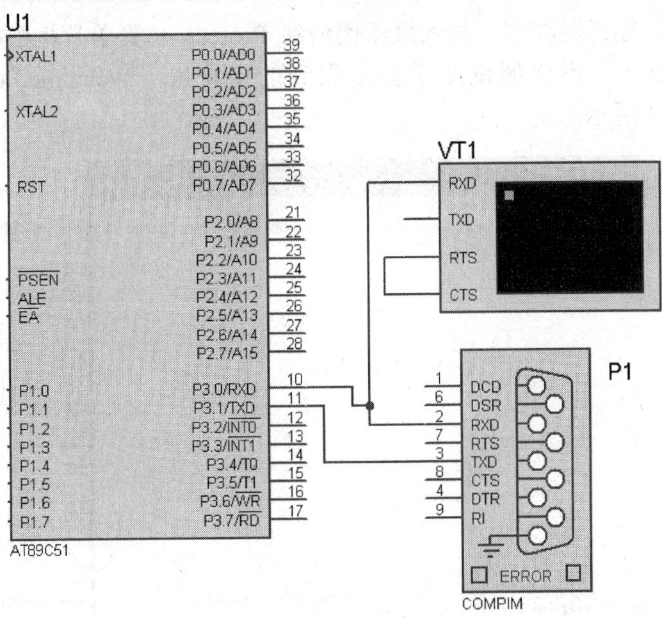

图 1.101 串口仿真电路

最后还要对串口调试助手进行参数设置，数据格式、波特率必须和 COMPIM 设置相同。串口号选择 COM3，COM3 与 COM4 为一对互相连接的虚拟串口。设置好后界面如图 1.103 所示。

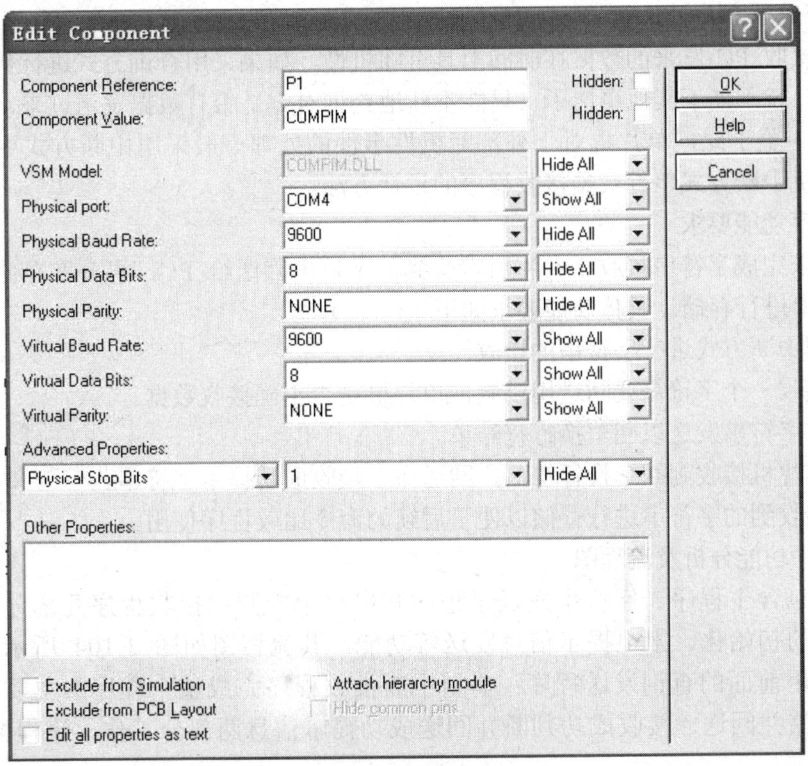

Edit Component

Component Reference:	P1	Hidden:	
Component Value:	COMPIM	Hidden:	
VSM Model:	COMPIM.DLL	Hide All	
Physical port:	COM4	Show All	
Physical Baud Rate:	9600	Hide All	
Physical Data Bits:	8	Hide All	
Physical Parity:	NONE	Hide All	
Virtual Baud Rate:	9600	Show All	
Virtual Data Bits:	8	Show All	
Virtual Parity:	NONE	Show All	
Advanced Properties: Physical Stop Bits	1	Hide All	

OK　Help　Cancel

Other Properties:

Exclude from Simulation　Attach hierarchy module
Exclude from PCB Layout　Hide common pins
Edit all properties as text

图 1.102 COMPIM 参数设置

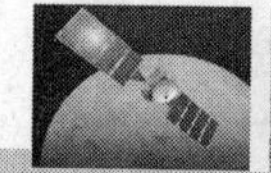

电路搭建好后，编译源程序，加入机器代码到 Proteus 仿真单片机模型，调出串口调试助手，单击仿真运行，串口调试助手显示收到的字符串（Welcome to online operating system），如图 1.103 所示。

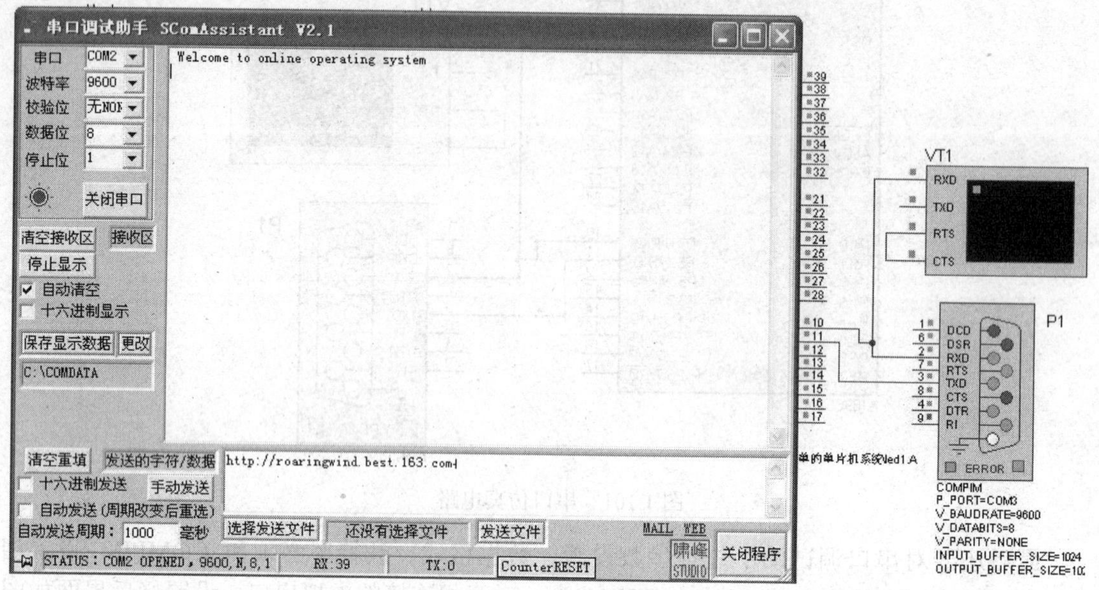

图 1.103　单片机发送字符串到 PC

5）字符接收程序的设计

单片机接收 PC 发来的数据在时间上具有随机性，如果采用查询方式进行数据接收，则单片机 CPU 就不能干其他事情了，只能不断地查询对方是否有数据发送过来，否则就会造成数据丢失。鉴于此，单片机对于外部随机性事件的处理一般采用中断方式更加合理。下面介绍单片机中断方式串行数据接收程序的设计方法。

（1）程序功能要求

程序要求完成字符串接收，并将所接收到的字符串回送给 PC，再开辟存储空间对所接收到的字符串进行存储。具体功能要求如下。

① 采用中断方式进行字符串的接收。

② 每接收一个字符需要回送用以验证单片机是否正确接收数据。

③ 要求字符串发送以回车换行符结束。

④ 当单片机接收到回车换行符后，回送命令接收成功提示字符串。

⑤ 对接收到的字符串进行存储以便于后续的命令比较程序使用。

（2）程序功能分析及流程图

该程序包含主程序、字符串发送子程序和串口中断数据接收程序几部分。主程序主要负责串口的初始化、上电提示信息发送等功能，其流程图如图 1.104 所示；字符串发送子程序沿用前面的查询发送程序；串口中断接收程序完成整个程序的主要功能，包括字符接收存储并回送、接收成功判断并回送成功提示信息两部分工作，流程图如图 1.105 所示。

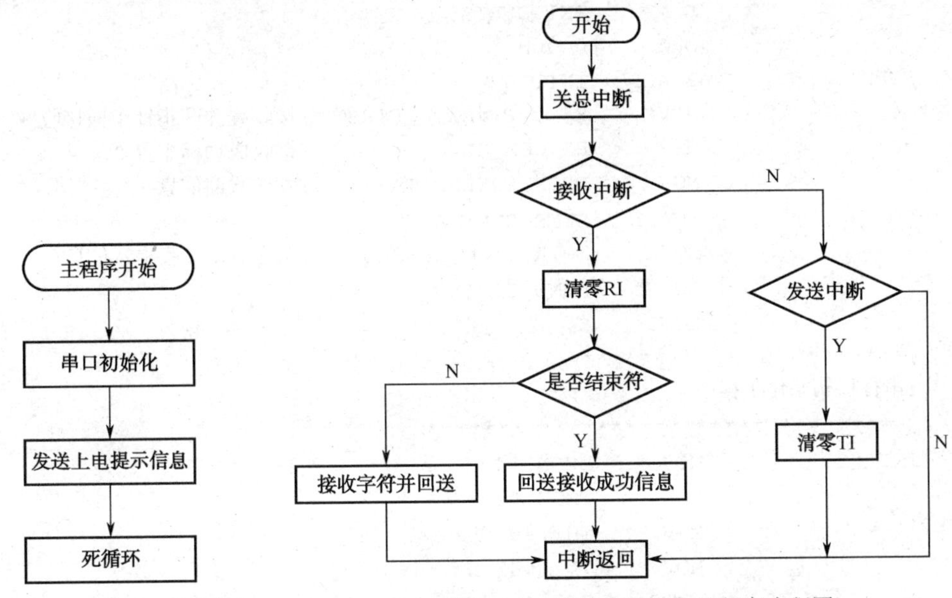

图 1.104　字符串接收主程序　　　　图 1.105　串口中断服务子程序流程图

（3）变量定义

本程序要求对所接收字符串进行存储便于后续的命令比较程序使用，在 RAM 的 45H～55H 单元进行存放，定义字符串存储单元首地址和末地址变量如表 1.9 所示。

表 1.9　接收字符串存储单元首末地址变量定义

变 量 名	单 元 地 址	含　义
RX_D_FIRST	45H（RAM）	接收缓冲区队列首地址
RX_D_P	30H（RAM）	接收缓冲区指针
RX_COM_OK	00H（20H.0）	命令接收成功标志，为“1”，成功

（4）汇编源程序

汇编源程序如下：

```
;********************************
;字符串收发程序
;************************************************
;变量定义
;************************************************************
RX_D_FIRST        EQU      45H                  ;接收缓冲区队列首地址
RX_D_P            EQU      30H                  ;接收缓冲区指针
RX_COM_OK         BIT      00H                  ;命令接收成功标志，为“1”，成功
;********************************
;主程序
;************************************************
                  ORG      0000H
                  LJMP     START
                  ORG      0023H                ;串口中断入口地址
```

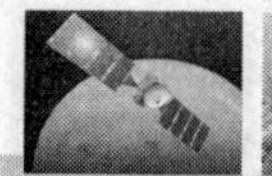

```
                LJMP    INT_SERIAL
                ORG     0030H
START:          LCALL   INIT_S
                MOV     RX_D_P,#RX_D_FIRST  ;接收缓冲区指针指向接收区
                CLR     RX_COM_OK           ;接收成功标志置 0
                MOV     DPTR,#HELLO_TAB     ;发送欢迎信息
                LCALL   SEND_STRING
                MOV     DPTR,#COM_MESSAGE   ;发送命令接收提示信息
                LCALL   SEND_STRING
                LJMP    $
;************************
;串行口初始化子程序
;************************************
INIT_S:         MOV     SCON,#40H
                MOV     TMOD,#20H
                MOV     TH1,#0FDH
                MOV     TL1,#0FDH
                SETB    TR1
                SETB    EA                  ;开中断
                SETB    ES
                SETB    REN                 ;串口数据接收允许
                RET
;****************************
;单字节发送子程序（A 中为待发送的数据）
;**************************************************************
SEND_BYTE:      CLR     TI
                MOV     SBUF,A
                JNB     TI,$
RETURN:         RET
;************************
;字符串发送子程序，DPTR 为入口参数
;*******************************************************************
SEND_STRING:    MOV     R4,#00H
SEND_NEXT:      MOV     A,R4
                MOVC    A,@A+DPTR
                CJNE    A,#0FFH,SEND_B
                RET
SEND_B:         LCALL   SEND_BYTE
                INC     R4
                LJMP    SEND_NEXT
;******************************
;串口中断接收字符串程序
;**********************************************
INT_SERIAL:     CLR     EA
                JBC     RI, RX_DAT          ;RI=1 则去接收中断程序，RI=0
                JBC     TI, INT_RETURN      ;发送中断，TI 置 0 再返回
```

```
RX_DAT:         MOV     R1,RX_D_P           ;数据存储准备
                INC     RX_D_P              ;缓存指针加1，便于后续存储
                MOV     A,SBUF              ;数据接收至A
                CJNE    A,#0DH,LOAD_DAT     ;判断所接收字符是否为回车符
                MOV     DPTR,#RECEIVE_OK    ;是回车符，命令字符串接收成功
                LCALL   SEND_STRING         ;回送命令字符串接收成功信息
                MOV     RX_D_P,#RX_D_FIRST  ;存储指针归位，便于后续命令存储
                SETB    RX_COM_OK           ;命令接收成功标志置1
                LJMP    INT_RETURN
LOAD_DAT:       MOV     SBUF,A              ;回送所接收字符
                MOV     @R1,A               ;存储所接收字符
INT_RETURN:     SETB    EA
                RETI
;******************************
;提示信息表格
;*****************************************************
HELLO_TAB:      DB      "Welcome to online operating system! "
                DB      0DH,0AH,0FFH
COM_MESSAGE:    DB      "Please input the command to control the LED."
                DB      0DH,0AH,0FFH
RECEIVE_OK:     DB      0DH,0AH
                DB      "Receiving the command is ok! "
                DB      0DH,0AH,0FFH
                END
```

（5）指令说明

① 变量定义伪指令。

为了程序的可读性好，编程时，我们为特殊用途的存储器单元或某个特定数据起一个名字，包括变量和常量两种符号。比如上面的命令接收成功标志 RX_COM_OK，定义为位变量，命令接收成功后将其置为 1，后续程序可根据该变量的值判断是否进行命令的识别及执行。

符号定义伪指令有 EQU、SET、DATA、BYTE、WORD、BIT、DB、DW、DS 等，请参考附录 D。

● EQU（表达式或寄存器赋名伪指令）

指令格式：符号名　EQU　　　寄存器名或表达式。

指令功能：给一个寄存器或数值赋一个指定的符号名。用 EQU 指令赋值以后的字符名，可以用做数据地址、代码地址、位地址或者直接当做一个立即数使用。

例如，程序中的“RX_D_FIRST EQU 45H”和“RX_D_P EQU 30H”，执行该指令后，RX_D_FIRST 和 RX_D_P 两个符号在后续指令中就分别代表 45H 和 30H 这个数。例如，后续指令：“MOV RX_D_P,#RX_D_FIRST”的含义是将立即数 45H 送入 RAM 的 30H 单元，此处的 RX_D_P 为直接寻址方式，#RX_D_FIRST 为立即数寻址方式。

● BIT（位定义伪指令）

指令格式：符号名　BIT　位地址。

指令功能：将一个位地址赋指定的符号名，注意经 BIT 定义过的符号名不能被改变。

例如，程序中的伪指令“RX_COM_OK　BIT　00H”相当于给 00H 这个位地址单元

起了一个名字 RX_COM_OK，在后续程序中遇到 RX_COM_OK 这个符号时，都代表 00H 位地址单元。

② 可执行指令。

● CJNE（比较不等则转移）

指令格式：CJNE A, #data, rel。

指令功能：如果(A)≠data，则跳转到目标语句，否则程序顺序执行。分支程序中，它用做条件转移。类似指令还有：CJNE A,direct,rel、CJNE Rn,#data,rel、CJNE @Ri, #data, rel。

程序中“CJNE A,#0DH,LOAD_DAT”指令的功能就是查看 A 中的内容是否为 0DH（回车符的 ASCII 码），是则表示命令接收完成，否则将继续接收命令中的某个字符。

● MOV（数据传送指令）

指令格式：MOV @Ri, A（i=0、1，即 R0 和 R1）。

指令功能：将累加器 A 的内容送入 Ri 所指向的 RAM 存储单元地址。注意，@Ri 为寄存器间接寻址，即 Ri 中存放的是某个存储单元地址。

例如，假设 A=15H，R1=45H，（45H）=22H 则执行下列指令：

```
MOV   @R1, A  ;寄存器间接寻址，将A的内容送入RAM的45H单元，即（45H）=15H，R1=45H
MOV    R1, A  ;寄存器寻址，将A的内容送入R1中，即（45H）=22H，R1=15H
```

● INC（自增 1 指令）

指令格式：INC direct。

指令功能：将某个直接寻址单元内容自加 1。例如，程序中执行“INC RX_D_P ”指令后将使 RX_D_P（RAM 的 30H 单元）内容自加 1。

类似指令还有：INC A、INC Rn（n=0，…，7）、INC @Ri（i=0、1）、INC DPTR 等。

（6）程序说明

① 初始化程序。

由于该程序采用中断方式进行串行数据的接收，所以在初始化程序中需要开中断和接收使能。

② 接收数据的存放。

命令往往由特定字符串组成，在后续的灯控制程序中将包含命令比较和执行两部分程序，所以在串口接收程序中应将接收到的字符串进行依次存储。在本接收程序中专门开辟了一段 RAM 存储空间对接收到的字符串进行存储，并且要求 PC 发送过来的命令以回车换行符（0DH、0AH）作为结束，以便于命令比较程序对该字符串进行比较从而判断接收到的是什么命令。

③ 中断服务程序。

串口中断服务程序的编写有以下 3 个注意事项。

- 串口接收和串口发送采用同一个中断入口地址 0023H。即在开串口中断的情况下，串口发送数据结束（TI=1）或串口接收数据结束（RI=1）时都会进入串口中断程序执行。因此，串口中断服务程序首先应判断到底是接收中断还是发送中断，接收中断则进行数据接收，发送中断则直接返回（因为此程序采用查询方式发送数据）。
- 不同于 TF0、TF1 中断申请标志，TI、RI 中断申请标志执行中断后必须软件清零，所以此处用 JBC 指令同时完成条件判断和标志位清零的功能。

- 进入中断服务程序时，首先关中断。因为在串口中断程序中调用了查询发送字符串程序，如果不关中断将出现意想不到的结果。另外，关中断也能屏蔽高优先级中断打断串口中断的执行。

（7）仿真调试

调出 Proteus 仿真原理图并打开虚拟终端（Virtual Terminal—VT1），再执行 PC 的串口调试助手并完成相关的参数设置后，添加程序进行仿真。单片机运行后首先向串口调试助手发送欢迎信息和命令输入提示信息，然后由串口调试助手分别发送“LED”和“command1”两个字符串给单片机，注意字符串必须以回车换行符作为结束，单片机收到串口调试助手发送的字符串后根据实际情况进行了回送，回送内容显示在串口调试助手的接收区中。仿真结果如图 1.106 所示。

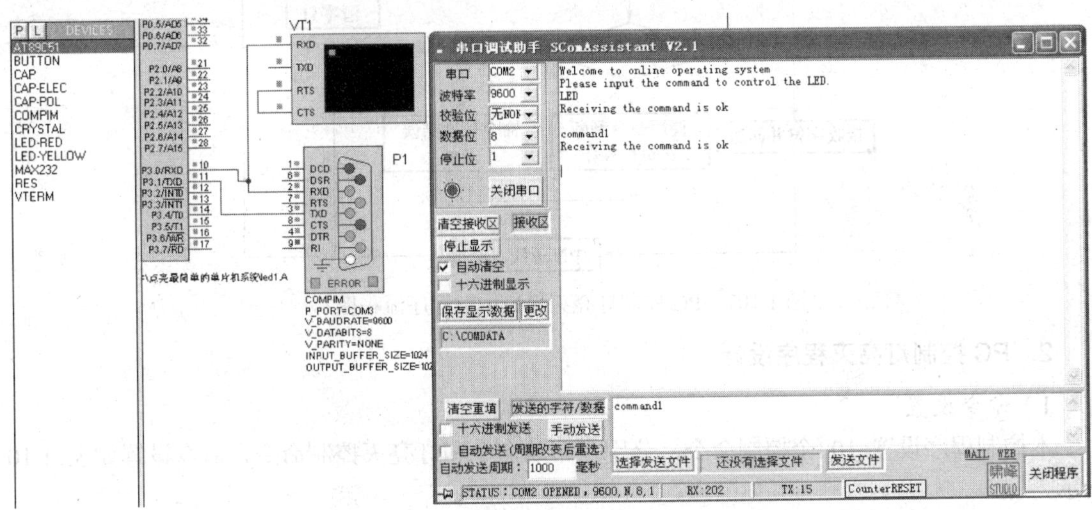

图 1.106　单片机串行数据收发程序仿真界面

1.3.3　PC 远程控制灯亮灭的程序设计

1. 功能分析

1）功能要求

该程序功能要求利用 PC 串口调试助手远程向单片机发送控制命令，单片机在接收到控制命令后根据设定的命令格式控制相应灯的亮灭，具体功能要求如下。

（1）单片机上电后首先向 PC 发送欢迎信息和命令提示信息。

（2）PC 在接收到命令提示信息后根据命令格式发送相关的控制命令。

（3）为了简化程序设计，命令字符限制为单字符命令，命令以回车换行结束。

（4）命令比较成功后进行相应的功能处理，如果命令错误则回送错误命令提示信息。

2）功能分析及流程图

根据功能要求可知，程序应包括主程序、字符串发送程序、串口中断程序、命令比较及功能处理程序几部分，在此仅重点说明串口中断程序和命令比较及处理子程序。中断程序包含字符串接收、命令长度判断两个主要部分，流程如图 1.107 所示。命令比较及功能处理子程序流程图如图 1.108 所示。

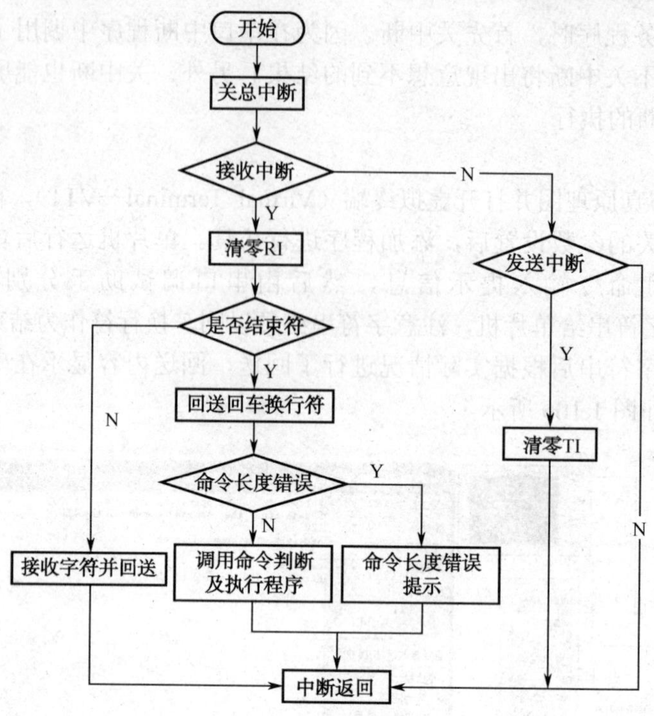

图 1.107　PC 控制灯亮灭串口中断程序流程图

2. PC 控制灯亮灭程序设计

1）命令设置

本控制程序设置 10 个控制命令，分别是帮助命令和灯亮灭控制命令，命令设置如表 1.10 所示。

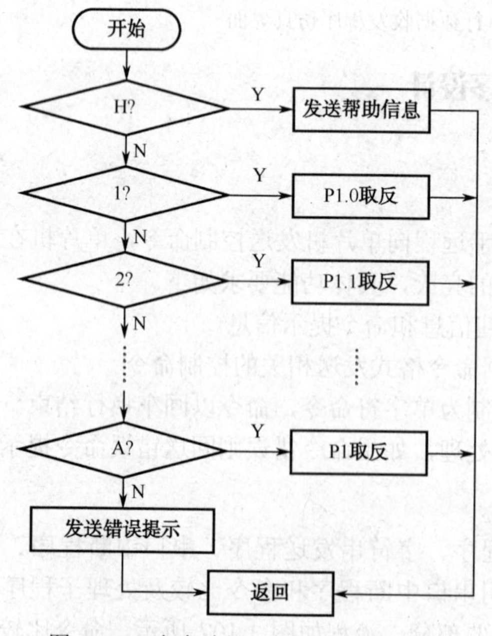

图 1.108　命令功能处理子程序流程图

表 1.10　命令功能

命　令	功　能
H	显示帮助信息
1	点亮或熄灭 D0
2	点亮或熄灭 D1
3	点亮或熄灭 D2
4	点亮或熄灭 D3
5	点亮或熄灭 D4
6	点亮或熄灭 D5
7	点亮或熄灭 D6
8	点亮或熄灭 D7
A	全亮或全灭

2）汇编源程序

```
;********************************
;PC远程控制灯亮灭程序，变量定义
;*******************************************
;变量定义
********************************
RX_D_FIRST      EQU     45H                 ;接收缓冲区队列首地址
RX_D_P          EQU     30H                 ;接收缓冲区指针
RX_D_LENGTH     EQU     31H                 ;所接收字符串长度
;*************
;主程序
;********************************
                ORG     0000H
                LJMP    START
                ORG     0023H
                LJMP    INT_SERIAL
                ORG     0030H
START:          LCALL   INIT_S
                MOV     RX_D_P,#RX_D_FIRST
                MOV     RX_D_LENGTH,#00H
                CLR     EA
                MOV     DPTR,#HELLO_TAB     ;送表格首地址到DPTR
                LCALL   SEND_STRING
                MOV     DPTR,#COM_MESSAGE
                LCALL   SEND_STRING
                SETB    EA
                LJMP    $
;************************
;串行口初始化子程序
;*********************************
INIT_S:         MOV     SCON,#50H           ;串口工作方式1，允许接收
                MOV     TMOD,#20H           ;波特率9 600
                MOV     TH1,#0FDH
                MOV     TL1,#0FDH
                SETB    TR1
                SETB    EA                  ;开中断
                SETB    ES
                RET
;***************************
;单字节发送子程序（A中为待发送的数据）
;*************************************
SEND_BYTE:      CLR     TI
                MOV     SBUF,A              ;启动数据发送
                JNB     TI,$
RETURN:         RET
;**********************
```

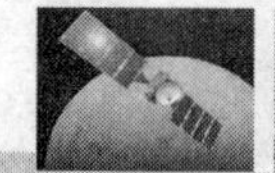

```
;字符串发送程序，要求字符串以 0FFH 结尾，一次最多可发 256 个字符
;****************************************************************
SEND_STRING:    MOV     R4,#00H
SEND_NEXT:      MOV     A,R4
                MOVC    A,@A+DPTR
                CJNE    A,#0FFH,SEND_B
                RET
SEND_B:         LCALL   SEND_BYTE
                INC     R4
                LJMP    SEND_NEXT
;************************
;命令比较及功能执行子程序
;*******************************************************************
COM_OP:         MOV     A,RX_D_FIRST            ;长度正确则进行命令比较
                CJNE    A,#'H',NEXT_COM1        ;帮助命令
                MOV     DPTR,#HELP_TAB1         ;发送帮助信息
                LCALL   SEND_STRING             ;每次最多只能发送 256 个字节
                MOV     DPTR,#HELP_TAB2         ;由于帮助信息内容太多
                LCALL   SEND_STRING             ;故将命令信息分 6 次发送
                MOV     DPTR,#HELP_TAB3
                LCALL   SEND_STRING
                MOV     DPTR,#HELP_TAB4
                LCALL   SEND_STRING
                MOV     DPTR,#HELP_TAB5
                LCALL   SEND_STRING
                MOV     DPTR,#HELP_TAB6
                LCALL   SEND_STRING
                RET
NEXT_COM1:      CJNE    A,#'1',NEXT_COM2        ;命令 1
                CPL     P1.0
                RET
NEXT_COM2:      CJNE    A,#'2',NEXT_COM3        ;命令 2
                CPL     P1.1
                RET
NEXT_COM3:      CJNE    A,#'3',NEXT_COM4        ;命令 3
                CPL     P1.2
                RET
NEXT_COM4:      CJNE    A,#'4',NEXT_COM5        ;命令 4
                CPL     P1.3
                RET
NEXT_COM5:      CJNE    A,#'5',NEXT_COM6        ;命令 5
                CPL     P1.4
                RET
NEXT_COM6:      CJNE    A,#'6',NEXT_COM7        ;命令 6
                CPL     P1.5
                RET
NEXT_COM7:      CJNE    A,#'7',NEXT_COM8        ;命令 7
                CPL     P1.6
```

```
                RET
NEXT_COM8:      CJNE    A,#'8',NEXT_COM9        ;命令 8
                CPL     P1.7
                RET
NEXT_COM9:      CJNE    A,#'A',COM_ERR          ;命令 9
                MOV     A,P1
                CPL     A
                MOV     P1,A
                RET
COM_ERR:        MOV     DPTR,#ERR_TAB
                LCALL   SEND_STRING
                RET
;*******************************
;串口中断程序，含命令长度错误判断及提示等
;*************************************************
INT_SERIAL:     CLR     EA
                JBC     RI, RX_DAT              ;RI=1 则去接收中断程序，RI=0
                JBC     TI,INT_RETURN
RX_DAT:         MOV     R1,RX_D_P               ;存储接收数据准备
                INC     RX_D_P                  ;接收缓冲区计数
                MOV     A,SBUF
                CJNE    A,#0AH,RECEIVE_DAT      ;命令接收结束判断
                MOV     DPTR,#ENTERN            ;命令接收结束，回送回车换行键
                LCALL   SEND_STRING
                MOV     RX_D_P,#RX_D_FIRST
                MOV     A,RX_D_LENGTH
                MOV     RX_D_LENGTH,#00H
                CJNE    A,#02H,LENGTH_ERR       ;命令长度错误，发出错提示
                LJMP    DO_COM
LENGTH_ERR:     MOV     DPTR,#LEN_ERR_TAB       ;发送命令长度错误提示
                LCALL   SEND_STRING
                LJMP    INT_RETURN
DO_COM:         LCALL   COM_OP                  ;执行命令比较及功能
                LJMP    INT_RETURN
;*************************************
RECEIVE_DAT:    MOV     SBUF,A
                MOV     @R1,A
                INC     RX_D_LENGTH             ;接收字符串长度统计
INT_RETURN:     SETB    EA
                RETI
;*******************************
;提示信息表格
;*************************************************
HELLO_TAB:      DB "Welcome to online operating system!"
                DB 0DH,0AH,0FFH
COM_MESSAGE:    DB "Please input the command 'H' to get command message!"
                DB 0DH,0AH,0FFH
ERR_TAB:        DB "The command you input is error,input again!"
```

```
                DB 0DH,0AH,0FFH
LEN_ERR_TAB:    DB "The string length is error,input again!"
                DB 0DH,0AH,0FFH
HELP_TAB1:      DB"**************************************",0DH,0AH
                DB"  The online system command message  ",0DH,0AH,0FFH
HELP_TAB2:      DB"***'1':turn on or turn off the led1!***",0DH,0AH
                DB"***'2':turn on or turn off the led2!***",0DH,0AH,0FFH
HELP_TAB3:      DB"***'3':turn on or turn off the led3!***",0DH,0AH
                DB"***'4':turn on or turn off the led4!***",0DH,0AH,0FFH
HELP_TAB4:      DB"***'5':turn on or turn off the led5!***",0DH,0AH
                DB"***'6':turn on or turn off the led6!***",0DH,0AH,0FFH
HELP_TAB5:      DB"***'7':turn on or turn off the led7!***",0DH,0AH
                DB"***'8':turn on or turn off the led8!***",0DH,0AH,0FFH
HELP_TAB6:      DB"*'A':turn on or turn off the all light!*",0DH,0AH
                DB"**************************************",0DH,0AH,0FFH
ENTERN:         DB 0DH,0AH,0FFH
                END
```

3）程序说明

（1）中断服务程序

中断服务程序完成命令的接收和命令处理两部分功能。

① 命令接收。当 PC 发一单字符命令过来时，程序首先判断是否接收的是换行符的 ASCII 码 0AH，若不是则说明 PC 发送的是一个命令字符，程序将对接收到的字符存储到依次命令缓存区，接收到一个字符长度变量 RX_D_LENGTH 自加 1，便于后续的命令长度判断；若是 0AH 则表明 PC 发送完了一个命令字符，此时单片机的串口中断程序将执行命令处理程序块。

② 命令长度出错判断。为了简化程序，功能规定命令长度为 1 个字符，但观察程序中长度判断语句“CJNE A,#02H,LENGTH_ERR”可以发现：此语句表明命令字符长度为 2 时才表示长度正确，这是因为程序功能要求命令发送以回车（0DH）换行（0AH）作为结束，当接收到 0AH 时，之前接收到的 1 个命令字符和 1 个回车符（0DH）实际长度为 2 个字符长度。

③ 注意 CJNE 指令中第一个操作数要么为 A 要么为@Ri，此处要比较的内容来自于变量 RX_D_LENGTH（RAM 的 31H 单元），故必须先将该单元的内容导入 A 中再进行比较。

（2）命令比较及功能处理程序

该子程序中需要说明的是帮助信息的发送，由于 SEND_STRING 子程序每次调用最多发送 256 个字节（取决于偏移量寄存器 R4 是 8 位的），而帮助信息的内容过多，因此将帮助信息分为 6 个表格分别发送。

4）程序仿真

如图 1.109 所示，单片机上电后首先向单片机发送欢迎词和命令提示信息。之后，PC 通过串口调试助手向单片机发送“H”命令，单片机回送命令提示帮助信息；再分别发送“1”、“3”命令分别点亮 1 号和 3 号灯；发送一条错误命令“F”，单片机回送“The command you input is error,input again!”错误提示信息；发送“23”命令，单片机回送“The string length is error,input again!”错误提示信息；再发送“H”命令，单片机继续执行命令并回送命令提示帮助信息。

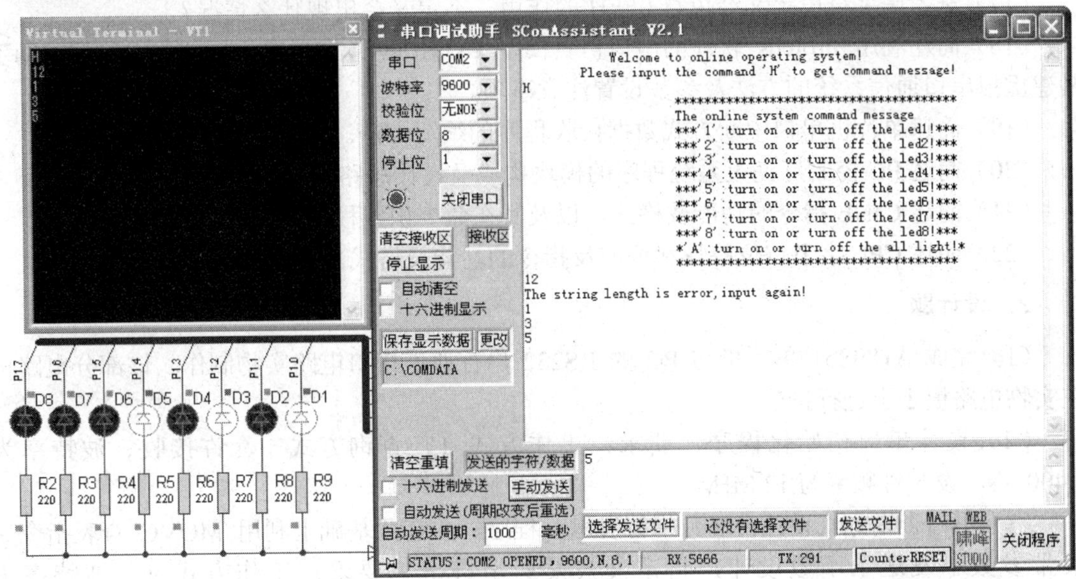

图 1.109　PC 控制灯亮灭流程图

思考与练习题 3

1. 简答题

（1）简述计算机串行异步通信的基本概念及工作原理（结合移位寄存器和通信格式进行说明）。

（2）简述 RS232 通信接口标准的概念、机械特性和电气特性。

（3）简述 MAX232 电平转换芯片在单片机与 PC 通信系统中的作用。

（4）简述 MAX232 电平转换芯片的特点、内部结构及引脚功能。

（5）简述单片机内部 UART 串行通信模块的结构及相关引脚。

（6）简述基于 MAX232 电平转换芯片的串行通信接口电路设计方法。

（7）简述单片机内部 UART 串行通信模块的相关寄存器及工作原理，包括 SBUF、SCON、PCON。

（8）简述单片机内部 UART 串行通信模块的工作方式 1 及其数据收发工作原理。

（9）简述单片机内部 UART 串行通信模块的初始化步骤。

（10）简述定时器 T1 作为串口波特率发生器时的使用注意事项，设波特率为 2 400 b/s，时钟频率为 11.059 2 MHz，试计算定时初值。

（11）简述单片机与 PC 串行通信程序编写的注意事项（字符编码、数据传送方式等）。

（12）简述单片机内部 UART 串口查询方式单字符发送程序的编写方法。

（13）简述 DB 伪指令的作用和 MOVC 查表指令的功能、格式及编写步骤。

（14）举例说明寄存器间接寻址和寄存器寻址的功能及区别。

（15）简述基址+变址寻址方式，并结合 DB、MOVC、INC 指令说明其在查表指令中的应用。

（16）简述 EQU、BIT 伪指令的功能及格式。

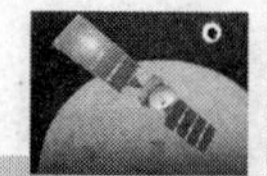

（17）试考虑字符串定义结束符 0FFH 的作用，不定义会出现什么情况？

（18）简述利用 Proteus 软件的串口仿真模型 COMPIM、虚拟串口软件、串口调试助手搭建虚拟串口通信系统的方法及参数设置注意事项。

（19）简述单片机串口中断方式数据接收程序的编写方法。

（20）简述 PC 控制灯亮灭系统程序的模块构成及设计思路。

（21）简述 CJNE 指令的功能及格式，以及其在命令识别程序中的应用。

（22）简述 CPL 字节按位取反和位取反指令的功能及格式。

2. 设计题

（1）完成 AT89S51 单片机与 PC 的 RS232 串行通信接口电路实物制作。该部分电路可在实物电路板 I 上进行搭建。

（2）设计串口初始化程序，要求：工作方式 1、查询方式、允许接收、波特率为 2 400 b/s，设时钟频率为 12 MHz。

（3）串口查询方式设计带参数字符发送子程序，并在此基础上利用 MOVC 查表指令完成带参数串发送子函数设计，自定义被发送字符串。要求：工作方式 1、波特率为 4 800 b/s，时钟频率为 11.059 2 MHz。

（4）串口中断方式编写单字符接收程序，存储器接收并进行回显，波特率设为 9 600 b/s，时钟频率为 11.0592MHz。

（5）完成 PC 远程控制灯系统的软硬件仿真设计，并在实物电路板上测试程序的功能实现。

（6）利用 MOVC 查表指令在试验电路板 I 上拓展完成 LED 灯多种显示功能的实现。

（7）拓展题：结合定时器中断程序拓展完成 PC 远程控制灯的闪烁、左右移动等功能的实现。

注：程序设计题全部要求完成流程图绘制、软件的编写、编译及软硬件仿真调试等功能，并按要求撰写设计报告。

任务 1-4　C51 编程流水灯控制

任务要求

利用 C51 编程控制流水灯，具体要求完成以下功能设计。

（1）C51 编程实现灯的闪烁及流动控制。

（2）C51 编程上位机控制流水灯显示。

教学目标

（1）掌握单片机 C51 编程语言的数据类型、运算量、运算符及表达式、表达式语句及复合语句、输入/输出、程序基本结构及相关语句、函数等基本知识。

（2）掌握单片机定时器/计数器的 C51 编程方法。

（3）掌握单片机中断服务程序的 C51 编程方法。

（4）掌握单片机串行口的C51编程方法。

1.4.1　C51编程实现灯的闪烁及流动控制

单片机的编程语言常用的有两种：一种是汇编语言；另一种是C语言。虽然汇编语言具有机器代码简洁、执行效率高等优点，但相比之下，C语言更具有如下优势。

（1）语言简洁、紧凑，使用方便、灵活。

（2）运算符丰富。

（3）数据结构丰富，具有现代化语言的各种数据结构。

（4）结构化程序设计，编译器提供了丰富的功能函数。

（5）可移植性好，开发周期短。

因此，在实际应用中，越来越多的单片机软件设计工程师选用C语言进行单片机程序设计。下面将利用C51进行流水灯控制程序的设计，借此给大家介绍单片机的C语言程序设计方法。

用C语言编写的MCS-51单片机应用程序，不用像汇编语言那样需要具体组织、分配存储器资源和处理端口数据，但在C语言编程中，对数据类型与变量的定义，必须与单片机的存储结构相关联，否则编译器不能正确地映射定位。

另外，C51的语法规定、程序结构及程序设计方法都与标准的C语言程序设计相同，但C51程序与标准的C程序在以下几个方面不同。

（1）C51中定义的库函数和标准C语言定义的库函数不同。标准C语言定义的库函数是按通用微型计算机来定义的，而C51中的库函数是按MCS-51单片机相应情况来定义的。

（2）C51中的数据类型与标准C语言的数据类型也有一定的区别，在C51中还增加了几种针对MCS-51单片机特有的数据类型。

（3）C51变量的存储模式与标准C语言中变量的存储模式不一样，C51中变量的存储模式是与MCS-51单片机的存储器紧密相关的。

（4）C51与标准C语言的输入/输出处理不一样，C51中的输入/输出是通过MCS-51串行口来完成的，输入/输出指令执行前必须对串行口进行初始化。

（5）C51与标准C语言在函数使用方面也有一定的区别，C51中有专门的中断函数。

1. C51编程控制灯的亮灭

1）点亮任意灯的C51源程序

```
#include <reg51.h>                //51系列单片机头文件
void main()                       //主函数
{
    P1=0xFE;                      /*点亮第一个发光二极管*/
    while(1);                     /*死循环，防止程序跑飞*/
}
```

2）C51程序设计基础

（1）C51程序的基本结构

同标准C语言，一般C51程序具有如下基本结构。

```
预处理          #include <  >          //注释1
主函数          void main( )           /*注释2*/
                {
```

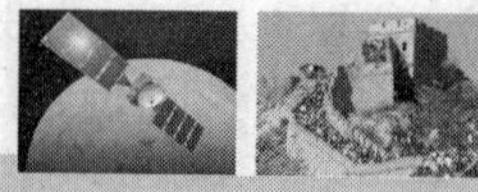

```
主函数体                ……
                        }
```

① 预处理。

C 语言程序的开始部分通常是预处理命令，预处理部分主要包含头文件、全局变量定义、宏定义、函数申明、条件编译等信息，该部分程序相当于汇编语言中的伪指令部分，由编译器执行，辅助编译软件完成源程序的编译。

如上面程序中的#include 命令。这个预处理命令通知编译器在对程序进行编译时，将所需头文件读入后再一起进行编译，一般在“头文件”中包含程序在编译时的一些必要信息，如上面程序中使用的P1为MCS-51单片机的特殊功能寄存器P1，它是在头文件reg51.h中定义的。

② 主函数。

C 语言程序是由函数所组成的。一个 C 语言程序至少应包含一个主函数（main( )函数，相当于汇编语言中的主程序），单片机总是从main()函数处开始执行程序的。函数体由一对花括弧“{ }”包含，“{ }”里面的内容就是函数体，如果一个函数有多个“{ }”，则最外面的一对为函数体的范围。函数体的内容为若干条语句，一般有两类语句：一类为说明语句（相当于汇编中的伪指令），用以完成变量定义等功能；另一类为执行语句（相当于可执行指令），用以完成一定的功能或算法处理。

③ 注释。

C51 的注释同标准 C 语言，有单行注释（“//”）和多行注释（“/*……*/”）两种，具体使用见上述源程序，注释的作用是解释说明，提供程序的可读性。

（2）C51 语句

① 表达式语句。

在表达式的后边加一个分号“;”就构成了表达式语句，如：

```
P1=0xFE;                  /*点亮第一个发光二极管*/
while(1);                 /*死循环，防止程序跑飞*/
```

可以一行放一个表达式形成表达式语句，也可以一行放多个表达式形成表达式语句，这时每个表达式后面都必须带分号“;”。另外，还可以仅由一个分号“;”占一行形成一个表达式语句，这种语句称为空语句。

② 复合语句。

复合语句是由若干条语句组合而成的一种语句，在 C51 中，用一个大括号“{ }”将若干条语句括在一起就形成了一个复合语句，复合语句最后不需要以分号“;”结束，但它内部的各条语句仍需以分号“;”结束。复合语句的一般形式为：

```
{
    局部变量定义;
    语句1;
    语句2;
}
```

例如：

```
{
        P1=0xFE;                  /*点亮第一个发光二极管*/
        while(1);                 /*死循环，防止程序跑飞*/
}
```

复合语句在执行时，其中的各条单语句按顺序依次执行，整个复合语句在语法上等价于一条单语句，因此在 C51 中可以将复合语句视为一条单语句。通常复合语句出现在函数中，实际上函数的执行部分（即函数体）就是一个复合语句；复合语句中的单语句一般是可执行语句，此外还可以是变量的定义语句（说明变量的数据类型）。在复合语句内所定义的变量，称为该复合语句中的局部变量，它仅在当前这个复合语句中有效。利用复合语句将多条单语句组合在一起，以及在复合语句中进行局部变量定义是C51 语言的一个重要特征。

（3）运算符 1

● 赋值运算符“=”。

在 C51 中，它的功能是将一个数据的值赋给一个变量，如 x=10。利用赋值运算符将一个变量与一个表达式连接起来的式子称为赋值表达式，一个赋值表达式的格式如下：

```
变量=表达式;
```

执行时先计算出右边表达式的值，然后赋给左边的变量。例如：

```
P1=0xFE              //将十六进制数 FEH 赋给变量 P1
x=8+9                //将 8+9 的值赋给变量 x
x=y=5                //将常数 5 同时赋给变量 x 和 y
```

在 C51 中，允许在一个语句中同时给多个变量赋值，赋值顺序自右向左。

（4）C51 变量 1

任何编程语言都离不开变量，所谓变量就是其内容可变的量，其本质是对应的单片机的某部分存储单元，修改变量就是对变量所对应的存储单元内容进行修改。

① C51 变量的数据类型。

● C51 基本数据类型。

类似标准 C 语言，C51 的基本数据类型有 char、int、short、long 和 float，具体如表 1.11 所示。

表 1.11　C51 的数据类型

类型名称	基本数据类型	长　度	取值范围
无符号字符型数据	unsigned char	1 B	0～255
有符号字符型数据	signed char	1 B	-128～+127
无符号整型数据	unsigned int	2 B	0～65 535
有符号整型数据	signed int	2 B	-32 768～+32 767
无符号长整型数据	unsigned long	4 B	0～4 294 967 295
有符号长整型数据	signed long	4 B	-2 147 483 648～+2 147 483 647
浮点数据	float	4 B	±1.175 494E-38～±3.402 823E+38
位变量（编译可变）	bit	1 b	0 或 1
位变量（编译不可变）	sbit	1 b	0 或 1
特殊功能寄存器	sfr	1 B	0～255
16 位特殊功能寄存器	sfr16	2 B	0～65 535

● C51 专有数据类型。

除基本数据类型外，C51 还定义了一套专有数据类型，包括 bit、sfr、sfr16 以及 sbit，如表 1.11 所示。

bit——位变量，存储在可位寻址区，保存一位二进制数。

sfr 和 sfr16——特殊功能寄存器变量，用以定义 MCS-51 系列单片机的特殊功能寄存器，如源程序中的 P1。

sbit——特殊功能寄存器位变量，用以定义可位寻址特殊功能寄存器的某位。

② 特殊功能寄存器变量定义

● 特殊功能寄存器定义（sfr 和 sfr16 数据类型）。

特殊功能寄存器必须通过 sfr 或 sfr16 类型说明符进行定义才能使用，sfr 定义 8 位特殊功能寄存器，sfr16 定义 16 位特殊功能寄存器，定义时必须指明它们所对应的片内 RAM 单元的地址。格式如下：

```
sfr 或 sfr16  特殊功能寄存器变量名=地址；
```

为便于记忆和使用，特殊功能寄存器变量名一般与单片机内特殊功能寄存器名称一致，地址一般用直接地址形式。例如：

```
sfr  PSW=0xd0;              //定义程序状态字特殊功能寄存器为 PSW
sfr  P1=0x90;               //定义 P1 特殊功能寄存器为 P1
sfr16  DPTR=0x82;           //定义 16 位数据指针特殊功能寄存器为 DPTR
```

● 特殊功能寄存器位变量定义（sbit 数据类型）。

特殊功能寄存器位变量 sbit 用于定义 MCS-51 单片机中的可位寻址特殊功能寄存器的位单元，其值可以是“1”或“0”。定义时必须指明其位地址，可以是位直接地址，可以是可位寻址变量带位号，也可以是特殊功能寄存器名带位号。格式如下：

```
sbit  位变量名=位地址；
```

例如：

```
sbit  CY=0xD7;              //定义 PSW 中的进位标志为 CY
sfr   P1=0x90;              //定义 P1 特殊功能寄存器
sbit  LED0=P1^0;            //在定义 P1 的基础上定义 P1 第 0 位为 LED0
sbit  LED1=0x90^1;          //用取字节某位的运算符“^”定义 P1 第 1 位为 LED1
```

● 位变量定义（bit 数据类型）。

bit 位类型符用于定义 RAM 中可位寻址区（20H～2FH）的某个位。位定义格式如下：

```
bit  位变量名；
```

例如：

```
bit  a1;                    /*定义为变量 a1*/
bit  a2;                    /*定义位变量 a2*/
```

注意，用 bit 定义的位变量在 C51 编译器编译时，在不同的时候位地址是可以变化的，而用 sbit 定义的位变量必须与 MCS-51 单片机的一个可位寻址的特殊功能寄存器位地址对应，在程序执行过程中，其对应的位地址是不可以变化的。

（5）C51 常量

常量是指在程序执行过程中其值不能改变的量。在 C51 中支持整型常量、浮点型常量、字符型常量和字符串型常量。

整型常量也就是整型常数，根据其值范围在计算机中分配不同的字节数来存放。在 C51 中它可以表示成以下几种形式。

十进制整数，如 234、-56、0 等。

十六进制整数，以 0x 开头表示，如程序中的 0XFE 表示十六进制数 FEH。

长整数，在 C51 中当一个整数的值达到长整型的范围时，则该数按长整型存放，在存储器中占 4 个字节。另外，如一个整数后面加一个字母 L，这个数在存储器中也按长整型存放。如 123L 在存储器中占 4 个字节。

除此之外还有字符型常量、字符串常量和浮点型常量等。

（6）特殊功能寄存器定义头文件（reg51.h）

C51 编程访问特殊功能寄存器之前，必须先进行定义。为了用户处理方便，C51 编译器把 MCS-51 单片机常用的特殊功能寄存器和特殊位进行了定义，放在一个“reg51.h”或“reg52.h”的头文件中。当用户要使用时，只需要在使用之前用一条预处理命令 #include<reg51.h>把这个头文件包含到程序中，然后就可使用殊功能寄存器名和特殊位名称了，在 Keil 中打开头文件 reg51.h 程序如下：

```
/*  BYTE Register  */
sfr P0   = 0x80;
sfr P1   = 0x90;
sfr P2   = 0xA0;
sfr P3   = 0xB0;
sfr PSW  = 0xD0;
sfr ACC  = 0xE0;
sfr B    = 0xF0;
sfr SP   = 0x81;
sfr DPL  = 0x82;
sfr DPH  = 0x83;
sfr PCON = 0x87;
sfr TCON = 0x88;
sfr TMOD = 0x89;
sfr TL0  = 0x8A;
sfr TL1  = 0x8B;
sfr TH0  = 0x8C;
sfr TH1  = 0x8D;
sfr IE   = 0xA8;
sfr IP   = 0xB8;
sfr SCON = 0x98;
sfr SBUF = 0x99;
/*  BIT Register  */
/*  PSW   */
sbit CY   = 0xD7;
sbit AC   = 0xD6;
sbit F0   = 0xD5;
sbit RS1  = 0xD4;
sbit RS0  = 0xD3;
sbit OV   = 0xD2;
sbit P    = 0xD0;
/*  TCON  */
sbit TF1  = 0x8F;
sbit TR1  = 0x8E;
sbit TF0  = 0x8D;
sbit TR0  = 0x8C;
sbit IE1  = 0x8B;
sbit IT1  = 0x8A;
sbit IE0  = 0x89;
sbit IT0  = 0x88;
/*  IE   */
sbit EA   = 0xAF;
sbit ES   = 0xAC;
sbit ET1  = 0xAB;
sbit EX1  = 0xAA;
sbit ET0  = 0xA9;
sbit EX0  = 0xA8;
/*  IP   */
sbit PS   = 0xBC;
sbit PT1  = 0xBB;
sbit PX1  = 0xBA;
sbit PT0  = 0xB9;
sbit PX0  = 0xB8;
/*  P3  */
sbit RD   = 0xB7;
sbit WR   = 0xB6;
sbit T1   = 0xB5;
sbit T0   = 0xB4;
sbit INT1 = 0xB3;
sbit INT0 = 0xB2;
sbit TXD  = 0xB1;
sbit RXD  = 0xB0;
/*  SCON  */
sbit SM0  = 0x9F;
sbit SM1  = 0x9E;
sbit SM2  = 0x9D;
sbit REN  = 0x9C;
sbit TB8  = 0x9B;
sbit RB8  = 0x9A;
sbit TI   = 0x99;
sbit RI   = 0x98;
```

可以发现，头文件中并未对 P0、P1、P2 等通用 I/O 口的各位定义，这是因为 I/O 口是和外围设备连接的，特殊功能寄存器位的定义一般对应于单片机 I/O 口上所连接的不同外设，这样可以方便程序设计。

（7）C51 程序基本结构与 while 语句

同汇编程序，C51 程序基本结构包括顺序结构、分支结构和循环结构。

① 顺序结构。

顺序结构是最基本、最简单的结构，在这种结构中，程序由低地址到高地址依次执行，如图 1.110 所示为顺序结构流程图，程序先执行 A 操作，然后再执行 B 操作。

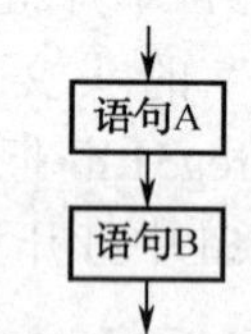

图 1.110　顺序程序流程

② 循环结构。

在程序处理过程中，有时需要某一段程序重复执行多次，这时就需要循环结构来实现，循环结构就是能够使程序段重复执行的结构。循环结构又分为两种：当（while）型循环结构和直到（do...while）型循环结构。

● 当型循环结构。

当型循环结构流程如图 1.111 所示，当条件 P 成立（为“真”）时，重复执行语句 A，当条件 P 不成立（为“假”）时才停止重复，执行后面的程序，即所谓的先判断后执行。

● 直到型循环结构。

直到型循环结构流程如图 1.112 所示，先执行语句 A，再判断条件 P，当条件 P 成立（为“真”）时，再重复执行语句 A，直到条件 P 不成立（为“假”）时才停止重复，执行后面的程序。构成循环结构的语句主要有：while、do　while、for、goto 等。

while 语句在 C51 中用于实现当型循环结构，它的格式如下：

```
while（表达式）
  {语句；}                          /*循环体*/
```

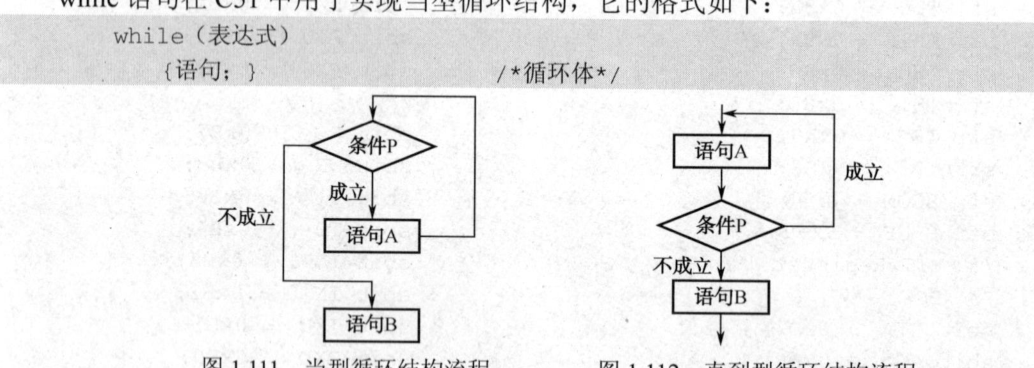

图 1.111　当型循环结构流程　　图 1.112　直到型循环结构流程

while 语句后面的表达式是能否循环的条件，花括弧中的语句是循环体。当表达式为非 0（真）时，就重复执行循环体内的语句；当表达式为 0（假）时，则中止 while 循环，程序将执行循环结构之后的下一条语句。它的特点是：先判断条件，后执行循环体，在循环体中对条件进行改变，然后再判断条件，如条件成立，则再执行循环体，如条件不成立，则退出循环。例如：

```
while (1)
{
    ......
}
```

上面程序段中，条件表达式内容一直为“1”（真），则CPU将一直执行花括弧内的循环体。如果直接写成“while(1);”，注意，在while(1)后有一个“;”，即循环体为空语句，则相当于汇编程序中的“LJMP $”。

3）程序编译、调试

其步骤同汇编项目：新建项目→选择单片机→设置单片机参数→建立C51源程序→添加源程序→编译→调试→…→调试通过。C51程序汇编结果如下。从汇编结果可以看出，除置P1.0为0外，Keil c51编译器还生成了将全部RAM及堆栈指针SP进行初始化的程序，从而使代码变得冗长。仿真结果如图1.113所示。

```
C:0x0000    020003  LJMP    :0003
C:0x0003    787F    MOV     R0,#0x7F            ;初始化RAM
C:0x0005    E4      CLR     A
C:0x0006    F6      MOV     @R0,A
C:0x0007    D8FD    DJNZ    R0,C:0006
C:0x0009    758107  MOV     SP(0x81),#0x07      ;初始化SP
C:0x000C    02000F  LJMP    main(C:000F)
C:0x000F    7590FE  MOV     P1(0x90),#0xFE
C:0x0012    80FE    SJMP    C:0012
```

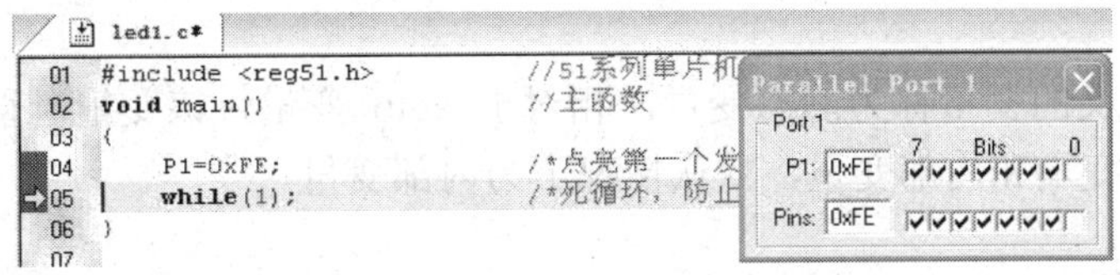

图1.113 点亮灯仿真结果

2. C51软件延时控制灯的闪烁

1）LED1闪烁控制C51源程序

```
#include <reg51.h>                          //51系列单片机头文件
sbit led1=P1^0;                             //声明单片机P1口的第一位
unsigned int i,j;
/*****************************主函数****************************/
void main()
{
    while(1)                                //大循环
    {
        led1=0;                             //点亮第一个发光二极管
        for(i=1000;i>0;i--)                 //延时
            for(j=125;j>0;j--);
        led1=1;                             //关闭第一个发光二极管
        for(i=1000;i>0;i--)                 //延时
            for(j=125;j>0;j--);
    }
}
```

2）C51程序设计基础

（1）C51变量2

变量是在程序运行过程中其值可以改变的量，如上面程序中的i。一个变量由两部分组

成：变量名和变量值。变量在使用前必须进行定义，指出变量的数据类型和存储模式,以便编译系统为它分配相应的存储单元。定义的格式如下：

```
[存储种类] 数据类型说明符 [存储器类型]  变量名1[=初值]，变量名2[=初值]…;
```

① 数据类型说明符。

在定义变量时，必须通过数据类型说明符指明变量在存储器中占用的字节数，例如，int 型变量占用 2 字节。可以是基本数据类型说明符，也可以是组合数据类型说明符，还可以是用 typedef 定义的类型别名。

```
uchar  unsigned  char a1=0x12;  //定义a1为字符型变量，并赋初值12H
unsigned  int a2=0x1234;        //定义a2为无符号整型变量，并赋初值1234H
```

② 存储种类。

存储种类是指变量在程序执行过程中的作用范围。C51 变量的存储种类有四种，分别是自动（auto）、静态（static）、外部（extern）和寄存器（register）。

- auto

使用 auto 定义的变量称为自动变量，其作用范围在定义它的函数体或复合语句内部，当定义它的函数体或复合语句执行时，C51 才为该变量分配内存空间，结束时占用的内存空间释放。定义变量时，如果省略存储种类，则该变量默认为自动（auto）变量。

- static

使用 static 定义的变量称为静态变量。相对于 auto 变量，该变量一直占用某个存储空间，又可分为外部变量和内部变量，默认情况下为内部变量。

- extern

使用 extern 定义的变量称为外部变量。在一个函数体内，要使用一个已在该函数体外或别的程序中定义过的外部变量时，该变量在该函数体内要用 extern 说明。外部变量被定义后分配固定的内存空间，在程序整个执行时间内都有效，直到程序结束才释放。

- register

使用 register 定义的变量称为寄存器变量。它定义的变量存放在 CPU 内部的寄存器中，处理速度快，但数目少。C51 编译器编译时能自动识别程序中使用频率最高的变量，并自动将其作为寄存器变量，用户无须专门声明。

③ 存储器类型。

存储器类型用于指明变量所占用的单片机存储器区域。存储器类型与存储种类完全不同。C51 编译器能识别的存储器类型有以下几种，如表 1.12 所示。

表 1.12　C51 编译器能识别的存储器类型

存储器类型	描　述
data	直接寻址的片内 RAM 低 128 B，访问速度快
bdata	片内 RAM 的可位寻址区（20 H～2 FH），允许字节和位混合访问
idata	间接寻址访问的片内 RAM，允许访问全部片内 RAM
pdata	用 Ri 间接访问的片外 RAM 的低 256 B
xdata	用 DPTR 间接访问的片外 RAM，允许访问全部 64 KB 片外 RAM
code	程序存储器 ROM 64 KB 空间

定义变量时也可以省略“存储器类型”，省略时 C51 编译器将按编译模式默认存储器类型，具体编译模式的情况在后面介绍。

【例 1-1】 变量定义存储种类和存储器类型相关情况。

```
char data var1;                    //在片内 RAM 低 128B 定义用直接寻址方式访问的
                                   //字符型变量 var1
int idata var2;                    //在片内 RAM 256B 定义用间接寻址方式访问的整
                                   //型变量 var2
int code var5;                     //在 ROM 空间定义整型变量 var5
auto unsigned long data var3;      //在片内 RAM128B 定义用直接寻址方式访问的自
                                   //动无符号长整型变量 var3
extern float xdata var4;           //片外 RAM 64 KB 空间定义用间接寻址方式访问的
                                   //外部实型变量 var4
unsign char bdata var6;            //在片内 RAM 位寻址区 20H～2FH 单元定义可字节
                                   //处理和位处理的无符号字符型变量 var6
```

④ 存储模式。

C51 编译器支持三种存储模式：SMALL 模式、COMPACT 模式和 LARGE 模式。不同的存储模式对变量默认的存储器类型不一样。

● SMALL 模式

SMALL 模式称为小编译模式，在 SMALL 模式下编译时，函数参数和变量被默认在片内 RAM 中，存储器类型为 data。

● COMPACT 模式

COMPACT 模式称为紧凑编译模式，在 COMPACT 模式下编译时，函数参数和变量被默认在片外 RAM 的低 256 B 空间，存储器类型为 pdata。

● LARGE 模式

LARGE 模式称为大编译模式，在 LARGE 模式下编译时，函数参数和变量被默认在片外 RAM 的 64 KB 空间，存储器类型为 xdata。

（2）C51 运算符 2

① 算术运算符。

C51 中支持的算术运算符有：

+	加或取正值运算符	-	减或取负值运算符
*	乘运算符	/	除运算符
%	取余运算符		

加、减、乘运算相对比较简单，而对于除运算，如相除的两个数为浮点数，则运算的结果也为浮点数，如相除的两个数为整数，则运算的结果也为整数，即为整除。例如，25.0/20.0 结果为 1.25，而 25/20 结果为 1。

对于取余运算，则要求参加运算的两个数必须为整数，运算结果为它们的余数。例如，x=5%3，结果 x 的值为 2。

② 关系运算符。

C51 中有 6 种关系运算符：

>	大于	<	小于
>=	大于等于	<=	小于等于

== 等于 != 不等于

关系运算用于比较两个数的大小，用关系运算符将两个表达式连接起来形成的式子称为关系表达式。关系表达式通常用来作为判别条件构造分支或循环程序。关系表达式的一般形式如下：

```
表达式 1  关系运算符  表达式 2
```

关系运算的结果为逻辑量，成立为真（1），不成立为假（0）。其结果可以作为一个逻辑量参与逻辑运算。例如，5>3，结果为真（1），而 10==100，结果为假（0）。

注意，关系运算符等于“= =”是由两个“=”组成。

③ 复合赋值运算符。

C51 语言中支持在赋值运算符“=”的前面加上其他运算符，组成复合赋值运算符。下面是 C51 中支持的复合赋值运算符：

+= 加法赋值 -= 减法赋值

*= 乘法赋值 /= 除法赋值

%= 取模赋值

复合赋值运算的一般格式如下：

```
变量  复合运算赋值符  表达式
```

它的处理过程：先把变量与后面的表达式进行某种运算，然后将运算的结果赋给前面的变量。其实这是 C51 语言中简化程序的一种方法，大多数二目运算都可以用复合赋值运算符简化表示。例如，a+=6 相当于 a=a+6，a*=5 相当于 a=a*5。

此处 j++，为循环次数修改语句，相当于 j=j+1，也可写成 j+=1，类似的还有 j--。

（3）for 循环语句

① for 语句格式及执行过程。

```
for（表达式 1；表达式 2；表达式 3）
{语句；}  /*循环体*/
```

for 语句后面带三个表达式，它的执行过程如下：

- 先求解表达式 1，给计算变量赋初值。
- 求解表达式 2 的值进行条件判断，如表达式 2 为真，则执行循环体中的语句，然后执行下一步 c 操作；如表达式 2 的值为假，则退出 for 循环，执行下面一条语句。
- 执行循环体，之后求解表达式 3 修改循环次数，然后转到上一步。

在 for 循环中，一般表达式 1 的作用是给循环变量赋初值；表达式 2 进行循环条件判断；表达式 3 进行循环次数修改。

③ 循环的嵌套

在一个循环的循环体中允许包含一个完整的循环结构，这种结构称为循环的嵌套。外面的循环称为外循环，里面的循环称为内循环，如果在内循环的循环体内又包含循环结构，就构成了多重循环。在 C51 中，允许三种循环结构相互嵌套。

3）for 语句构成的 1 s 软件延时程序

利用循环嵌套设计 1 s 软件延时程序：

```
void main( )
{
```

```
    unsigned  int j;
    for (j=0;j<125;j++);
}
```

for 后面的循环体为空语句，满足条件不做任何事，再修改循环变量，直到条件为假退出循环。该程序通过不断执行循环次数修改及条件判断语句达到延时目的，改变循环次数便可调整延时时间。程序调试结果如图 1.114 所示，为便于观察，在 for 语句后加 while（1）死循环，并在此设断点。

以此循环为基准延时，再利用外循环调用延时程序便形成循环嵌套，1 s 延时程序如下。仿真结果如图 1.115 所示。

```
void  main( )
{
    unsigned  int i,j;
    for (i=1000;i>0;i--)
        {for (j=0;j<125;j++);}
}
```

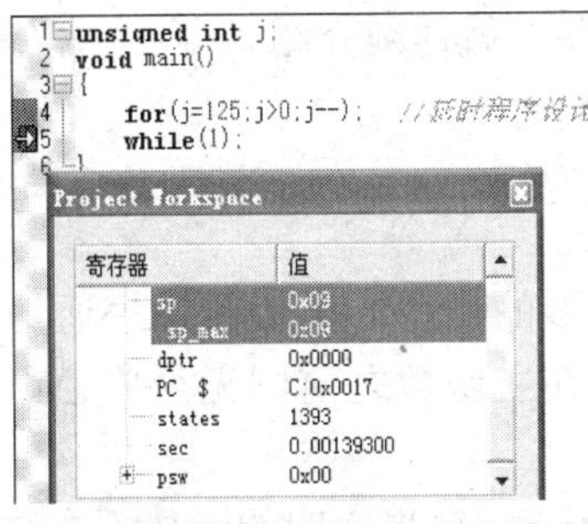

图 1.114　延时程序仿真结果

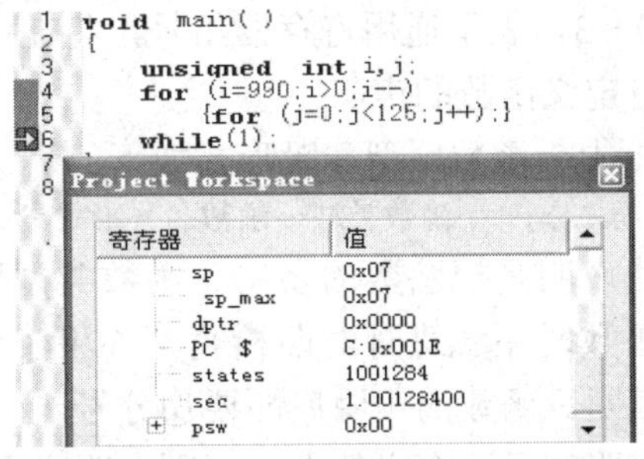

图 1.115　1s 软件延时程序仿真结果

显然，利用这种延时方法很难实现精确延时，只能用于延时精度要求不高的场合，当然，可以通过细调循环次数来减小延时误差，如将外循环次数调整为 990 时，可以适当减小延时误差。

4）程序编译及调试

整个程序由“while（1）{}”构成死循环，CPU 不断重复执行 while 循环体：亮灯—延时—灭灯—延时—亮灯……，Proteus 仿真结果正确。

3. 软件延时子函数实现灯的闪烁

1）C51 设计基础——函数

C51 由函数组成，除不能缺少的主函数外，C51 编译器还提供了大量的功能库函数，另外，设计人员也可以设计自己的功能函数，主函数可以调用各种功能函数，功能函数之间可以互相调用，但主函数不能被调用。设计并使用一个函数包括函数定义、函数声明和函数调用等。

（1）函数定义

函数定义的一般格式如下：

```
函数类型  函数名（形式参数表）  [reentrant] [using n]
形式参数说明
```

```
    {
        局部变量定义
        函数体
    }
```

① 函数类型。函数类型说明了函数返回值的数据类型。

② 函数名。函数名是用户为自定义函数取的名字以便调用函数时使用。

③ 形式参数表。形式参数表用于列写在主调函数与被调用函数之间进行数据传递的形式参数。例如：

```
void delay1s ()              ;定义函数 delay1s，无返回值，无形参
void delay1ms (int x)        ;定义函数 delay1ms，无返回值，形参为整型变量 x
int max (int x, int y)       ;定义函数 max，返回整型值，形参为整型变量 x、y
```

④ reentrant 修饰符。这个修饰符用于把函数定义为可重入函数。所谓可重入函数就是允许被递归调用的函数。函数的递归调用是指当一个函数正被调用尚未返回时，又直接或间接调用函数本身。一般的函数不能做到这样，只有重入函数才允许递归调用。

⑤ using n 修饰符。修饰符 using n 用于指定本函数内部使用的工作寄存器组，其中 n 的取值为 0～3，表示通用寄存器组号，将在中断程序中做详细介绍。

（2）自定义函数的声明

在 C51 中，函数原型一般形式如下：

```
[extern]  函数类型  函数名（形式参数表）;
```

函数的声明是把函数的名字、函数类型以及形参的类型、个数和顺序通知编译系统，以便调用函数时系统进行对照检查，如果子函数写在主函数之前则无须单独声明，之后则必须先做声明。函数的声明后面要加分号。

如果声明的函数在文件内部，则声明时不用 extern，如果声明的函数不在文件内部，而在另一个文件中，声明时必须带 extern，指明使用的函数在另一个文件中。

（3）函数的调用

函数调用的一般形式如下：

```
函数名（实参列表）;
```

对于有参数的函数调用，若实参列表包含多个实参，则各个实参之间用逗号隔开。按照函数调用在主调函数中出现的位置，函数调用方式有以下三种。

① 函数语句，把被调用函数作为主调用函数的一个语句。

② 函数表达式，函数被放在一个表达式中，以一个运算对象的方式出现。这时的被调用函数要求带有返回语句，以返回一个明确的数值参与表达式的运算。

③ 函数参数，被调用函数作为另一个函数的参数。

2）不带参数延时函数实现灯的闪烁

```
#include <reg51.h>
sbit led1=P1^0;                              //声明单片机 P1 口的第一位
void delay1s();                              //声明子函数
/****************************主函数****************************/
void main()                                  //主函数
{
    while(1)                                 //大循环
```

```
    {
        led1=0;                          /*点亮第一个发光二极管*/
        delay1s();                       //调用延时子函数
        led1=1;                          /*关闭第一个发光二极管*/
        delay1s();                       //调用延时子函数
    }
}
/**********************不带参数延时 1s 子函数**********************/
void delay1s()                           //函数定义
{
    unsigned int i,j;                    //子函数体
    for(i=990;i>0;i--)
        for(j=125;j>0;j--);
}
```

3）带参数延时函数实现灯的闪烁

```
#include <reg51.h>
sbit led1=P1^0;                          //声明单片机 P1 口的第一位
void delay1s(unsigned int x);            //声明子函数
void main()                              //主函数
{
    while(1)                             //大循环
    {
            led1=0;                      /*点亮第一个发光二极管*/
            delay1ms(500);               //调用带参数延时子函数
            led1=1;                      /*关闭第一个发光二极管*/
            delay1ms(1000);              //调用带参数延时子函数
    }
}
/************************带参数延时子函数************************/
void delay1s(unsigned int x)             //函数定义
{
    unsigned int i,j;                    //子函数体
    for(i=x;i>0;i--)
            for(j=125;j>0;j--);
}
```

4. C51 库函数编程控制灯的循环流动显示

1）C51 设计基础

（1）库函数

C51 运行库提供超过 100 个可用在 8051C 程序中的预定义函数和宏，通过库所提供程序执行公共的程序任务。例如，字符串和缓冲区操作、数据转换和浮点算术运算，使得内嵌软件开发更加容易，注意在使用这些库函数时，必须利用#include<>进行头文件包含预处理。

典型的本库程序符合 ANSI C 标准，但是为了利用 8051 结构的特性，一些程序会有些不同。例如，函数 isdigit 返回一个 bit 值而不是一个 int，如有可能，函数的返回类型和参数类型调整为更小的数据类型，另外 unsigned data 类型比 signed 更有利。这些对标准库的改

变可以提供最好的性能，同时减小程序。

① 固有程序。

C51 编译器支持许多固有的库函数，非固有函数用 ACALL 或 LCALL 指令调用库程序，固有函数生成内嵌代码运行库程序，生成的内嵌代码比调用一个程序更快、更有效。

C51 编译器提供以下一些固有函数，这些函数的原型被包含在 INTRINS.H 文件中，使用前必须做包含预处理：#include <intrins.h >，intrins.h 头文件程序如下：

```
extern void             _nop_       (void);
extern bit              _testbit_   (bit);
extern unsigned char    _cror_      (unsigned char, unsigned char);
extern unsigned int     _iror_      (unsigned int,  unsigned char);
extern unsigned long    _lror_      (unsigned long, unsigned char);
extern unsigned char    _crol_      (unsigned char, unsigned char);
extern unsigned int     _irol_      (unsigned int,  unsigned char);
extern unsigned long    _lrol_      (unsigned long, unsigned char);
extern unsigned char    _chkfloat_(float);
extern void             _push_      (unsigned char _sfr);
extern void             _pop_       (unsigned char _sfr);
```

extern 表示在这里声明的是一个外部函数，外部函数的函数体不在本文件中，而是在其他某个文件中写有这个函数的实体部分。

各函数的功能为：

```
_chkfloat_          /*检查 float 数的状态 */
_crol_              /*一个 unsigned char 向左循环位移*/
_cror_              /*一个 unsigned char 向右循环位移 */
_irol_              /*一个 unsigned int  向左循环位移 */
_iror_              /*一个 unsigned int  向右循环位移*/
_lrol_              /* 一个 unsigned long 向左循环位移*/
_lror_              /*一个 unsigned long  向右循环位移*/
_nop_               /*插入一个 8051 NOP 指令*/
_testbit_           /*测试一个位值并清零 */
```

_crol_固有函数定义格式如下，其他循环移位指令格式相同，区别在于操作对象字节数有长短。

```
unsigned char _crol_ (unsigned char c, unsigned char b);
```

② 非固有函数。

除此之外，C51 还有大量的非固有函数，包括 printf、scanf、abs、sin 等，将在后面逐步介绍。

（2）宏

宏是 C51 编译器提供的预处理功能之一，分为带参数宏和不带参数宏，具体是指用一个指定的标志符来进行简单的字符串替换或者进行语句替换，宏的使用包括宏定义、宏调用和宏展开。在宏使用之前首先应对宏进行定义，定义好的宏可以在程序中进行调用，编译器在遇到宏调用时会将宏进行展开编译。

在 C51 库中，为方便编程，提前定义了一些宏函数，如 toascii、_tolower、_toupper 等。

① 不带参数宏。

不带参数宏定义又称为符号常量定义，一般格式为：

```
#define 宏名 字符串
```

例如：

```
#define uint unsigned int          //宏定义
uint i,j;                          //宏调用
unsigned int i,j;                  //宏展开，编译器完成
```

在此，将符号 unit 定义为 unsigned int，在程序中便可用 unit 定义无符号整型变量，当编译器遇到 unit 时便会用 unsigned int 进行替代并编译。再如：

```
#define PI 3.1415927               //定义 PI 为 3.1415927
#define FLASH_NUM 0x0A             //定义 FLASH_NUM 为十六进制数 0AH
```

采用这些定义后有助于检查和修改，提高程序的可靠性，另外如果需要修改程序中某个常量，可以不必修改整个程序，而只要修改一下相应的符号常量定义即可。

② 带参数宏定义。

带参数的宏定义与符号常量定义的不同之处在于，对于源程序中出现的宏符号名不仅进行字符串替换，而且还进行参数替换，定义格式如下：

```
#define 宏名（参数表） 表达式
```

例如：

```
#define uint unsigned int          //不带参数宏定义
#define S(r) PI*r*r                //带参数宏定义
a=S(3);                            //宏定义
a=3.1415927*3*3                    //宏展开
```

2）C51 编程控制灯的循环流动显示源程序

```
#include <reg51.h>
#include <intrins.h>
#define uint unsigned int          //宏定义
void delay1ms(uint x);             //声明子函数
/*****************************主函数****************************/
void main()
{
    P1=0xfe;                       //赋初值 11111110
    while(1)                       //大循环
    {
            delay1ms(500);         //延时 500 ms
            P1=_crol_(P1,1);       //将 P1 循环左移 1 位后再赋给 P1
    }
}
/*************************带参数延时子函数***********************/
void delay1ms(uint x)              //宏调用
{
    uint i,j;                      //宏调用
    for(i=x;i>0;i--)
            for(j=125;j>0;j--);
}
```

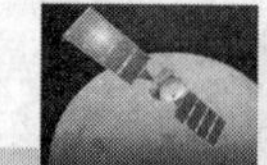

5. C51编程定时中断控制灯的显示

1）C51程序设计基础

（1）中断函数

中断函数是C51区别于标准C语言的一种类型函数，该函数可以完成对单片机中断系统的编程，中断函数格式如下：

```
函数名（） interrupt m [using n]
形式参数说明
{
        局部变量定义
        函数体
}
```

① interrupt m。

在C51程序设计中，当函数定义时用了interrupt m修饰符，系统编译时把对应函数转化为中断函数，自动加上程序头段和尾段，并按MCS-51系统中断的处理方式自动把它安排在程序存储器中的相应位置。其中，m为中断类型号，取值为0～31，51单片机0～4，其他预留，中断类型号对应中断源如下：

0——外部中断0　　　　1——定时/计数器T0

2——外部中断1　　　　3——定时/计数器T1

4——串行口中断

编写MCS-51中断函数需注意：

- 中断函数不能进行参数传递，如果中断函数中包含任何参数声明都将导致编译出错。
- 中断函数没有返回值，如果企图定义一个返回值将得不到正确的结果，建议在定义中断函数时将其定义为void类型，以明确说明没有返回值。
- 在任何情况下都不能直接调用中断函数，否则会产生编译错误。
- 如果在中断函数中调用了其他函数，则被调用函数所使用的寄存器必须与中断函数相同，否则会产生不正确的结果。
- C51编译器从绝对地址8m+3处产生一个中断向量，其中m为中断号，也即interrupt后面的数字。该向量包含一个到中断函数入口地址的绝对跳转。
- 中断函数最好写在文件的尾部，并且禁止使用extern存储类型说明。防止其他程序调用。

② using n修饰符。

using n修饰符用于指定本函数内部使用的工作寄存器组，功能与子函数相同，其中n的取值为0～3，表示通用寄存器组号。

（2）字符类型——char。

char类型的长度是1 B，通常用于定义处理字符数据的变量或常量。分无符号字符类型unsigned char和有符号字符类型signed char，默认值为signed char类型。unsigned char类型用字节中所有的位来表示数值，可以表达的数值范围是0～255。signed char类型用字节中最高位字节表示数据的符号，“0”表示正数，“1”表示负数，负数用补码表示。所能表示的数值范围是-128～+127。unsigned char常用于处理ASCII字符或用于处理小于或等于255的整型数。

（3）C51运算符3。

① 逻辑运算符。

C51有3种逻辑运算符：

|| 逻辑或　　&& 逻辑与　　! 逻辑非

关系运算符用于反映两个表达式之间的大小关系，逻辑运算符则用于求条件式的逻辑值，用逻辑运算符将关系表达式或逻辑量连接起来的式子就是逻辑表达式。

● 逻辑与，格式：

```
条件式1 && 条件式2
```

当条件式1与条件式2都为真时结果为真（非0值），否则为假（0值）。

● 逻辑或，格式：

```
条件式1 || 条件式2
```

当条件式1与条件式2都为假时结果为假（0值），否则为真（非0值）。

● 逻辑非，格式：

```
!条件式
```

当条件式原来为真（非0值），逻辑非后结果为假（0值）。当条件式原来为假（0值），逻辑非后结果为真（非0值）。例如，若a=8，b=3，c=0，则！a为假，a && b为真，b && c为假。

② 位运算符。

C51语言能对运算对象按位进行操作，它与汇编语言使用一样方便。位运算是按位对变量进行运算的，但并不改变参与运算的变量的值。如果要求按位改变变量的值，则要利用相应的赋值运算。C51中位运算符只能对整数进行操作，不能对浮点数进行操作。C51中的位运算符有：

& 按位与　　| 按位或　　^ 按位异或

～ 按位取反　　<< 左移　　>> 右移

【例1-2】 设a=0x45=01010100B，b=0x3b=00111011B，则a&b、a^b、～a、a<<2分别为多少？

```
a&b=00010000b=0x10
a^b=01101111B=0x6f
～a=10101011B=0xab
a<<2=01010000B=0x50
```

注意：经过上述运算后变量a、b中的内容并没有改变，要改变其内容则可采用如下复合赋值运算符。a&=b相当于a=a&b；b>>=2相当于b=b>>2。下面是C51中支持的复合赋值运算符：

&= 逻辑与赋值　　|= 逻辑或赋值

^= 逻辑异或赋值　　～= 逻辑非赋值

>>= 右移位赋值　　<<= 左移位赋值

（4）C51分支程序结构及if语句

分支结构可使程序根据不同的情况，选择执行不同的程序语句。在分支结构中，程序先都对一个条件进行判断，当条件成立，即条件语句为“真”时，执行一个分支，当条件

不成立时，即条件语句为“假”时，执行另一个分支。如图 1.116 所示，当条件 P 成立时，执行分支 A；当条件 P 不成立时，执行分支 B。

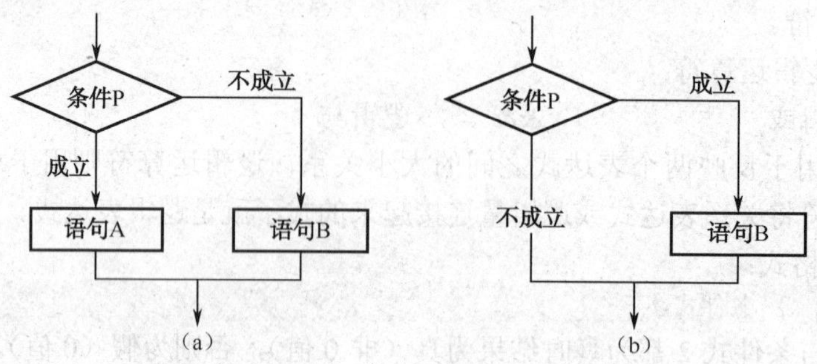

图 1.116　分支结构流程图

在 C51 中，实现选择结构的语句为 if/else，if/else　if 语句。另外，在 C51 中还支持多分支结构，多分支结构既可以通过 if 和 else　if 语句嵌套实现，也可用 swith/case 语句实现。

if 语句是 C51 中的一个基本条件选择语句，它通常有三种格式：

```
if （表达式） {语句；}
```

其含义为：若条件表达式的结果为真（非 0），就执行后面的语句；若条件表达式为假（0 值），就不执行后面的语句。

```
if （表达式） {语句A；}
else  {语句B；}
```

其含义为：若条件表达式的结果为真（非 0），执行语句 A；若条件表达式为假（0 值），执行语句 B。

```
if （表达式1） {语句1；}
else  if （表达式2） （语句2；）
else  if （表达式3） （语句3；）
......
else  if （表达式n-1） （语句n-1；）
else  {语句n}
```

【例 1-3】 if语句的用法。

```
if  (x!=y)  printf("x=%d,y=%d\n",x,y);
```

执行上面语句时，如果 x 不等于 y，则输出 x 的值和 y 的值。

```
if(x>y)  max=x;
else max=y;
```

执行上面语句时，如 x 大于 y 成立，则把 x 送给最大值变量 max，如 x 大于 y 不成立，则把 y 送给最大值变量 max。使 max 变量得到 x、y 中的大数。

```
if  (score>=90)  printf("Your result is an A\n");
else  if  (score>=80)  printf("Your result is an B\n");
else  if  (score>=70)  printf("Your result is an C\n");
else  if  (score>=60)  printf("Your result is an D\n");
else printf("Your result is an E\n");
```

执行上面语句后，能够根据分数 score 分别打出 A、B、C、D、E 五个等级。

2）定时中断 1s 延时程序

程序要求利用单片机内部定时器中断方式完成 1s 延时程序的设计，流程图同项目 1 的定时中断 1s 延时程序流程。

（1）定时中断 1s 延时 C51 源程序

```
#include <reg51.h>
#define uchar unsigned char
void init_T0 ();                    //函数声明
uchar num;
/******************************主函数*****************************/
void main()
{
    init_T0();
    while(1);                       //程序停止在这里等待中断发生
}
/*********************定时器初始化子函数**********************/
void init_T0 ()
{
    TMOD=0x01;                      //T0 定时器工作、方式 1、软件启动
    TH0=(65536-50000)/256;          //商为高 8 位初值
    TL0=(65536-50000)%256;          //余数为低 8 位初值
    EA=1;                           //开总中断
    ET0=1;                          //开定时器 0 中断
    TR0=1;                          //启动定时器 0
}
/**********************定时器 0 中断服务程序********************/
void T0_time() interrupt 1          //定时器 0 中断，类型号为 1
{
    TH0=(65536-50000)/256;          //重装初值
    TL0=(65536-50000)%256;
    num++;                          //修改 50 ms 循环次数
    if(num==20)                     //如果到了 20 次，说明 1 s 时间到
    {
        num=0;                      //1s 到则清零 50 ms 循环次数，关闭定时器
        TR0=0;
    }
}
```

（2）程序仿真

程序仿真运行结果如图 1.117 所示，在源程序中的“TR0=0;”语句处设置断点，运行程序，整个程序执行到该语句的总时间大概为 1.000 608 s，除了定时器延时 1 s 的时间外，这个时间还包括初始化时间、主程序的执行时间和中断程序调用等其他时间，当然定时器本身的延时也并非准确到 1s，有一定的误差，请分析误差产生的原因及改进方法。

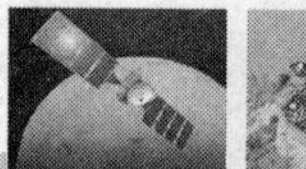

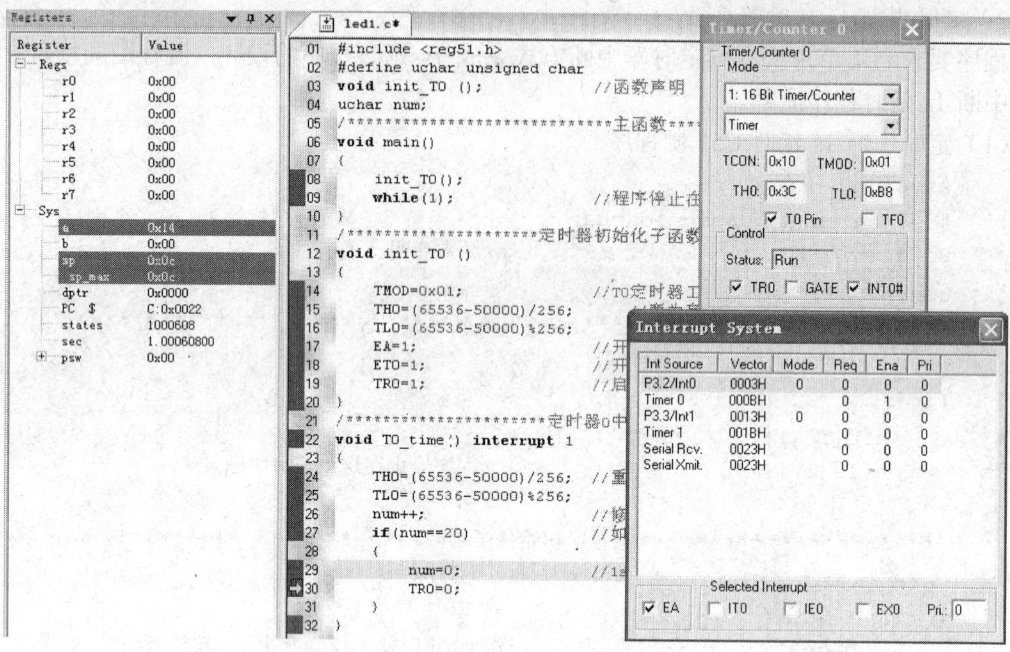

图 1.117　定时中断延时 1 s 软件仿真

3）定时中断实现灯的闪烁或流动显示

该程序要求用定时器 1 中断延时控制灯的闪烁或流动显示，下面是源程序，注意初始化程序和中断服务程序中的不同之处。

```
#include <reg51.h>
#define uchar unsigned char
void init_T1();                          //函数声明
sbit led1=P1^0;                              //定义 P1.0 口为 led1
uchar num;                                   //循环次数赋初值
/****************************主函数***************************/
void main()
{
   init_T1();
   while(1);                                 //死循环
}
/**************定时器初始化子函数**********************/
void init_T1()
{
        TMOD=0x10;                           //T1 定时器工作、方式 1、软件启动
        TH1=(65536-50000)/256;               //商为高 8 位初值
        TL1=(65536-50000)%256;               //余数为低 8 位初值
        EA=1;                                //开总中断
        ET1=1;                               //开定时器 1 中断
        TR1=1;                               //启动定时器 1
}
/*********************定时器 0 中断服务程序*******************/
```

```
void T1_time() interrupt 3                 //定时器 1 中断，中断类型号为 3
{
        TH1=(65536-50000)/256;             //重装初值
        TL1=(65536-50000)%256;
        num++;
        if(num==20)                        //如果到了 20 次，说明 1 s 时间到
        {
                num=0;                     //然后把 num 清零重新再计 20 次
                led1=~led1;                //让发光管状态取反
        }
}
```

上面是利用定时中断实现灯闪烁的程序，要想实现灯的流动显示只需现将 P1 赋初值 0xFE，并将取反指令“led1=～led1;”换成循环移位指令（P1=_crol_(P1,1)）即可，当然使用库函数前应做头文件包含。利用 Proteus 软件仿真，结果正确。

1.4.2　C51 编程上位机控制流水灯显示

1. PC 与单片机通信的 C51 程序设计

1）查表方式字符串发送程序设计

该程序将利用 C 语言中的数组定义一张表格，再编写字符串发送子程序逐个将数组元素取出并发送到 PC，数组操作本质就是汇编语言中的查表。因此，首先对数组定义、引用、参数传递等基本知识做一介绍。

（1）C51 程序设计基础——数组

① 一维数组。

一维数组只有一个下标，定义的形式如下：

```
数据类型说明符 [存储器类型] 数组名[常量表达式][={初值，初值……}]
```

各部分说明如下。

- “数据类型说明符”说明了数组中各元素的数据类型。
- “存储器类型”为可选项，包括 data、pdata、xdata、code 等。
- “数组名”是整个数组的标识符，它的取名方法与变量的取名方法相同，数组名表示数组的首地址。
- “常量表达式”要求取值要为整型常量，必须用方括号“[]”括起来。用于说明该数组的长度，即该数组元素的个数。
- “初值”用于给数组元素赋初值，这部分在数组定义时属于可选项。在定义时赋值，后面必须带等号，初值必须用花括号括起来，括号内的初值两两之间用逗号间隔，可以对数组的全部元素赋值，也可以只对部分元素赋值。

下面是定义数组的两个例子。

```
unsigned char x[5];
unsigned int y[3]={1,2,3};
```

第一句定义了一个无符号字符数组，数组名为 x，数组中的元素个数为 5。第二句定义了一个无符号整型数组，数组名为 y，数组中元素个数为 3，定义的同时给数组中的三个元素赋初值，赋初值分别为 1、2、3。

需要注意的是，C51 语言中数组的下标是从 0 开始的，因此上面第一句定义的 5 个元素分别是：x[0]、x[1]、…、x[4]。第二句定义的 3 个元素分别是：y[0]、y[1]、y[2]。赋值情况为 y[0]=1、y[1]=2、y[2]=3。

C51 规定在引用数组时，只能逐个引用数组中的各个元素，而不能一次引用整个数组。但如果是字符数组则可以一次引用整个数组。

② 字符数组。

用来存放字符数据(通常指 ASCII 码)的数组称为字符数组，它是 C 语言中常用的一种数组。字符数组中的每一个元素都用来存放一个字符，也可用字符数组来存放字符串。字符数组的定义和一般数组相同，只是在定义时把数据类型定义为 char 型。例如：

```
char  string1[10];
char  string2[20];
```

上面定义了两个字符数组，分别定义了 10 个元素和 20 个元素。注意：

- 在 C51 语言中，字符数组用于存放一组字符或字符串，字符串以“\0”作为结束符。
- 对字符数组赋初值可采用逐个字符赋值，如 a[2]={'P','l','e'}，也可采用字符串常量，如 a[]="lease input the command 'OP1'to light LED1."。
- 对于存放字符串的字符数组,既可以对字符数组的元素逐个进行访问，也可以对整个数组按字符串的方式进行处理。

（2）查表方式发送字符串 C51 源程序

```
#include <reg51.h>
#define uchar unsigned char
#define uint unsigned int
uchar i;
uchar code command_message[]="Please input the command 'OP1'to light LED1.";
                                          //在 ROM 中定义字符数组
/******************串行口初始化函数********************/
void init_s()
{
   SM0=0; SM1=1;                          //串行口工作方式 1
   TMOD=0x20;                             //波特率设为 9 600 b/s
   TH1=0xfd; TL1=0xfd;
   TR1=1;
   ES=0;                                  //关串行口中断
}
/****************带参数字符串发送函数********************/
void send_string(char x[])                //数组作为参数进行传递
{
   for(i=0;i<100;i++)                     //最多可发送 100 个字符
   {
      if(x[i]!='\0')                      //字符串发送是否结束
      {
            SBUF=x[i];                    //取数组元素字符发送
            while(!TI);                   //等待字节发送结束
            TI=0;
      }
      else break;
```

```
    }
}
/******************************主函数******************************/
void main()
{
    init_s();
    send_string(command_message);
    while(1);
}
```

（3）程序分析

① 字符串数组必须定义为 unsigned char 数据类型，code 修饰符表示数组元素是存放在 ROM 中的。

② 要利用串口发数据，首先应对串行口进行初始化。

③ 字符串中的字符是逐个取出并发送的，发送字符前，首先应判断该字符串是否发送完成，可利用字符数组的结束标志“\0”进行判断，如程序中的“if(x[i]!='\0');”语句。字符没发完，则写入 SBUF 进行发送：SBUF=x[i]。

④ 该程序采用查询方式发送字符，被发送字符写入 SBUF 后要不断查询 TI：“while(!TI);”，TI 为 1，表示一个字符发送完成，则清零 TI 继续取下一个数组元素进行发送，直到结束。

（4）程序仿真

程序仿真结果如图 1.118 所示。

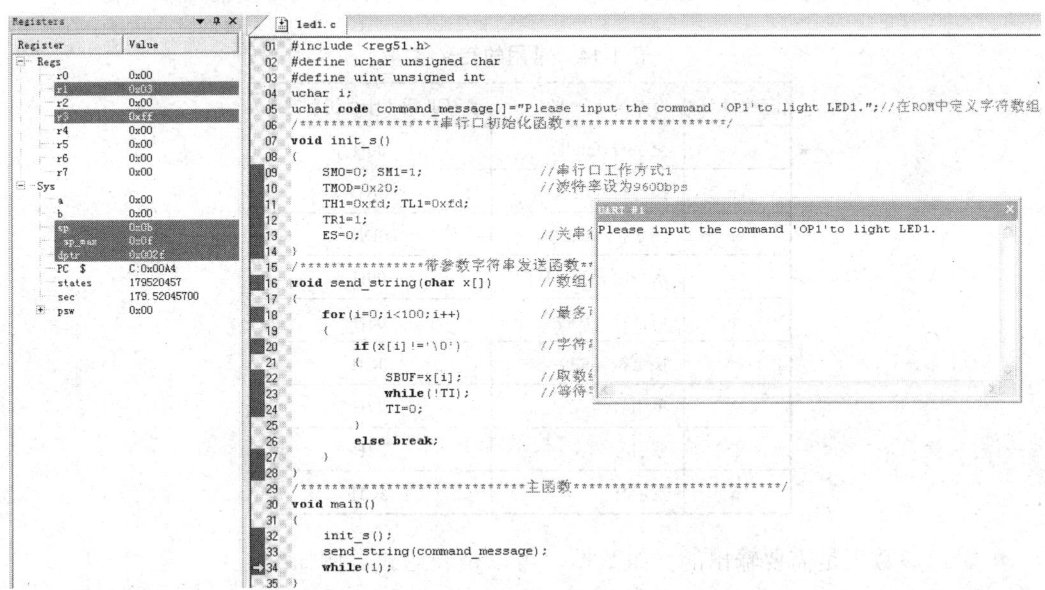

图 1.118 串口查表发送字符串仿真结果

2）利用 C51 库函数发送字符串

（1）C51 程序设计基础

① printf 函数。

上面利用数组进行字符串发送，优点是代码效率高，但程序编写相对复杂。为此，C51

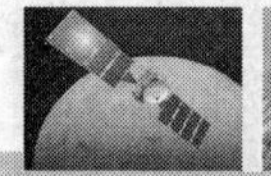

编译器将标准 C 语言中的 printf 函数设计为专门用于串行口输出函数，使用起来十分方便。

printf 函数通过调用 putchar 函数写格式化数据，默认情况下是从串口写，该函数被包含在头文件 stdio.h 中，其格式为：

```
printf(格式控制，输出参数表)
```

格式控制是用双引号括起来的字符串，也称转换控制字符串，它包括 3 种信息：格式说明符、普通字符和转义字符。

- 格式说明符由“%”和格式字符组成，它的作用是用于指明输出数据的格式，如 %d、%f 等，它们的具体情况如表 1.13 所示。

表 1.13 printf 函数格式说明符

格式字符	数据类型	输出格式
d	int	带符号十进制数
u	int	无符号十进制数
x	int	无符号十六进制数，用“a~f”表示
X	int	无符号十六进制数，用“A~F”表示
f	float	带符号十进制数浮点数，形式为[-]dddd.dddd
c	char	单个字符
s	字符串	指向一个带结束符的字符串

- 普通字符输出字符的 ASCII 码，主要用来输出某些提示信息。
- 转义字符是用来输出特定的控制符，如输出转义字符\n 就是使输出换一行。

表 1.14 常用的转义字符

转义字符	含义	ASCII 码（十六进制数）
\o	空字符（null）	00H
\n	换行符（LF）	0AH
\r	回车符（CR）	0DH
\t	水平制表符（HT）	09H
\b	退格符（BS）	08H
\f	换页符（FF）	0CH
\'	单引号	27H
\"	双引号	22H
\\	反斜杠	5CH

- 输出参数表是需要输出的一组数据，可以是表达式。例如：

```
printf("Please input the command 'OP1' to light LED1.");
```

② 标准输入/输出头文件 stdio.h。

printf 函数被包含在 stdio.h 头文件中，在使用之前必须执行预处理命令：#include <stdio.h>，stdio.h 头文件中包含了标准输入/输出函数的定义，程序如下：

```
extern char _getkey (void);
extern char getchar (void);
```

```
extern char ungetchar (char);
extern char putchar (char);
extern int printf  (const char *, ...);
extern int sprintf (char *, const char *, ...);
extern int vprintf (const char *, char *);
extern int vsprintf (char *, const char *, char *);
extern char *gets (char *, int n);
extern int scanf (const char *, ...);
extern int sscanf (char *, const char *, ...);
extern int puts (const char *);
```

此程序将输出字符串到 PC，头文件中的 printf 和 puts 函数都可以进行字符串输出，使用时有以下几点需要注意。

- stdio.h 中的函数都是用串口进行数据收发的，在使用这些函数之前，首先应将串口初始化。
- printf 和 puts 函数使用查询方式发送数据，必须关闭串口中断。
- printf 和 puts 函数都是调用 putchar 函数来实现字符串输出的，putchar 函数为从串口发送单字符的函数，该函数只有当 TI 为 1 时才能发送字符，因此在使用 printf 和 puts 函数发送字符串之前，应首先将 TI 置 1。字符串发送完后，TI 清零。
- printf 和 puts 的区别在于，printf 函数发送字符串以回车结束，并且可以发送变量等格式化数据；而 puts 函数发送字符串以回车换行字符结束，puts 函数只能发送字符串。
- 但相比于查表方式字符串传送程序，printf 函数代码长达 1 KB，执行效率低。

（2）库函数发送字符串源程序

```
#include  <reg51.h>                       //包含特殊功能寄存器库
#include  <stdio.h>                       //包含 I/O 函数库
/**********************串行口初始化函数***********************/
void init_s()
{
       SM0=0;   SM1=1;                    //串行口工作方式 1
       TMOD=0x20;                         //波特率设为 9 600 b/s
       TH1=0xfd;
       TL1=0xfd;
       TR1=1;
       ES=0;                              //printf 函数采用查询方式发送数据，关中断
}
/**************************主函数****************************/
main()
{
       init_s();
       TI=1;                              //使用 printf 等函数前，必须置 TI 为 1
       printf("Please input the command 'OP1' to light LED1.");
                                          //发回车符结束
       printf("command>");                //接着前面字符串放，不会换行
       printf("\n");                      //必须专门发换行符，才能换行
       puts("hello!");                    //字符串发送结束，再发回车换行符
       printf("command>");
       TI=0;                              //发送结束，清零 TI
       while(1);
}
```

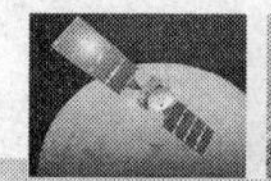

（3）程序说明及仿真

该程序首先进行了 stdio.h 的头文件包含，初始化程序中关串口中断。另外，为了区别 printf 和 puts 函数，程序中分别用两个函数进行了数据的输出，仿真结果如图 1.119 所示，注意观察回车换行符的输出情况。

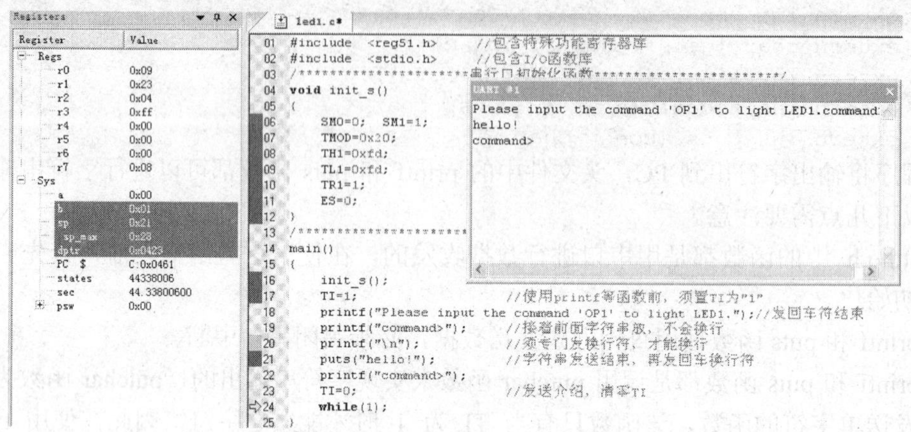

图 1.119 函数发送字符串数据仿真结果

3）字符串接收程序设计

如前所述，可采用中断方式或查询方式接收串行数据，中断方式用于随机串行数据的接收，查询方式主要用于密码验证等过程性数据的接收。

（1）中断方式串口数据接收

该程序要求上电后单片机向 PC 发送命令发送提示信息和命令提示符“command>”，然后开串口中断，利用串口中断进行字符串接收并回送接收到的字符串，字符串发送要求以回车换行作为结束，当单片机接收到回车符（0DH）时，表示一个命令接收完成，单片机回送命令提示信息“command>”进行下一命令的接收。

① 中断方式串口数据接收源程序。

```
#include <reg51.h>
#include <stdio.h>
#define uchar unsigned char
#define uint unsigned int
uchar r_data,i;
bit r_flag=0;                              //r_flag 标志为 1 表示接收到一个单字符
/***********************串行口初始化函数***********************/
void init_s()
{
    SM0=0; SM1=1;                          //串行口工作方式 1
    TMOD=0x20; TH1=0xfd;TL1=0xfd; TR1=1;    //波特率设为 9 600 b/s
    REN=1;                                 //允许接收
    EA=1; ES=1;                            //开串行口中断
}
/*****************************主函数*****************************/
void main()
{
    init_s();
```

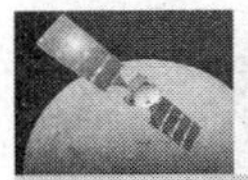

```
    EA=0;TI=1;                              //使用库函数发送数据先关中断，TI 置 1
    printf("Please input the command'OP1' to light LED1\n");
    printf("command>");
    while(!TI);                             //必须要加
    TI=0;EA=1;                              //使用库函数发送数据后 TI 清零、开中断
    while(1)                                //接收字符是否成功
    {
          if(r_flag)
          {
                EA=0;
                r_flag=0;                   //接收字符成功，清零接收标志
                TI=1;                       //使用库函数发送数据先关中断，TI 置 1
                putchar(r_data);            //回送接收到的字符
                if(r_data==0X0d)            //命令是否结束，PC 发送命令时以回车结束
                {
                      putchar(0x0a);                  //换行
                      printf("command>");             //命令输入提示符
                }
                while(!TI);
                TI=0;
                EA=1;                       //使用库函数发送数据后开中断，TI 清零
          }
    }
}
/************************串口中断服务函数**********************/
void int_s() interrupt 4 using 1    //串行口中断类型号为 4，使用第 1 组寄存器
{
    RI=0;
    r_data=SBUF;
    r_flag=1;
}
```

② 程序仿真。

Keil 编译后加入 Proteus 仿真软件，运行程序，再由串口调试助手发送“help”和“led0”命令，仿真运行结果如图 1.120 所示。

图 1.120　中断方式接收串行数据仿真结果

（2）查询方式串口数据接收应用——密码验证

程序功能要求实现密码验证程序，单片机上电后首先向 PC 发送密码验证提示信息，接下来等待接收密码输入，接收成功后，与所设密码“123456”进行比较，相等则发送密码正确提示信息并转入死循环程序，不相等则发送密码错误提示信息。

① 格式输入函数 scanf。

在进行密码验证等过程性程序中经常会用到查询等待方式接收输入的密码，从而根据输入情况执行相关程序。常用字符串接收库函数包括 gets、scanf 等，最常用的是格式化接收函数 scanf。

scanf 函数的作用是通过串行进行数据接收，其格式如下：

```
scanf（格式控制，地址列表）
```

其格式控制与 printf 函数的情况类似，也是用双引号括起来的一些字符，可以包括以下 3 种信息：空白字符、普通字符和格式说明。

- 空白字符包含空格、制表符、换行符等，这些字符在输出时被忽略。
- 普通字符除了以百分号“%”开头的格式说明符以外的所有非空白字符，在输入时要求原样输入。
- 格式说明由百分号“%”和格式说明符组成，用于指明输入数据的格式，它的基本情况与 printf 相同。
- 地址列表是由若干个地址组成，它可以是指针变量、取地址运算符“&”加变量（变量的地址）或字符串名（表示字符串的首地址）。

在使用函数时值得注意的是 scanf 函数以回车换行或空格作为字符串接收结束的标志，因此 PC 发送字符串时应以回车换行或空格作为结束，否则 scanf 函数会一直进行数据接收。

② 字符串比较函数 strcmp。

命令比较采用字符串比较函数 strcmp 实现，该函数被定义在 string.h 头文件中，使用前，必须用 #include <string.h>预处理命令进行文件包含。函数格式为：

```
char strcmp (char *string1, string2);
```

函数将两个字符串 ASCII 码逐个进行比较，相等返回 0，string1 小于 string2 返回负数，否则返回正数。

除了 strcmp 函数外，在 string.h 头文件中还包含字符串扫描、字符串复制、字符串长度检测等，注意该类字符串操作函数都是以“\0”结束的。

③ 功能分析及流程图。

密码验证程序在智能电子产品中运用非常普遍，包括通信程序和密码验证程序，此处采用 scanf 库函数进行密码接收。密码验证程序流程如图 1.121 所示。

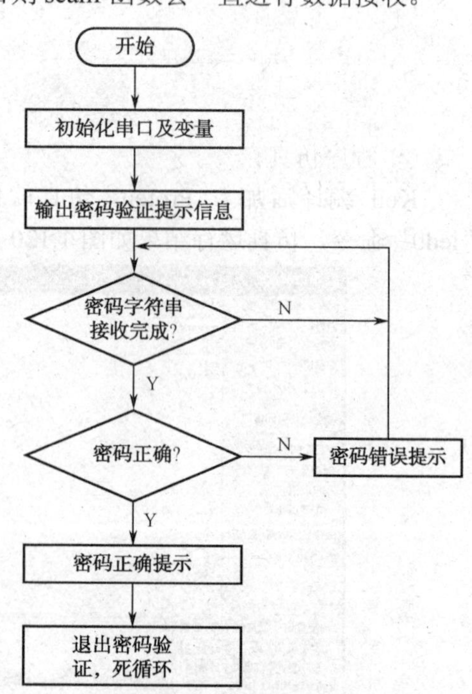

图 1.121　密码验证程序流程图

④ 密码验证程序源程序。

```
#include <reg51.h>
#include <stdio.h>
#include <string.h>
#define uchar unsigned char
#define uint unsigned int
uchar r_data,i;
bit r_flag=0;
char chs[9]="\0";                                   //定义 9 个字符接收单元
/******************串行口初始化函数*********************/
void init_s()
{
   SM0=0; SM1=1;                                    //串行口工作方式 1
   TMOD=0x20; TH1=0xfd;    TL1=0xfd; TR1=1;         //波特率设为 9 600 b/s
   REN=1;                                           //允许接收
   EA=0; ES=0;                                      //关串行口中断
}
/*****************************主函数*****************************/
void main()
{
   init_s();
   TI=1;                          //使用库函数发送数据先关中断，TI 置 1
   while (1)
   {
      printf("%s","Please input password:\n");      //口令输入提示
      while (1)
      {
         scanf("%s",chs);                           // 接收状态
         if (strcmp(chs,"123456"))                  //与系统密码比较
         {
            printf("%s","Password error,please input again!\n");
            continue;                               //密码错提示,等待重新输入口令
         }
         else
         {
         printf("%s","Password right\n");
         break ;                                    //密码正确,退出密码接收程序
         }
      }
      while(1);                                     //密码正确,死循环
   }
}
```

⑤ 程序分析如下。

- scanf 函数的使用。注意 scanf 为查询方式数据接收函数，必须关中断；另外 scanf 字符串接收是以回车换行作为结束的，PC 发送完密码字符串后须再发送回车换行符，程序才会执行 scanf 后的命令比较程序。

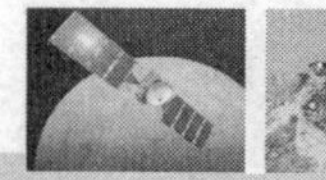

- 字符串的存储。开辟字符串存储数组 chs[9]，该数组在定义时全部赋初值“\0”，其主要目的在于满足后续字符串比较函数的使用，利用 scanf 函数接收到的字符串依次存入 chs[]数组中，见程序中的“scanf("%s",chs);”语句。
- strcmp 函数的使用。该函数进行两个字符串的比较，注意两个字符串都必须以“\0”作为结束，另外注意 strcmp 函数的返回值：相等返回 0，不相等返回真（非零）。
- 此处也较好地将 continue 和 break 指令进行了对比：continue，退出本次循环，继续下一次循环；break，退出整个循环。当然从程序的功能看，不使用 break 语句也不会影响程序功能的执行。

⑥ 程序仿真。

运行程序后，在串口调试助手显示密码输入提示信息，接着输入两个错误密码，单片机回送密码错误提示并请求再次输入密码，密码验证成功后单片机回送密码正确提示信息，并进入死循环，PC 再次输入密码单片机无响应。仿真结果如图 1.122 所示。

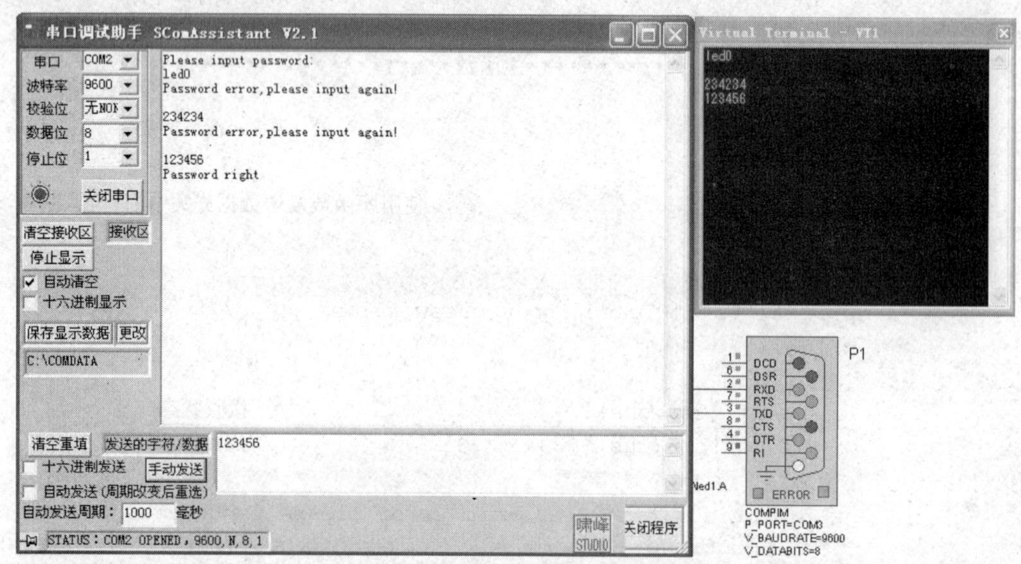

图 1.122 密码验证程序仿真结果

2. 上位机控制流水灯显示的 C51 程序设计

1）程序功能分析

该系统功能要求单片机通过串行口接收 PC 送来的字符，再与设定命令进行比较，比较成功后执行相应的命令功能。由此可见，系统程序主要包括命令接收、命令比较和命令功能处理程序几部分，程序具体功能如下。

（1）上电后，单片机首先发送系统版本及相关提示信息。

（2）然后发送口令认证提示信息并进入密码接收状态，当输入密码错误时，发密码错误提示信息，并重新进行密码接收，直到密码验证通过后，进入命令接收及功能处理程序。

（3）总共 10 个命令如表 1.15 所示。

表 1.15　命令及功能表

命　令	功　能	命　令	功　能
HELP	命令提示	LED4	点亮或熄灭 D4
LED0	点亮或熄灭 D0	LED5	点亮或熄灭 D5
LED1	点亮或熄灭 D1	LED6	点亮或熄灭 D6
LED2	点亮或熄灭 D2	LED7	点亮或熄灭 D7
LED3	点亮或熄灭 D3	EXIT	退出命令接收

2）流程图

PC 控制灯亮灭功能主要由命令接收及处理子程序完成，该程序包含密码验证、命令接收及功能处理两部分程序，整个程序由一个大循环构成，大循环中又包含密码验证和命令处理两个小循环，大循环是一个死循环，整个程序一直在大循环中执行。

主程序调用该程序后，首先送系统提示信息并进入密码验证程序，密码验证正确后退出密码验证循环，进入命令接收及处理程序，之后便不断循环接收命令并进行处理。当接收到 exit 命令后退出命令接收及处理程序，再重新进行系统信息提示并进入密码验证程序，周而复始不断循环，程序流程如图 1.123 所示。

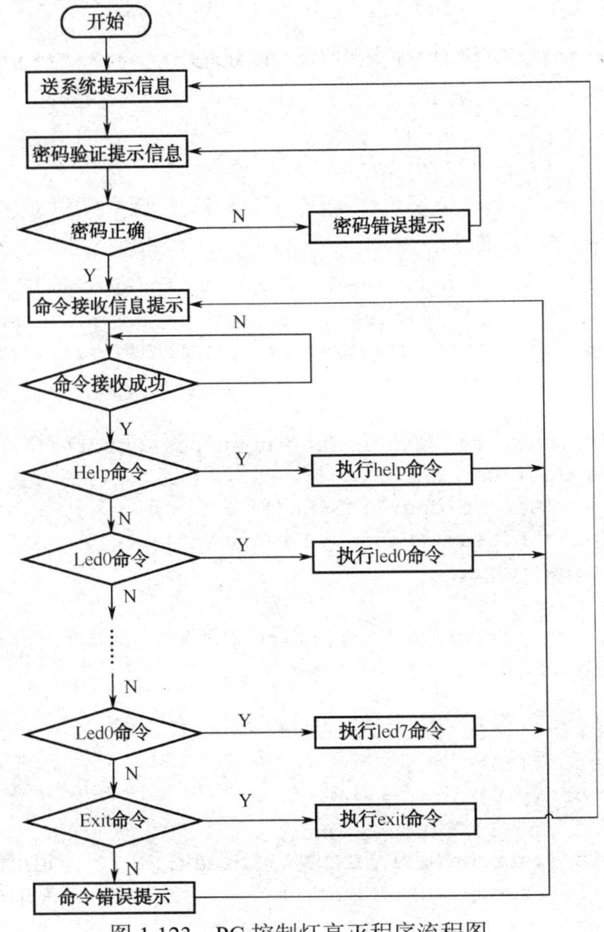

图 1.123　PC 控制灯亮灭程序流程图

3）PC 控制灯亮灭 C51 源程序

```
#include <reg51.h>                    //51 单片机定义文件
#include <stdio.h>                    //基本输入输出函数
#include <string.h>                   //字符串处理函数
#include <ctype.h>                    //字符处理函数
sbit LED0 =P1^0;                      //模拟控制设备口,共 6 个
sbit LED1 =P1^1;
sbit LED2 =P1^2;
sbit LED3 =P1^3;
sbit LED4 =P1^4;
sbit LED5 =P1^5;
sbit LED6 =P1^6;
sbit LED7 =P1^7;
char chs[9]="\0";                     //定义 9 个元素的字符串数组，用以存放接收数据
/*********************串行口初始化函数************************/
void init_s()
{
   SM0=0; SM1=1;                               //串行口工作方式 1
   TMOD=0x20;TH1=0xfd; TL1=0xfd; TR1=1;        //波特率设为 9 600 b/s
   REN=1;                                      //允许接收
   EA=0;ES=0;                                  //关串行口中断
}
/*********************命令接收及功能处理**********************/
void command()
{
   unsigned char i,ch;
   TI=1;
   while (1)
   {
      printf("%s","\n\t  On-line operating system V1.0\n");//开机显示
      printf("%s","\tPlease input 'help' to get command message.\n");
      /*;;;;;;;;;;;;;;;;;;;;;;;;;;;;;;;;;密码验证;;;;;;;;;;;;;;;;;;;;;;;;;;;*/
      while (1)
      {
         printf("%s","\nPlease input password:");      //提示输入口令
         scanf("%s",chs);                               // 接收状态
         if (strcmp(chs,"123456"))                      //与系统密码比较
         printf("%s","Password error\n");               //密码错误提示
         else break;                                    //密码正确
      }
      /*;;;;;;;;;;;;;;;;;;;;;;;;;;;;命令接收及功能处理;;;;;;;;;;;;;;;;;;;;*/
      while (1)
      {
         printf("%s","\command>");                      //在线控制提示符
         scanf("%s",chs);                               //接收字符串
         for (i=0; i<4; i++)                            //将字符转换为大写
            chs[i]=toupper(chs[i]);
         if (!strcmp(chs,"EXIT")) break;       //退出命令则退出系统
         if(!strcmp(chs,"HELP"))               //帮助命令则发送帮助信息
         {
```

```
        printf("\t\t\n                    在线帮助信息              \n");
        printf("\t\t**************************************\n");
        printf("\t\t*HELP: Online help command              *\n");
        printf("\t\t*LED0: turn on or turn off the LED0   *\n");
        printf("\t\t*LED1: turn on or turn off the LED1   *\n");
        printf("\t\t*LED2: turn on or turn off the LED2   *\n");
        printf("\t\t*LED3: turn on or turn off the LED3   *\n");
        printf("\t\t*LED4: turn on or turn off the LED4   *\n");
        printf("\t\t*LED5: turn on or turn off the LED5   *\n");
        printf("\t\t*LED6: turn on or turn off the LED6   *\n");
        printf("\t\t*LED7: turn on or turn off the LED7   *\n");
        printf("\t\t**************************************\n");
        continue;                //重新开始接收命令
    }
        i=strlen(chs);                  //取字符串长度
        ch=chs[3];                      //取最后一个字符
        chs[3]='\0';                    //送"\0",用于字符串比较
        if (i>4||strcmp(chs,"LED")||ch<'0'||ch>'7')  //命令是否错误
        {
           printf("%s","Its a bad command\n");          //命令出错提示
           continue;                                 //重新开始接收字符
        }
        printf("%s%c","Equipment No:",ch);    //命令正确,显示设备号
        switch (ch)
        {
           case '0':  if(LED0){LED0=0;printf("%s","  on\n");}
                      else{LED0=1; printf("%s"," off\n");}
                      break;
           case '1':  if(LED1){LED1=0; printf("%s"," on\n");}
                      else{LED1=1; printf("%s"," off\n"); }
                      break;
           case '2':  if(LED2){LED2=0; printf("%s"," on\n");}
                      else{LED2=1; printf("%s"," off\n");}
                      break;
           case '3':  if(LED3){LED3=0; printf("%s"," on\n");}
                      else{LED3=1; printf("%s"," off\n"); }
                      break;
           case '4':  if(LED4){LED4=0; printf("%s"," on\n");}
                      else{LED4=1; printf("%s"," off\n");}
                      break;
           case '5':  if(LED5){LED5=0; printf("%s"," on\n");}
                      else{LED5=1; printf("%s"," off\n");}
                      break;
           case '6':  if(LED6){LED6=0; printf("%s"," on\n");}
                      else{LED6=1; printf("%s"," off\n");}
                      break;
           case '7':  if(LED7){LED7=0; printf("%s"," on\n"); }
                      else{LED7=1; printf("%s"," off\n");}
                      break;
           default: break;
```

```
                }
            }
        }
    }
    /************************主函数************************/
    void main()
    {
        init_s();
        command();          //死循环程序，周而复始执行密码验证或命令接收及功能处理循环
    }
```

4）程序说明

（1）命令接收及功能处理子函数为关键程序，由一个大循环组成。大循环由两个内循环组成，一个内循环为密码接收验证，直到密码验证通过，才能进入命令接收及功能处理循环程序，当接收命令为“exit”时，退出命令接收及功能处理程序，回到密码验证循环程序，周而复始地执行该两个循环程序。

（2）密码验证及命令比较会用到字符串比较函数 strcmp，注意该函数的使用方法。

（3）命令接收及功能处理程序主要完成命令接收、命令比较、命令功能处理等功能程序构成。

① 程序接收大小写输入命令，因此，对接收到的命令进行大小写转换：

```
    for (i=0; i<4; i++)                         //将字符转换为大写
    chs[i]=toupper(chs[i]);
```

程序中的 toupper 函数能将小写字母 ASCII 码转换为对应大写字母的 ASCII 码。该库函数被定义在字符处理函数头文件 ctype.h 中。

② 大写转换完成后，便进入命令比较程序，首先与“HELP、“EXIT”命令进行比较，比较成功则进行相应的处理。

③ 然后与 LED0～LED7 等命令进行对比，并首先进行命令错误判断，包括字符串超长及命令不匹配错误，程序段如下：

```
    if (i>4||strcmp(chs,"LED")||ch<'0'||ch>'7')     //命令是否错误
    {
        printf("%s","Its a bad command\n");         //命令出错提示
        continue;                                   //重新接收命令
    }
```

其中，i=strlen(chs)为所接收字符串长度，长度用 strlen 库函数进行获取，该函数被定义在 string.h 头文件中，“i>4”表示长度大于 4 则认为是错误命令；strcmp(chs,"LED")语句表示前 3 个字符不是“LED”则为错误命令；前 3 个字符为“LED”，但第 4 个字符数字小于 0 或大于 7 也为错误命令。

④ 命令 LED0～LED7 的判断及功能处理程序采用了 switch{case}结构，清晰明了。

5）C51 编程基础

（1）switch/case 语句

if 语句通过嵌套可以实现多分支结构，但结构复杂。switch 是 C51 中提供的专门处理多分支结构的多分支选择语句。它的格式如下：

```
switch （表达式）
{
    case  常量表达式 1：{语句 1；}break;
    case  常量表达式 2：{语句 2；}break;
    ......
    case  常量表达式 n：{语句 n；}break;
    default：{语句 n+1;
}
```

① switch 后面括号内的表达式可以是整型或字符型表达式。

② 当该表达式的值与某一“case”后面的常量表达式的值相等时，就执行该“case”后面的语句，然后遇到 break 语句退出 switch 语句。若表达式的值与所有 case 后的常量表达式的值都不相同，则执行 default 后面的语句，然后退出 switch 结构。

③ 每一个 case 常量表达式的值不能相同，否则会出现自相矛盾的现象。

④ case 语句和 default 语句的出现次序对执行过程没有影响。

⑤ 每个 case 语句后面可以有“break”，也可以没有。有 break 语句，执行到 break 则退出 switch 结构，若没有，则会顺次执行后面的语句，直到遇到 break 或结束。

⑥ 每一个 case 语句后面可以带一个语句，也可以带多个语句，还可以不带。语句可以用花括号括起，也可以不括。

⑦ 多个 case 可以共用一组执行语句。

【例 1-4】 switch/case 语句的用法。

对学生成绩划分为 A～D，对应不同的百分制分数，要求根据不同的等级打印出它的对应百分数。可以通过下面的 switch/case 语句实现。

```
switch (grade)
{
    case  'A':   printf ("90～100\n"); break;
    case  'B':   printf ("80～90\n"); break;
    case  'C':   printf ("70～80\n"); break;
    case  'D':   printf ("60～70\n"); break;
    case  'E':   printf ("<60\n"); break;
    default:     printf ("error"\n)
}
```

（2）break 和 continue 语句。

break 和 continue 语句通常用于循环结构中，用来跳出循环结构，但是二者又有所不同，下面分别介绍。

（1）break 语句

前面已介绍过用 break 语句可以跳出 switch 结构，使程序继续执行 switch 结构后面的一个语句。使用 break 语句还可以从循环体中跳出循环，提前结束循环而接着执行循环结构下面的语句。它不能用在除了循环语句和 switch 语句之外的任何其他语句中。

【例 1-5】 下面一段程序用于计算圆的面积，当计算到面积大于 100 时，由 break 语句跳出循环。

```
for (r=1; r<=10; r++)
{
```

```
        area=pi*r*r;
        if (area>100) break;
        printf("%f\n", area);
    }
```

(2) continue 语句

continue 语句用在循环结构中，用于结束本次循环，跳过循环体中 continue 下面尚未执行的语句，直接进行下一次是否执行循环的判定。

continue 语句和 break 语句的区别在于：continue 语句只是结束本次循环而不是终止整个循环；break 语句则是结束循环，不再进行条件判断。

【例 1-6】 输出 100～200 间不能被 3 整除的数。

```
    for (i=100; i<=200; i++)
    {
        if  (i%3= =0)  continue;
        printf("%d  "; i);
    }
```

在程序中，当 i 能被 3 整除时，执行 continue 语句，结束本次循环，跳过 printf 函数，只有能被 3 整除时才执行 printf 函数。

6）程序仿真

Hex 文件下载到 Proteus 仿真软件后，运行程序。系统提示输入密码，密码验证通过后，输入“help”命令，单片机回送在线帮助信息，之后分别输入“led0”、“led4”、“led3”、“led3”命令依次点亮或熄灭相应的灯，最后发送“exit”命令退出命令接收及功能处理程序，重新回到密码验证循环程序，程序运行结果如图 1.124 所示。

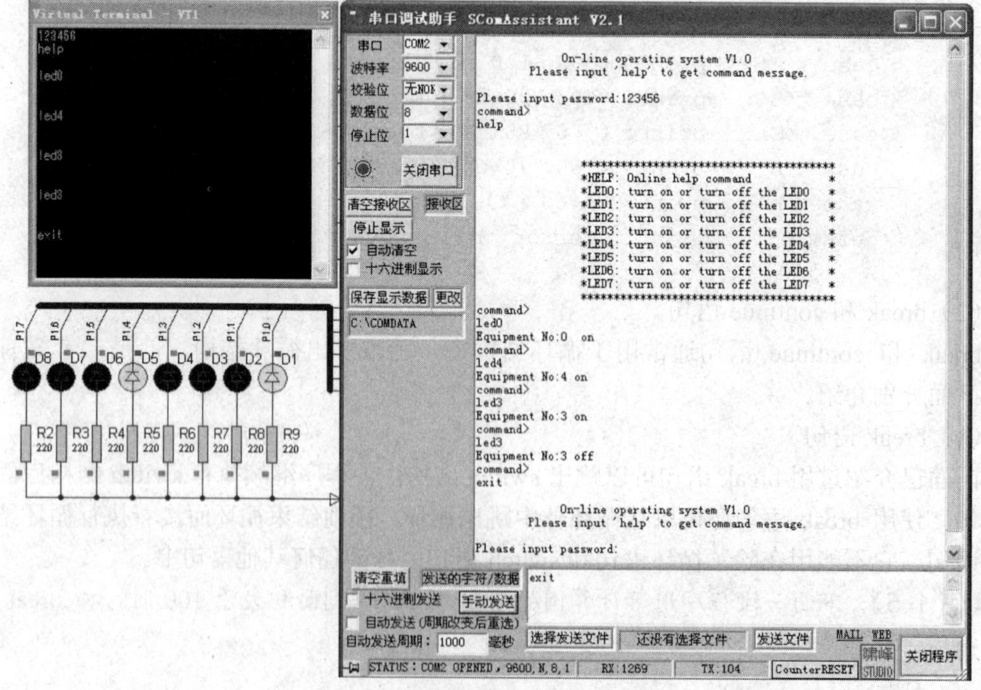

图 1.124　PC 控制灯亮灭程序仿真截图

思考与练习题4

1. 简答题

（1）简述 C51 程序架构，预处理部分的主要内容及其在程序中的作用。

（2）简述 C51 扩展数据类型 sfr、sfr16、sbit 和 bit 的用途及定义格式。

（3）简述 while 语句的语法格式及程序执行过程。

（4）简述 C51 变量定义中存储器类型的作用，重点阐述 data 和 code 存储器类型。

（5）简述 for 语句的语法结构及程序执行过程。

（6）简述子函数的声明、定义及调用方法。

（7）简述_cror_()、_crol_()、_nop_()等固有库函数的功能及格式。

（8）简述中断函数的 C51 编程方法，说明 interrupt m 修饰符在中断函数定义中的作用。

（9）简述宏与子函数的异同，阐述宏定义、宏调用和宏展开的概念。

（10）简述字节逻辑运算“&&、||、!”与按位逻辑“&、|、~”的区别。

（11）简述算术移位、逻辑移位和循环移位的实现方法及异同。

（12）简述 if else 语句和 switch case 语句的语法结构及应用。

（13）简述 continue 和 break 语句在循环程序及多分支程序中的应用。

（14）简述一维字符数组的概念、定义、赋值和调用（说明字符数组的结束标志）。

（15）简述 printf()和 scanf()等串口输入/输出库函数的功能及格式，重点说明函数使用的注意事项。

（16）简述 strcmp()、toupper()函数的功能及格式。

（17）简述 reg51.h、intrins.h、stdio.h、string.h、stype.h 等头文件的内容。

2. 设计题

（1）C51 编写带参数 ms 级软件延时子函数，while 语句实现，时钟频率为 6 MHz，并调用该子函数实现灯的闪烁控制，亮 1 s，灭 1.5 s。

（2）C51 编程，设计定时器查询方式 1 s 延时程序的设计，时钟频率为 24 MHz，定时器工作于方式 1。

（3）C51 编程，定时器中断延时，控制灯左移显示，延时和显示功能在定时中断程序中实现，移动间隔为 1.5 s，时钟频率为 8 MHz。

（4）C51 编程，结合一维数组，查表方式控制灯显示不同的花样。

（5）C51 编程，串口查询方式，结合字符数组编写字符串发送子函数，自定义被发送字符串，要求串口工作于方式 1，波特率为 9 600 b/s，设时钟频率为 11.059 2 MHz。

（6）C51 编程，利用 printf()、scanf()和 strcmp()函数编写简易密码锁程序。要求程序一直循环执行密码验证程序，密码正确开或关 P1 口的 8 盏灯，密码错误则不执行开关灯动作。自定义密码、提信息及波特率。

（7）拓展题：C51 编程，结合定时器中断程序拓展完成 PC 远程控制灯闪烁、左右移动等功能的实现。

注： 程序设计题全部要求完成流程图绘制、软件的编写、编译及软硬件仿真调试等功能，并按要求撰写设计报告。

项目2 简易数字时钟设计

项目要求

设计一个数字时钟，可以通过键盘实现实时时间的修正和闹铃设定，并要求时钟具有整点报时和闹铃报时功能，具体要求如下。

（1）实现时钟功能，并在数码管上实时显示。

（2）设计独立按键随时调节实时时钟的时、分单元并能进行闹铃设置。

（3）能利用蜂鸣器进行整点及闹铃提示。

项目拓展要求

（1）可拓展年、月、日、星期等计时和显示功能。

（2）可利用专用定时芯片拓展高精度数字时钟、电子万年历等功能设计。

（3）可利用语音芯片拓展语音报时功能的设计。

（4）可拓展温/湿度检测、海拔检测等附加功能设计。

（5）可拓展GPS通信程序，实现时钟自动校正、GPS定位等附加功能设计。

系统方案

1. 时钟计时模块

利用单片机内部定时器采用中断方式实现实时时钟的计时功能，该方案具有成本低、设计简单等优点，但定时精度不高是其致命弱点，如果要实现高精度时钟及电子万年历的设计

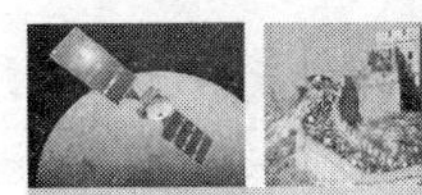

可选用 DS1302 等专用定时芯片。

2. 显示系统

数字时钟采用数码管进行时钟的实时显示，数码管具有显示亮度高、成本低廉等特点。但相比于液晶显示器而言，普通数码管存在显示内容较少、功耗大、显示精度低等不足。比较适合户外或简单终端电子产品的显示设计。

3. 键盘系统

采用非编码独立式键盘实现时间修正、闹铃设定等功能。独立式键盘设计成本低是其最大优势，不足之处在于 I/O 资源占用较多，比较适合按键较少、成本低廉的电子产品设计。

4. 发声系统

采用简单的蜂鸣器实现整点和闹铃报时功能，具有接口简单、编程容易等特点，但存在音质差、声音较小等不足，适合手持式设备和对音质要求较低的声音报警、提示等发生系统设计。

任务分解

该系统分解为实时时钟基本功能实现和时钟综合功能实现两个任务，具体包括时钟计时功能实现、时钟显示系统设计、时钟修正及闹铃设定功能设计和整点及闹铃报时功能设计等几部分。

任务 2.1 实时时钟基本功能实现

任务要求

利用单片机内部定时器中断方式实现实时时钟的计时功能设计，利用 6 位数码管实现实时时钟的实时显示功能设计，具体要求如下。

（1）利用单片机内部定时器中断方式完成时钟的计时功能设计。

（2）完成数码管与单片机的接口电路设计。

（3）C51 编程实现数字时钟的实时显示功能设计。

（4）完成数字时钟的 Proteus 软硬件仿真设计。

教学目标

（1）进一步掌握单片机内部定时中断服务程序的设计方法。

（2）掌握数码管的基本工作原理。

（3）掌握单片机与数码管的接口电路设计方法。

（4）掌握数码管的动态实时显示程序设计方法。

（5）掌握数字时钟的 Keil 仿真调试方法。

（6）掌握数码管的 Proteus 仿真设计方法。

2.1.1 时钟计时功能的实现

1. 系统功能分析

数字时钟要求对时间进行不断地累加，选用 12 MHz 晶振时，内部定时器最大定时时间为 65.536 ms，选择定时器为工作方式 1，定时 50 ms，循环 50 ms 定时 20 次对秒变量加 1，秒变量加到 60 时，对分钟变量加 1，分钟变量加到 60 时，对小时变量加 1，小时变量加到 24 时，时、分、秒变量全部清零，重新开始计时，这样循环运行便能实现时钟功能。

2. 程序流程图

系统程序包括主程序和定时中断服务程序两部分，此处仅仅实现基本计时功能。主程序主要完成初始化工作，之后便进入死循环，其流程图如图 2.1 所示。注意，为确保时间的相对准确，定时器初始化时将定时中断设为高优先级。死循环的同时，定时器进行加 1 计数，溢出时转到定时中断服务程序完成时间的实时修改，程序流程图如图 2.2 所示。

3. 变量定义

该程序定义了两个变量，一个为字符型数组变量，6 个数组元素，分别用于存放时间的秒、分、时的个位和十位，另外一个变量用于存放 50 ms 循环次数，如表 2.1 所示。

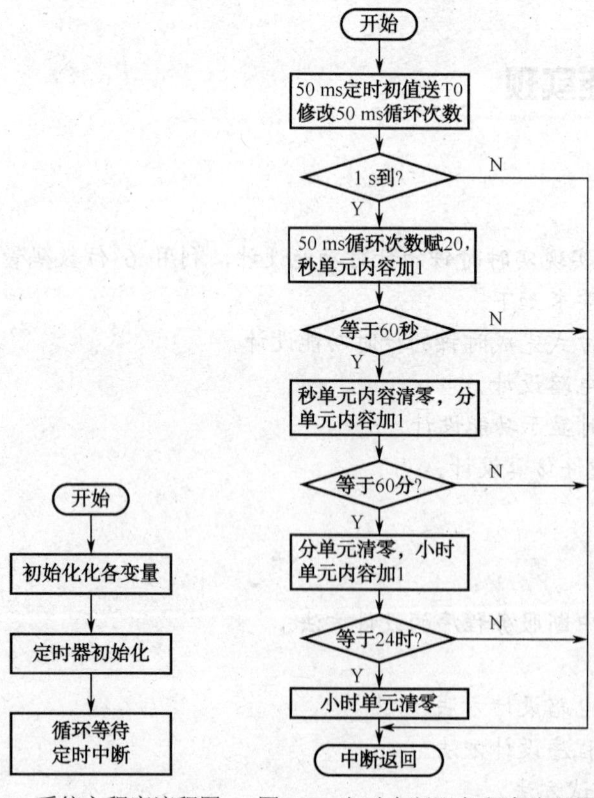

图 2.1 系统主程序流程图　　图 2.2 定时中断服务程序流程图

表 2.1 变量定义

变 量 名	变 量 含 义
timer[6]	存放实时时间
con_50 ms	50 ms 循环次数，秒定时用

4. 定时器定时源程序

```
#include <reg51.h>
data char timer[6]={0x00,0x00,0x00,0x00,0x00,0x00};     //存放实时时间
data char con_50ms=0X00;                                  //50 ms 循环次数
/*****************定时器初始化程序*****************/
void clearmen()
{
    TMOD=0X01;
    TH0=0x3C;TL0=0xB0;
    ET0=1; EA=1; PT0=1;                    //开中断，并置定时器中断为高优先级
    TR0=1;
}
/**********************主程序**********************/
main()
{
    clearmen();
    while(1);
}
/******************1 秒中断处理程序*****************/
void time_intt0(void) interrupt 1 using 1
{
    TH0=0x3C;TL0+=0xB0;                    //考虑程序跳转等耗时
    con_50ms++;
    if(con_50ms==20)
    {
        con_50ms=0x00;timer[0]++;
        if(timer[0]>=10)
        {
            timer[0]=0;timer[1]++;
            if(timer[1]>=6)
            {
                timer[1]=0;timer[2]++;
                if(timer[2]>=10)
                {
                    timer[2]=0;timer[3]++;
                    if(timer[3]>=6)
                    {
                        timer[3]=0;timer[4]++;
                        if(timer[4]>=10)
                        {
                            timer[4]=0;timer[5]++;
                        }
                        else if(timer[5]==2&& timer[4]==4 )
                        {
                            timer[4]=0;timer[5]=0;
                        }
```

```
                        }
                    }
                }
            }
        }
    }
```

5. 程序说明

程序主要实现实时时钟的计时功能，为尽量使计时准确，做了如下两个方面的处理。

（1）将定时器 0 中断设为高优先级，即 PT0=1，这样处理后，在后续程序中，当有其他中断源与定时器 0 同时向 CPU 申请中断时，会优先处理定时器 0 中断。

（2）定时中断服务程序中没有关定时器中断和定时器，配合“TL0+=0x0B;”语句可较好地提高计时精度。

但这种处理毕竟还是比较有限的，如果需要更精确地定时，则可采用高精度的专业定时器芯片来实现。

6. 系统程序的 Keil 仿真

建立项目，编译成功后，进入 Keil 的仿真调试界面，调出“Watch 1”窗口，观察数组变量 timer[6]的计时情况，仿真结果如图 2.3 所示。

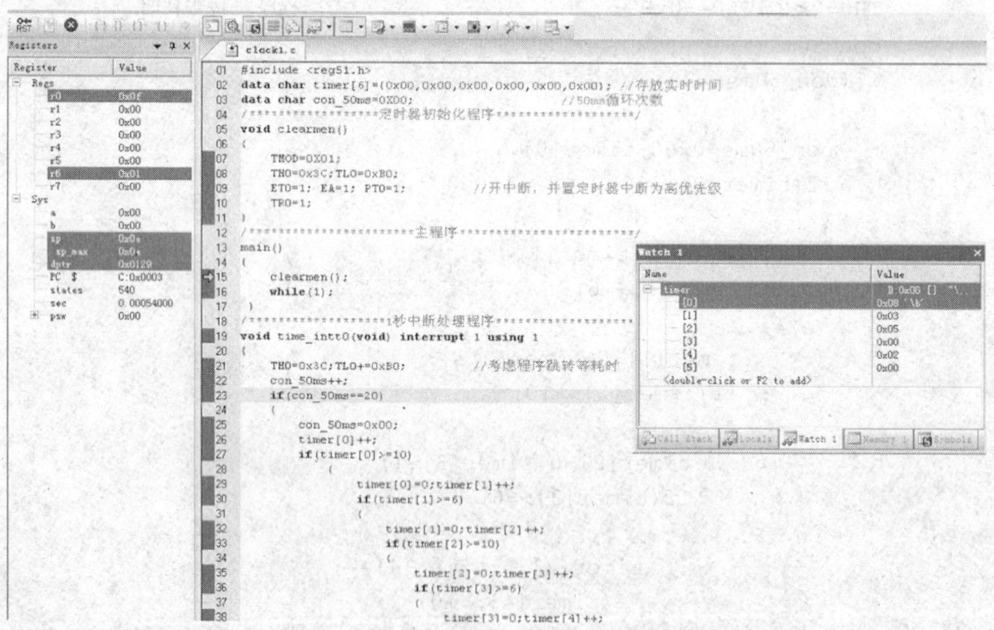

图 2.3　数字时钟计时功能程序仿真结果

2.1.2　时钟的实时显示设计

时钟的显示可采用七段数码管、LED 点阵、液晶显示器及触摸屏等显示器件实现，在此，选择最基础也是应用最广泛的七段数码管来实现时钟的数码显示。下面侧重讲解数码

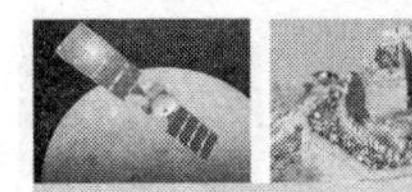

管的显示原理和程序设计方法。

1. 认识数码管

1）什么是数码管

数码管是利用发光二极管构成的一种数字化显示器件，按段数分为七段数码管和八段数码管，八段数码管比七段数码管多一个发光二极管单元（多一个小数点显示）。按能够显示多少个“8”，数码管可分为 1 位、2 位、4 位等数码管，如图 2.4 所示。

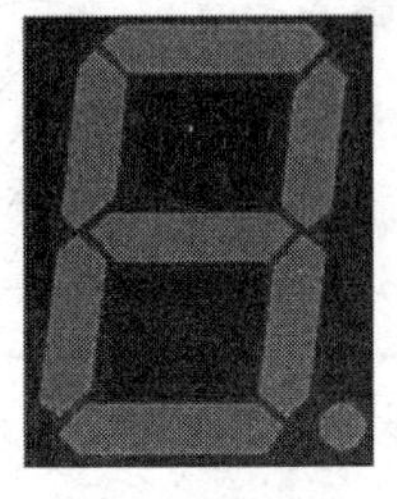
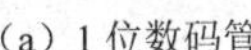
（a）1 位数码管

（b）2 位数码管

（c）4 位数码管

图 2.4　数码管

不管将几位数码管连在一起，数码管的显示原理都是一样的，都是靠点亮内部的发光二极管来发光，下面就来讲解一个数码管是如何发光的。

2）发光二极管的工作原理

按发光二极管单元连接方式分为共阳极数码管和共阴极数码管，如图 2.5 所示。共阳极数码管是指将所有发光二极管的阳极接到一起形成公共阳极（COM）的数码管，在应用时应将公共极 COM 接+5 V，当某一字段发光二极管的阴极为低电平时，相应字段就被点亮，当某一字段的阴极为高电平时，相应字段就不亮。共阴数码管是指将所有发光二极管的阴极接到一起形成公共阴极(COM)的数码管，在应用时应将公共极 COM 接到地线上，当某一字段发光二极管的阳极为高电平时，相应字段就被点亮，当某一字段的阳极为低电平时，相应字段就不亮。

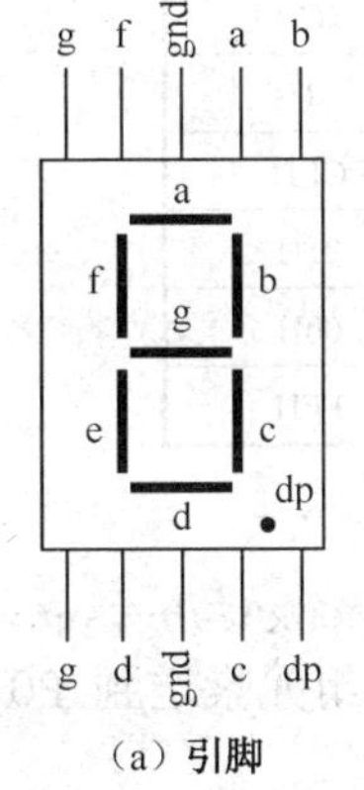

（a）引脚

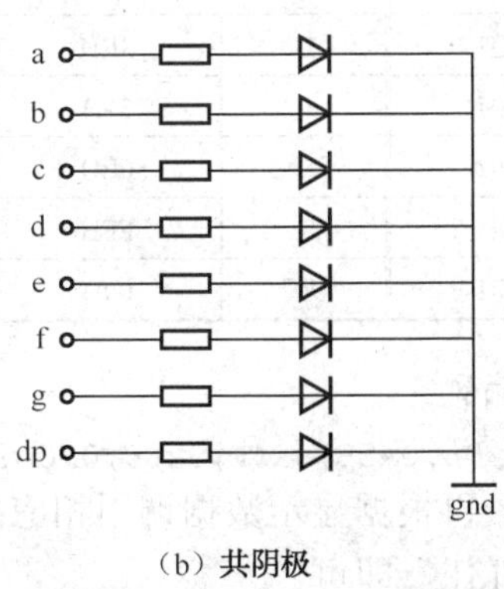

（b）共阴极

a b c d e f g dp +5V

（c）共阳极

图 2.5　数码管内部结构

可以利用万用表检测数码管的引脚排列，对数字万用表来说，红色表笔连接表内部电池正极，黑色表笔连接表内部电池负极，当把数字万用表置于二极管挡时，其两表笔间开

路电压约为 1.5 V，把两表笔正确加在发光二极管两端时，可以点亮发光二极管。

如图 2.6 所示，将数字万用表置于二极管挡，红表笔接在①脚，然后用黑表笔去接触其他各引脚，假设只有当接触到⑨脚时，数码管的 a 段发光，而接触其余引脚时则不发光。由此可知，被测数码管为共阴极结构类型，⑨脚是公共阴极，①脚则是数码管的 a 段。接下来再检测各段引脚，仍使用数字万用表二极管挡，将黑表笔固定接在⑨脚，用红表笔依次接触②、③、④、⑤、⑥、⑦、⑧、⑩引脚时，数码管的其他段先后分别发光，据此便可绘出该数码管的内部结构和引脚排列图。

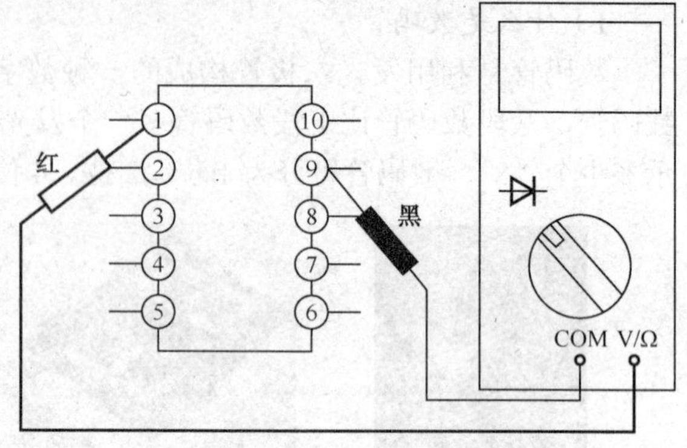

图 2.6　数码管引脚排列的检测

2. 数码管的编码方法

从数码管的内部结构可知：要显示数字 8，对于共阴极数码管，给公共端送低电平的同时给段选引脚送 0x7f；而对于共阳极数码管，则给公共端送高电平的同时给段选引脚送 0x80。此处的 0x7f 和 0x80 称为数字 8 的显示码，同理，可得到其他符号的显示代码，如表 2.2 所示。这是我们根据实际电路图自己给出的编码，不同的电路，编码可能不同，共阳极的编码与共阴极的编码也是不同的，因此大家一定要掌握编码原理，也就是要明白数码管显示的原理。

表 2.2　数码管的字符编码

显示字符	共阴极段选码	共阳极段选码	显示字符	共阴极段选码	共阳极段选码
0	3FH	C0H	B	7CH	83H
1	06H	F9H	C	39H	C6H
2	5BH	A4H	D	5EH	A1H
3	4FH	B0H	E	79H	86H
4	66H	99H	F	71H	8EH
5	6DH	92H	P	73H	8CH
6	7DH	82H	U	3EH	C1H
7	07H	F8H	Γ	31H	CEH
8	7FH	80H	y	6EH	91H
9	6FH	90H	8.	FFH	00H
A	77H	88H	“灭”	00H	FFH

可以采用数组来定义数码管的字符编码：

```
char code dis_7[10]={0x3F,0x06,0x5B,0x4F,0x66,0x6D,0x7D,0x07,0x7F,0x6F};
```

在编写显示程序时，配合位选信号，再根据显示数据调用相应的数组元素送到 P0 口。例如，要显示 3，则执行语句“P0=dis_7[3];”即可。

3. 数码管接口电路设计

本系统要求有 6 位数码管分别显示时、分、秒的个位和十位。数码管的接口电路由位

选信号（决定哪一位显示）和段选信号（决定显示内容）两部分组成。对于多位数码管的连接可采用各位数码管各占用 9 个 I/O 口的所谓静态驱动显示方式，也可采用所有数码管段选信号集中连接、位选信号单独驱动的方式，很显然段选信号集中连接的方式 I/O 资源占用较少，从而被普遍采用。

本系统选择共阴极数码管，单片机的 P2.0～P2.5 口作为位选线分别接 6 个数码管的公共端，P0 口接各位的段选信号，如图 2.7 所示。

（1）P2 口的 P2.0～P2.5 经一 R×8 的排阻 RN1 与数码管各位的公共端相连接形成数码管的位选信号，此处的排阻起限流保护单片机 I/O 口的作用。

（2）P0 口经一驱动芯片 74LS245 接到数码管的段选引脚形成段选信号，此处的 74LS245 为一常用双向驱动芯片，在此起功率放大的作用。74LS245 芯片的使用可以查阅数据手册，比较简单，此处不再详述。

（3）P0 口内部没有上拉电阻，为使 P0 口各引脚有确定的电平信号，在 P0 口作为通用 I/O 使用时必须连接上拉电阻，如图 2.7 中的排阻 RP1。

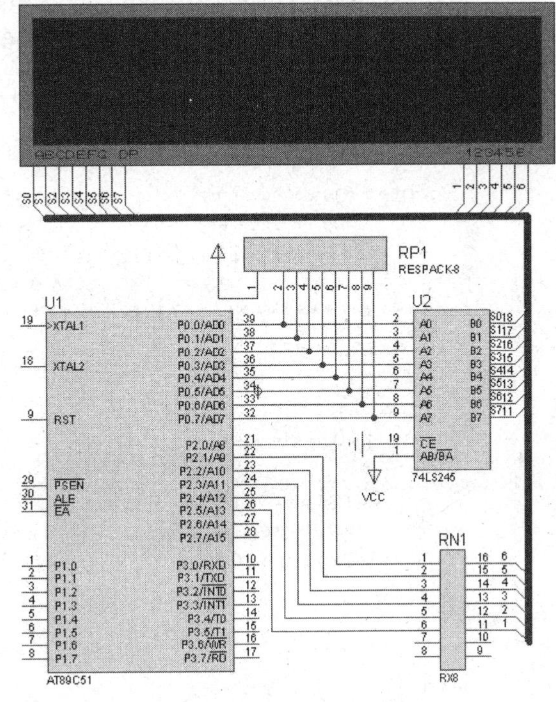

图 2.7　数码管接口电路

4. 数码管的动态显示程序设计

LED 显示器工作方式有两种：静态显示方式和动态显示方式。静态显示的特点是数码管的公共端一直有效，即若为共阴极数码管，则 COM 端一直为 0，每个数码管必须接一个 8 位锁存器用来锁存待显示的字形码。送入一次字形码显示字形一直保持，直到送入新字形码为止。这种方法的优点是占用 CPU 时间少，显示便于监测和控制。缺点是硬件电路比较复杂，成本较高。

动态显示采用如图 2.7 所示的段选信号集中连接的接线方式，轮流快速选中各位数码管并送段选信号，控制各位显示时间在 10 ms 以内，由于人眼的视觉暂停效果，感觉是多位在同时显示。下面利用动态显示实现 6 个数码管动态显示效果，可先编写各位数码管轮流显示 1 s 的程序，在此基础上不断缩短显示时间从而演示出动态显示效果。

1）程序功能分析

程序要求先实现 6 个数码管轮流间隔 1 s 显示，在此基础上实现动态显示，为实现这一目标，我们先定义了两个数组，如表 2.3 所示，一个存放位选信号，一个存放段选信号所需要的两个数组。在显示程序中利用循环程序依次送各数码管的位选信号和对应的段选信号，利用延时程序控制各位数码管的显示时间，即可实现轮流显示的控制。

2）变量定义

变量定义如表 2.3 所示。

表 2.3　变量定义

数 组 名	含　义	变量赋值
dis_loc[6]	位选信号	0XDF,0XEF,0XF7,0XFB,0XFD,0xFE
con_50ms	段选信号	0x3F,0x06,0x5B,0x4F,0x66,0x6D,0x7D,0x07,0x7F,0x6F,0xff

3）系统源程序

```
#include "reg51.h"
code char dis_loc[6]={0XDF,0XEF,0XF7,0XFB,0XFD,0xFE};  /*位选信号表格*/
code char dis_seg[11]={0x3F,0x06,0x5B,0x4F,0x66,0x6D,0x7D,0x07,0x7F,0x6F,0xff};
//共阴 LED 段码表:    "0"  "1"  "2"  "3"  "4"  "5"  "6"  "7"  "8"  "9"  "不亮"
/*****************1 ms 延时程序*****************/
void delay1ms(unsigned int t)
{
   int i,j;
   for(i=0;i<t;i++)
      for(j=0;j<120;j++);
}
/********************扫描程序******************/
void disp_scan()
{
   char k;
   for(k=0;k<6;k++)
   {
      P2=dis_loc[k];              //送位选，选中全部 6 个数码管
      P0=dis_seg[k];              //送字符码（段选）
      delay1ms(1000);             //延时 1 s
   }
}
/**********************主程序*******************/
main()
{
   while(1)
   {
      disp_scan();
   }
}
```

4）程序说明

程序中显示子程序 dis_sca()为一循环程序，循环 6 次，依次送 6 个数码管的位选和段选信号，显示内容依次为 0、1、2、3、4、5，每位数码管显示 1 s。

5）仿真调试

在仿真过程中逐渐缩短各位数码管的显示时间，Proteus 软件分别仿真 1 s 延时和 5 ms 延时效果，如图 2.8 和图 2.9 所示。图 2.8 中只能看出其中 1 个数码管的显示效果，而图 2.9 中人眼看到的结果感觉是 6 个数码管同时在显示，这就是所谓的动态显示，从实际电路板

的运行效果可以看出：1 s 间隔显示的亮度明显好于 5 ms 间隔显示亮度，所以动态显示牺牲了显示亮度但节约了 I/O 资源。

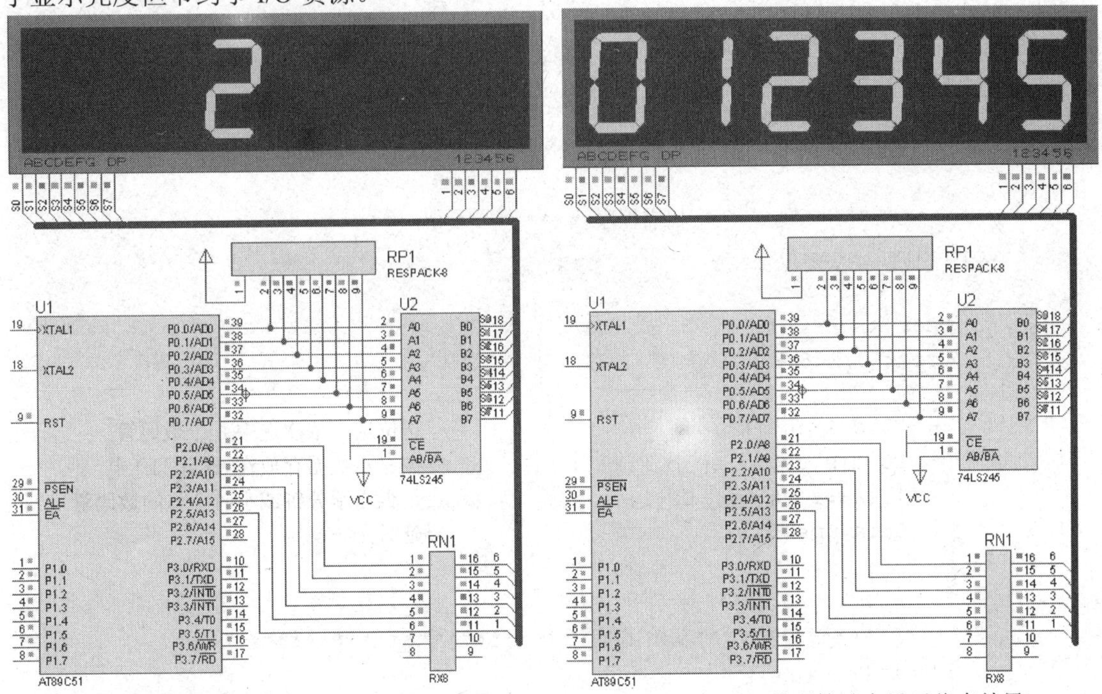

图 2.8　数码管轮流间隔 1 s 显示仿真结果　　　　图 2.9　数码管动态显示仿真结果

5. 实时时钟的数码管动态显示程序设计

1）功能分析

数字时钟的显示共需 6 个数码管，要求显示的内容随时间变化而实时更新。在前面的程序中显然不能实现显示数据的实时更新，为此专门定义一个显示缓存数组变量 disp_buf[6]用于存放显示的数据内容。显示时，先对应位选信号从 dis_buf[6]中提取显示内容，再从段选数组中查表提取相应显示内容的显示编码送到段选 I/O 口的 P0 口即可。

在时钟修改程序中将当前时间按照秒个位、秒十位、分个位、分十位、小时个位及小时十位的顺序依次存放在显示缓存数组变量 dis_buf[6]中。在显示程序中应按顺序调出该数组元素并在相应的数码管上进行显示即可达到实时更新显示的效果。

另外，时钟显示时，通常应在小时、分和秒之间加小数点，而小数点是接在 P0.7 的，因此在第 3 个数码管（分个位）和第 5 个数码管（小时个位）应显示小数点，执行语句“P0.7=1;”。

2）时钟数码管显示源程序

```
#include <reg51.h>
code char dis_seg[10]={ 0x3F,0x06,0x5B,0x4F,0x66,0x6D,0x7D,0x07,0x7F,0x6F};
code char dis_loc[6]={0xfe,0xfd,0xfb,0xf7,0xef,0xdf}; //位选编码
data char timer[6]={0x00,0x00,0x00,0x00,0x00,0x00};    //存放实时时间
data char disp_buf[6]={0x00,0x00,0x00,0x00,0x00,0x00}; //显示缓冲区
data char con_50ms=0X00;                               //1 s定时用
sbit DP=P0^7;                                          //小数点
```

```
unsigned char i;                                            //循环计计数器
/*****************1 ms 延时程序*****************/
void delay1ms(int t)
{
    int i,j;
    for(i=0;i<t;i++)
        for(j=0;j<120;j++);
}
/********************扫描程序*******************/
void disp_scan()
{
    char k;
    for(k=0;k<6;k++)
    {
        P2=dis_loc[k];                          //送位选，依次选中 6 个数码管
        P0=dis_seg[disp_buf[k]];                //被显示数据存放在 disp[k]中
        if(k==2||k==4) DP=1;                    //是否显示分钟或小时个位的数码管
        delay1ms(5);                            //延时 1 ms
    }
}
/********************初始化程序*********************/
void init()
{
    for(i=0;i<6;i++)                            //初始化显示缓存
    disp_buf[i]=timer[i];
    TH0=0x3C;TL0=0xB0;                          //定时器初始化
    TMOD=0X01;ET0=1;TR0=1;EA=1;PT0=1;           //置定时器中断为高优先级
}
/**********************主程序***********************/
main()
{
    init();
    while(1)
    {
        disp_scan();
    }
 }
/******************1 s 中断处理程序******************/
void time_intt0(void) interrupt 1
{
    TH0=0x3C;TL0+=0xB0;                         //考虑程序跳转等耗时
    con_50 ms++;
    if(con_50 ms==20)
    {
        con_50 ms=0x00;
        timer[0]++;
        if(timer[0]>=10)
```

```
        {
            timer[0]=0;timer[1]++;
            if(timer[1]>=6)
            {
                timer[1]=0;timer[2]++;
                if(timer[2]>=10)
                {
                    timer[2]=0;timer[3]++;
                    if(timer[3]>=6)
                    {
                        timer[3]=0;timer[4]++;
                        if(timer[4]>=10)
                        {
                            timer[4]=0;timer[5]++;
                        }
                        if(timer[5]==2&&timer[4]==4)
                        {
                            timer[4]=0;timer[5]=0;
                        }
                    }
                }
            }
        }
        for(i=0;i<6;i++)disp_buf[i]=timer[i];    //更新显示缓存
    }
}
```

3）程序说明

（1）数码管显示程序

第一个数码管显示秒个位、第二个显示秒十位……依次循环，实现语句为：

```
P2=dis_loc[k];                //送位选，依次选中 6 个数码管
P0=dis_7[disp[k]];            //被显示数据存放在 disp[k]中
```

注意段选信号的运算表达式“P0=dis_7[disp[k]];”，在 disp[k]中存放了 6 个数码管对应的显示内容 0～9，dis_seg[]中放的是显示数据所对应的显示编码，此处先查表取数码管的显示内容，如“2”，再在 dis_seg[]中查找 2 的显示编码送给 P0 口。

是否显示小数点，取决于当前显示的数码管，第 3 个和第 5 个数码管应显示小数点，实现的语句为：

```
if(k==2||k==4) DP=1;//是显示分钟或小时个位的数码管吗？是则显示小数点
```

（2）显示数据的更新

每次进入中断程序更新实时时间后，将 timer[6]中的数据按顺序送给显示缓存disp_buf[6]，显示程序中再次送显示内容时将送新的时间进行显示，从而实现了时间显示的实时更新。

4）系统仿真

系统程序仿真截图如图 2.10 所示，系统程序使数码管能根据计时时间实时更新显示内容，仿真可以看出时间在逐秒计时显示。

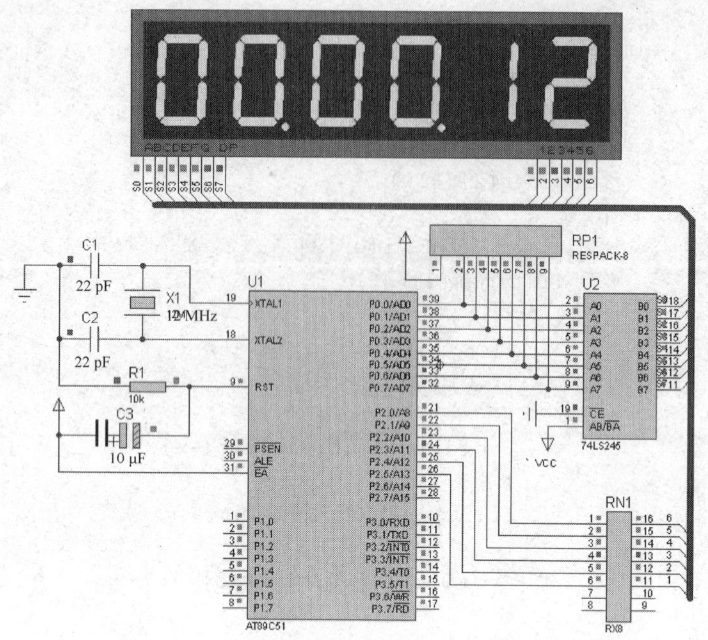

图 2.10 数字时钟的数码管动态显示仿真

思考与练习题 5

1. 简答题

（1）简述提高定时器延时精度的设计方法。说明 TL0+=(65536-50000)%256 的作用。

（2）简述数码管的结构、工作原理及测试方法。

（3）简述数码管与单片机接口电路的设计。（重点阐述：位选+段选，驱动电路）

（4）简述数码管静态显示和动态显示原理及特点。

（5）举例说明数码管显示代码与硬件连接的关系，试写出'P'、'A'、'H'、'E'、'S'等特殊字符的显示代码。数码管类型及其与单片机的引脚连接自定义。

（6）简述数码管动态显示程序的设计方法。

（7）简述数码管实时时钟显示程序中显示缓存数组 disp_buf[6]的作用。

（8）简述数码管实时时钟显示程序中“P0=dis_7[disp[k]];”语句的作用及执行过程。

2. 设计题

（1）设计 6 位数码管动态显示电路，通过插接线与电路板 I 进行连接构成基本实时时钟计时显示硬件电路，该电路要求预留部分空间与后续的按键和蜂鸣器电路构成试验电路板 II。

（2）设计数码管静态显示程序，要求利用 6 位数码管中的任意一位进行显示，依次循环显示'P'、'L'、'H'、'S'、'E'、'A'等字符，每个字符显示时间为 1 s。

（3）设计数码管动态显示程序，6 个数码管分别显示数字 0～5，程序调试过程中要求先将每个数码管显示时间控制在 1s，再逐步减小显示时间到 10 ms，观察动态显示原理。

（4）编写数码管动态显示程序，要求 6 位数码管同时显示不同的内容，内容可以通过程序任意修改。

（5）利用定时器中断延时编写数码管动态扫描程序，自定义显示内容。

（6）设计秒表程序，要求以 0.05 s 为计时步进，C51 编程、定时器中断延时、数码管显示。该设计将在后续课后练习中结合按键和蜂鸣器进行完善。

注：程序设计题全部要求完成流程图绘制、软件的编写、编译及软硬件仿真调试等功能，并按要求撰写设计报告。

任务 2.2　时钟综合功能实现

任务要求

设计键盘电路，利用按键实现实时时钟的修正及闹铃设定功能，并编程利用蜂鸣器实现时钟的整点报时和闹铃提示功能。具体要求如下。

（1）完成键盘电路及键盘扫描程序的设计。

（2）完成实时时间修正和闹铃设定的功能程序设计。

（3）利用蜂鸣器完成整点报时和闹铃提示功能的软、硬件设计。

（4）完成时钟综合功能的 Proteus 软硬件仿真设计。

教学目标

（1）掌握独立键盘电路及扫描程序设计方法。

（2）掌握蜂鸣器接口电路及发声程序设计方法。

（3）掌握时钟修正及闹铃设定程序设计方法。

（4）掌握整点报时及闹铃提示程序设计方法。

（5）掌握矩阵键盘及蜂鸣器发声程序的 Proteus 仿真设计方法。

2.2.1　时钟修正及闹铃设定功能设计

1. 键盘电路及键盘扫描程序设计

1）键盘概述

（1）键盘分类

键盘是最为常用的输入设备之一，操作人员可以向单片机系统输入数据、指令、地址等信息，从而实现对系统的灵活控制。

键盘分为编码键盘和非编码键盘。键盘上闭合键的识别由专用的硬件编码器实现，并产生键编码号或键值的称为编码键盘，如 BCD 码键盘、ASCII 码键盘等；靠软件来识别的称为非编码键盘。在单片机组成的测控系统及智能化仪器中，用得最多的是非编码键盘。非编码键盘又分为独立式键盘（如图 2.11 所示）和矩阵式键盘（如图 2.12 所示）。

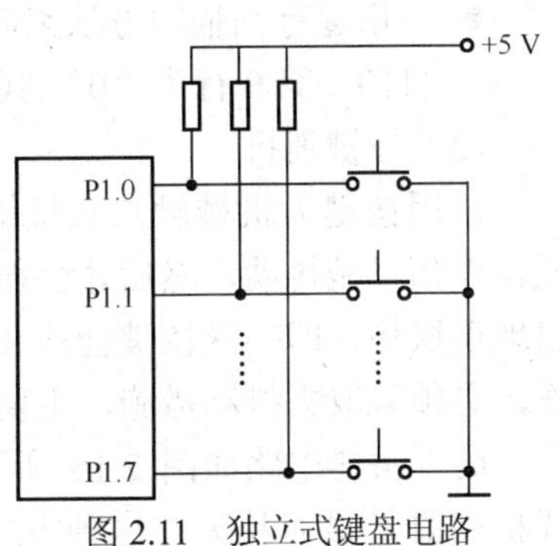

图 2.11　独立式键盘电路

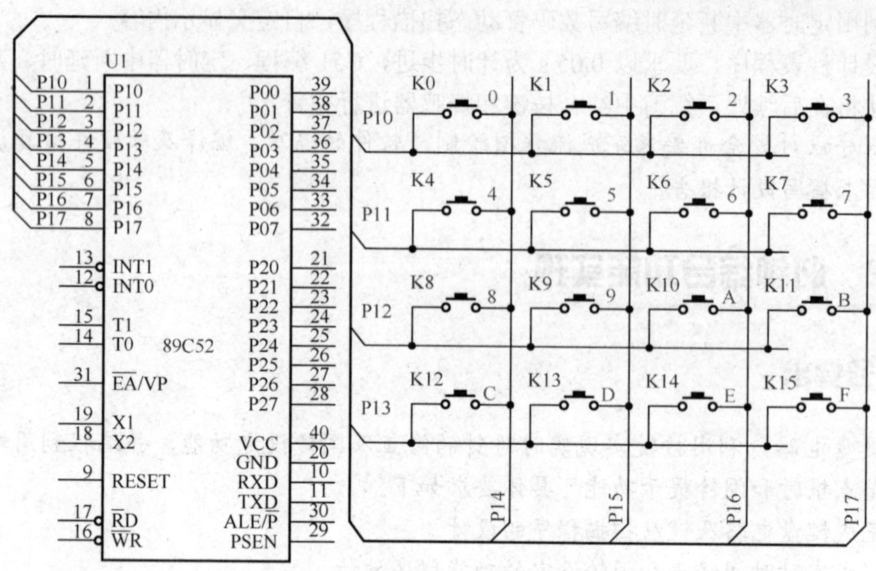

图 2.12　矩阵式键盘电路

（2）按键的识别

① 独立键盘识别。

如图 2.11 所示独立式键盘电路，键盘一端经上拉电阻接 5 V 电源，再接到单片机的 P1 口，另一端接地，没有键按下时，P1 口 8 个引脚全部为高电平 1，当某个键按下时，便会将相应引脚电平置为低电平 0。因此，CPU 通过指令不断查询 P1 口状态，当查询到某个引脚为低电平时，表示该引脚所接键被按下。

② 矩阵键盘识别。

矩阵式键盘中，行、列线分别连接到按键开关的两端。当无键被按下时，行、列线断开；当有键被按下时，行、列线导通，如图 2.12 所示。矩阵键盘识别方法有扫描法和线反转法。此处主要介绍行扫描法。

所谓行扫描法,就是通过行线发出低电平信号,如果该行线所连接的键没有被按下，则列线所连接的输出端口得到的是全 1 信号；如果有键被按下，则得到的是非全 1 信号，扫描原理如图 2.13 所示。具体过程如下。

- 首先，为了提高效率，一般先快速检查整个键盘中是否有键被按下（即粗扫描）。
- 再用逐行扫描的方法来确定闭合键的具体位置（即细扫描）：先扫描第 0 行，即输出 1110（第 0 行为“0”,其余 3 行为“1”），然后读入列信号，判断是否为全 1 信号。

（3）按键消抖

常用按键为机械触点式按键开关，由于机械弹性作用的影响，在按下或释放按键时，通常伴随机械抖动，然后才会稳定下来，如图 2.14 所示。在键盘抖动期间读取 P1 状态便会出现误操作，即一次按键会被 CPU 错误地认为是多次操作。为了克服键盘抖动带来的误操作，必须采取去抖动措施，主要有硬件去抖和软件去抖两种方法。

硬件去抖电路如图 2.15 所示，采用双稳态 R-S 触发器对按键波形进行整形后再送到单片机引脚，显而易见，这种方式会增加设计成本。我们经常采用的是软件去抖方式：在检

查到有键被按下时，延时 10 ms 左右再次检测确认该键被按下，若仍为闭合状态，则认为是一次按键操作。

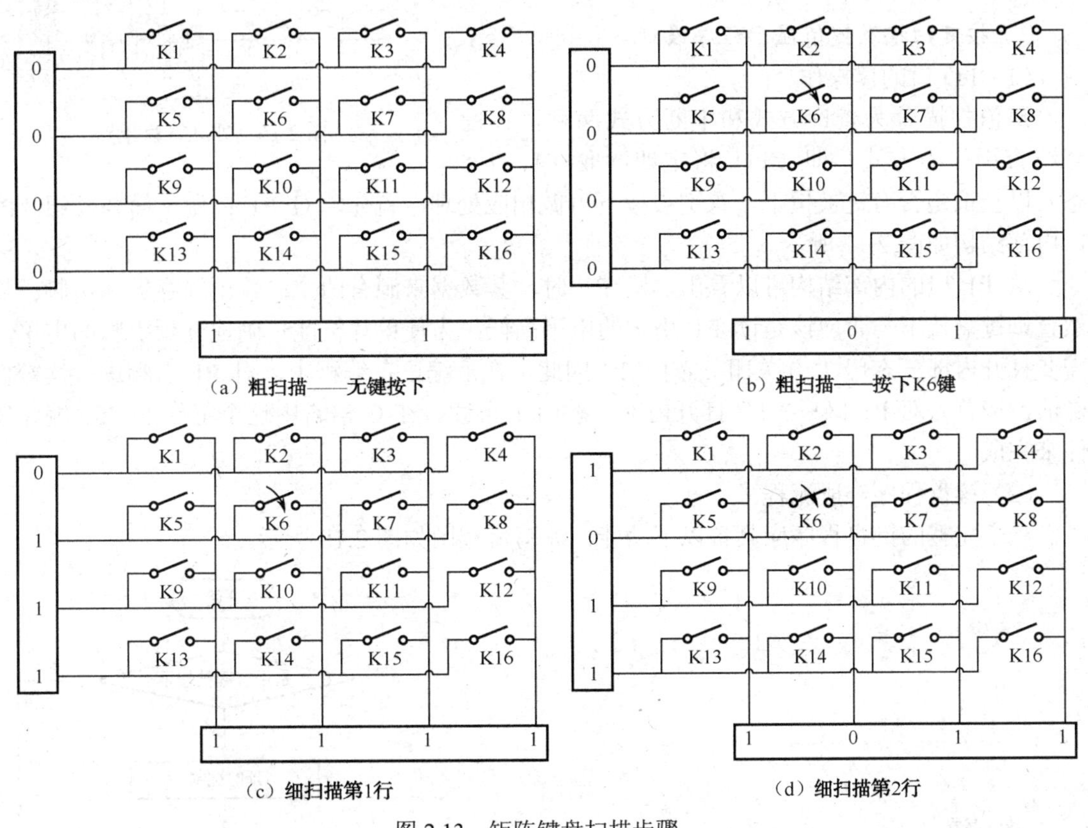

图 2.13　矩阵键盘扫描步骤

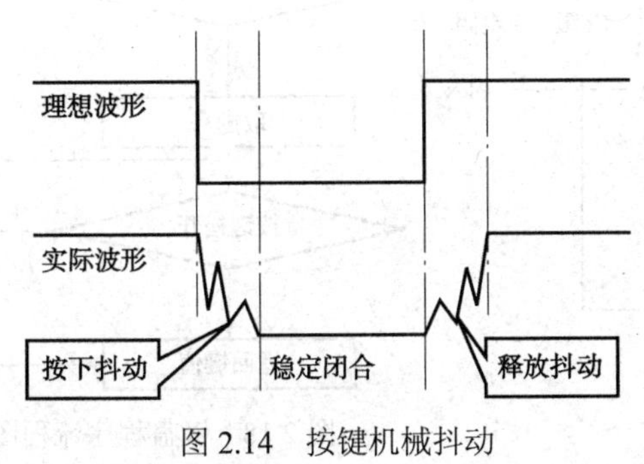

图 2.14　按键机械抖动

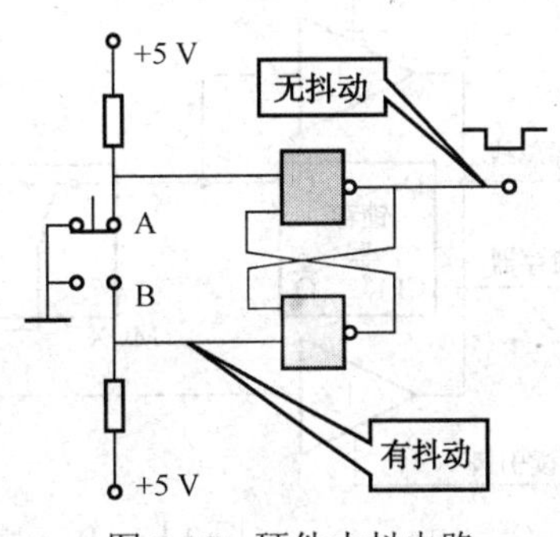

图 2.15　硬件去抖电路

（4）按键释放判断

由于单片机运行指令的速度特别快，1 ms 内可以运行单周期指令 1 000 条，因此，一次按键期间，单片机可能会执行多次按键操作，通常检测到有键被按下时，继续检测引脚电平，直到检测到键盘已松开才执行相应的按键功能程序。而且，还可以通过这种方法对同一按键进行长按键、短按键及复合键等功能的设计。

2）系统键盘电路设计

在上述时钟显示电路的基础上设计 4 个独立式按键，分别定义为时间修改、闹钟设

定、加 1 和减 1 键。采用 P1.0～P1.3 口作为键盘输入口，电路如图 2.16 所示。

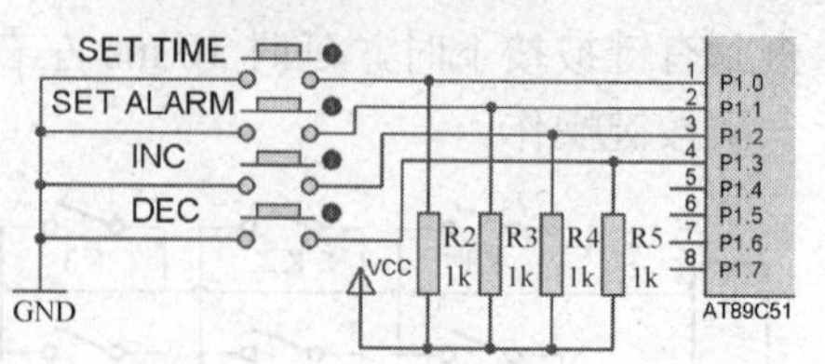

图 2.16　独立键盘电路

3）按键扫描及键值显示程序设计

（1）I/O 口的读操作

键值扫描分为查询方式和中断方式两种，在此介绍查询扫描方式，即 CPU 将定期读取 P1 口状态，以查询是否有键被按下，有键被按下再做相应处理。首先，对 P1 口做一简要介绍。P1 口内部结构如图 2.17 所示。

从 P1 口的内部结构可以看出，读 P1 时，其数据来源有两个：输出锁存器和引脚。显然查询键盘按下与否应该是读 P1 引脚的电平高低，为使单片机能正确地读到引脚的电平，需要打开内部三态门 1 并关闭三态门 2，因此，在汇编语言编程中，对 P1 引脚进行读操作之前，应首先对 P1 口写“1”打开内部三态门 1 再读。在 C 语言中这个工作由 C51 编译软件来完成。

（2）键盘程序一般流程

一个完整的键盘程序应具备以下功能，编写流程图如图 2.18 所示。

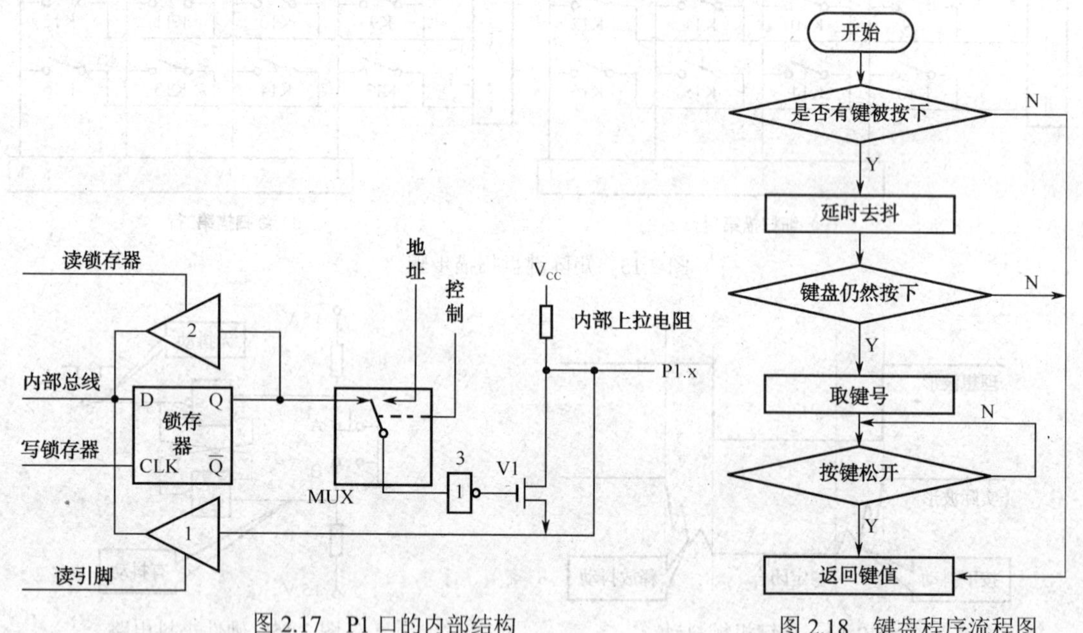

图 2.17　P1 口的内部结构　　图 2.18　键盘程序流程图

① 检测有无键被按下，并进行按键消抖。

② 有可靠的逻辑处理办法，每次只处理一个按键，处理按键期间，任何按键的操作都不会对系统产生影响。

③ 无论一次按键时间有多长，系统仅执行一次按键功能程序。

④ 准确输出按键值，以满足跳转指令的需要。

（3）功能程序设计

本程序要求进行 4 个按键的按键识别并在数码管上显示键值，键值暂时定为 1、2、3、

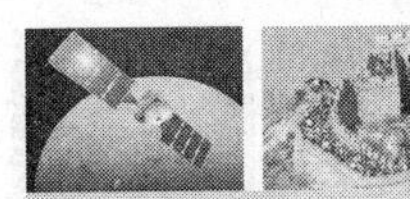

4，具体要求未按键时显示 0，有键被按下则显示相应键值直到下次按键才更新显示。

① 系统源程序。

```
#include <reg51.h>
code char dis_seg[10]={0x3F,0x06,0x5B,0x4F,0x66,0x6D,0x7D,0x07,0x7F,0x6F};
code char dis_loc[6]={0xfe,0xfd,0xfb,0xf7,0xef,0xdf};      //位选编码
/****************1 ms 延时程序****************/
void delay1ms(unsigned int t)
{
    unsigned int i,j;
    for(i=0;i<t;i++)
        for(j=0;j<120;j++);
}
/*******************键盘扫描程序*******************/
unsigned char key_scan()
{
    unsigned char temp,key_val;
    temp=P1&0X0F;                               //读 P1 口并屏蔽高 4 位
    if(temp!=0X0F)                              //判断是否有键被按下
    {
        delay1ms(10);                           //延时去抖
        temp=P1&0X0F;
        if(temp!=0X0F)                          //是否仍然按下
        {
            switch(temp)                        //读键值
            {
                case 0x0e:key_val=1;break;
                case 0x0d:key_val=2;break;
                case 0x0b:key_val=3;break;
                case 0x07:key_val=4;break;
            }
            while(temp!=0X0F)temp=P1&0X0F;      //等待按键松开
        }
    }
    return(key_val);                            //返回键值
}
/**********************主程序**********************/
main()
{
    while(1)
    {
        P2=dis_loc[0];              //选中 6 个数码管中第一位数码管显示键值
        P0=dis_seg[key_scan()];     //先调用键盘扫描程序获取键值，再查表送显示
    }
}
```

② 程序说明。

● 读 P1 口屏蔽高 4 位，系统中的按键是接在 P1 口的低 4 位的，此处仅关心 P1 口低 4

位的电平状态，屏蔽高 4 位可以简化键值的判断。此处采用按位与“temp=P1&0X0F”将读回的 P1 口的高 4 位清零，低 4 位保留。

- 键值的判断采用 switch case 结构判断读回的 temp 值（P1 口屏蔽高 4 位后的值），case 后的各常数表达式与 P1 口的按键情况有关。
- 按键松开的判断采用 while 循环程序构建，该语句不断地读 P1 口并判断键盘是否松开。

③ C51 编程基础——return 语句。

return 语句一般放在函数的最后位置，用于终止函数的执行，并控制程序返回调用该函数时所处的位置。返回时还可以通过 return 语句带回返回值。return 语句格式有如下两种：

```
return;
return (表达式);
```

如果 return 语句后面带有表达式，则要计算表达式的值，并将表达式的值作为函数的返回值。若不带表达式，则函数返回时将返回一个不确定的值。通常我们用 return 语句把调用函数取得的值返回给主调用函数。

④ 程序仿真。

在 Proteus 软件中仿真，单片机运行程序，没键被按下时显示 0，分别按下各键将显示各键值并保留显示到下一次按键操作，如图 2.19 所示。

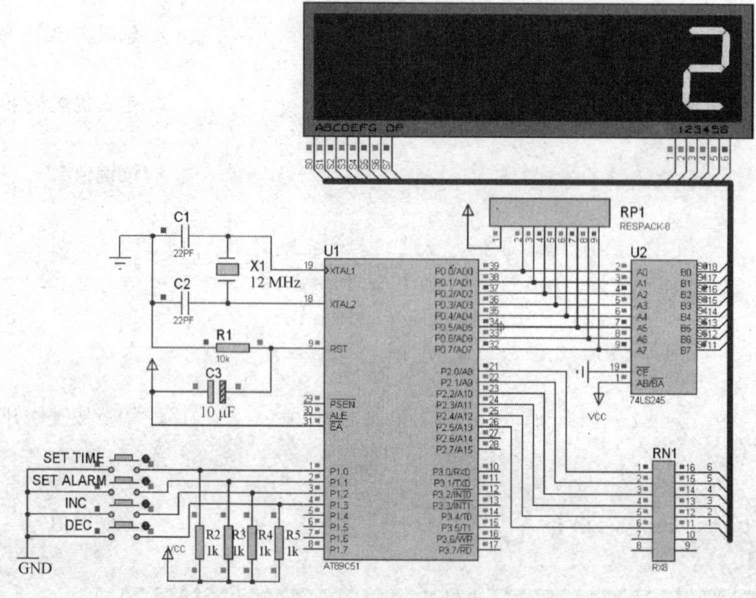

图 2.19　按键扫描及键值显示程序仿真结果

2. 时间校正程序设计

系统设置 4 个按键，分别定义为调时键、闹铃设定、加 1 键和减 1 键，要求完成实时时间调节和闹铃设定功能。为便于学习，现将实时时间校正和闹铃设定程序分别进行程序编写，有兴趣的读者可以在此基础上组合出完整的时间校正和闹铃设定程序。

1）功能分析

程序要求对时钟的实时时间的分和小时部分进行调节，从而实现时间校对的功能，具体功能分解如下。

（1）调试键

调时键要求实现调试开关功能、调试单元切换等功能，分三次按键完成调时功能。

① 正常计时显示的情况下，第一次按键，关闭实时时钟计时功能，开启时间调节功能，调节分个位，分个位闪烁显示。

② 第二次按键，改变调时单元到小时个位，小时个位闪烁显示。

③ 第三次按键，关闭调时功能，开启实时时钟。

（2）时间加 1 功能键

① 首先对调节单元进行加 1，再根据分单元加 1 还是小时单位加 1 分别进行进位处理。

② 加 1 后进行进位处理，10 进制进位到十位，如果分加 1 满 60 归 0，小时满 24 归 0。

（3）时间减 1 功能键

① 首先对调节单元进行减 1，再根据分单元减 1 还是小时单位减 1 分别进行借位处理。

② 减 1 后进行借位处理，十进制个位到十位借位，如果分减 1，从 00 减 1 则到 59，而小时从 00 减 1 变为 23。

③ 注意，在单片机中 0-1 则字符变量单元溢出变为 0xff，因而判断减到 0xff 则表示单元数据不够减，需借位。

2）系统程序流程图

系统程序包括主程序、显示程序、键盘扫描程序、调时键功能程序、时间加 1 功能程序、时间减 1 功能程序以及定时器 0 和定时器 1 中断服务程序。下面分别介绍几个核心程序的设计流程。

（1）主程序

主程序完成初始化工作后，循环执行键盘扫描程序，根据扫描键值完成调用相应的按键功能程序。需特别说明的是，由于数码管显示和键盘识别都采用扫描方式进行，因此需要兼顾两个程序不断循环执行，整个主程序以键盘扫描程序为主线，在延时去抖和等待按键松开两部分程序中调用数码管扫描程序来兼顾二者。主程序流程图如图 2.20 所示。

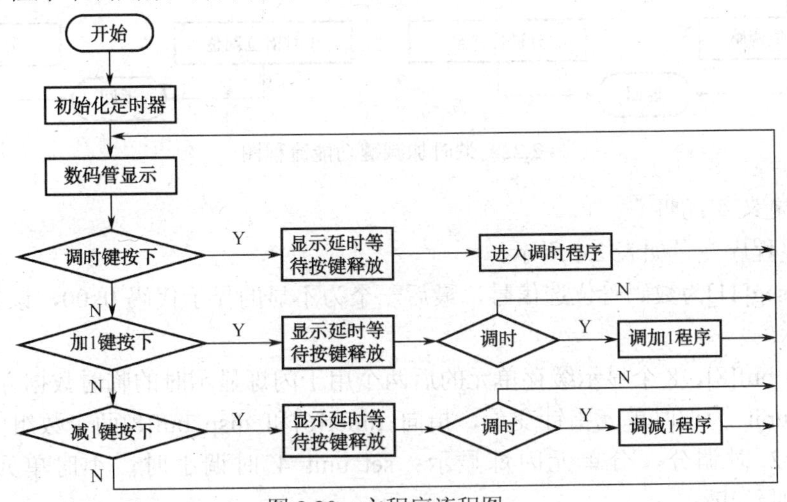

图 2.20　主程序流程图

（2）调时按键功能程序

根据按键功能，该程序包括调时单元内容恢复、调时开关控制、调时单元修正、闪烁

开关控制等功能模块。其中需要理解的是，调时单元内容恢复程序的作用，在程序说明中进行介绍。流程如图 2.21 所示。

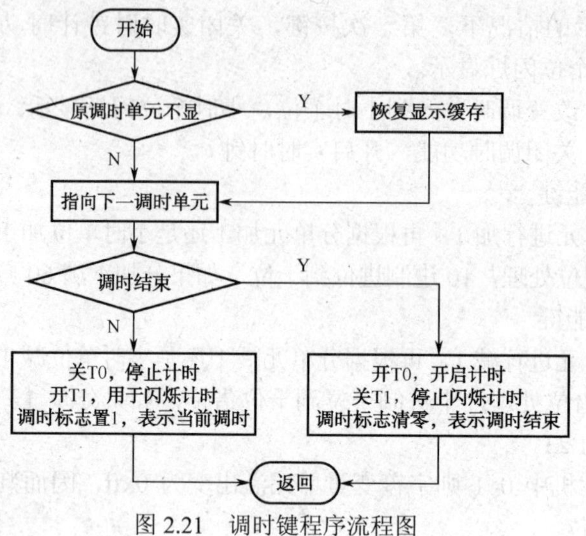

图 2.21　调时键程序流程图

（3）时间加 1、减 1 按键程序

该两个程序功能类似，就加 1 程序而言包含加 1 程序、分进位处理、小时进位处理和更新显示几部分，同理减 1 程序包含减 1 程序、分借位处理、小时借位处理和更新显示几部分，其流程图如图 2.22 所示。

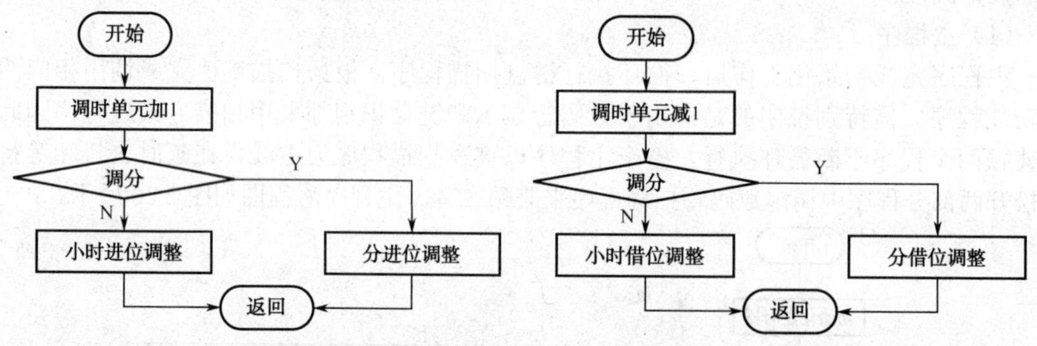

图 2.22　调时加减键功能流程图

3）变量定义及说明

时间调整程序变量如表 2.4 所示。

（1）dis_seg[11]为数码管位选信号，最后一个为不显的显示代码 0x00，该显示代码用于调时闪烁显示。

（2）disp_buf[8]，8 个显示缓存单元的后两个用于闪烁显示时的临时数据存储和交换。

（3）set_unit 为调时单元指针变量，指向 timer[6]和 disp_buf[8]两个数组中的被调时单元。set_unit=2 时调分，分单元闪烁显示；set_unit=4 时调小时，小时单元闪烁显示；set_unit=6 调时结束。

（4）adj_time 为调时标志位，为 1 表示开启调时功能，为 0 表示关闭调时功能，主程序中根据此标志判断是否执行加减键功能。

表 2.4 时间调整程序变量

变 量 名	数 据 类 型	变 量 含 义
dis_seg[11]	usgined char 数组	0～9、不显的显示代码
dis_loc[6]	usgined char 数组	位选数组
disp_buf[8]	usgined char 数组	显示缓冲区，其中后两个元素用于闪烁显示
timer[6]	usgined char 数组	存放实时时间
DP	sbit	小数点，定义为 P0.7
t0_50 ms	usgined char	50 ms 循环次数
t1_50 ms	usgined char	闪烁计时 50 ms 循环次数
set_unit	usgined char	调时偏移变量，用于调时单元选择
adj_time	bit	调时标志：0，不调时；1，调时

4）系统源程序

```
#include <reg51.h>
#define uchar unsigned char
#define uint unsigned int
code uchar dis_seg[11]={0x3F,0x06,0x5B,0x4F,0x66,0x6D,
                         0x7D,0x07,0x7F,0x6F,0x00};  //段选信号
code uchar dis_loc[6]={0xfe,0xfd,0xfb,0xf7,0xef,0xdf}; //位选编码
data uchar disp_buf[8]={0x00,0x00,0x00,0x00,0x00,0x00,0x0a,0x00};
                                                     //显示缓冲区
data uchar timer[6]={0x00,0x00,0x00,0x00,0x00,0x00};  //存放实时时间
sbit DP=P0^7;                                        //小数点
data uchar t0_50ms=0X00,t1_50ms=0x00,set_unit=0x00;   //全局变量定义
bit  adj_time=0;                                     //时间调节标志
/****************定时器初始化程序***************/
void init()
{
   TMOD=0X11;                              //T0 和 T1 工作方式选择
   TH0=0x3C;TL0=0xB0;                      //定时器 0 实时时钟计时初始化
   TH1=0x3C;TL1=0xB0;                      //定时器 1 调时闪烁计时初始化
   TR0=1;ET0=1;EA=1;PT0=1;                 //置定时器中断为高优先级
}
/*****************1 ms 延时程序*****************/
void delay1ms(uint t)
{
   uint i,j;
   for(i=0;i<t;i++)
      for(j=0;j<120;j++);
}
/******************显示扫描程序*****************/
void disp_scan()
{
      uchar k;
      for(k=0;k<6;k++)
      {
         P2=dis_loc[k];
```

```
            P0=dis_seg[disp_buf[k]];
            if(k==2||k==4)DP=1;
            delay1ms(1);
        }
}
/******************调时按键功能程序******************/
void set_time()
{
        if(disp_buf[set_unit]==10)          //前一调时结束，则还原显示缓存内容
        {
            disp_buf[7]=disp_buf[set_unit];
            disp_buf[set_unit]=disp_buf[6];
            disp_buf[6]=disp_buf[7];
        }
        set_unit+=2;                    //更改调时单元
        if(set_unit>=6)                 //调时完成，则调时标志置0，开时钟，关闪烁延时
        {
            set_unit=0;adj_time=0;TR1=0;ET1=0;TR0=1;ET0=1;
        }
        else                            //调时，则调时标志置1，关时钟，开闪烁延时
        {
            adj_time=1;TR0=0;ET0=0;TR1=1;ET1=1;
        }
}
/********************时间加1按键程序********************/
void add_time()
{
        timer[set_unit]++;
        if(set_unit==2)                             //调分钟
        {
            if(timer[set_unit]==0X0A)       //个位满10进位
            {
                timer[set_unit]=0;timer[set_unit+1]++;
                if(timer[set_unit+1]==6)timer[set_unit+1]=0;
                                                    //分满60清零
            }
        }
        else                                        //调小时
        {
            if(timer[set_unit+1]==2&&timer[set_unit]==4) //小时满24清零
            {
                timer[set_unit]=0;timer[set_unit+1]=0;
            }
            else if(timer[set_unit]==10)                       //个位满10进位
            {
                timer[set_unit]=0;timer[set_unit+1]++;
            }
        }
        disp_buf[set_unit]=timer[set_unit];                    //更新显示
        disp_buf[set_unit+1]=timer[set_unit+1];
```

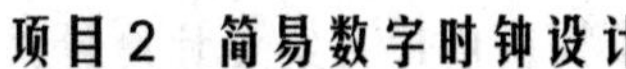


```
        disp_buf[6]=0x0A;                                            //用于闪烁显示
}
/*******************时间减 1 按键程序*******************/
void sub_time()
{
        timer[set_unit]--;                                           //时间个位减 1
        if(set_unit==2)                                              //调分
        {
            if(timer[set_unit]==0xff)
            {
                timer[set_unit]=9;timer[set_unit+1]--;
                if(timer[set_unit+1]==0xff)timer[set_unit+1]=5;
            }
        }
        else                                                         //调小时
        {
            if(timer[set_unit]==0xff&&timer[set_unit+1]==0x00)
                {timer[set_unit]=3;timer[set_unit+1]=2;}
            else if(timer[set_unit]==0xff)
                {timer[set_unit]=9;timer[set_unit+1]--;}
        }
        disp_buf[set_unit]=timer[set_unit];          //更新显示
        disp_buf[set_unit+1]=timer[set_unit+1];
        disp_buf[6]=0x0A;
}
/**********************主程序**********************/
main()
{
        init();
        while(1)
        {
            disp_scan();
            if((P1&0X0F)!=0X0F)
            {
                disp_scan();                               //数码管显示延时去抖
                if((P1&0X0F)!=0X0F)
                {
                    switch(P1&0X0F)
                    {
                        case 0x0e:set_time();break;
                        case 0x0b:if(adj_time)add_time();break;
                        case 0x07:if(adj_time)sub_time();break;
                    }
                    while((P1&0X0F)!=0X0F)disp_scan();     //等待按键释放
                }
            }
        }
}
/*************定时器 0 中断程序，时钟计时功能*************/
void time_intt0() interrupt 1 using 1
```

```
{
        char q;
        TH0=0x3C;TL0+=0xB0;                              //考虑程序跳转等耗时
        t0_50ms++;
        if(t0_50ms==20)
        {
            t0_50 ms=0x00;
            timer[0]++;
            if(timer[0]>=10)
            {
                timer[0]=0;timer[1]++;
                if(timer[1]>=6)
                {
                    timer[1]=0;timer[2]++;
                    if(timer[2]>=10)
                    {
                        timer[2]=0;timer[3]++;
                        if(timer[3]>=6)
                        {
                            timer[3]=0;timer[4]++;
                            if(timer[4]>=10)
                            {
                                timer[4]=0;timer[5]++;
                            }
                            if(timer[5]==2&&timer[4]==4 )
                            {
                                timer[4]=0;timer[5]=0;
                            }
                        }
                    }
                }
            }
            for(q=0;q<6;q++)disp_buf[q]=timer[q];
        }
}
/***************0.5 s闪烁中断程序  **************/
void time_intt1() interrupt 3  using 2
{
        TH1=0x3C;TL1=0xB0;
        t1_50ms++;
        if(t1_50ms==10)
        {
            t1_50ms=0x00;
            disp_buf[7]=disp_buf[set_unit];
            disp_buf[set_unit]=disp_buf[6];
            disp_buf[6]=disp_buf[7];
        }
}
```

5）程序说明

（1）闪烁的实现

利用定时器 1 中断实现闪烁功能，闪烁显示单元取决于 set_unit 变量，定时器 1 中断延

时 0.5 s 到时则交换 disp_buf[6]和 disp_buf[set_unit]的内容，两个数组元素分别是不显“0a”和调整后的时间，这种不显和显示的不断切换，便实现了调时单元的闪烁。

（2）原调试单元显示数据恢复

每次按调时键后，将改变调时单元，如果之前在对某个单元调时，而按键时该单元正好不显，则改变调时单元后，上一调时单元将不显，而改变后的调时单元闪烁显示，很显然这不正确。为此，该程序首先执行“disp_buf[set_unit]==0A;”指令判断之前被调时单元是否不显，是则恢复显示调整后的时间。

（3）更改调时单元

调时单元的更改用“set_unit+=2;”完成，此处注意对应关系，我们调的是分和小时的个位，分别放在 timer[2]和 timer[4]单元中，还有就是当 set_unit==6 时，表示调时结束，必须清零 set_unit 变量以便于下次调时。

6）程序仿真

程序仿真结果如图 2.23 所示。仿真调时操作步骤如下。

（1）单片机上电时，实时时钟从 00:00:00 开始计时显示。

（2）按调时键，分个位闪烁显示，再按加减键对分进行调整。

（3）再按调时键，小时个位闪烁显示，按加减键对小时进行调整。

（4）再按调时键，结束调时，时钟从刚才调整后的时间开始计时显示。

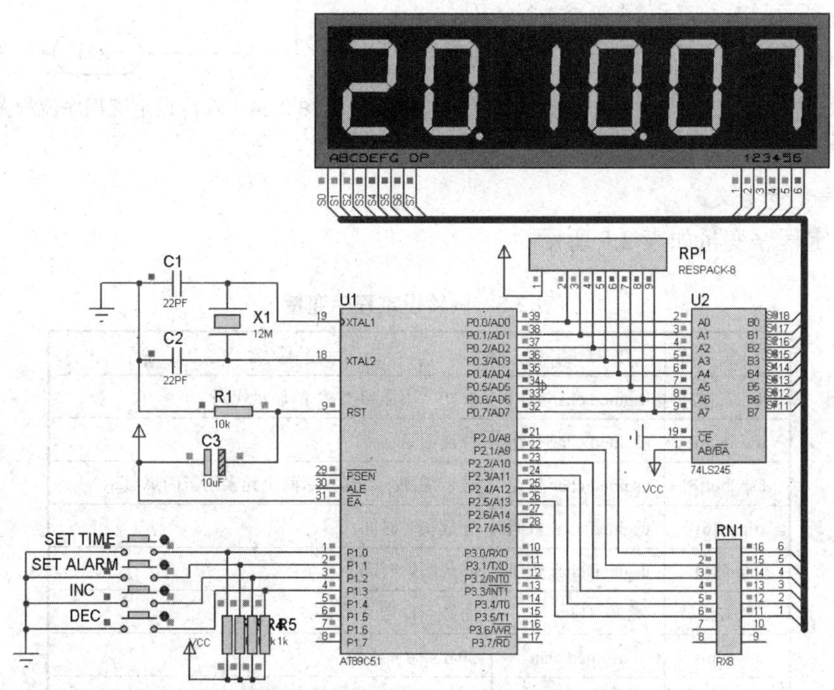

图 2.23　时间校对程序仿真效果

3. 闹铃设定程序

1）程序功能分析

程序要求实现闹铃设定的功能，可以实现闹铃的开关控制和闹铃时间的设定等功能。

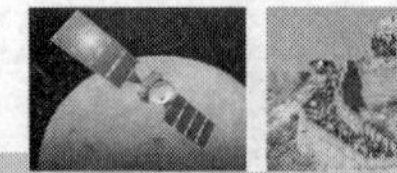

具体要求如下。

（1）正常时钟计时显示情况下，按闹铃设定键，开闹铃，显示“**：**：-1”，分的个位单元闪烁显示，此时按加减键可以对分进行设定。

（2）第二次按下闹铃设定键，小时个位闪烁显示，此时按加减键可以设定小时时间。

（3）第三次按闹铃设定键，关闭闹铃设定状态，回到正常时钟计时显示状态。

（4）第四次按闹铃键，关闭闹铃，显示“**：**:-0”1 s 进行关闭闹铃提示，然后回到正常时钟计时显示状态。

2）程序流程图

主程序、加 1、减 1、定时器中断程序同时间校正流程图类似，不再详述。此处重点介绍闹铃设定按键功能程序，从程序功能分析可知：该程序包含闹铃开关、闹铃时间显示、更改调节单元及调节单元闪烁显示控制几部分，程序流程图如图 2.24 所示。

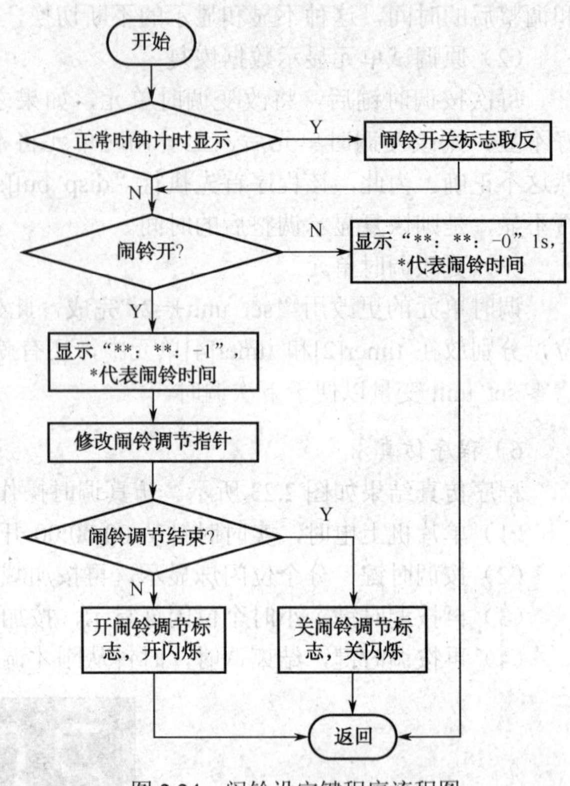

图 2.24　闹铃设定键程序流程图

3）系统变量定义

闹铃设定程序变量如表 2.5 所示。

表 2.5　闹铃设定程序变量

变量名	数据类型	变量含义
dis_seg[12]	usgined char 数组	0～9、不显和“-”的显示代码
dis_loc[6]	usgined char 数组	位选数组
disp_buf[8]	usgined char 数组	显示缓冲区，其中后两个元素用于闪烁显示
timer[6]	usgined char 数组	存放实时时间
clock[6]	usgined char 数组	存放闹铃时间
DP	sbit	小数点，定义为 P0.7
t0_50ms	usgined char	50 ms 循环次数
t1_50ms	usgined char	闪烁计时 50 ms 循环次数
set_unit	usgined char	调时偏移变量，用于调时单元选择
adj_clock	bit	调闹铃标志：0，不调闹铃；1，调闹铃
clock_on	bit	闹铃开关标志：0，关闹铃；1，开闹铃

（1）dis_seg[12]数组在上述程序的基础上多了一个“-”的显示编码。

（2）clock[6]数组用于存放闹铃时间。

（3）adj_clock 标志为闹铃调节标志，此标志配合显示程序，确定显示闹铃还是实时时间。

（4）clock_on 标志为闹铃开关标志，用于闹铃开关的控制，后续闹铃响铃程序中将继续使用到该标志。

4）系统源程序

```
#include <reg51.h>
#define uchar unsigned char
#define uint unsigned int
data uchar timer[6]={0x00,0x00,0x00,0x00,0x00,0x00};   //存放实时时间
data uchar clock[6]= {0x00,0x00,0x00,0x00,0x00,0x00}; //存放闹铃时间
data uchar disp_buf[8]={0x00,0x00,0x00,0x00,0x00,0x00,0x0A,0x00};
                                                       //显示缓冲区
code uchar dis_seg[12]={0x3F,0x06,0x5B,0x4F,0x66,0x6D,0x7D,0x07,
                        0x7F,0x6F,0x00,0x40};
code uchar dis_loc[6]={0xfe,0xfd,0xfb,0xf7,0xef,0xdf}; //位选编码
sbit DP=P0^7;                                          //小数点
data uchar t0_50ms=0X00,t1_50ms=0x00,set_unit=0x00;    //全局变量定义
bit  adj_clock=0,clock_on=0;                         //闹钟调节及开关标志
/*********************初始化程序**********************/
void init()
{
      TH0=0x3C;TL0=0xB0;                   //定时器 0 实时时钟计时初始化
      TH1=0x3C;TL1=0xB0;                        //定时器调时闪烁计时初始化
      TMOD=0X11;ET0=1;TR0=1;EA=1;PT0=1;         //置定时器中断为高优先级
}
/*****************1 ms 延时程序*****************/
void delay1ms(uint t)
{
   uint i,j;
   for(i=0;i<t;i++)
   for(j=0;j<120;j++);
}
/****************数码管扫描程序****************/
void disp_scan()
{
      uchar k;
      for(k=0;k<6;k++)
      {
         P2=dis_loc[k];                       //送位选，依次选中 6 个数码管
         P0=dis_seg[disp_buf[k]];             //被显示数据存放在 disp[k]中
         if(k==2||k==4)DP=1;                  //显示小数点
         delay1ms(1);                         //延时 1 ms
      }
}
/**************闹铃设定键功能程序**************/
void set_clock()
{
```

```
        uchar i;
        if(set_unit==0){clock_on=~clock_on;}
        if(clock_on==1)                        //开闹铃则进入闹铃调节程序
        {
            for(i=2;i<6;i++)disp_buf[i]=clock[i];     //显示闹铃时间
            disp_buf[0]=1;disp_buf[1]=11; //显示开闹铃标志: -1
            disp_buf[6]=0X0A;                  //归位闪烁临时存储单元
            set_unit+=2;
            if(set_unit>=6)                    //退出闹铃调节状态
            {
                adj_clock=0;set_unit=0; TR1=0;ET1=0;
            }
            else
            {
                adj_clock=1;TR1=1;ET1=1;   //调节单元闪烁显示
            }
        }
        else                                   //关闹铃则显示"**: **:-0"1 s
        {
            adj_clock=1;                       //开闹铃时间显示功能
            for(i=2;i<6;i++)disp_buf[i]=clock[i];
            disp_buf[0]=0;disp_buf[1]=11;
            for(i=0;i<200;i++)disp_scan();//显示"**: **:-0"约1.2 s
            adj_clock=0;                       //开实时时间显示功能
        }
}
/******************加1键功能程序****************/
void add_clock()
{
        clock[set_unit]++;                     //调闹铃时间加1
        if(clock[set_unit]==10)
        {
            clock[set_unit]=0;clock[set_unit+1]++;
        }
        if(set_unit==2)
        {
            if(clock[set_unit+1]==6)clock[set_unit+1]=0;
        }
        else if(clock[set_unit+1]==2&&clock[set_unit]==4)
        {
            clock[set_unit]=clock[set_unit+1]=0;
        }
        disp_buf[set_unit]=clock[set_unit];
        disp_buf[set_unit+1]=clock[set_unit+1];
        disp_buf[6]=0x0A;
}
/******************减1键功能程序****************/
void sub_clock()
{
        clock[set_unit]--;
```

```
        if(set_unit==2)
        {
            if(clock[set_unit]==0xff)
                    {clock[set_unit]=9;clock[set_unit+1]--;}
            {if(clock[set_unit+1]==0xff)clock[set_unit+1]=5;}
        }
        else
        {
            if(clock[set_unit]==0xff&&clock[set_unit+1]==0x00)
                    {clock[set_unit]=3;clock[set_unit+1]=2;}
            else if(clock[set_unit]==0xff)
                    {clock[set_unit]=9;clock[set_unit+1]--;}
        }
        disp_buf[set_unit]=clock[set_unit];
        disp_buf[set_unit+1]=clock[set_unit+1];
        disp_buf[6]=0x0A;
}
/*********************主程序******************/
main()
{
        init();
        while(1)
        {
            disp_scan();
            if((P1&0X0F)!=0X0F)
            {
                disp_scan();                                //数码管显示延时去抖
                if((P1&0X0F)!=0X0F)
                {
                        switch(P1&0X0F)
                        {
                                case 0x0d:set_clock();break;
                                case 0x0b:if(adj_clock)add_clock();break;
                                case 0x07:if(adj_clock)sub_clock();break;
                        }
                        while((P1&0X0F)!=0X0F)disp_scan(); //等待按键释放
                }
            }
        }
}
/******************1 s中断处理程序******************/
void time_intt0(void) interrupt 1
{
        char q;
        TH0=0x3C;TL0+=0xB0;                                 //考虑程序跳转等耗时
        t0_50ms++;
        if(t0_50ms==20)
        {
            t0_50ms=0x00;
            timer[0]++;
```

```
            if(timer[0]>=10)
            {
                    timer[0]=0;timer[1]++;
                    if(timer[1]>=6)
                    {
                            timer[1]=0;timer[2]++;
                            if(timer[2]>=10)
                            {
                                    timer[2]=0;timer[3]++;
                                    if(timer[3]>=6)
                                    {
                                            timer[3]=0;timer[4]++;
                                            if(timer[4]>=10)
                                            {
                                                    timer[4]=0;timer[5]++;
                                            }
                                            if(timer[5]==2 )
                                            {
                                                    if(timer[4]==4)
                                                    {
                                                          timer[4]=0;timer[5]=0;
                                                    }
                                            }
                                    }
                            }
                    }
            }
            if(adj_clock==0)                  //显闹铃时间则不更新显示缓存
            {for(q=0;q<6;q++)disp_buf[q]=timer[q];}
        }
}
/***************0.4 s闪烁中断程序  **************/
void time_intt1(void) interrupt 3
{
        TH1=0x3C;TL1=0xB0;
        t1_50ms++;
        if(t1_50ms==10)
        {
                t1_50ms=0x00;
                disp_buf[7]=disp_buf[set_unit];
                disp_buf[set_unit]=disp_buf[6];
                disp_buf[6]=disp_buf[7];
        }
}
```

5）程序说明

（1）闹铃和时间显示的切换

显示内容取决于 disp_buf[8]数组中前 6 个元素的内容。为了实现实时时钟和闹铃显示的切换，程序中设置了 adj_clock 标志。显示闹铃时间时，将 adj_clock 标志置 1，并将闹铃时

间装入 disp_buf[8]的对应单元中，此时实时时钟仍然在计时，但中断程序中将不会执行最后的显示更新程序。而当 adj_clock 标志为 0 时，则会在定时器 0 中断程序中的最后部分用 timer[6]的内容更新 disp_buf[8]的对应单元，从而显示实时时间，即定时器 0 中断服务程序中的如下语句：

```
if(adj_clock==0)
{for(q=0;q<6;q++)disp_buf[q]=timer[q];}
```

（2）关闹铃显示“**：**：-0”1 s 的实现

该显示格式是在关闹铃时显示的，要求显示 1 s，“*”代表闹铃时间的分和小时。程序中首先置 adj_clock 标志为 1，告诉定时器 0 中断程序不用实时时间更新显示；然后用闹铃时间更新相应的 disp_buf[8]单元；最后循环调用 disp_scan()函数 200 次，该函数执行一次大约 6 ms，从而实现了“**：**：-0”内容 1.2 s 的显示。

6）系统仿真

在 Proteus 软件中执行该程序，时钟从“00:00:00”开始计时显示，按顺序进行如下操作，很容易实现闹玲的开关及时间设定功能，仿真截图如图 2.25 所示。

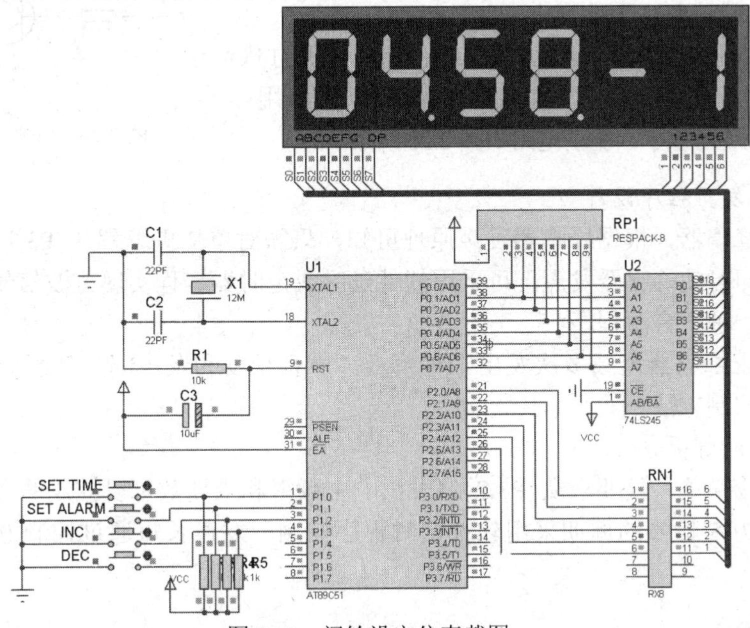

图 2.25 闹铃设定仿真截图

（1）按闹铃设定键开启闹铃，显示“00:00:-1”，分的个位单元闪烁显示，按加减键对闹铃分进行设定。

（2）再按闹铃设定键设定闹铃小时，显示“00:58：-1”，小时个位闪烁显示，按加减键设定闹铃小时数。

（3）再按闹铃设定键回到正常的实时时钟计时显示状态。

（4）再按闹铃设定键关闭闹铃，显示“04:58:-0”约 1.2 s 后回到实时时钟计时显示状态。

2.2.2 整点及闹铃报时功能设计

系统要求设计利用蜂鸣器发声实现时钟的整点和闹铃提示，整点提示要求发 5 声，前 4

声声音相同，第 5 声声音较前面尖锐；闹铃提示要求长时发声，闹铃发声提示期间可手动关闭闹铃声音。为此首先介绍蜂鸣器发声系统设计的基本原理和方法。

1. 蜂鸣器发声系统设计

1）蜂鸣器的工作原理

蜂鸣器是一种一体化结构的电子讯响器，采用直流电压供电，广泛应用于计算机、打印机、复印机、报警器、电子玩具、汽车电子设备、电话机、定时器等电子产品中做发声器件。

按发声驱动方式可将蜂鸣器分为自激蜂鸣器和他励蜂鸣器。自激蜂鸣器是直流电压驱动的，不需要利用交流信号进行驱动，只需对驱动口输出驱动电平并通过三极管放大驱动电流就能使蜂鸣器发出声音，很简单；而他励蜂鸣器需要用 1/2duty 的方波信号进行驱动才能发声，可通过改变方波信号的频率使其发出不同的声音，可用于音乐发声设计。

2）蜂鸣器驱动电路设计

由于蜂鸣器的工作电流一般比较大，以至于单片机的 I/O 口无法直接驱动，所以要利用放大电路来驱动，一般使用三极管来放大电流就可以了。驱动电路如图 2.26 所示。

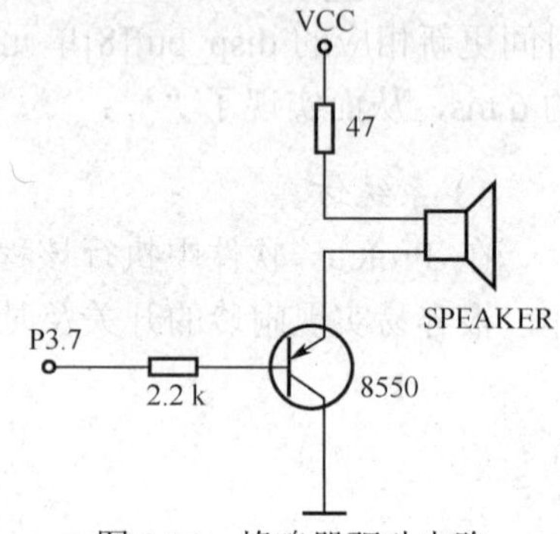

图 2.26　蜂鸣器驱动电路

3）蜂鸣器发声程序设计

选择他励蜂鸣器，根据蜂鸣器发声原理可知，只需对单片机编程从 P3.7 口输出一定频率的方波信号即可使蜂鸣器发声，可采用软件延时或定时器编程实现方波信号的输出。

（1）发出一种声音源程序

本设计要求蜂鸣器连续多次发出一种声音，声音长度和发声间隔任意选取，从而观察音调和节拍的控制方法。

① 程序功能分析。

该程序比较简单，仅要求从 P3.7 口发出一个频率和周期数可以控制的方波信号即可实现程序功能，方波信号的周期采用软件延时程序控制，发声长短通过控制方波的个数就可以实现。

② 源程序。

```
#include<reg51.h>
sbit beep=P3^7;
delay(unsigned int t)
{
        unsigned int i,j;
        for(i=t;i>0;i--)
                for(j=20;j>0;j--);          //约 170 μs 的软件延时程序
}
void main()
{
        unsigned int k;
```

```
        while(1)
        {
                for(k=1000;k>0;k--)          //发 500 个周期的方波信号
                {
                        beep=~beep;          //延时时间到后 P3.7 取反形成方波信号
                        delay(2);            //方波周期约为 680 μs，周期可变
                }
                delay(10000);                //关蜂鸣器 1.7 s 左右
        }
}
```

③ 程序说明。

程序中可以通过改变变量 k 的初值控制发声时间的长短；改变 delay（2）中输入参数的大小可调节输出频率，从而发出不同的声音；改变 delay（10 000）数字的大小可以改变发声间隔时间的长短。

④ 程序仿真。

在前述实时时钟 Proteus 仿真图的基础上，从器件中调入蜂鸣器仿真模型 speaker，一端接单片机的 P3.7 口，另一端接地即可搭建好蜂鸣器仿真电路。再单击左侧工具栏的虚拟仪器图标，调出虚拟示波器并连接好后运行程序。可以发现，当 P3.7 引脚上有方波信号时，蜂鸣器就会发声，否则蜂鸣器就停止发声。如果将方波频率减低，声音就会变得比较低沉，反之声音就会变得比较尖锐。改变 for 循环的循环次数可改变发声时间的长短。蜂鸣器发声程序仿真截图如图 2.27 所示。

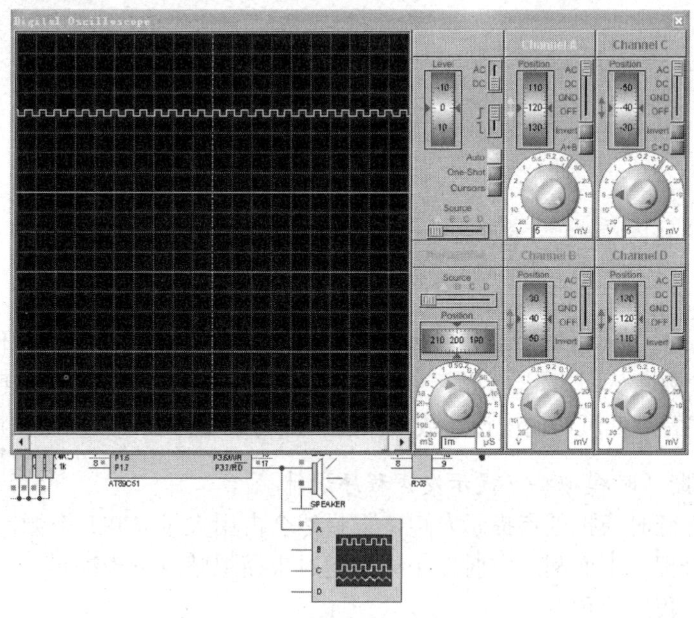

图 2.27　蜂鸣器发声程序仿真截图

（2）软件延时模拟整点提示发声程序设计.

本程序要求蜂鸣器发出几种不同的声音，在此模拟传统的整点报时发音，即鸣叫 5 声，前 4 声声音相同，第 5 声声音相对较高。

① 源程序。

```
#include<reg51.h>
#define uint unsigned int
sbit beep=P3^7;
uint code tone[]={1000,3,1000,3,1000,3,1000,3,1500,2};
void delay(uint t)
{
        int i,j;
        for(i=t;i>0;i--)
                for(j=20;j>0;j--);
}
/****************发声程序***************/
void sound(uint s, uint q)      //s决定某种声调的发声时间长短，q决定发什么声
{
        uint k;
        for(k=s;k>0;k--)
        {
                beep=~beep;
                delay(q);
        }
}
/****************主程序*****************/
void main()
{
        uint r;
        for(r=0;r<=10;r+=2)
        {
                sound(tone[r],tone[r+1]);
                delay(5000);        //发声间隔
        }
        while(1);
}
```

② 程序说明。

发声程序 sound（uint s,uint q）。该程序由一个 for 循环语句构成，循环次数取决于 s，s 决定发声脉冲的个数，从而决定一次发声时间的长短。q 决定发声脉冲的周期，q 越大脉冲周期越大，发出的声音越低沉，调用该函数可以控制蜂鸣器发什么音声以及发声时间的长短。

4）定时器中断延时模拟整点提示发声程序设计

前面利用软件延时模拟整点提示发声，很显然会占用大量 CPU 资源，在综合程序中采用软件延时更加合理，下面利用定时器 1 中断延时来模拟整点发声提示。

（1）发声中断程序流程图

系统程序的重点是定时发声中断程序，流程图如图 2.28 所示。程序包括发声次数控制、发声脉冲频率控制和发声脉冲次数控制几部分，其中发声脉冲频率控制发什么样的声音，发声脉冲次数控制发声时间的长短，程序中所涉及的延时全部由定时器 1 中断实现。

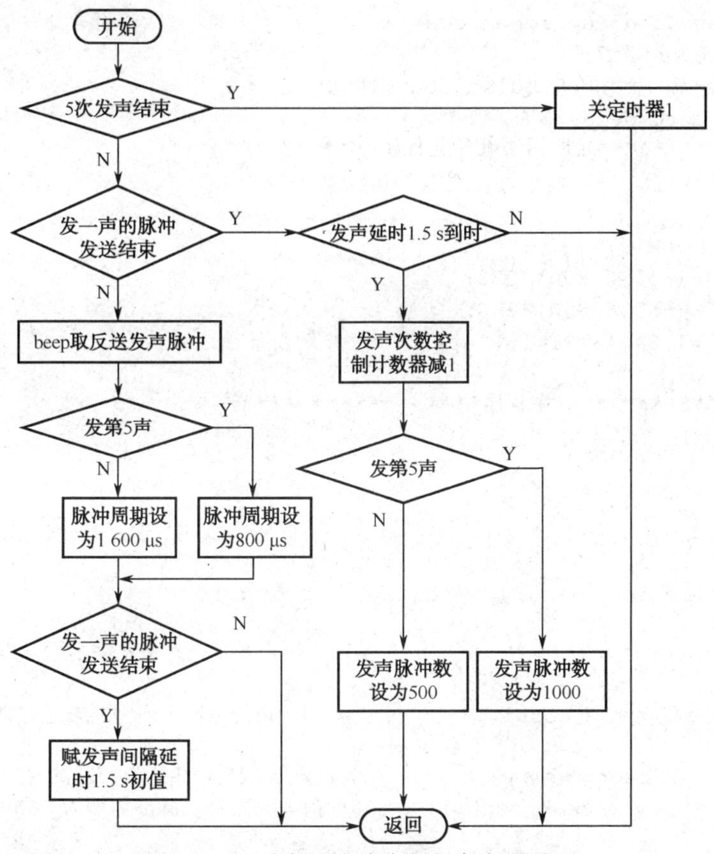

图 2.28　整点提示发声中断程序流程图

程序要求发 5 声，前 4 声声音相同且脉冲周期较长（频率低），将周期设为 1 600 μs，利用定时器 1 延时 800 μs 取反一次 beep 来实现，同样利用定时器 1 延时 400 μs 取反一次 beep 可以实现脉冲周期 800 μs 的控制。为保证发声时间的长短一致，前 4 声每声发 500 个脉冲，第 5 声发 1000 个脉冲（因为两种声音的脉冲周期刚好取 2 倍关系）。每次发声间隔控制在 1.5 s，发声间隔延时采用定时器 1 进行 30 次 50 ms 延时即可实现。

（2）变量定义

闹铃设定程序变量如表 2.6 所示。

表 2.6　闹铃设定程序变量

变 量 名	数 据 类 型	变 量 含 义
beep	sbit	蜂鸣器，P3.7
speak_cont	usgined char	发声次数控制计数器，赋值 5 控制发 5 声
pulse_cont	usgined char	一次发声的发声脉冲个数控制计数器，赋值 1000 发 500 个脉冲，2000 发 1000 个脉冲
beep_delay	usgined char	发声间隔时间控制计数器，间隔延时的 50 ms 循环次数控制，赋值 30 延时 1.5 s

（3）源程序

```
#include<reg51.h>
#define uint unsigned int
```

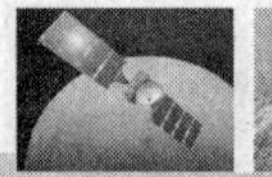

```
#define uchar unsigned char
sbit beep=P3^7;
uint speak_cont=5,pulse_cont=1000;
uchar beep_delay=30;
/*************定时器1初始化程序*************/
void init_t1()
{
    TMOD=0X10;
    TH1=(65536-800)/256;
    TL1=(65536-800)%256;
    ET1=1;EA=1;TR1=1;
}
/****************主程序*****************/
void main()
{
    init_t1();
    while(1);
}
void time_intt1(void) interrupt 3 using 1
{
    if(speak_cont!=0)              //5次声音发完？未发完则送发声脉冲
    {
        if(pulse_cont!=0)          //发一声的脉冲未送完？未送完则送发声脉冲
        {
            beep=~beep;            //beep取反产生送发声脉冲
            if(speak_cont>1)       //前4声发声，脉冲周期为1600 μs
            {
                TH1=(65536-800)/256;
                TL1=(65536-800)%256;
            }
            else                   //第5声发声，脉冲周期为800 μs
            {
                TH1=(65536-400)/256;
                TL1=(65536-400)%256;
            }
            pulse_cont--;          //修改脉冲个数计数器
            if(pulse_cont==0)beep_delay=30;  //一声发完，赋间隔延时初值30
        }
        else                       //发声间隔延时
        {
            TH1=0x3C;TL1=0xB0;     //50 ms初值用于发声间隔延时
            beep_delay--;
            if(beep_delay==0)      //发声间隔延时时间到否
            {
                speak_cont--;      //修改发声次数
                if(speak_cont==1)pulse_cont=2000; //发第5声则发1000个脉冲
                else pulse_cont=1000;             //发前4声则发500个脉冲
            }
        }
    }
    else {ET1=0;TR1=0;}            //发声结束，关定时器1及其中断
}
```

2. 整点及闹铃报时程序设计

1）程序功能分析

（1）整点提示

要求到整点时进行声音提示，按传统的报时声音进行提示：共提示 5 声，前 4 声声音相同，且较低沉，第 5 声声音较前面尖锐。

（2）闹铃提示

设一闹铃开关控制按键，按键可以开关闹铃提示功能。开启闹铃的状态下，闹铃时间到后，发出较急促的声音以区别整点提示声音，闹铃发声期间可以按闹铃开关键关闭闹铃发声，若期间未关闭闹铃，则鸣叫 100 次后自动停止发声。

2）程序流程图

程序包括主程序、整点及闹铃时间比较程序、开启整点提示程序、开启闹铃提示程序、整点及闹铃发声中断程序。整点及闹铃时间比较程序在定时器 0 的实时时钟计时中断程序中实现，当满 60 s 向分进位时进行闹铃时间比较，当满 60 分向小时进位时进行整点时间比较。

（1）主程序

主程序完成定时器初始化工作后，一直循环执行数码管显示扫描和闹铃开关键扫描。当按下闹铃键时，将闹铃开关标志 clock_on 取反开关闹铃，并显示“**：**：-1”1 s 表示开启闹铃，或显示“**：**：-0”1 s 表示关闭闹铃，后续程序中将根据该标志决定是否进行闹铃发声提示，其流程如图 2.29 所示。

图 2.29　整点及闹铃提示主程序流程图

（2）开启整点提示和开启闹铃提示程序

开启整点提示程序仅当整点到时由定时器 0 实时时钟计时中断程序调用，调用该程序主要完成整点提示发声的初始化程序，包括启动定时器 1 发声延时中断、发声脉冲频率、一次发声脉冲个数、发声次数等变量的初始化工作。

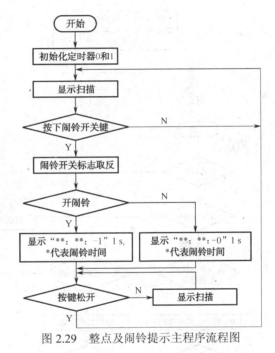

开启闹铃提示程序与开启整点提示程序完成类似的功能，不同之处在于闹铃时间比较和闹铃时间显示控制。其流程图分别如图 2.30 和图 2.31 所示。

（3）整点及闹铃发声中断程序

程序利用定时器 1 定时中断实现整点及闹铃提示发声程序，定时中断包括整点提示发声程序和闹铃提示发声程序两大部分。各部分程序又包括发声脉冲周期延时和发声间隔延时两部分，流程图如图 2.32 所示。

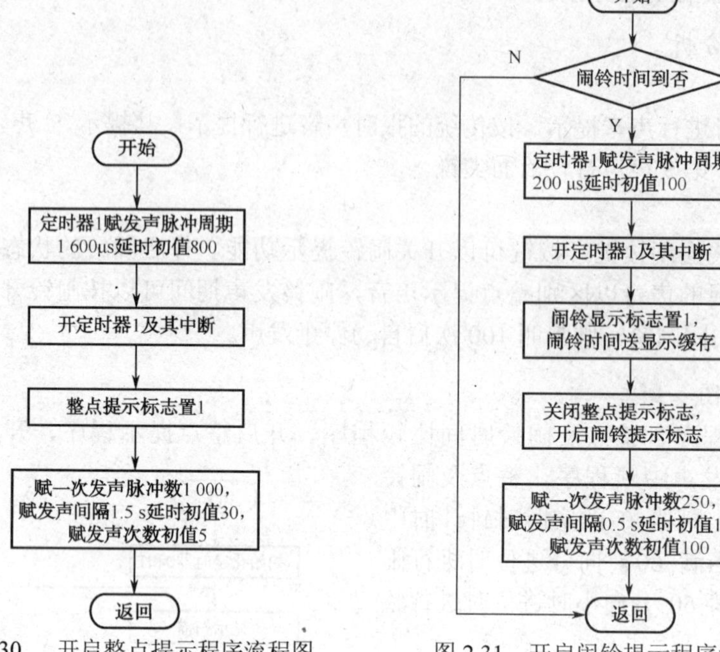

图 2.30　开启整点提示程序流程图

图 2.31　开启闹铃提示程序流程图

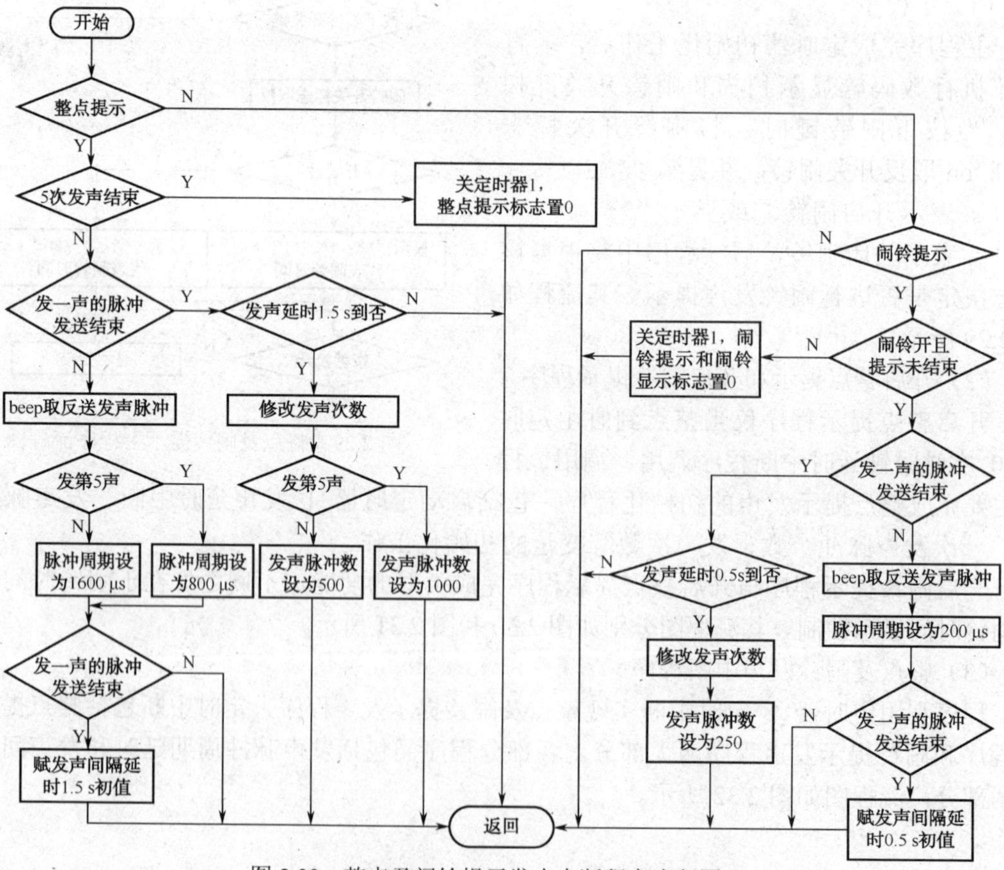

开始
整点提示
5次发声结束
关定时器1，
整点提示标志置0
发一声的脉冲
发送结束
发声延时1.5 s到否
beep取反送发声脉冲
修改发声次数
发第5声
发第5声
脉冲周期设
为1600 μs
脉冲周期设
为800 μs
发声脉冲数
设为500
发声脉冲数
设为1000
发一声的脉冲
发送结束
赋发声间隔延
时1.5 s初值
闹铃提示
关定时器1，闹
铃提示和闹铃
显示标志置0
闹铃开且
提示未结束
发一声的脉冲
发送结束
发声延时0.5s到否
beep取反送发声脉冲
脉冲周期设为200 μs
修改发声次数
发声脉冲数
设为250
发一声的脉冲
发送结束
赋发声间隔延
时0.5 s初值
返回

图 2.32　整点及闹铃提示发声中断程序流程图

3）变量定义

整点及闹铃报时程序变量如表2.7所示。

表2.7　整点及闹铃报时程序变量

变　量　名	数 据 类 型	变 量 含 义
dis_seg[12]	usgined char 数组	0～9、不显和“-”的显示代码
dis_loc[6]	usgined char 数组	位选数组
disp_buf[8]	usgined char 数组	显示缓冲区，其中后两个元素用于闪烁显示
timer[6]	usgined char 数组	存放实时时间
clock[6]	usgined char 数组	存放闹铃时间
DP	sbit	小数点，定义为P0.7
t0_50ms	usgined char	50 ms 循环次数
speak_cont	unsigned int	发声次数控制计数器
beep_delay	unsigned int	发声间隔 50 ms 循环次数，决定发声间隔时间
pulse_cont	unsigned int	发声脉冲个数，决定发声脉冲序列的脉冲个数
beep	sbit	蜂鸣器引脚P3.7
time_beep	bit	报时状态，为1表示整点报时，发声中断用
clock_on	bit	闹铃开关标志，为0关闹铃，停止闹铃报时
disp_clock	bit	闹铃显示标志：1显示闹铃，0显示时钟
clock_beep	bit	报时状态，为1表示闹铃报时，发声中断用

4）系统源程序

```
#include <reg51.h>
#define uchar unsigned char
#define uint unsigned int
data uchar timer[6]={0x5,0x5,0x9,0x5,0x2,0x00};          //存放实时时间
data uchar clock[6]= {0x00,0x00,0x1,0x00,0x3,0x00};      //存放闹铃时间
data uchar disp_buf[8]={0x00,0x00,0x00,0x00,0x00,0x00,0x0a,0x00};
                                                          //显示缓存
code uchar dis_seg[12]={0x3F,0x06,0x5B,0x4F,0x66,0x6D,0x7D,
                              0x07,0x7F,0x6F,0x00,0x40};
code uchar dis_loc[6]={0xfe,0xfd,0xfb,0xf7,0xef,0xdf}; //位选编码
sbit DP=P0^7;                                             //小数点
sbit beep=P3^7;                                           //蜂鸣器
data uchar t0_50ms=0X00;
data uint speak_cont,beep_delay,pulse_cont;
bit  clock_on=0,disp_clock=0,time_beep=0,clock_beep=0;
/*********************初始化程序**********************/
void init()
{
```

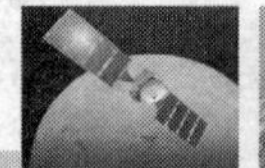

```
    TMOD=0X11;
    TH0=0x3C;TL0=0xB0;
    ET0=1;TR0=1;EA=1;PT0=1;                  //置定时器中断为高优先级
}
/*****************1 ms 延时程序*****************/
void delay1ms(uint t)
{
    uint i,j;
    for(i=0;i<t;i++)
        for(j=0;j<120;j++);
}
/********************扫描程序******************/
void disp_scan()
{
    uchar k;
    for(k=0;k<6;k++)
    {
        P2=dis_loc[k];                       //送位选，依次选中 6 个数码管
        P0=dis_seg[disp_buf[k]];             //被显示数据存放在 disp[k]中
        if(k==2||k==4)DP=1;                  //显示小数点
        delay1ms(1);                         //延时 1ms
    }
}
/********************整点报时******************/
void speak_time()
{
    TH1=(65536-800)/256;
    TL1=(65536-800)%256;
    TR1=1;
    ET1=1;
    time_beep=1;                             //开整点提示
    pulse_cont=1000;                         //整点提示第 1 声发 500 个脉冲
    speak_cont=5;                            //发声次数控制为 5 次
    beep_delay=30;                           //发声间隔时间控制为 1.5 s
}
/********************闹铃报时*********************/
void speak_clock()
{
    uchar q;
    if(clock[2]==timer[2]&&clock[3]==timer[3]&&
        clock[4]==timer[4]&&clock[5]==timer[5])
    {
        TH1=(65536-100)/256;
        TL1=(65536-100)%256;
        TR1=1;
```

```
            ET1=1;
            disp_clock=1;                       //开闹铃显示
            {for(q=0;q<6;q++)disp_buf[q]=clock[q];}  //显示闹铃时间
            time_beep=0;                        //关整点提示
            clock_beep=1;                       //开闹铃提示
            pulse_cont=500;                     //单次发声脉冲个数设为 250 个
            beep_delay=10;                      //发声间隔时间控制为 0.5 s
            speak_cont=200;                     //发声次数控制为 200 次
        }
}
/***********************主程序***********************/
main()
{
        uchar q;
        init();
        while(1)
        {
            disp_scan();
            if((P1&0X0F)==0X0D)
            {
                clock_on=~clock_on;
                disp_clock=1;
                for(q=2;q<6;q++)disp_buf[q]=clock[q];
                disp_buf[1]=11;
                if(clock_on)disp_buf[0]=1;
                else disp_buf[0]=0;
                for(q=0;q<200;q++)disp_scan();
                disp_clock=0;
                while(P1&0X0F==0X0D)disp_scan();
            }
        }
}
/*******************1 s 中断处理程序******************/
void time_intt0(void) interrupt 1
{
        char q;
        TH0=0x3C;TL0+=0xB0;                         //考虑程序跳转等耗时
        t0_50ms++;
        if(t0_50ms==20)
        {
            t0_50ms=0x00;
            timer[0]++;
            if(timer[0]>=10)
            {
                timer[0]=0;timer[1]++;
```

```
                        if(timer[1]>=6)
                        {
                            timer[1]=0;timer[2]++;if(clock_on)speak_clock();
                            if(timer[2]>=10)
                            {
                                timer[2]=0;timer[3]++;
                                if(timer[3]>=6)
                                {
                                    timer[3]=0;timer[4]++;speak_time();
                                    if(timer[4]>=10)
                                    {
                                        timer[4]=0;timer[5]++;
                                    }
                                    if(timer[5]==2)
                                    {
                                        if(timer[4]==4)
                                        {
                                            timer[4]=0;timer[5]=0;
                                    }
                                }
                            }
                        }
                    }
                }
                if(!disp_clock)
                {for(q=0;q<6;q++)disp_buf[q]=timer[q];}
            }
        }
/***************蜂鸣器发声中断程序****************/
void time_intt1(void) interrupt 3 using 1
{
    if(time_beep==1)
    {
        if(speak_cont!=0)
        {
            if(pulse_cont!=0)
            {
                beep=~beep;
                if(speak_cont>1)
                    {TH1=(65536-800)/256;TL1=(65536-800)%256;}
                else
                    {TH1=(65536-400)/256;TL1=(65536-400)%256;}
                pulse_cont--;
                if(pulse_cont==0)beep_delay=30;
            }
```

```
        else
        {
            TH1=0x3C;TL1=0xB0;TR1=1;
            beep_delay--;
            if(beep_delay==0)
            {
                speak_cont--;
                if(speak_cont==1)pulse_cont=2000;
                else pulse_cont=1000;
            }
        }
    }
    else {ET1=0;TR1=0;time_beep=0;}
}
else if(clock_beep==1)
{
    if(clock_on==1&&speak_cont!=0)
    {
        if(pulse_cont!=0)
        {
            beep=~beep;
            TH1=(65536-100)/256;
            TL1=(65536-100)%256;
            pulse_cont--;
            if(pulse_cont==0)beep_delay=10;//一声发完间隔 0.5s
        }
        else
        {
            TH1=0x3C;TL1=0xB0;
            beep_delay--;
            if(beep_delay==0)
                {pulse_cont=500;speak_cont--;}
        }
    }
    else {ET1=0;TR1=0;clock_beep=0;disp_clock=0;}
}
}
```

5）程序说明

初始化程序中，为了尽快获得整点提示和闹铃提示的仿真效果，将实时时间设为 2 点 59 分 55 秒，见 time[6] 数组相应单元初值；将闹铃时间设为 3 点零 1 分，见 clock[6]数组相应单元初值。当然此处是为了简化设计，有兴趣的读者可以将前面的实时时间校正和闹铃设定程序与该程序进行组合，可以得到比较完整的运行效果。

6）程序仿真

单片机上电运行程序，按闹铃开关键开启闹铃，如图 2.33 所示。

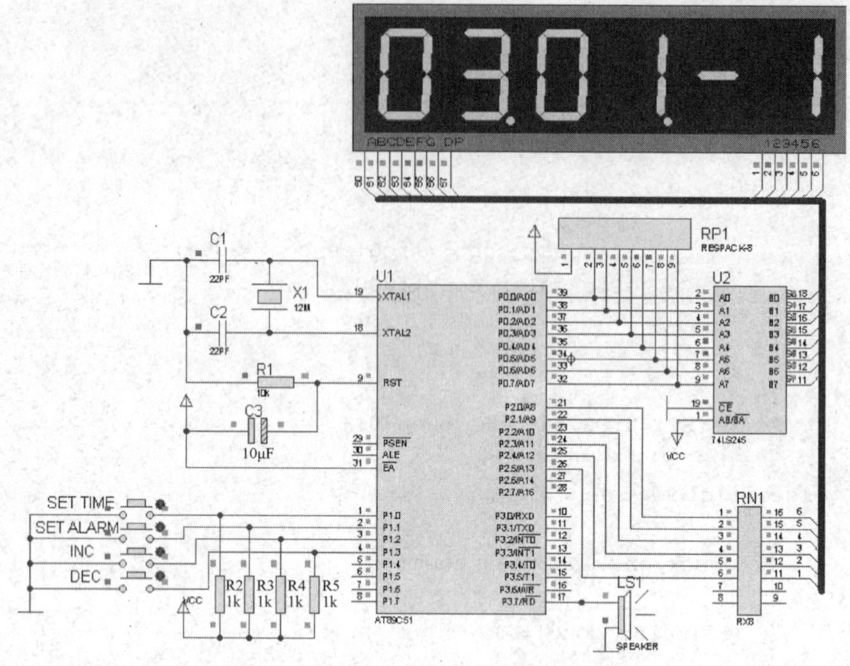

图 2.33　整点及闹铃提示发声程序仿真截图

（1）3 点整到时，蜂鸣器发 5 声进行提示，显示实时时钟时间。

（2）到 3 点 01 分时，蜂鸣器发比较急促的闹铃提示声音，显示闹铃时间，发声期间按闹铃开关键，蜂鸣器停止闹铃提示发声，否则发送 200 次自动停止发声。

思考与练习题 6

1. 简答题

（1）简述独立式键盘的硬件电路及工作原理，并详细说明键盘程序的编程步骤。

（2）简述键盘识别程序中延时去抖和等待按键释放程序的作用及实现方法。

（3）简述查阅蜂鸣器驱动电路及软件设计方法。

（4）使用波形图说明蜂鸣器发声声音及发声时间长短控制的方法。

（5）查阅资料说明音乐程序中各音调所对应的频率。

（6）简述 return 语句的功能及格式。

（7）简述外部中断键盘系统设计的目的、意义及方法。

2. 设计题

（1）设计实时时钟实物电路板 II，要求设计 6 位数码管、4 个按键和一个蜂鸣器电路，通过插接线与电路板 I 进行连接构成简易数字实钟硬件电路。

（2）设计独立式键盘识别及数码管动态显示程序，要求设计 8 个按键，键号定义为 1～8，编写按键识别程序并动态显示键号。

（3）编写长按键和短按键功能程序，要求按键时间超过 1 s 时数码管显示“L”，按键时间小于 1 s 时数码管显示“S”。

（4）设计秒表程序，要求以 0.05 s 为计时步进，定时器中断延时、数码管显示，并利用按键启停控制秒表计时和清零等功能，蜂鸣器进行按键发声提示。

（5）设计蜂鸣器音乐发声程序，音乐程序可在网上下载，读懂程序，编译并下载程序到实物电路板Ⅱ，演示音乐程序执行效果。

（6）设计音乐门铃程序，要求通过按键调用上题中的音乐程序，实现音乐门铃的功能。每按一次键进行一次音乐发声。

（7）拓展题：利用外部中断 0 设计键盘中断识别及显示系统，自定义按键功能，完成系统的 Proteus 软硬件仿真设计。

注：程序设计题全部要求完成流程图绘制、软件的编写、编译及软硬件仿真调试等功能，并按要求撰写设计报告。

项目3 数字电压表的设计

项目要求

设计数字电压表，要求利用模数转换芯片采集多路模拟电压，并利用液晶显示器进行电压的实时显示，具体要求如下。

（1）完成模拟电压采集电路的设计，要求能采集多路模拟电压并由模数转换芯片转换为数字信号送入单片机，模拟电压分辨率为 0.02 V。

（2）完成模拟电压的液晶显示系统设计，要求能显示通道号和相应的电压值，电压显示精度为 0.01 V。

项目拓展要求

（1）可拓展模数转换芯片的转换精度，提高电压分辨率。

（2）可拓展模拟电压实时曲线显示功能，便于研究模拟电压变化规律。

（3）可拓展模拟电压历史数据记录功能，从而实现历史数据的分析。

（4）可拓展模拟电压远程传输功能，实现现场电压的远程监控。

系统方案

1. AD 转换芯片

数字电压表精度要求不高，采用传统的 8 位模数转换芯片 ADC0809 实现模数转换功能，该芯片具有价格便宜、结构简单、编程容易等优点，但其转换精度比较低，适用于控制精度要求不高的数据采集系统设计。

2. 显示系统

数字电压表的设计分两步完成：第一步侧重讲解 ADC0809 模数转换芯片的使用，此处采用前面所学的数码管进行电压显示，但显示字符数受限制较大。第二步选择液晶显示模块进行电压的显示，侧重讲解 LCD1602 液晶显示系统的设计，LCD1602 具有价格便宜、功耗小、接口简单、编程容易等优点，广泛应用于智能仪表显示系统的设计。

任务分解

该系统分解为数码管显示数字电压表设计和液晶显示数字电压表设计两个任务，具体包括 A/D 转换概述、ADC0809 软硬件设计方法、基于 ADC0809 的数字电压表系统设计及 LCD1602 液晶显示系统的软硬件设计等几部分。

任务 3.1 数码管显示数字电压表设计

任务要求

利用 ADC0809 设计单片机的模拟电压采集系统，要求轮流采集两路模拟电压，并利用数码管进行数字电压的实时显示，具体要求完成如下。

（1）完成 ADC0809 模拟电压采集系统电路的设计。

（2）完成基于 ADC0809 的两路模拟电压采集数码管显示系统软件设计。

（3）完成基于 ADC0809 和数码管显示的数字电压表 Proteus 软硬件仿真设计。

教学目标

（1）掌握 A/D 转换器的结构、基本工作原理和指标参数。

（2）掌握 ADC0809 工作原理及模拟信号采集电路设计方法。

（3）掌握 ADC0809 的编程步骤。

（4）掌握基于 ADC0809 和数码管显示的数字电压表软件设计方法。

（5）掌握基于 ADC0809 和数码管显示的数字电压表系统 Proteus 仿真设计方法。

3.1.1 模拟电压采集系统电路设计

1. A/D 转换概述

单片机 CPU 接收和处理的只能是数字量，而在生产和生活中，还需要利用单片机对模拟量进行采集和控制，这就需要设计专门的模拟信号采集和输出系统来实现单片机与模拟量器件的数据交换。

1）模拟量和数字量概述

如温度、压力、位移等都是模拟量，电子线路中模拟量通常包括模拟电压和模拟电流，生活用电 220 V 交流正弦波就属于模拟电压，随着负载大小的变化，其电流大小也跟着

变化，这里的电流信号也属于模拟电流，如图 3.1 所示的信号就属于模拟量。

单片机系统内部运算时用的全部是数字量，即 0 和 1，因此对单片机系统而言，我们无法直接操作模拟量，必须将模拟量转换成数字量。所谓数字量，就是用一系列 0 和 1 组成的二进制代码表示某个信号大小的量，如将 0～5 V 的电压转化为 0～255 之间的整数进行表示。

单片机在采集模拟信号时，通常都需要在前端加上模拟量/数字量转换器，简称模/数转换器，即常说的 A/D（Analog to Digital）芯片。当单片机在输出模拟信号时，通常在输出级加上数字量/模拟量转换器，简称数/模转换器，即常说的 D/A（Digital to Analog）芯片。

2）A/D 转换原理

在 A/D 转换器中，因为输入的模拟信号在时间上是连续的，而输出的数字信号代码是离散的，所以 A/D 转换器在进行转换时，必须在一系列选定的瞬间（时间坐标轴上的一些规定点上）对输入的模拟信号采样，然后再把这些采样值转换为数字量。因此，一般的 A/D 转换过程是通过采样保持、量化和编码这三个步骤完成的，即首先对输入的模拟电压信号采样，采样结束后进入保持时间，在这段时间内将采样的电压量转化为数字量，并按一定的编码形式给出转换结果，然后开始下一次采样。如图 3.2 所示为模拟量到数字量转换过程的框图。

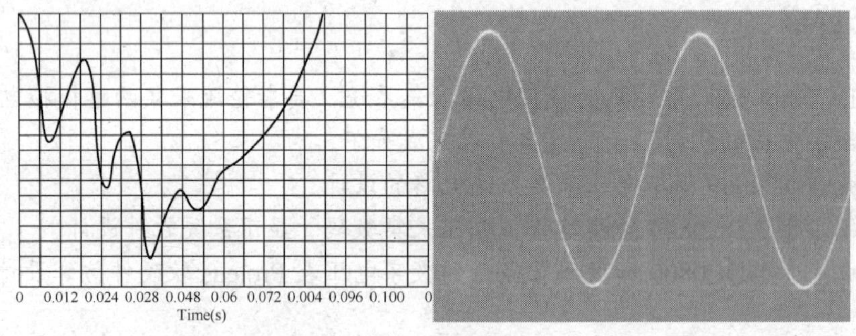

图 3.1 模拟量曲线

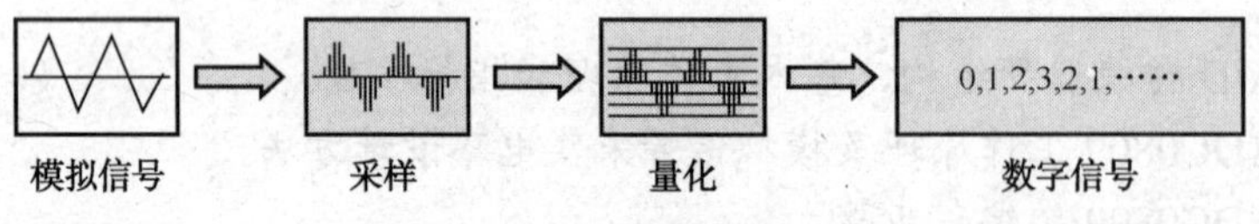

图 3.2 A/D 转换过程

3）A/D 转换器参数指标

（1）分辨率

分辨率是 A/D 转换器对输入信号的分辨能力。A/D 转换器的分辨率以输出二进制数的位数表示。从理论上讲，n 位输出的 A/D 转换器能区分 2^n 个不同等级的输入模拟电压，能区分输入电压的最小值为满量程输入的 $1/2^n$。在最大输入电压一定时，输出位数越多，量化单位越小，分辨率越高。常用的有 8 位、10 位、12 位、16 位、24 位、32 位等。例如，A/D 转换器输出为 8 位二进制数，输入信号的电压范围为 0～5 V，那么这个转换器应能区分输入信号的最小电压为 19.53 mV（$5/2^8$=19.53 mV）。再如，某 A/D 转换器输入模拟电压的变化范围为-10 V～+10 V，转换器为 8 位，若第一位用来表示正、负号，其余 7 位表示信号幅值，则最末一位数字可代表 80 mV 模拟电压（$10/2^7$=80 mV），即转换器可以分辨的最小模拟电压为 80 mV。而同样的情况下，用一个 10 位转换器能分辨的最小模拟电压为 20 mV（$10/2^{10}$=20 mV）。

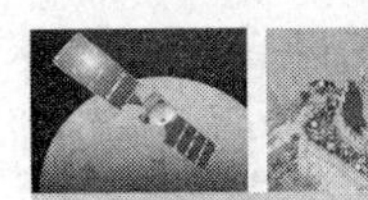

（2）转换精度

转换精度是 A/D 转换器的最大量化误差和模拟部分精度的共同体现。具有某种分辨率的转换器在量化过程中由于采用了四舍五入的方法，因此最大量化误差应为分辨率数值的一半。如上例，8 位转换器最大量化误差应为 40 mV（80 mV×0.5=40 mV）。全量程的相对误差则为 0.4%（40 mV/10×100%）。可见，A/D 转换器数字转换的精度由最大量化误差决定。实际上，许多转换器末位数字并不可靠，实际精度还要低一些。

由于含有 A/D 转换器的转换模块通常包括模拟处理和数字转换两部分，因此整个转换器的精度还应考虑模拟处理部分（如积分器、比较器等）的误差。一般转换器的模拟处理误差与数字转换误差应尽量处在同一数量级，总误差则是这些误差的累加和。例如，一个 10 位 A/D 转换器用其中 9 位计数时的最大相对量化误差为 $\frac{1}{2^9}\times0.5\times100\%=0.1\%$，若模拟部分精度也能达到 0.1%，则转换器总精度可接近 0.2%。

（3）转换时间

转换时间是指 A/D 转换器从转换控制信号到来开始，到输出端得到稳定的数字信号所经过的时间。不同类型的转换器转换速度相差甚远。其中并行比较 A/D 转换器转换速度最高，8 位二进制输出的单片集成 A/D 转换器转换时间可达 50ns 以内。逐次比较型 A/D 转换器次之，它们多数转换时间为 10～50 μs，也有达几百纳秒的。间接 A/D 转换器的速度最慢，如双积分 A/D 转换器的转换时间大都在几十毫秒至几百毫秒之间。

在实际应用中，应从系统数据总的位数、精度要求、输入模拟信号的范围及输入信号极性等方面综合考虑 A/D 转换器的选用。

2. 基于 ADC0809 模拟电压采集电路的设计

1）ADC0809 概述

（1）内部结构

ADC0809 是 8 位逐次逼近型 A/D 转换器。它由一个 8 路模拟开关、一个地址锁存译码器、一个 A/D 转换器和一个三态输锁存器组成，内部结构如图 3.3 所示。多路开关可选通 8 个模拟通道，允许 8 路模拟分时输入，共用 A/D 转换器进行转换。三态输出锁存器用于锁存 A/D 转换完的数字量，当 OE 端为高电平时，才能从三态门输出锁存器读取转换完的数据。

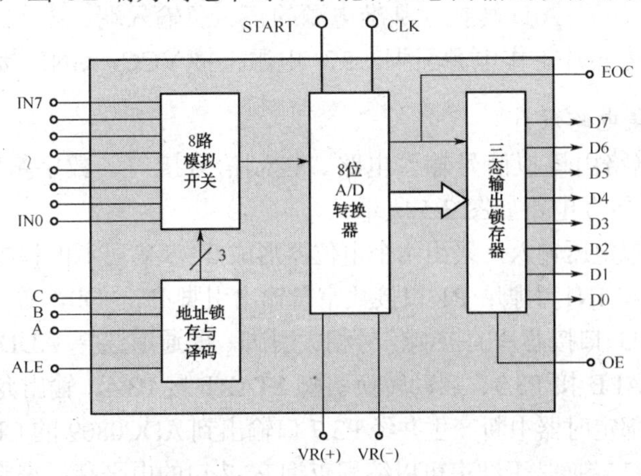

图 3.3 ADC0809 内部结构

（2）芯片引脚

ADC0809 芯片引脚分布如图 3.4 所示，共有 28 个引脚，分为模拟信号输入引脚、数字信号输出引脚、控制引脚和辅助引脚几部分，各部分引脚功能介绍如下。

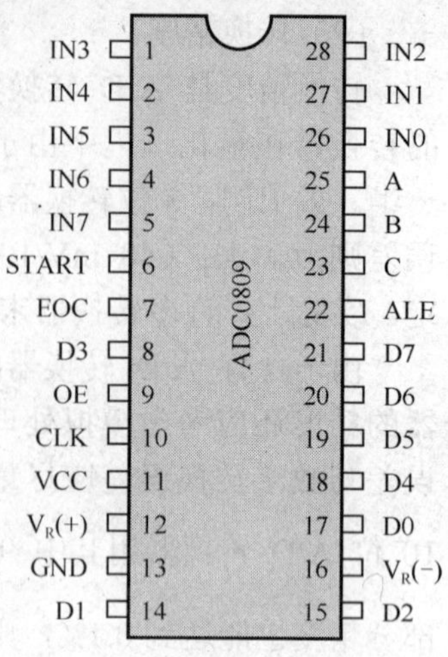

图 3.4　ADC0809 引脚

① 模拟信号输入引脚 IN0～IN7。

该芯片可接收 8 路模拟电压输入，要求模拟电压输入范围为 0～5 V，若信号太小则需进行放大，若信号变化太快则需加前级保持器。

② 数字量输出引脚 D7～D0。

ADC0809 为 8 位 A/D 转换芯片，数字量由 D7～D0 输出，数字量范围为 0～255，一个数字量单位代表模拟电压 1/51 V=0.019 6 V。

③ 控制引脚。

控制引脚包括通道选择并锁存、A/D 转换启停控制、输出使能控制等引脚。

- C、B、A。8 路模拟开关的地址选通信号输入端，3 个输入端的信号为 000～111 时，接通 IN0～IN7 对应通道。
- ALE。地址锁存允许信号输入端。通常向此引脚输入一个正脉冲时，可将三位地址选择信号 A、B、C 锁存于地址寄存器内并进行译码，选通相应的模拟输入通道。
- START。启动 A/D 转换控制信号输入端。一般向此引脚输入一个正脉冲，上升沿复位内部逐次逼近寄存器，下降沿启动 A/D 转换。
- EOC。转换结束信号输出端。A/D 转换期间 EOC 为低电平，A/D 转换结束后 EOC 被硬件拉为高电平。
- OE。输出允许控制端，控制输出锁存器的三态门。当 OE 为高电平时，转换结果数据出现在 D7～D0 引脚。当 OE 为低电平时，D7～D0 引脚对外呈高阻状态。

④ 辅助引脚。

- CLK。时钟信号输入端，ADC0809 内部没有时钟电路，转换时钟需外部提供，通常为 500 kHz 的方波信号。
- V_R（+）、V_R（−）。A/D 转换用基准电源的正、负输入端。
- VCC、GND 为芯片工作电源引脚，5 V 电源正接 VCC，GND 接 5 V 电压的负极。

2）模拟电压采集电路设计

模拟电压采集电路由模拟信号输入电路、控制信号接口、数字量信号接口和显示电路等几部分电路组成，仿真电路如图 3.5 所示。

系统设计两路模拟电压输入，采用两个电位器形成 0～5 V 可调的模拟电压输入，分别接在 AD0809 的 IN0 引脚和 IN1 引脚；P1 口接数字量输出引脚 D7～D0，单片机从 P1 口读取 A/D 转换的数字量结果；P3 口接芯片的控制信号相关引脚，即通道选择 ADDA～ADDC 接 P3.0～P3.2、通道锁存引脚 ALE 接 P3.3、启动转换引脚 START 接 P3.4、输出允许引脚 OE 接 P3.5、转换时钟由单片机内部定时器中断产生并经 P3.7 口输出到 ADC0809 的 CLK 引脚；转换结束引脚 EOC 接 P2.7，ADC 转换是否结束可以编程查询 P2.7 口的电平高低来判断。另外，由于输入

模拟电压的范围是0～5 V，从而确定模数转换基准电压分别接地和5 V电压正极。

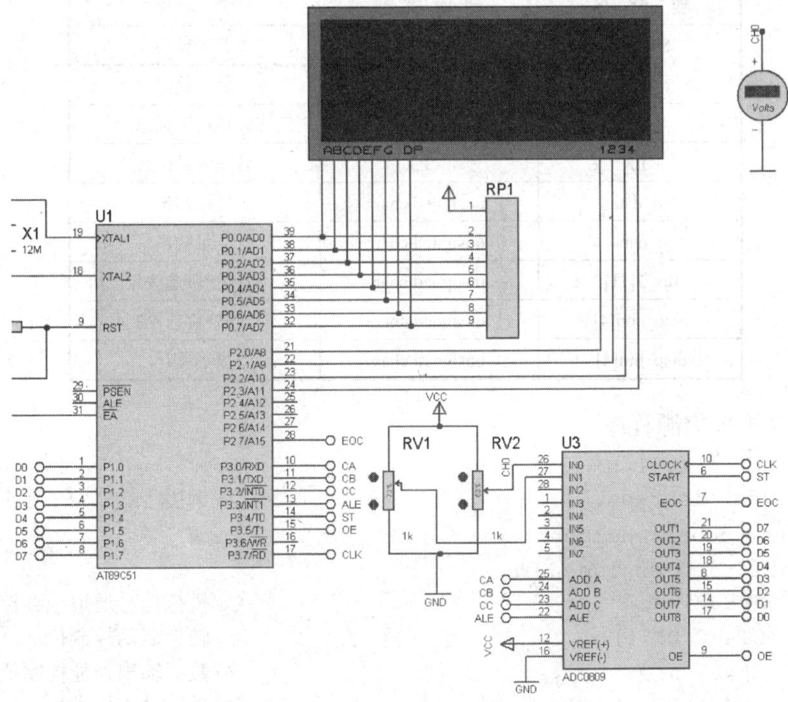

图3.5 模拟电压采集仿真电路

3.1.2 模拟电压采集系统软件设计

1. ADC0809编程方法

利用ADC0809可转换多路模拟信号，编程步骤如下：

（1）向ADC0809写入被转换通道号。

（2）锁存通道并启动转换。

（3）查询EOC等待转换结束。

（4）OE置高电平送转换结果到ADC0809输出锁存器。

（5）从输出引脚读转换结果。

2. 一路电压采集系统程序设计

（1）系统功能分析

系统要求对通道0模拟电压进行采集并采用数码管进行显示，数据采集精度为0.02 V，四位数码管显示，要求显示通道值，电压显示精度为0.01 V。

（2）变量定义

ADC0809模拟电压采集数码管显示程序变量定义如表3.1所示。

表3.1 ADC0809模拟电压采集数码管显示程序变量定义

变 量 名	数据类型	含 义
ALE	sbit P3.3	转换通道锁存

续表

变 量 名	数 据 类 型	含 义
START	sbit P3.4	开始转换
OE	sbit P3.5	输出使能
EOC	sbit P2.7	转换结束标志
CLK	sbit P3.7	转换时钟信号
ad_data	unsigned char	转换结果
c_data	unsigned char	显示转换
dis_7[11]	unsigned char	数码管段选信号
scan_con[4]	unsigned char	数码管位选控制
disp_buf[4]	unsigned char	显示缓存

（3）模拟电压采集源程序

```
#include "reg51.h"
#include "intrins.h"                                //调用_nop_();延时函数用
#define uchar unsigned char
#define uint unsigned int
sbit  ALE=P3^3;                                     //模拟信号通道锁存控制位
sbit  START=P3^4;                                   //转换启动控制位
sbit  OE=P3^5;                                      //数据输出使能控制位
sbit  EOC=P2^7;                                     //转换结束标志位
sbit  CLK=P3^7;                                     //转换脉冲输出引脚
sbit  DP=P0^7;                                      //数码管小数点
code uchar dis_seg[10]={0x3F,0x06,0x5B,0x4F,0x66,0x6D,0x7D,0x07,0x7F,
                        0x6F };
/* 共阴七段LED段码表"0"  "1"  "2"  "3"  "4"  "5"  "6"  "7"  "8"  "9"  */
uchar code  scan_loc[4]={0xf7,0xfb,0xfd,0xfe};      //四位数码管位选信号
uint  data  disp_buf[5]={0x00,0x00,0x00,0x00,0x00}; //显示缓存
 /********1 ms 延时子函数**********/
void delay1ms(uint t)
{
       uint i,j;
          for(i=0;i<t;i++)
             for(j=0;j<120;j++);
}
/***定时器 0 初始化，用于 AD0809 所需产生转换脉冲**/
void init_t0()
{
       TMOD=0X02;              //定时器 0 工作方式 2，用于产生转换脉冲
       TH0=156;TL0=156;        //半周期延时 100 μs 初值 156，转换脉冲频率为 5 kHz
       EA=1;ET0=1; TR0=1;
}
/***********数码管显示扫描子函数**********/
void disp_scan()
{
```

```
        uchar k;
        for(k=0;k<4;k++)
        {
            P0=dis_seg[disp_buf[k]];
            P2=scan_loc[k];
            if(k==2||k==3){DP=1;}                   //通道显示位和个位显示位显小数点
            delay1ms(5);
            P2=0xff;                                //显示消鬼影
        }
}
/******************0809AD转换子函数*******************/
uchar ad_cov()
{
        uchar ad_data;
        P3=0X00;                                    //选择通道0，初始化各控制位
        ALE=1;_nop_();_nop_();ALE=0;                //转换通道地址锁存
        START=1;_nop_();_nop_();START=0;            //开始转换命令
        while(!EOC);                                //等待转换结束
        OE=1;                                       //送转换结果到输出锁存器
        _nop_();_nop_();_nop_();_nop_(); _nop_();_nop_();
        ad_data=P1;                                 //读转换结果
        OE=0;
        return(ad_data);
}
/**************计算模拟电压并更新显示****************/
void calc_volt(uchar digtal)
{
        disp_buf[3]=0x00;                           //通道显示
        disp_buf[4]=digtal*500.0/255;               //电压数字量扩大100倍
        disp_buf[2]=disp_buf[4]/100;                //电压整数部分
        disp_buf[1]=disp_buf[4]/10%10;              //电压小数十分位
        disp_buf[0]=disp_buf[4]%10;                 //电压小数百十分位
}
/*******************主函数*************************/
main()
{
        uchar temp;
        init_t0();
        while(1)
        {
                temp=ad_cov();                      //AD转换并读回数字量
                calc_volt(temp);                    //计算模拟电压值并更新显示缓存
                disp_scan();                        //显示通道号及其模拟电压值
        }
}
/***********定时器0中断产生转换时钟信号*************/
```

```
void intt0() interrupt 1
{
        CLK=~CLK;                                        //产生转换脉冲，频率为 5 kHz
}
```

（4）程序分析说明

① 模数转换子函数 ad_cov()。

该函数严格按照 ADC0809 的编程步骤进行编写，执行完该程序后将会返回一个与相应通道模拟电压对应的 0～255 之间的数字量。

② 模拟量计算并更新显示缓存子函数 calc_volt()。

前面读回的 ADC0809 转换结果仅仅是一个与模拟电压相对应的数字量，要显示告知使用人员模拟电压的大小，需根据数字量与模拟量的对应关系还原模拟电压值才行。模拟量计算公式为：

$$\text{Volt}=\frac{5-0}{255-0}\times \text{digtal\_dat}=\frac{1}{51}\times \text{digtal\_dat}=0.019\,6\times \text{digtal\_dat}$$

式中：Volt 为模拟电压值，digtal_dat 为读回的数字量转换结果。

计算时需要注意的是，单片机本身没有小数处理能力，根据系统显示精度为 0.01 V 的要求，在计算时将数字扩大了 100 倍，即“disp_buf[4]=digtal*500.0/255;”语句。这样，假设电压为 4.36 V，则计算结果为 436，再利用数的分解算法将个位、十分位、百分位分别送到相应的显示单元便实现了模拟电压的显示。

```
disp_buf[2]=disp_buf[4]/100;                    //电压整数部分
disp_buf[1]=disp_buf[4]/10%10;                  //电压小数十分位
disp_buf[0]=disp_buf[4]%10;                     //电压小数百分位
```

（5）系统仿真

运行单片机程序，仿真结果如图 3.6 所示。为了核实程序运行的正确性，仿真时采用 Proteus 软件虚拟仪表中的直流电压表 DC VOLTMETER 进行同步显示模拟电压，仿真结果正确。

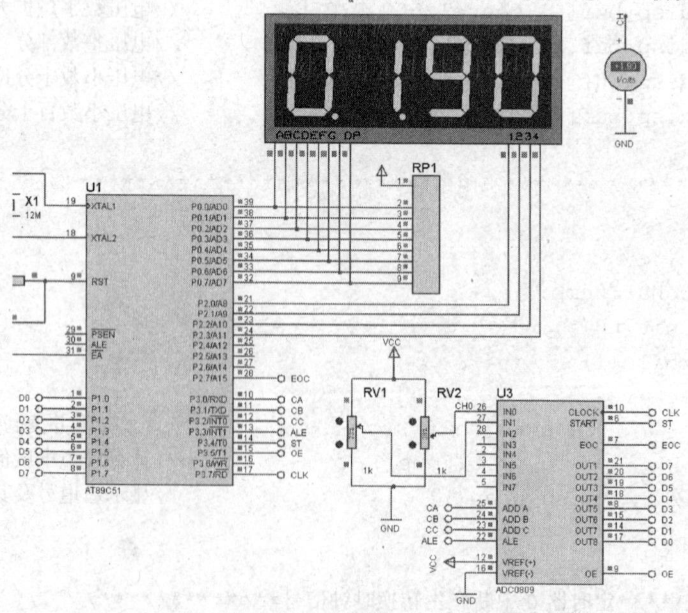

图 3.6 模拟电压采集系统仿真

思考与练习题7

1. 简答题

（1）简述 A/D 转换的意义及转换过程。

（2）简述 A/D 转换器的主要参数及定义。

（3）简述 ADC0809 芯片的结构、工作原理及主要参数。

（4）查资料阐述 ADC0809 芯片上 V_R（+）、V_R（−）和 CLK 引脚的含义，并结合 A/D 转换原理说明该三个引脚信号在 A/D 转换过程中的作用，以及对转换结果的影响。

（5）简述 ADC0809 与单片机的硬件接口设计方法。

（6）设参考电压为 0 V 和+5 V，输入电压为 2.5 V，计算 ADC0809 的转换结果，以及其转换误差为多少？

（7）简述 ADC0809 的编程步骤。

（8）计算系统程序中 ADC0809 的转换频率。设单片机时钟频率为 12 MHz。

（9）试写出计算模拟电压并更新显示子函数 calc_volt()的计算公式和数据拆分原理。重点说明数据放大 100 倍的作用。

2. 设计题

（1）完成基于 ADC0809 的模拟电压采集实物电路板Ⅲ的制作，并结合实物电路Ⅰ和实物电路Ⅱ的数码管显示部分构成该部分实物电路系统。

（2）设计模拟电压采集程序，要求采集通道 3 的模拟电压并实时显示，电压要求显示到千分位。

（3）设计模拟电压采集系统，结合按键程序选择性采集某通道模拟电压，每次按键选择其中一个通道的电压。

（4）设计模拟电压超限报警系统，要求采集其中一个通道的模拟电压，当该通道模拟电压高于 4 V 时数码管显示 4 个“H”,当模拟电压低于 2 V 时数码管显示 4 个“L”，电压在 2～4 V 之间时数码管显示电压值，完成系统的 Proteus 仿真和实物调试。

（5）拓展题：设计模拟电压远程采集系统，要求采集两路以上模拟电压，并利用 51 单片机串口将采集到的模拟电压及其通道值传送到 PC 进行显示，完成系统的 Proteus 仿真。

（6）拓展题：利用 ADC0809 和温敏电阻构成温度采集系统，完成温度采集调理电路设计，要求输出 0～5 V 标准电压并送 ADC0809 进行转换，再通过单片机编程采集温度信号并计算温度值进行显示。

注： 程序设计题全部要求完成流程图绘制、软件的编写、编译及软硬件仿真调试等功能，并按要求撰写设计报告。

任务 3.2　液晶显示数字电压表设计

任务要求

利用 ADC0809 采集 4 路模拟电压，并利用 LCD1602 液晶模块进行同步显示 4 路模拟

电压值。具体要求如下。

（1）完成 LCD1602 与单片机的接口电路设计。

（2）完成 LCD1602 液晶显示程序设计。

（3）完成基于 ADC0809 和 LCD1602 的数字电压表软件设计。

（4）完成基于 ADC0809 和 LCD1602 的数字电压表 Proteus 软硬件仿真设计。

教学目标

（1）掌握 LCD1602 的工作原理、结构和引脚功能。

（2）掌握 LCD1602 液晶模块的存储器结构、命令功能及编程步骤。

（3）掌握基于 ADC0809 和 LCD1602 的数字电压表硬件电路设计方法。

（4）掌握 LCD1602 液晶模块的显示程序设计方法。

（5）掌握基于 ADC0809 和 LCD1602 的数字电压表软件设计方法。

（6）掌握基于 ADC0809 和 LCD1602 的数字电压表系统 Proteus 仿真设计方法。

3.2.1　液晶显示系统设计

1. 液晶显示器概述

液晶（Liquid Crystal）是一种高分子材料，因为其特殊的物理、化学、光学特性，20 世纪中叶开始被广泛应用在轻薄型的显示技术上。液晶显示器（Liquid Crystal Display，LCD）的主要原理是以电流刺激液晶分子产生点、线、面并配合背部灯管构成画面。

各种型号的液晶通常是按照显示字符的行数或液晶点阵的行、列数来命名的。例如，1602 的意思是每行显示 16 个字符，一共可以显示两行；类似的命名还有 0801，0802、1601 等。这类液晶通常都是字符型液晶，即只能显示 ASCII 码字符，如数字、大小写字母、各种符号等。12232 液晶属于图形型液晶，它的意思是液晶由 122 列、32 行组成，即共有 122×32 个点来显示各种图形，我们可以通过程序控制这 122×32 个点中的任一个点显示或不显示。类似的命名还有 12864、19264、192128、320240 等，根据客户需要，厂家可以设计出任意数组合的点阵液晶。

LCD 体积小、功耗低、显示操作简单，但是它有一个致命的弱点，其使用的温度范围很窄，通用型液晶正常工作温度范围为 0 ℃～+55 ℃，存储温度范围为-20 ℃～+60 ℃，即使是宽温级液晶，其正常工作温度范围也仅为-20 ℃～+70 ℃，存储温度范围为-30 ℃～+80 ℃，因此在设计相应产品时，务必要考虑周全，选取合适的液晶。

2. 1602 液晶模块引脚功能及驱动电路设计

1602 为字符型液晶显示模块，可显示两行字符，每屏显示 16 个字符，5 V 工作电压，工作电流为 2 mA，模块外形及引脚如图 3.7 所示。

1）1602 液晶模块引脚功能

1602 液晶模块引脚功能如表 3.2 所示。

- VSS 和 VCC 为液晶模块工作电源端，采用 5 V 供电。
- V0 为液晶显示器对比度调整端，接正电源时对比度最弱，接地时对比度最高。对比

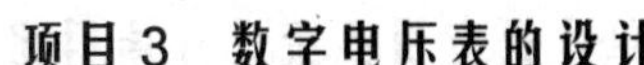

度过高时会产生"鬼影"，使用时可以通过一个 10 kΩ的电位器调整对比度，其本质就是调节该引脚电压的高低。

- RS 为寄存器选择，高电平 1 时选择数据寄存器、低电平 0 时选择指令寄存器。
- R/W 为读写信号线，高电平 1 时进行读操作，低电平 0 时进行写操作。
- E 端为使能（Enable）端，下降沿使能，当液晶模块与外部进行数据通信时，该引脚信号将使能数据输入、输出。
- DB0～DB7 为三态双向 8 位数据总线。其中 D7 也为液晶模块忙标志（Busy Flag），此位为高电平 1 时，表示液晶正在进行命令或数据处理，LCD 将无法与外部器件进行数据交换，只有当 D7 为低电平 0 时才能对 LCD 读/写操作。
- BLA 和 BLK 为背光电源端，1602 有带背光和不带背光两类，16 脚带背光液晶模块该两脚接 5 V 电源后背光亮。

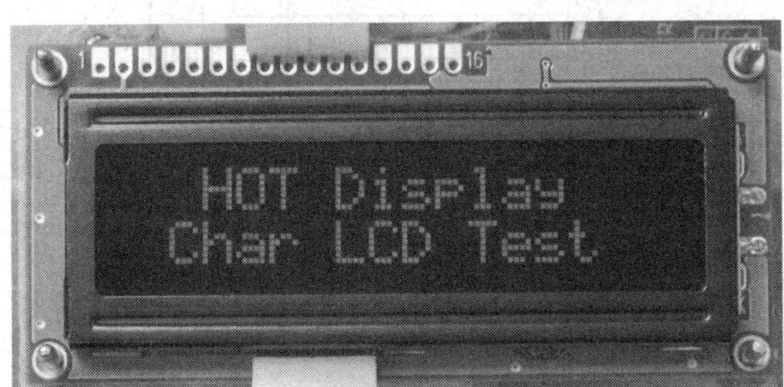

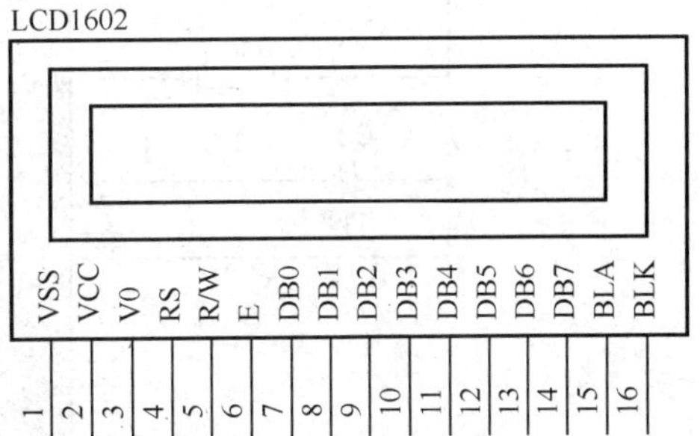

图 3.7 1602 液晶显示模块及引脚

表 3.2 1602 液晶模块引脚功能

编号	符号	引脚说明	编号	符号	引脚说明
1	VSS	电源地	9	DB2	数据
2	VCC	电源正极	10	DB3	数据
3	V0	液晶显示偏压	11	DB4	数据
4	RS	数据/命令选择	12	DB5	数据
5	R/W	读/写选择	13	DB6	数据
6	E	使能信号	14	DB7	数据
7	DB0	数据	15	BLA	背光源正极
8	DB1	数据	16	BLK	背光源负极

2）1602 驱动电路设计

1602 液晶模块可直接与单片机进行连接，接线比较方便，驱动电路如图 3.8 所示。P0 口接 1602 数据总线，P2.0、P2.1、P2.2 作为液晶的控制线分别与 RS、RW 和 E 脚相连。

3. 1602 内部结构及指令说明

1）1602 内部结构

模块内部主要由 LCD 显示屏、控制器、驱动器和偏压产生电路构成。控制器主要由指令寄存器 IR、数据寄存器 DR、忙标志 BF、地址计数器 AC、DDRAM、CGROM、

CGRAM 以及时序发生电路组成。

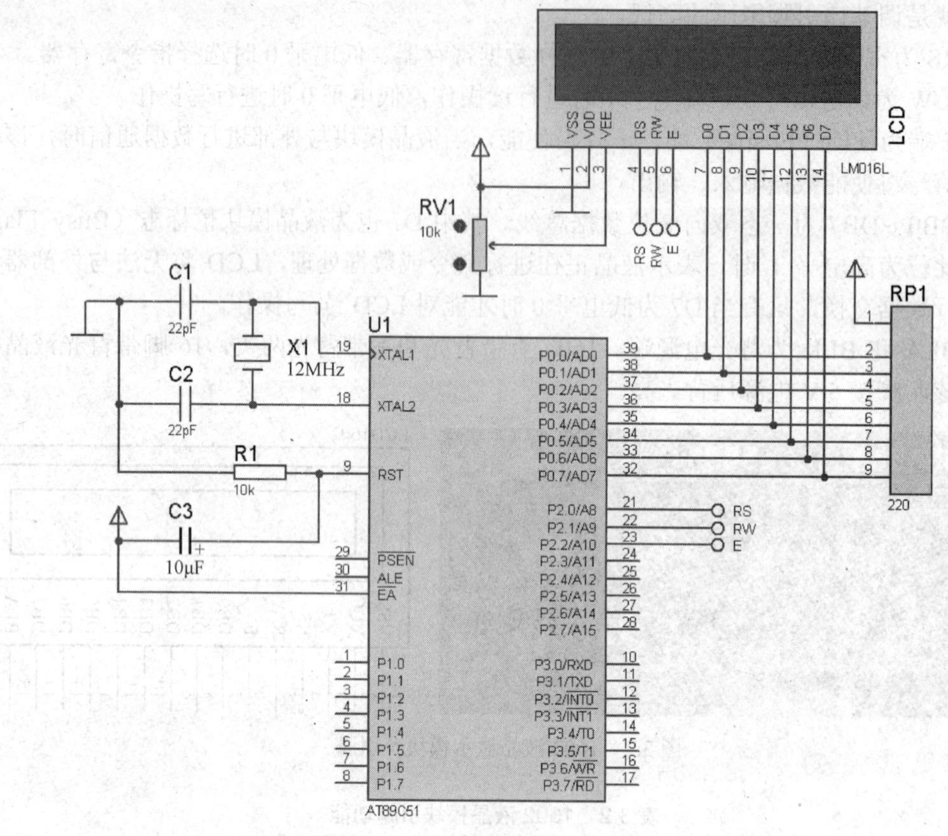

图 3.8　1602 液晶模块驱动电路

（1）指令寄存器（IR）和数据寄存器（DR）

模块内部具有两个 8 位寄存器：指令寄存器（IR）和数据寄存器（DR）。用户可以通过 RS 和 R/W 输入信号的组合选择指定的寄存器，进行相应的操作。表 3.3 列出了组合选择方式。

表 3.3　寄存器访问逻辑关系

E	RS	R/W	说　明
1	0	0	将 DB0～DB7 的指令代码写入指令寄存器中
1→0	0	1	分别将状态标志 BF 和地址计数器（AC）内容读到 DB7 和 DB6～DB0
1	1	0	将 DB0～DB7 的数据写入数据寄存器中，模块的内部操作自动将数据写到 DDRAM 或者 CGRAM 中
1→0	1	1	将数据寄存器内的数据读到 DB0～DB7，模块的内部操作自动将 DDRAM 或者 CGRAM 中的数据送入数据寄存器中

（2）忙标志位（BF）

忙标志 BF=1 时，表明模块正在进行内部操作，此时不接受任何外部指令和数据。当 RS=0、R/W=1 以及 E 为高电平时，BF 输出到 DB7。每次操作之前最好先进行状态字检测，只有在确认 BF=0 之后，单片机才能访问模块。

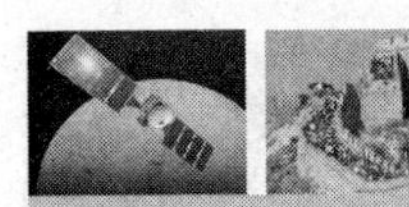

（3）地址计数器（AC）

AC 地址计数器是 DDRAM 或者 CGRAM 的地址指针。随着 IR 中指令码的写入，指令码中携带的地址信息自动送入 AC 中，并进行 AC 作为 DDRAM 的地址指针还是 CGRAM 的地址指针的选择。AC 具有自动加 1 或者减 1 的功能。在 RS=0、R/W=1 且 E 为高电平时，AC 的内容送到 DB6～DB0。

（4）显示数据寄存器（DDRAM）

DDRAM 存储显示字符的字符码，其容量的大小决定着模块最多可以显示的字符数目。1602 的 DDRAM 容量为 80×8b。DDRAM 地址与 LCD 显示屏上的显示位置的对应关系如图 3.9 所示。

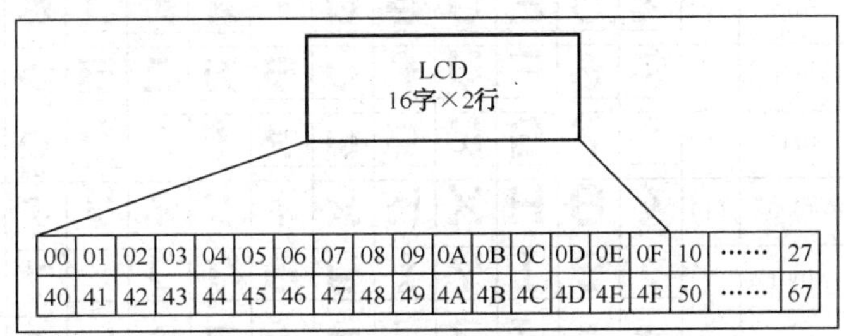

图 3.9 1602LCD 内部显示地址

控制器内部带有 80 B 的 RAM 显示缓冲区，而 1602 显示屏一行只能显 16 个字符，当向图中的 00H～0FH、40H～4FH 地址中的任一处写入显示数据时，液晶都可立即显示出来，当写入显示数据到 10H～27H 或 50H～67H 地址时，必须通过移屏指令将它们移入可显示区域方可正常显示。

（5）字符发生器（CGROM）

1602 液晶模块内部的字符发生器（CGROM）已经存储了 192 个不同的点阵字符图形，如表 3.4 所示。这些字符有：阿拉伯数字、英文字母的大小写、常用的符号和日文假名等，每一个字符都有一个固定的代码，如大写的英文字母“A”的代码是 01000001 B（41H），只要将 41H 这个代码送入液晶模块的显示数据寄存器 DDRAM 中，液晶模块就会把地址 41H 中的点阵字符图形显示出来，我们就能看到字母“A”。

观察不难发现：常用字符都是以其 ASCII 码进行代码编制的。另外，表 3.4 中最后两列字符明显大些，它们是 5×10 的点阵字符，而其他字符为 5×7 的显示点阵。在编写程序时需要注意。

（6）字符发生器 CGRAM

在 CGRAM 中，用户可以生成自定义图形字符的字模组。可以生成 5×8 点阵的字符字模 8 组，相对应字符码从 CGROM 的 00H～07H 范围内选择。

2）指令说明

模块内部的操作由来自单片机等控制芯片的 RS、R/W、E 以及数据信息 DB 决定，这些信号的组合形成了模块的指令。LCD1602 模块向用户提供了 11 条指令，如表 3.5 所示。

这里值得一提的是，在每次访问模块之前，单片机应首先检测忙标志 BF，确认 BF=0 后，访问过程才能进行。

表 3.4　字符码与字符图形对应关系

Higher 4 bits Lower 4 bit	0000	0010	0011	0100	0101	0110	0111	1010	1011	1100	1101	1110	1111
××××0000	CG RAM (1)		0	@	P	`			ー	タ	ミ	α	p
××××0001	(2)	!	1	A	Q	a	q	。	ア	チ	ム	ä	q
××××0010	(3)	"	2	B	R	b	r	「	イ	ツ	メ	β	θ
××××0011	(4)	#	3	C	S	c	s	」	ウ	テ	モ	ε	∞
××××0100	(5)	$	4	D	T	d	t	、	エ	ト	ヤ	μ	Ω
××××0101	(6)	%	5	E	U	e	u	・	オ	ナ	ユ	σ	ü
××××0110	(7)	&	6	F	V	f	v	ヲ	カ	ニ	ヨ	ρ	Σ
××××0111	(8)	'	7	G	W	g	w	ァ	キ	ヌ	ラ	g	π
××××1000	(1)	(	8	H	X	h	x	ィ	ク	ネ	リ	√	x̄
××××1001	(2)	)	9	I	Y	i	y	ゥ	ケ	ノ	ル	⁻¹	y
××××1010	(3)	*	:	J	Z	j	z	ェ	コ	ハ	レ	j	千
××××1011	(4)	+	;	K	[	k	{	ォ	サ	ヒ	ロ	ˣ	万
××××1100	(5)	,	<	L	¥	l	|	ャ	シ	フ	ワ	¢	円
××××1101	(6)	-	=	M	]	m	}	ュ	ス	ヘ	ン	£	÷
××××1110	(7)	.	>	N	^	n	→	ョ	セ	ホ	゛	ñ	
××××1111	(8)	/	?	O	_	o	←	ッ	ソ	マ	゜	ö	█

表 3.5　1602 模块指令表

RS	R/W	DB7	DB6	DB5	DB4	DB3	DB2	DB1	DB0	功 能 说 明
0	0	0	0	0	0	0	0	0	1	清屏： 1．数据指针清零； 2．所有显示清零
0	0	0	0	0	0	0	0	1	*	归位，数据指针清零
0	0	0	0	0	0	0	1	I/D	S	设置输入模式： 1．I/D=0，AC 自动减 1， I/D=1，AC 自动加 1； 2．S=0，显示不发生移动， S=1，全部显示向右（I/D=0）或向左（I/D=1）移动
0	0	0	0	0	0	1	D	C	B	显示开关控制： 1．D=1 开显示，D=0，关显示，但 DDRAM 内容不变； 2．C=1，光标显示，C=0 光标不显示； 3．B=1，光标所在位置闪烁显示，B=0，关闪烁显示

续表

RS	R/W	DB7	DB6	DB5	DB4	DB3	DB2	DB1	DB0	功能说明
0	0	0	0	0	1	S/C	R/L	*	*	光标或显示移位： 1．S/C=0，仅光标移动， S/C=1，光标和显示一起移动，AC 不变； 2．R/L=0，左移， R/L=1，右移
0	0	0	0	1	DL	N	F	*	*	功能设置： 1．DL=1，8 位数据总线 DB0～BD7， DL=0，4 位数据总线，DB7～DB4，DB3～DB0 不用，数据分两次传； 2．N=1，两行显示， N=0 单行显示； 3．F=1，5×10 点阵显示， F=0，5×7 点阵显示
0	0	0	1	A_{CG5}	A_{CG4}	A_{CG3}	A_{CG2}	A_{CG1}	A_{CG0}	CGRAM 地址设置，用于读写用户自定义字符字模
0	0	1	A_{DD6}	A_{DD5}	A_{DD4}	A_{DD3}	A_{DD2}	A_{DD1}	A_{DD0}	设置 DDRAM 地址
0	1	BF	AC6	AC5	AC4	AC3	AC2	AC1	AC0	读 BF 和 AC
1	0	D7	D6	D5	D4	D3	D2	D1	D0	写数据到 DDRAM 或 CGRAM
1	1	D7	D6	D5	D4	D3	D2	D1	D0	从 DDRAM 或 CGRAM 读数据

3）1602 编程步骤

（1）初始化

- 延时 15 ms
- 写指令 38H（不检测忙标志）
- 延时 15 ms
- 写指令 38H（不检测忙标志）
- 延时 15 ms
- 写指令 38H（不检测忙标志）
- 前面部分可省略，以后每次写指令、读/写数据操作之前均需检测忙标志
- 显示模式设置
- 显示清屏
- 显示开及光标设置

（2）送显示存储器（DDRAM）地址

显示存储器 DDRAM 首地址送至 AC 寄存器，AC 具有自动加 1 或减 1 功能，地址送入 AC 后，后续数据将从 AC 所指向的 DDRAM 单元开始存放，送一次地址后最多可连续送 40 个显示字符（即第一行：00H～27H 或第二行：40H～67H）。

（3）送显示数据

数据将送到地址寄存器 AC 所指向的 DDRAM 单元，注意，显示器一行只能显示 16 个

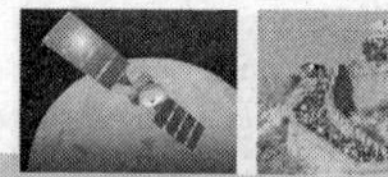

字符，但每行可一次性送 40 个显示字符到 DDRAM，其他字符必须移动才能在显示屏上显示，送数据即送字符所对应 ASCII 码。

（4）光标及移动显示等显示控制

显示字符送 DDRAM 后，可控制字符或光标的闪烁显示、移动显示等

4. 1602 显示程序设计

1）显示程序功能分析

要求设计 1602 显示程序，显示内容为通道信息及模拟电压值，具体要求如下。

- 两行显示，第一行显示通道值 The voltage of channel 1：3.56 V，第二行暂不显示。
- 向左移动显示。

2）变量定义

LCD1602 液晶显示程序变量定义如表 3.6 所示。

表 3.6　LCD1602 液晶显示程序变量定义

变 量 名	数 据 类 型	含　义
RS	sbit P2.0	1602 寄存器选择信号
RW	sbit P2.1	1602 读写控制信号
EN	sbit P2.2	1602 使能信号
channel[]	unsigned char 字符数组	存放通道电压提示信息，ASCII 码
voltage[]	unsigned char 字符数组	存放通道电压，ASCII 码

3）1602 显示源程序

```
#include<reg51.h>
#define uchar unsigned char
#define uint unsigned int
sbit RS=P2^0;
sbit RW=P2^1;
sbit EN=P2^2;
uchar channel[]={"The voltage of channel 1 is:"};
uchar voltage[]={"3.56V"};
/**************延时程序****************/

void delayms(uint ms)
{
      uchar i;
      while(ms--)for(i=0;i<120;i++);
}
/**************忙检测****************/
uchar busy_check()
{
      uchar lcd_status;
      RS=0;                                  //寄存器选择
      RW=1;                                  //读状态寄存器
```

```
        EN=1;                                   //开始读
        delayms(1);
        lcd_status=P0;                          //读状态
        EN=0;
        return(lcd_status);
}
/**************写 LCD 命令**************/
void write_lcd_command(uchar cmd)
{
        while((busy_check()&0x80)==0x80);       //忙等待
        RS=0;                                   //选择命令寄存器
        RW=0;                                   //写命令
        EN=0;
        P0=cmd;EN=1;delayms(1);EN=0;
}
/**************写 LCD 数据**************/
void write_lcd_data(uchar dat)
{
        while((busy_check()&0x80)==0x80);       //忙等待
        RS=1;                                   //选择命令寄存器
        RW=0;                                   //写命令
        EN=0;
        P0=dat;EN=1;delayms(1);EN=0;
}
/**************LCD 初始化**************/
void init_1602()
{
        write_lcd_command(0x38);  //功能设置：8 位数据传送、两行显示、5×7 点阵
        delayms(1);
        write_lcd_command(0x01);  //清屏
        delayms(1);
        write_lcd_command(0x06);  //输入模式设置：AC 自动加 1，显示不发生移动
        delayms(1);
        write_lcd_command(0x0c);  //显示开关：开显示、关光标、关闪烁
        delayms(1);
}
/*************写显示内容**************/
void lcd_display(uchar addr,uchar *p)
{
        uchar k=0;
        write_lcd_command(0x80+addr);           //写地址
        delayms(1);
        while(p[k]!='\0')                       //数据写完
        {
                write_lcd_data(p[k]);           //写数据
                delayms(1);
```

```
                k++;
            }
        }
        void main()
        {
            init_1602();
            lcd_display(0x00,channel);               //显示通道信息
            lcd_display(28,voltage);                 //显示电压值
            while(1)
            {
                write_lcd_command(0x1c);             //移动显示
                delayms(250);
            }
        }
```

4）程序说明

（1）通信子函数

对于该类芯片的程序编写，我们首要问题是实现单片机与 LCD1602 液晶模块的通信，为此先编写了读忙标志、写命令、写数据三个子程序，调用这些子程序可以很方便地实现单片机和液晶模块的通信，简化后续程序的设计。

（2）初始化程序

初始化程序一般包括 4 部分：功能模式设置、清屏、输入模式设置和显示开关控制。各部分程序的功能可见命令表中的相关命令和程序注释。

另外，此程序中与标准做法有一定区别，即没有写 3 次 38H，而仅在 LCD1602 模块空闲时写了一次 38H，仿真显示并不影响液晶模块的正常工作。特别提示：写 3 次 38H 的作用是在没有确保液晶模块空闲的情况下对其进行多次功能模式设置操作，从而保证液晶模块的初始化程序被正常接收。

（3）写显示数据程序

写显示数据程序包含两个输入参数：一个是代表所写数据的显示代码（字符 ASCII 码）；另一个是代表所写入字符代码存放在 DDRAM 中的存储单元位置，即解决在哪个位置显示什么字符的问题。

（4）移动显示的实现

移动显示是利用循环执行移动显示命令 1CH 来实现的，注意执行一次该命令仅移动一位，因此需要不断循环执行该命令才能使液晶模块不断地循环移动显示输入到 DDRAM 存储单元中断的内容。

5）系统仿真

液晶显示仿真截图如图 3.10 所示，可以尝试改变初始化程序中某些指令控制光标显示、闪烁显示、输入光标显示灯功能；当我们去掉移动显示循环语句后，可以发现屏幕仅能“The voltage of c”字符串，后续字符是不能显示的。其他各种命令都可通过对该程序的修改进行演示。

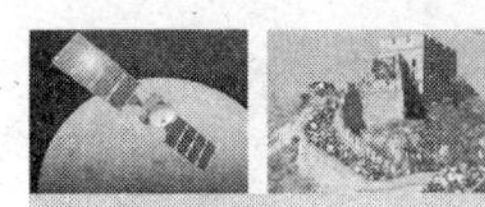

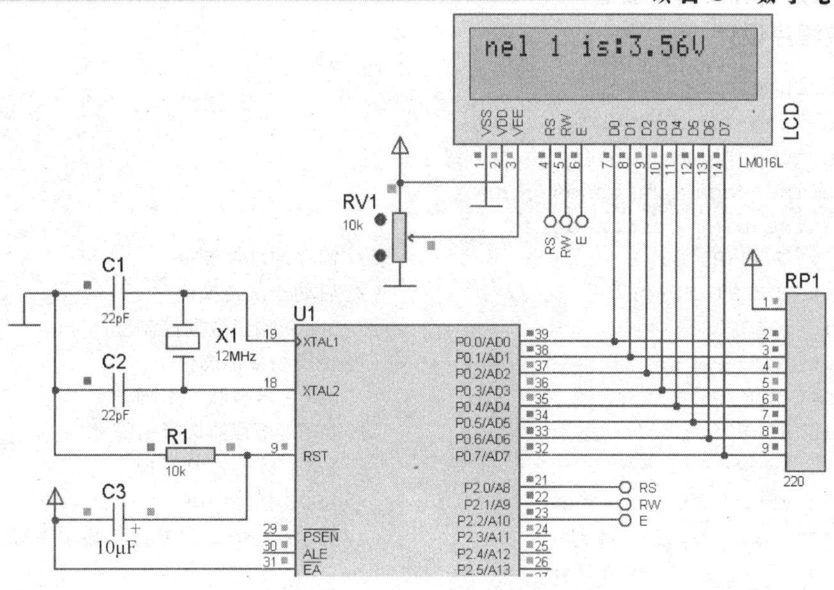

图 3.10 1602 显示系统仿真结果

3.2.2 两路电压采集 LCD 显示程序设计

1. 系统功能分析

要求采集两路电压值，并在 LCD 上进行显示，显示格式为：第一行，CH1 Voltage=**V，第二行，CH2 Voltage=**V；并进行实时更新。

2. 程序流程图

主程序包含定时器初始化和 LCD1602 初始化程序，然后就是循环调用模拟电压采集、显示内容更新和 LCD1602 送显等子函数，主程序流程图如图 3.11 所示。

3. 变量定义

ADC0809 模拟电压采集液晶显示程序变量定义如表 3.7 所示。

表 3.7 ADC0809 模拟电压采集液晶显示程序变量定义

变 量 名	数 据 类 型	含 义
ALE	sbit P3.3	转换通道锁存
START	sbit P3.4	开始转换
OE	sbit P3.5	输出使能
EOC	sbit P2.7	转换结束标志
CLK	sbit P3.7	转换时钟信号
RS	sbit P2.0	1602 寄存器选择信号
RW	sbit P2.1	1602 读写控制信号
EN	sbit P2.2	1602 使能信号
disp_buf[2][16]	unsigned char 二维数组	分别存放各通道显示信息

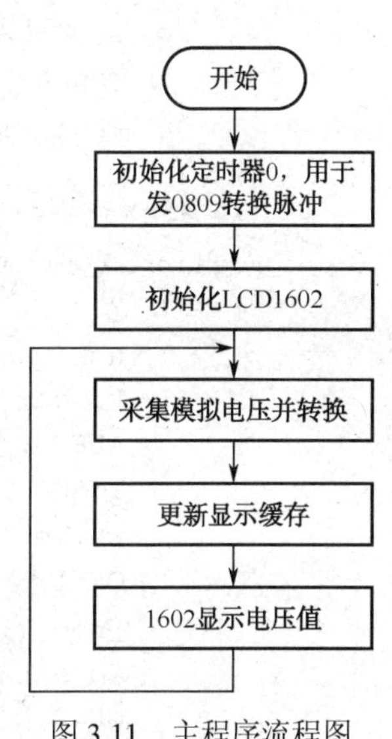

图 3.11 主程序流程图

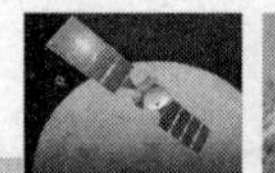

4. 系统程序设计

```
#include "reg52.h"
#include "intrins.h"
#include "string.h"
#define uchar unsigned char
#define uint unsigned int
sbit  ALE=P3^3;                          //锁存地址控制位
sbit  START=P3^4;                        //启动一次转换位
sbit  OE=P3^5;                           //0809输出数据控制位
sbit  EOC=P2^7;                          //转换结束标志位
sbit  CLK=P3^7;                          //0809转换脉冲引脚
sbit RS=P2^0;                            //1602寄存器选择引脚
sbit RW=P2^1;                            //1602读写控制引脚
sbit EN=P2^2;                            //1602使能引脚
uchar disp_buf[2][16]=                   //显示缓存，二维数组，显示字符的ASCII码
{
      {" CH0 Volt=0.00V"},
      {" CH1 Volt=0.00V"}
};
 /********1毫秒延时子函数**********/
void delayms(uint t)
{
      uint i,j;
      for(i=0;i<t;i++)
         for(j=0;j<120;j++);
}
/************定时器0初始化，用于产生转换脉冲***********/
void init_t0()
{
      TMOD=0X02;                         //定时器0工作方式2
      TH0=0X14; TL0=0X00;
      EA=1;ET0=1;TR0=1;
}
/*****************0809AD转换子函数********************/
uchar ad_cov(uchar ch)
{
      uchar ad_data;
      P3=ch;                                  //通道选择
      ALE=1;_nop_();_nop_();ALE=0;            //转换通道地址锁存
      START=1;_nop_();_nop_();START=0;        //开始转换命令
      while(!EOC);                            //等待转换结束
      OE=1;                                   //送转换结果到输出锁存器
      _nop_();_nop_();_nop_();_nop_(); _nop_();_nop_();
      ad_data=P1;
      OE=0;                                   //取AD值，地址加1
      return(ad_data);
```

```
}
/***************1602忙检测****************/
uchar busy_check()
{
        uchar lcd_status;
        RS=0;
        RW=1;
        EN=1;
        delayms(1);
        lcd_status=P0;
        EN=0;
        return(lcd_status);
}
/**************写LCD命令**************/
void write_lcd_command(uchar cmd)
{
        while(busy_check()&0x80);                //忙等待
        RS=0;
        RW=0;
        EN=0;
        P0=cmd;EN=1;delayms(1);EN=0;
}
/**************写LCD数据**************/
void write_lcd_data(uchar dat)
{
        while((busy_check()&0x80)==0x80);    //忙等待
        RS=1;
        RW=0;
        EN=0;
        P0=dat;EN=1;delayms(1);EN=0;
}
/**************LCD初始化**************/
void init_1602()
{
        write_lcd_command(0x38);
        delayms(1);
        write_lcd_command(0x01);
        delayms(1);
        write_lcd_command(0x06);
        delayms(1);
        write_lcd_command(0x0c);
        delayms(1);
}
/*********电压换算及显示更新**********/
void refresh_disp(uchar ch,uchar ad_data)
{
```

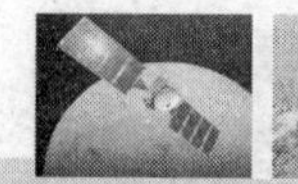

```
        uint t;
        t=ad_data*500.0/255;                    //计算显示数据，ASCII 码
        disp_buf[ch][10]=t/100+0x30;
        disp_buf[ch][12]=t/10%10+0x30;
        disp_buf[ch][13]=t%10+0x30;
}
/**************主函数****************/
main()
{
        uchar i,j,k;                            //i 为通道值，k 用于送显示数据
        init_t0();
        init_1602();
        while(1)
        {
                for(i=0;i<2;i++)
                {
                        for(j=0;j<20;j++)       //每个通道转换 20 次
                        {
                                refresh_disp(i,ad_cov(i));     //测量转换一次
                                write_lcd_command(i==0?0x80:0xc0);//写地址
                                delayms(1);
                                for(k=0;k<strlen(disp_buf[i]);k++)//送显示数据
                                {
                                        write_lcd_data(disp_buf[i][k]);
                                        delayms(1);
                                }
                        }
                }
        }
}
/**************定时中断函数****************/
void intt0() interrupt 1
{
        CLK=~CLK;
}
```

5. 程序说明

1）二维数组

一维数组只有一个下标，故称为一维数组。在实际问题中有很多数据是二维或多维的，因此 C 语言允许构造多维数组。多维数组元素有多个下标，以标志它在数组中的位置。本节只介绍二维数组，多维数组可由二维数组类推而得到。

（1）二维数组的定义

二维数组定义的一般形式是：

```
类型说明符 数组名[常量表达式1][常量表达式2]
```

其中常量表达式 1 表示第一维下标的长度，常量表达式 2 表示第二维下标的长度。例如：

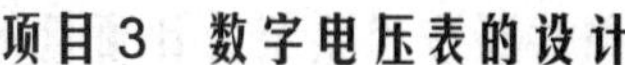


```
char a[3][4];
```

说明了一个三行四列的数组，数组名为 a，其下标变量的类型为整型。该数组的下标变量共有 3×4 个，即：

```
a[0][0], a[0][1], a[0][2], a[0][3]
a[1][0], a[1][1], a[1][2], a[1][3]
a[2][0], a[2][1], a[2][2], a[2][3]
```

二维数组相当于将数据按序排了一个方阵，它的第一维下标表示方阵中的哪一组，第二维下标表示某组数据中的第几个元素。另外，实际的硬件存储器是连续编址的，也就是说存储器单元是按一维线性排列的。在 C 语言中，数据的存放是按行排列的， 即放完一行之后顺次放入第二行。即先存放 a[0]行，再存放 a[1]行，最后存放 a[2]行。每行中有四个元素也是依次存放的。由于数组 a 为 char 数据类型，该类型占 1 B 的内存空间，所以每个元素均占 1 B。

（2）二维数组元素的引用

二维数组的元素也称为双下标变量，其表示的形式为：

```
数组名[下标][下标]
```

其中下标应为整型常量或整型表达式。例如，a[3][4]表示 a 数组三行四列的元素。下标变量和数组说明在形式中有些相似，但这两者具有完全不同的含义。数组说明的方括号中给出的是某一维的长度，即可取下标的最大值；而数组元素中的下标是该元素在数组中的位置标志。前者只能是常量，后者可以是常量、变量或表达式。

2）电压换算及显示更新

同前，实际电压的计算首先将数据扩大 100 倍使小数部分整数化，然后计算各位显示字符的 ASCII 码，并存入对应的显示缓存单元。注意数字 0～9 与其 ASCII 码相差 30H，因此只需将各位数据加 30H 便得到相应的 ASCII 码。

```
t=ad_data*500.0/255;                //扩大100倍计算模拟电压值
disp_buf[ch][10]=t/100+0x30;        //分解个位+30H得ASCII码
```

3）三目运算符 a?b:c

三目运算符为 a?b:c 即有三个参与运算的量。由条件运算符组成条件表达式的一般形式为：

```
表达式1? 表达式2： 表达式3
```

其求值规则为：如果表达式 1 的值为真，则以表达式 2 的值作为条件表达式的值，否则以表达式 2 的值作为整个条件表达式的值。条件表达式通常用于赋值语句之中。例如，“max=(a>b?a:b);”语句就相当于条件语句“ if(a>b) max=a; else max=b;”。

程序中写显示缓存 DDRAM 地址语句“write_lcd_command(i==0?0x80:0xc0);”中，三目运算符“i==0?0x80:0xc0”的含义就是：当 i=0 时，写 0x80，即第一行显示地址；否则，写 0xc0，即第二行显示地址。

4）字符串长度计算库函数 strlen()

字符串长度计算库函数 strlen()用于计算字符串的长度，以“\0”作为字符串结束标志，该函数被包含在头文件 string.h 中。

6. 系统仿真

系统仿真电路及仿真结果如图 3.12 所示。

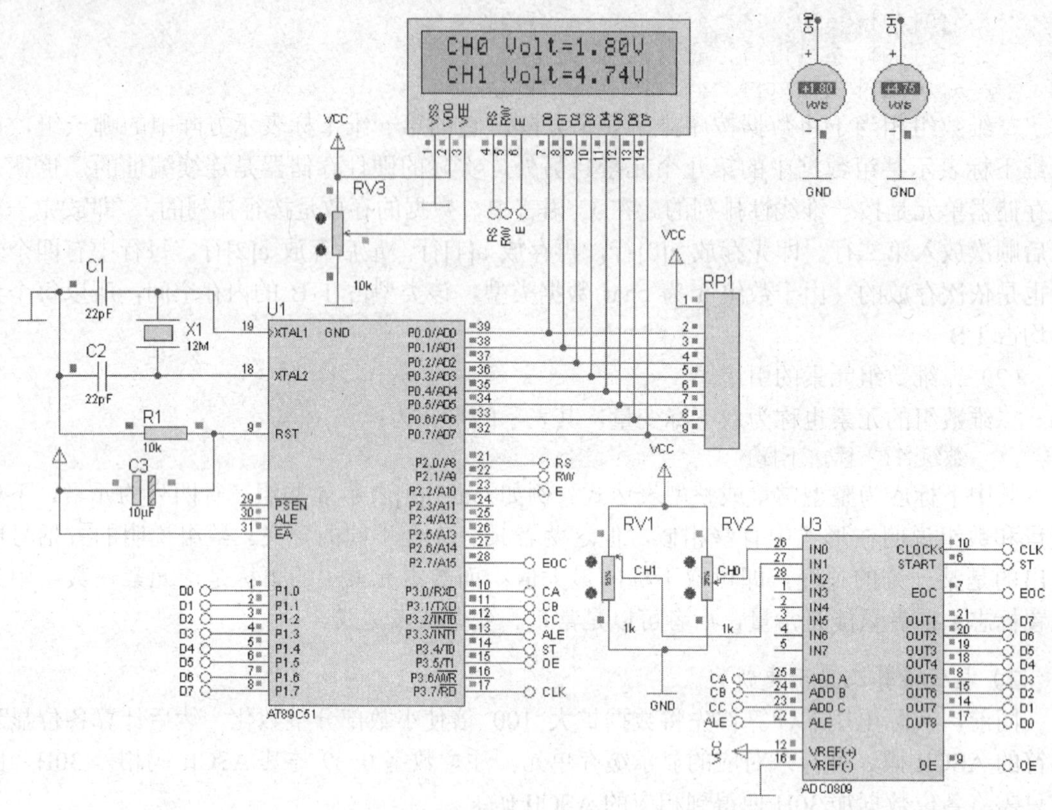

图 3.12　ADC0809 电压采集 1602 显示系统仿真结果

思考与练习题 8

1. 简答题

（1）查资料阐述液晶显示器的概念、参数、命名规则、分类、优缺点和应用场合。

（2）简述 LCD1602 液晶模块的引脚功能及电路设计。

（3）简述 LCD1602 液晶模块的内部结构及工作原理。

（4）简述 LCD1602 液晶模块中控制器的构成及各部分的功能（IR、DR、BF、AC、DDRAM、CGROM）。

（5）简述 LCD1602 液晶模块是如何在 RS、RW 和 E 引脚的配合下，完成模块的写命令、写数据、读命令、读数据功能的。

（6）简述 LCD1602 液晶模块两行显示时，DDRAM 存储单元和显示位置的对应关系。

（7）简述 LCD1602 液晶模块各指令的功能及指令范围（如归位指令，指令范围为 02H～03H）。

（8）简述 LCD1602 液晶显示模块的初始化程序编写步骤。

（9）简述 LCD1602 液晶显示模块的显示程序编写步骤。

（10）简述二维数组的定义、赋值、存储及调用。

（11）简述三目运算符的功能及格式。

2．设计题

（1）完成 LCD1602 液晶显示驱动电路实物电路板Ⅳ制作，并结合试验电路板Ⅰ和试验电路板Ⅲ构成系统硬件电路。

（2）设计 LCD1602 液晶模块初始化程序，要求 8 位数据线、两行显示、显示 5×10 点阵、显示光标、光标闪烁、输入不移动。也可自定义初始化功能。

（3）设计 LCD1602 液晶显示程序，要求实现两行显示 60 个以上字符，利用移动显示指令实现字符的移动显示。

（4）结合实验电路板Ⅱ上的独立式按键，编写按键扫描及键值显示程序。要求模拟计算器数据输入显示程序的设计，输入数据显示在 1602 的第二行，从最右端开始显示，每输入一个字符，之前所有数据向左移动一位，新输入数据显示在最右端。

注：程序设计题全部要求完成流程图绘制、软件的编写、编译及软硬件仿真调试等功能，并按要求撰写设计报告。

项目4 低频信号发生器的设计

项目要求

单片机编程，利用数/模转换芯片设计一低频信号发生器，要求能产生方波、正弦波、锯齿波、三角波信号，信号的频率和幅值可调。具体要求如下。

（1）设计键盘系统，可通过按键选择波形类型、调节频率和幅值。

（2）设计4个LED灯对输出波形类型进行显示。

（3）信号频率在1～100 Hz范围内可调。

（4）电压幅值在1～5 V范围内可调。

项目拓展要求

（1）可拓展DA转换芯片的转换精度，提高函数发生器波形的平滑性。

（2）可拓展函数发生器输出波形的频率及幅值调节范围。

（3）可拓展函数发生器的驱动能力设计，增强函数发生器的带负载能力。

（4）可利用图形液晶显示器拓展波形显示功能。

（5）可利用单片机串口拓展远程控制模拟电压输出的系统设计。

系统方案

1. D/A 转换芯片

低频信号发生器精度要求不高，采用传统的8位数/模转换芯片DAC0832实现模数转换

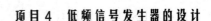

功能，该芯片价格便宜、结构简单，但输出为电流信号，需要搭建电流/电压转换电路实现电压信号的输出。

2. 人机接口系统

采用 4 个独立式键盘构成控制输入接口，分别用于启停、波形选择、频率调节和幅值调节功能，利用 4 个发光二极管做波形类型指示。

任务分解

该系统分解为低频信号发生器硬件设计和低频信号发生器软件设计两个任务，具体包括 D/A 转换概述、基于 DAC0832 的低频信号发生器电路设计、基本波形发生软件设计和低频信号发生器综合程序设计等几部分。

任务 4.1 低频信号发生器的硬件电路设计

任务要求

完成低频信号发生器的硬件电路设计，包括 D/A 转换接口电路、电流/电压转换电路和人机接口电路的设计，具体要求如下。

（1）完成数/模转换芯片 DAC0832 与单片机接口电路的设计。

（2）完成 DAC0832 输出电流/电压转换电路的设计。

（3）完成低频信号发生器的人机接口电路设计。

（4）完成低频信号发生器的 Proteus 硬件仿真电路设计。

教学目标

（1）掌握 D/A 转换的基本原理。

（2）掌握 DAC0832 的基本工作原理。

（3）掌握 DAC0832 典型应用电路设计方法。

（4）掌握低频信号发生器 Proteus 仿真电路设计方法。

4.1.1 D/A 转换概述

由于 A/D 转换器的核心器件之一也是 D/A 转换器，因此在此详细介绍 D/A 转换器的基本原理及电路，当然这一部分的转换器电路也可以作为选学内容，不影响后续系统的设计。

1. D/A 转换的基本原理

数字量是用二进制代码按数位组合起来表示的，对于有权码，每位代码都有一定的权。为了将数字量转换成模拟量，必须将每 1 位的代码按其权的大小转换成相应的模拟量，然后将这些模拟量相加，即可得到与数字量成正比的总模拟量，从而实现数/模转换，这就是构成 D/A 转换器的基本思路。D/A 转换器的转换示意图如图 4.1 所示。

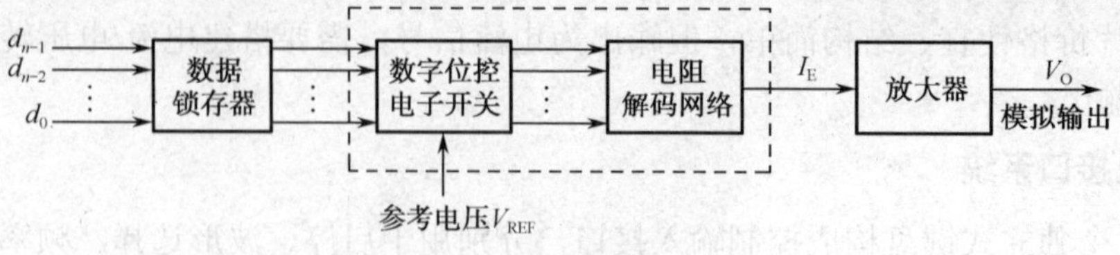

图 4.1　D/A 转换示意图

如图 4.2 所示为 D/A 转换器的输入、输出关系框图，d_0～d_{n-1} 是输入的 n 位二进制数，Vo 是与输入二进制数成比例的输出电压。如图 4.3 所示为一个输入为三位二进制数时 D/A 转换器的转换特性，它具体而形象地反映了 D/A 转换器的基本功能。

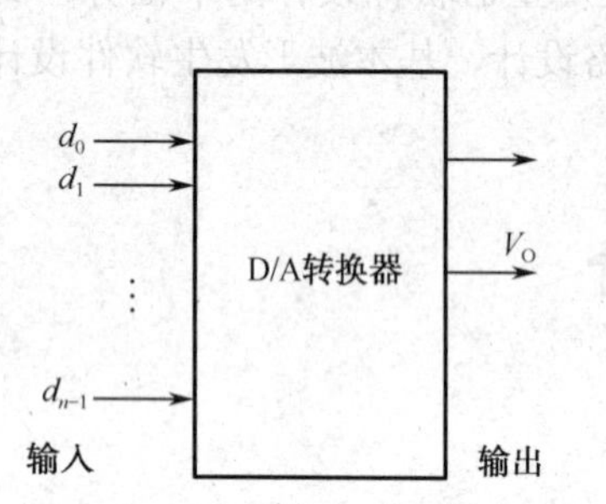

图 4.2　D/A 转换器的输入、输出关系图

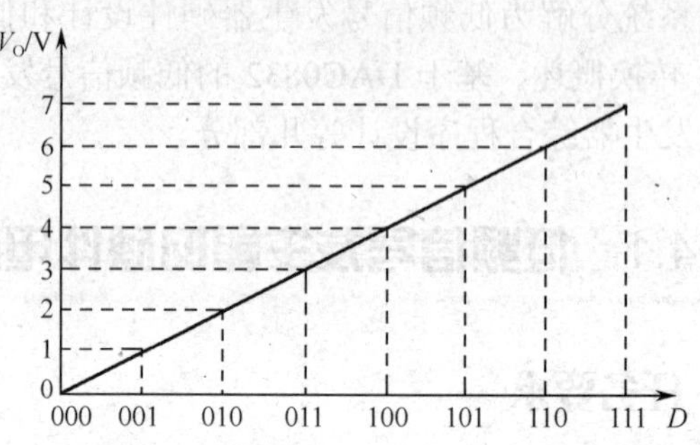

图 4.3　三位 D/A 转换器的转换特性

2．权电阻网络 D/A 转换器

在前面我们已经讲过，一个多位二进制数中每一位的 1 所代表的数值大小称为这一位的位权。如果一个 n 位的二进制数用 $D_n = d_{n-1}d_{n-2}d_{n-3}\cdots d_1d_0$ 表示，它的最高位（Most Significant Bit，MSB）到最低位（Least Significant Bit，LSB）的位权依次为 $2^{n-1}, 2^{n-2}, \cdots, 2^1, 2^0$。如图 4.4 所示为 4 位权电阻网络 D/A 转换器的原理图，它由权电阻网络、4 个模拟开关和一个求和放大器组成。

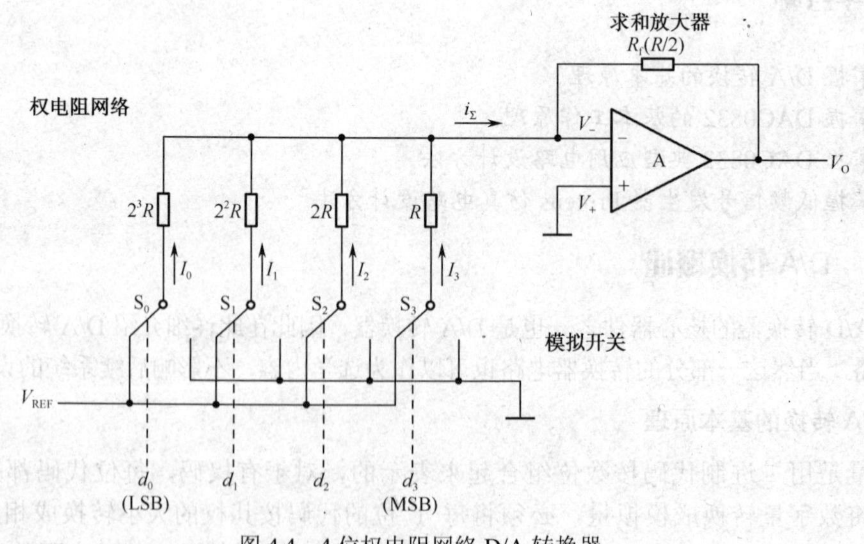

图 4.4　4 位权电阻网络 D/A 转换器

S_3、S_2、S_1、S_0 是 4 个电子开关，它们的状态分别受输入代码 d_3、d_2、d_1、d_0 取值的控

制，代码为 1 时开关连接到参考电压 V_{REF} 上，代码为 0 时开关接地。故 $d_i=1$ 时有支路电流 I_i 流向放大器，$d_i=0$ 时，支路电流为零。

求和放大器 A 是一个接成负反馈的运算放大器。为了简化分析计算，可以把运算放大器近似地看成理想放大器，当同相输入端 V_+ 的电压高于反相输入端 V_- 的电位时，输出端对地的电压 V_O 为正，V_- 高于 V_+ 时，V_O 为负。当参考电压经电阻网络加到位时，只要 V_- 稍高于 V_+，便在 V_O 产生负的输出电压。V_O 经 R_f 反馈到 V_- 端使 V_- 降低，其结果必然使 $V_- \approx V_+ = 0$。在认为运算放大器输入电流为零的条件下可以得到：

$$V_O = -R_f i_\Sigma = -R_f(I_3 + I_2 + I_1 + I_0)$$

由于 $V_- \approx 0$，因此各支路电流分别为：

$$I_3 \approx \frac{V_{REF}}{2^0 R}d_3,\ I_2 \approx \frac{V_{REF}}{2^1 R}d_2,\ I_1 \approx \frac{V_{REF}}{2^2 R}d_1,\ I_0 \approx \frac{V_{REF}}{2^3 R}d_0$$

将它们代入上式。并取 $R_f = R/2$，则得到：

$$V_O = -\frac{V_{REF}}{2^4}(d_3 2^3 + d_2 2^2 + d_1 2^1 + d_0 2^0) = -\frac{V_{REF}}{2^n}D_4$$

对于 N 位的权电阻网络 D/A 转换器，当反馈电阻 $R_f = R/2$ 时，输出电压的计算公式可写成：

$$V_O = -\frac{V_{REF}}{2^n}(d_{n-1}2^{n-1} + d_{n-2}2^{n-2} + \cdots + d_1 2^1 + d_0 2^0) = -\frac{V_{REF}}{2^n}D_n$$

上式表明，输出的模拟电压正比于输入的数字量 D_n，从而实现了从数字量到模拟量的转换。

当 $D_n=0$ 时，$V_O=0$，当 $D_n=11\cdots11$ 时，$V_O=-\frac{2^n-1}{2^n}V_{REF}$，故 V_O 的最大变化范围是 $0\sim-\frac{2^n-1}{2^n}V_{REF}$。

从上式可以看到，在 V_{REF} 为正电压时，输出电 V_O 始终为负值，要想得到正的输出电压，可以将 V_{REF} 取负值即可。

权电阻网络 D/A 转换器的优点是结构简单；缺点是电阻值相差大，难于保证精度，且大电阻不宜于集成在 IC 内部。

3. 倒 T 形电阻网络 D/A 转换器

为了克服权电阻网络 D/A 转换器中电阻阻值相差太大的问题，又设计了称为倒 T 形电阻网络的 D/A 转换器。在单片集成 D/A 转换器中，使用最多的是倒 T 形电阻网络 D/A 转换器。4 位倒 T 形电阻网络 D/A 转换器的原理图如图 4.5 所示。

$S_0 \sim S_3$ 为模拟开关，$R-2R$ 电阻解码网络呈倒 T 形，运算放大器 A 构成求和电路。由输入数码 d_i 控制，当 $d_i=1$ 时，开关 S_i 接运放反相输入端（“虚地”），I_i 流入求和电路；当 $d_i=1$ 时，S_i 将电阻 $2R$ 接地。

无论模拟开关 S_i 处于何种位置，与 S_i 相连的 $2R$ 电阻均等效接“地”（地或虚地）。这样流经 $2R$ 电阻的电流与开关位置无关，为确定值。

在计算倒 T 形电阻网络中各支路的电流时，可以将电阻网络等效地画成图 4.6 所示电

路。分析 $R-2R$ 电阻解码网络不难发现，从每个节点向左看的二端网络等效电阻均为 R，流入每个 $2R$ 电阻的电流从高位到低位按 2 的整倍数递减。设由基准电压源提供的总电流为 $I(=V_{\text{REF}}/R)$，则流过各开关支路（从右到左）的电流分别为 $I/2$、$I/4$、$I/8$、$I/16$。

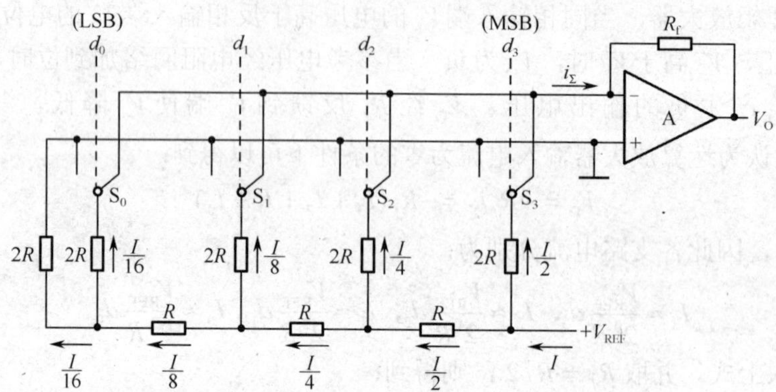

图 4.5　4 位倒 T 形电阻网络 D/A 转换器原理图

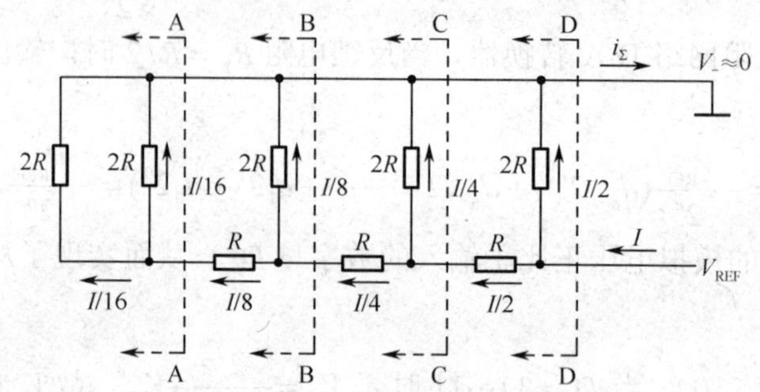

图 4.6　计算倒 T 形电阻网络支路电流的等效电路

于是可得到总电流：

$$i_\Sigma=\frac{V_{\text{REF}}}{R}\left(\frac{d_0}{2^4}+\frac{d_1}{2^3}+\frac{d_2}{2^2}+\frac{d_3}{2^1}\right)=\frac{V_{\text{REF}}}{2^4\times R}D_4$$

输出电压：

$$V_{\text{O}}=-i_\Sigma R_f=-\frac{R_f}{R}\frac{V_{\text{REF}}}{2^4}D_4$$

将输入数字量扩展到 n 位，可得 n 位数字量 Dn 倒 T 形电阻网络 D/A 转换器输出模拟量与输入数字量之间的一般关系式：

$$V_{\text{O}}=-\frac{R_f}{R}\frac{V_{\text{REF}}}{2^n}D_n$$

要使 D/A 转换器具有较高的精度，对电路中的参数有以下要求。

（1）基准电压稳定性好。

（2）倒 T 形电阻网络中 $R-2R$ 电阻的比值精度要高。

（3）每个模拟开关的开关电压降要相等。为实现电流从高位到低位按 2 的整倍数递减，模拟开关的导通电阻也相应地按 2 的整倍数递增。

由于在倒 T 形电阻网络 D/A 转换器中，各支路电流直接流入运算放大器的输入端，它

们之间不存在传输上的时间差。电路的这一特点不仅提高了转换速度，而且也减少了动态过程中输出端可能出现的尖脉冲。它是目前广泛使用的 D/A 转换器中速度较快的一种。常用的 CMOS 开关倒 T 形电阻网络 D/A 转换器的集成电路有 AD7520（10 位）、DACl210（12 位）和 AK7546（16 位高精度）等。

在前面分析权电阻网络 D/A 转换器的过程中，都把模拟开关当做理想开关处理，没有考虑它们的导通电阻和导通压降，而实际上这些开关总有一定的导通电阻和导通压降，并且每个开关的情况又不完全相同，它们的存在无疑将引起转换误差，影响转换精度。

尽管倒 T 形电阻网络 D/A 转换器具有较高的转换速度，但由于电路中存在模拟开关电压降，当流过各支路的电流稍有变化时，就会产生转换误差。为进一步提高 D/A 转换器的转换精度，可采用权电流型 D/A 转换器。

图 4.7 中，恒流源从高位到低位电流的大小依次为 $I/2$, $I/4$, $I/8$, $I/16$，它和输入的二进制数对应位的“位权”成正比。由于采用了恒流源，每个支路的电流大小不再受开关内阻和压降的影响，从而降低了对开关电路的要求。

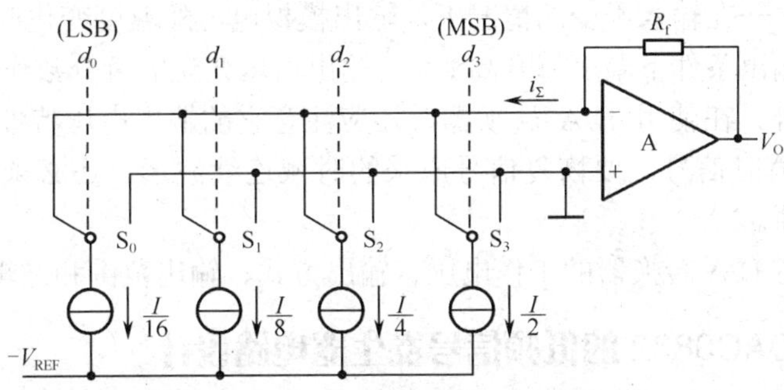

图 4.7 权电流型 D/A 转换器的原理电路

输入数字量的某一位代码，当 $d_i=1$ 时，开关 S_i 接运算放大器的反相输入端，相应的权电流流入求和电路；当 $d_i=0$ 时，开关 S_i 接地。分析该电路可得出：

$$
\begin{aligned}
V_O &= i_\Sigma R_f \\
&= R_f\left(\frac{I}{2}d_3+\frac{I}{4}d_2+\frac{I}{8}d_1+\frac{I}{16}d_0\right) \\
&= \frac{I}{2^4}R_f(d_3\times 2^3+d_2\times 2^2+d_1\times 2^1+d_0\times 2^0) \\
&= \frac{I}{2^4}R_f D_3
\end{aligned}
$$

从上式可以看出，输出正比于输入的数字量。

4. D/A 转换器指标

（1）分辨率——D/A 转换器模拟输出电压可能被分离的等级数。

输入数字量位数越多，输出电压可分离的等级越多，即分辨率越高。在实际应用中，往往用输入数字量的位数表示 D/A 转换器的分辨率。此外，D/A 转换器也可以用能分辨的最小输出电压与最大输出电压之比给出。n 位 D/A 转换器的分辨率可表示为 $\frac{1}{2^n-1}$。它表示 D/A 转换器在理论上可以达到的精度。

（2）转换误差——D/A 转换器实际输出的模拟量与理论输出模拟量之间的差别。

转换误差的来源有很多，如转换器中各元件参数值的误差，基准电源不够稳定和运算放大器零漂的影响等。D/A 转换器的绝对误差是指输入端加入最大数字量（全 1）时，D/A 转换器的理论值与实际值之差。该误差值应低于 LSB/2。

例如，一个 8 位 D/A 转换器，对应最大数字量（FFH）的模拟理论输出值为 $\frac{255}{256}V_{\text{REF}}$，$\frac{1}{2}\text{LSB}=\frac{1}{512}V_{\text{REF}}$，所以实际值不应超过 $\left(\frac{255}{256}\pm\frac{1}{512}\right)V_{\text{REF}}$。

（3）建立时间——输入数字量变化时，输出电压变化到相应稳定电压值所需时间。

一般用 D/A 转换器输入的数字量从全 0 变为全 1 时，输出电压达到规定的误差范围（±1/2LSB）时所需时间表示。D/A 转换器的建立时间较快，单片集成 D/A 转换器建立时间最短可达 0.1 μs 以内。

（4）转换速率——大信号工作状态下模拟电压的变化率。

（5）温度系数——在输入不变的情况下，输出模拟电压随温度变化产生的变化量。

一般用满刻度输出条件下温度每升高 1 ℃，输出电压变化的百分数作为温度系数。

除上述各参数外，在使用 D/A 转换器时还应注意它的输出电压特性。由于输出电压事实上是一串离散的瞬时信号，要恢复信号原来的时域连续波形，还必须采用保持电路对离散输出进行波形复原。

此外，还应注意 D/A 转换器的工作电压、输出方式、输出范围和逻辑电平等。

4.1.2 基于 DAC0832 的低频信号发生器电路设计

1. DAC0832 概述

DAC0832 是使用非常普遍的 8 位 D/A 转换器，其转换时间为 1 μs，工作电压为+5～+15 V，基准电压为±10 V。其转换原理与 T 形解码网络一样，由于其片内有输入数据寄存器，故可以直接与单片机接口连接。DAC0832 以电流形式输出，当输出需要转换为电压时，可外接运算放大器。属于该系列的芯片还有 DAC0830 和 DAC0831，它们可以相互代换。DAC0832 主要特性如下：

- 8 位分辨率；
- 电流建立时间 1 μs；
- 数据输入可采用双缓冲、单缓冲或直通方式；
- 输出电流线性度可在满量程下调节；
- 逻辑电平输入与 TTL 电平兼容；
- 单一电源供电（+5～+15 V）；
- 低功耗，20 mW。

2. DAC0832 内部结构

DAC0832 内部结构如图 4.8 所示，它主要由两个 8 位寄存器和一个 8 位 D/A 转换器组成。使用两个寄存器（输入寄存器和 DAC 寄存器）的好处是可以进行两级缓冲操作，使该操作有更大的灵活性。

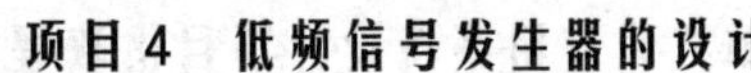

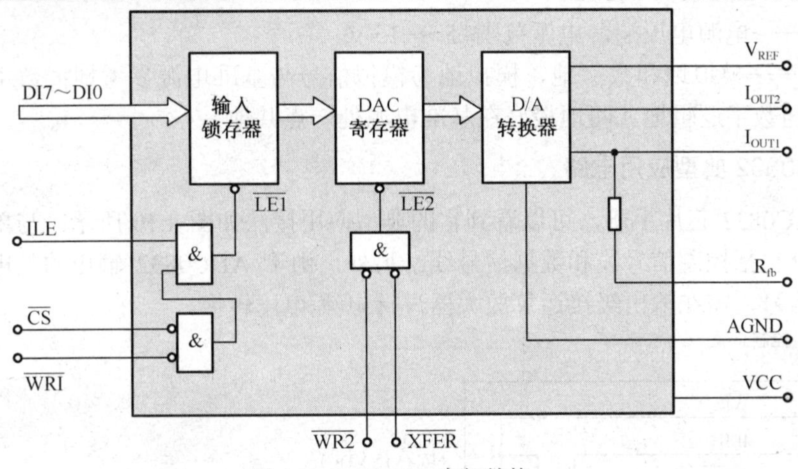

图 4.8　DAC0832 内部结构

3. DAC0832 引脚功能

DAC0832 芯片为 20 脚双列直插式封装，其引脚分部如图 4.9 所示。各引脚定义如下：

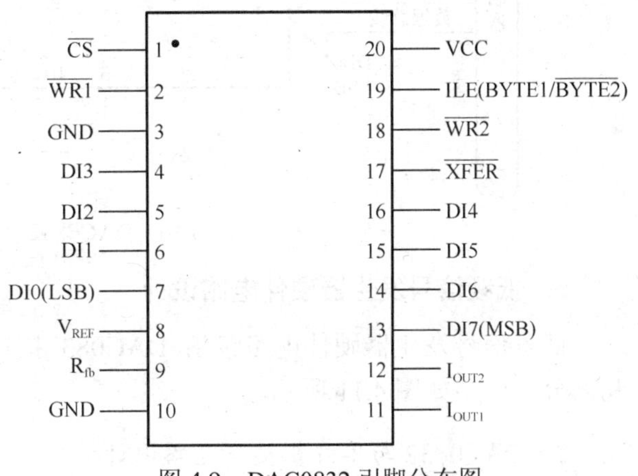

图 4.9　DAC0832 引脚分布图

1）控制引脚

- $\overline{CS}$——片选信号输入端，低电平有效，与 ILE 和 $\overline{WR1}$ 配合使用。
- ILE——数据锁存允许信号输入端，高电平有效，与 $\overline{CS}$ 和 $\overline{WR1}$ 配合使用。
- $\overline{WR1}$——输入寄存器的写选通输入端，负脉冲有效（脉冲宽度应大于 500 ns）。当 $\overline{CS}$ 为 0，ILE 为 1，$\overline{WR1}$ 有效时，来自 DI0～DI7 引脚的数据被锁存到输入寄存器。
- $\overline{XFER}$——数据传输控制信号输入端，低电平有效，$\overline{WR2}$ 配合使用。
- $\overline{WR2}$——DAC 寄存器的写选通输入端，负脉冲有效（脉冲宽度应大于 500 ns）。当 $\overline{XFER}$ 为 0 且 $\overline{WR2}$ 有效时，输入寄存器的数据被传到 DAC 寄存器中。

2）数据引脚

- DI0～DI7——数据输入端，TTL 电平，DI0 为数据最低位，有效时间大于 90 ns。
- I_{OUT1}——电流输出端，当输入全为 1 时，其电流最大。
- I_{OUT2}——电流输出端，其值与 I_{OUT1} 端电流之和为一常数。

3）辅助引脚

- V_{REF} 广基准电压输入端，电压范围为-10 V～+10 V。
- R_{fb}——反馈电阻端，芯片内部此端与 I_{OUT1} 接有一个 15 kΩ 的电阻，由于梯形电阻网络的匹配问题，一般不使用外接电阻。

- VCC——电源电压端，电压范围+5～+15 V。
- GND——模拟地和数字地，模拟地为模拟信号与基准电源参考地；数字地为工作电源地与数字逻辑地（两地最好在基准电源处一点共地）。

4. DAC0832 典型应用电路

打开 DAC0832 芯片手册，可以看到它的典型应用接法如图 4.10 所示。与单片机等微控制器接口部分包括控制信号线和数据信号线。另外，由于 ADC0832 输出的是电流信号，为了获得电压信号，需在输出级接运算放大器进行电流/电压转换。

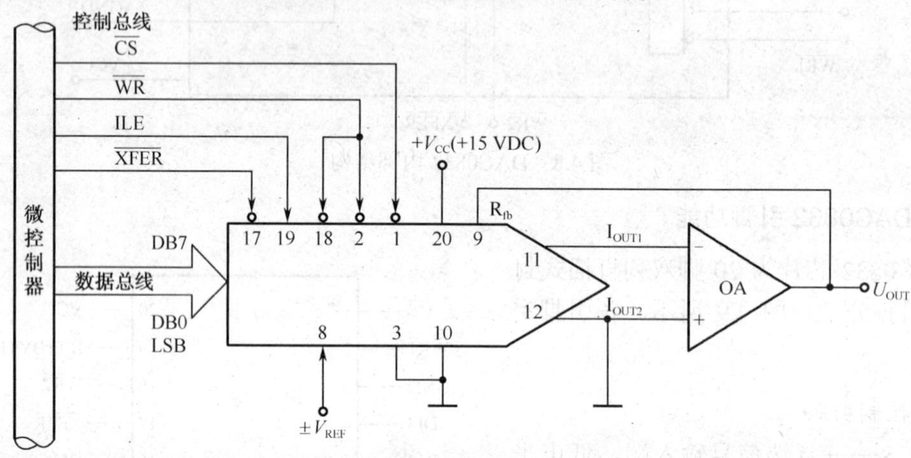

图 4.10　DAC0832 典型应用接法

5. 低频信号发生器硬件电路设计

低频信号发生器硬件电路包括 DAC083 接口电路，电流电压转换电路和人机接口电路几部分，电路如图 4.11 所示。

1）DAC0832 与单片机接口电路设计

DAC0832 采用单缓冲方式进行 D/A 转换，控制信号 ILE 接高电平+5 V、$\overline{\text{XFER}}$ 和 $\overline{\text{WR2}}$ 接地，$\overline{\text{CS}}$ 和 $\overline{\text{WR1}}$ 分别接单片机的 P2.0 口和 P2.1 口，数据引脚 DI0～DI7 接单片机的 P0 口。

2）电流电压转换电路

通常我们在使用 D/A 时，用得较多的是控制电压的变化，而很少去控制电流的变化，有很多 D/A 芯片是直接输出电压的，而 DAC0832 是电流输出型的 D/A。如图 4.10 所示为 DAC0832 芯片手册中的典型应用电路接法，在 I_{OUT1} 输出级后加了一级运算放大器，运算放大器的输出为 U_{OUT}，即这个运算放大器实现了将 DAC0832 输出的电流信号转变成电压信号的功能。

系统采用 UA741 运算放大器构成电流/电压转换电路，I_{OUT1} 接放大器的反向输入端，正向输入端接地，输出端接 DAC0832 的 R_{fb} 引脚形成反馈，从而在放大器的输出脚 6 脚得到正比于 I_{OUT1} 的电压信号，电压信号变化范围为 0～−5 V，如果要得到 0～+5 V 电压可再加一级反相器即可。当然也可以采用改变参考电压 V_{REF} 的电压值改变输出电压的大小。注意 I_{OUT2} 直接接地。

3）人机接口电路设计

系统需要用键盘选择波形并用 LED 灯显示当前输出波形类型的指示，系统设计了 4 个按键分别用于启停、波形选择、调频和调幅，4 盏灯分别做输出波形类型的显示，利用单片机 P1 口进行键盘和灯的控制。

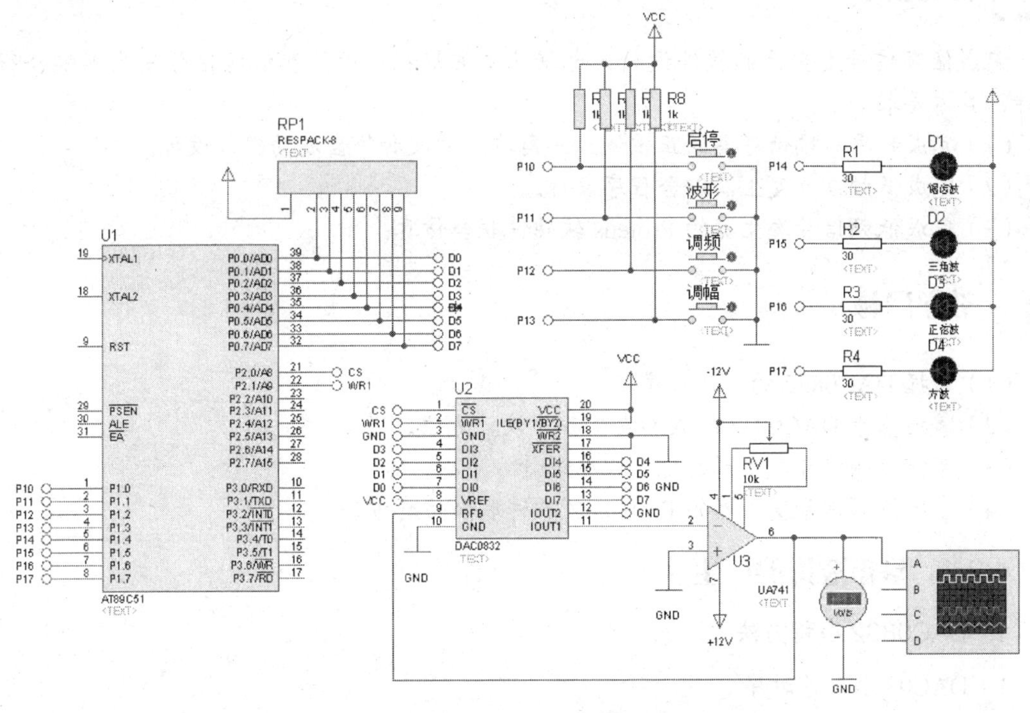

图 4.11　低频信号发生器电路原理图

思考与练习题 9

1. 简答题

（1）简述 D/A 转换器的基本原理。

（2）简述倒 T 形电阻网络 D/A 转换器的基本工作原理。

（3）简述 DA 转换器的主要技术指标。

（4）简述 DAC0832 特点。

（5）简述 DAC0832 的内部结构。

（6）简述 DAC0832 的引脚功能。

（7）简述 DAC0832 的接口电路设计。

（8）简述电流/电压转换电路设计原理。

2. 设计题

（1）完成 DAC0832 数/模转换电路实物电路板 V 制作，要求 DAC0832 工作于直通方式，并结合试验电路板 I 和试验电路板 II 构成系统硬件电路。

（2）拓展题：假设输出电压要求在 0～+5 V 变化，试设计系统的输出电路，在 0～+10 V 变化如何设计呢？

任务 4.2　低频信号发生器的软件设计

任务要求

完成低频信号发生器的软件设计，包括基本波形程序设计和低频信号发生器综合程序设计，具体要求如下。

（1）完成频率和幅值可调的正弦波、三角波、方波和锯齿波的软件设计。

（2）完成低频信号发生器综合程序设计。

（3）完成低频信号发生器的 Proteus 软硬件联合仿真。

教学目标

（1）掌握 DAC0832 的工作时序。

（2）掌握基于 DAC0832 的波形发生程序设计方法。

（3）掌握低频信号发生器的综合程序设计方法。

（4）掌握低频信号发生器的 Proteus 软硬件联合仿真方法。

4.2.1　基本波形的产生

1. DAC0832 编程方法

1）DAC0832 工作时序

DAC0832 芯片的操作时序图如图 4.12 所示，可以看出，当 $\overline{CS}$ 为低电平后，数据总线上数据才开始保持有效，然后再将 $\overline{WR}$ 置低，从 I_{OUT} 线上可看出，在 $\overline{WR}$ 置低 t_s 后 D/A 转换结束，I_{OUT} 输出稳定电流。若只控制完成一次转换的话，接下来将 $\overline{WR}$ 和 $\overline{CS}$ 拉高即可，若连续转换则只需要改变数字端输入数据。

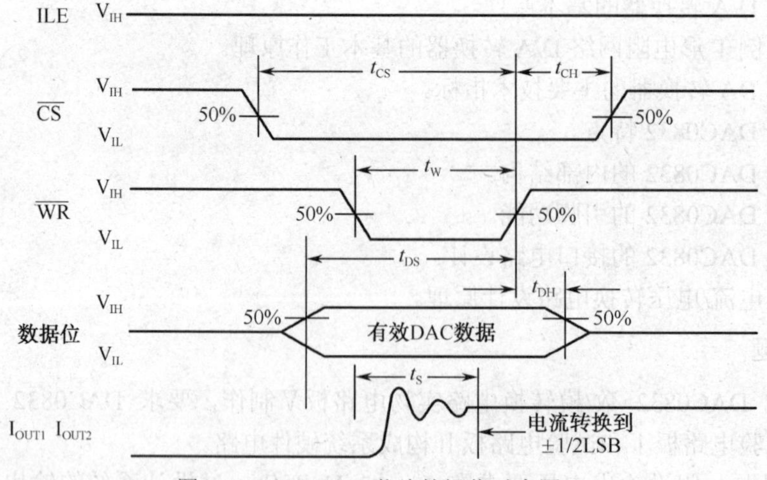

图 4.12　DAC0832 芯片的操作时序图

2）DAC0832 编程步骤

本系统采用单缓冲方式进行 D/A 转换，$\overline{XFER}$ 和 $\overline{WR2}$ 接地，以保证数据写入输入寄存器后可直接到 DAC 寄存器进行转换，其操作时序如图 4.13 所示，由时序图可以看出，单缓冲方式的编程应遵循以下步骤：

（1）ILE 拉为高电平，输入锁存允许信号有效；

（2）放数据到 DI0～DI7 引脚；

（3）$\overline{CS}$ 拉低，片选有效；

（4）$\overline{WR1}$ 拉低，将数据锁存到输入寄存器，同时，由于 $\overline{XFER}$ 和 $\overline{WR2}$ 接地有效，数据将直接进入 DAC 寄存器进行 D/A 转换。

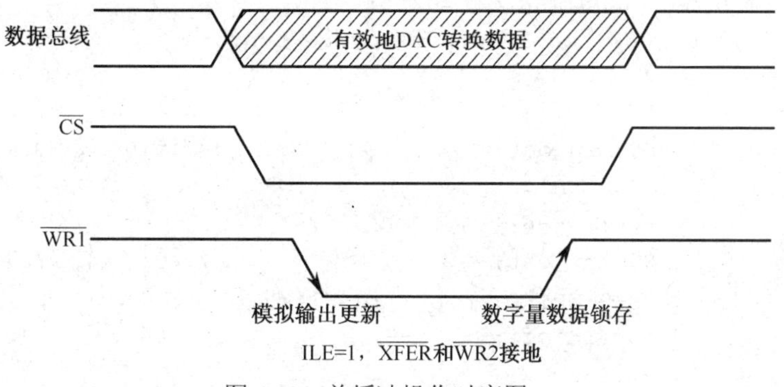

图 4.13　单缓冲操作时序图

2. 可调方波信号的产生

1）功能分析

系统要求产生频率和幅值可调的方波信号，频率的调节通过延时程序可以很方便地实现，幅值则可同过控制 P0 口高电平的数字量来控制，程序流程十分简单，此处不再详述，读者可自行整理。

2）变量定义

方波信号发生程序变量定义如表 4.1 所示。

表 4.1　方波信号发生程序变量定义

变 量 名	数 据 类 型	含　义
CS	sbit P2.0	DAC0832 片选引脚
WR1	sbit P2.1	DAC0832 输入寄存器写引脚
min_dat	unsigned char	方波低电平控制变量
max_dat	unsigned char	方波高电平控制变量
cycle	unsigned int	周期控制变量
ton	unsigned int	高电平时间控制变量
toff	unsigned int	低电平时间控制变量

3）源程序

```
#include"reg51.h"
#include"intrins.h"
sbit CS=P2^0;                              //DAC0832 片选引脚
sbit WR1=P2^1;                             //DAC0832 输入寄存器写引脚
unsigned char min_dat,max_dat;             //高低电平幅值控制变量
unsigned int cycle,ton,toff;               //高低电平延时控制变量
void main()
{
        unsigned int i;
        min_dat=0x00;max_dat=0xff;
        cycle=2000;ton=1000;toff=cycle-ton;
        while(1)
        {
                P0=min_dat;                //送 D/A 转换低电平数字量数据
                CS=0;WR1=0;_nop_();CS=1;WR1=1;    //送数字量到 DAC0832
                for(i=ton;i>0;i--);
                P0=max_dat;                //送 D/A 转换高电平数字量数据
                CS=0;WR1=0;_nop_();CS=1;WR1=1;
                for(i=toff;i>0;i--);       //高电平持续时间
        }
}
```

4）程序说明

（1）幅值控制

程序中变量 max_dat 和 min_dat 分别对应高/低电平数字量的大小，改变其值在 0～255 之间变化就可以使输出电压的高/低电平在 0～-5 V 范围内变化，从而实现波形幅值的调整。

（2）频率控制

程序中变量 cycle、ton 和 toff 分别是周期、高电平和低电平持续时间控制变量，“for(i=ton;i>0;i--);”语句为延时程序，延时时间的长短取决于变量 ton 和 toff 的大小，此处都值赋为 1000，周期大约为 22.5 ms。

5）程序仿真

仿真截图如图 4.14 所示，频率为 44.4 Hz，幅值为 5 V。改变幅值和周期控制变量即可得到不同频率和幅值的方波信号，并且可以很容易改变占空比的大小。

3. 可调锯齿波信号的产生

1）功能分析

单片机编程产生的锯齿波，其斜线部分由多个阶梯波组成，如图 4.15 所示，幅值的控制可以通过限制锯齿波最大电压值来实现，假设采用每次递减或递增 1 产生阶梯波，则幅值不同阶梯的个数就不一致，而周期由各阶梯波持续时间的总和决定。所以周期的控制需要与幅值协同进行。

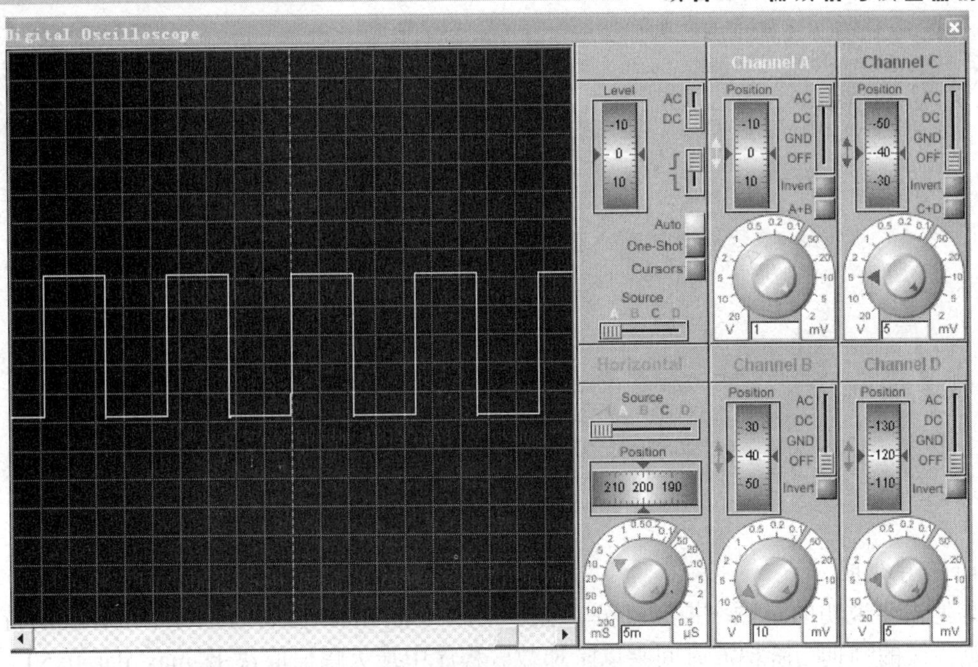

图 4.14　可调方波程序仿真截图

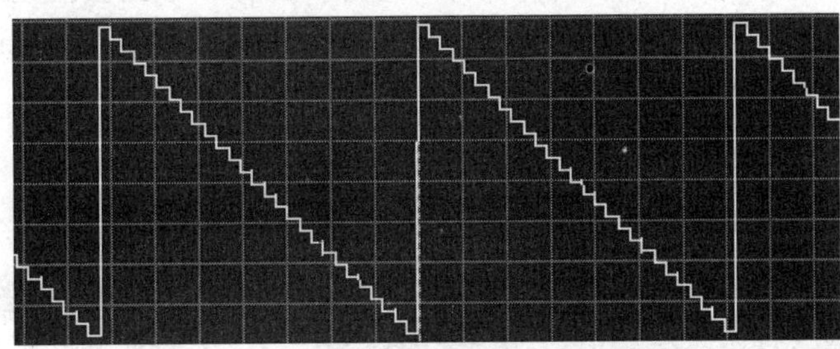

图 4.15　单片机产生的锯齿波波形

2）变量定义

锯齿波信号发生程序变量定义如表 4.2 所示。

表 4.2　锯齿波信号发生程序变量定义

变 量 名	数 据 类 型	含　义
CS	sbit P2.0	DAC0832 片选引脚
WR1	sbit P2.1	DAC0832 输入寄存器写引脚
max_dat	unsigned char	锯齿波幅值控制变量
trap_time	unsigned int	阶梯波延时控制变量

3）源程序

```
#include"reg51.h"
#include"intrins.h"
sbit CS=P2^0;
sbit WR1=P2^1;
```

```
unsigned char max_dat ;       //max 最大值取 0XFF
unsigned int trap_time;       //阶梯延时时间，每个阶梯波时间乘阶梯数为锯齿波周期
void main()
{
        unsigned int i;
        max_dat=0X50;         //幅值约为 1.6 V
        trap_time=10;         //每个阶梯延时 120 μs，80 个阶梯，周期约为 10 ms
        while(1)
        {
                P0+=1;        //数字量每次加 1
                CS=0;WR1=0;_nop_();CS=1;WR1=1;
                for(i=trap_time;i>0;i--);       //单阶梯延时控制
                if(P0>=max_dat)P0=0XFF;         //超过最大幅值则回 0
        }
}
```

4）程序说明

此处需要说明的是频率控制部分，程序中的 trap_time 控制的是每个阶梯波的持续时间，锯齿波的周期为阶梯波时间乘以阶梯数。程序中最大幅值取决于 max_dat=0x50，即一个锯齿波由 80 个阶梯组成，每个阶梯持续时间约为 120 μs，锯齿波周期约为 960 μs，再加上辅助功能指令的执行时间等，仿真图形的周期约为 10 ms。改变 trap_time 和 max_dat 参数即可修改波形的幅值和频率，但精度较差。

5）程序仿真

程序仿真结果如图 4.16 所示。频率为 100 Hz，幅值为 1.6 V。

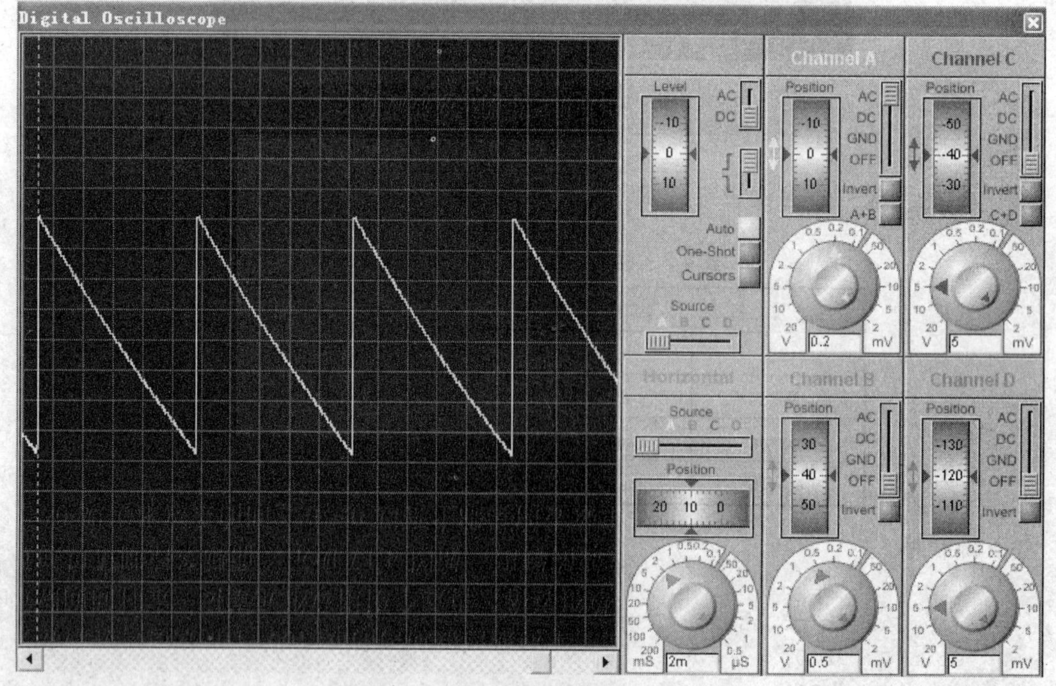

图 4.16　可调锯齿波程序仿真截图

4. 可调正弦波信号产生

1）功能分析

正弦波波形的正弦值可直接采用数学函数 sin()生成，但其运算所占内存单元数量庞大，且运算速度较慢，不能实现频率较高正弦波的生成，所以在单片机程序设计中常采用查表的方式生成正弦波。程序中，可在一个周期内取均匀的取 100 个正弦值，并转换为对应的 0X00～0XFF 之间的数字量组成数组表格，再逐个引用数组元素按一定时间间隔送至 DAC0832 进行数/模转换即可实现正弦波的输出，如图 4.17 所示。而频率控制可以通过控制各阶梯波的延时来实现，幅值可在正弦表的基础上乘以 0～1 之间的系数来实现 0～5 V 的调节。

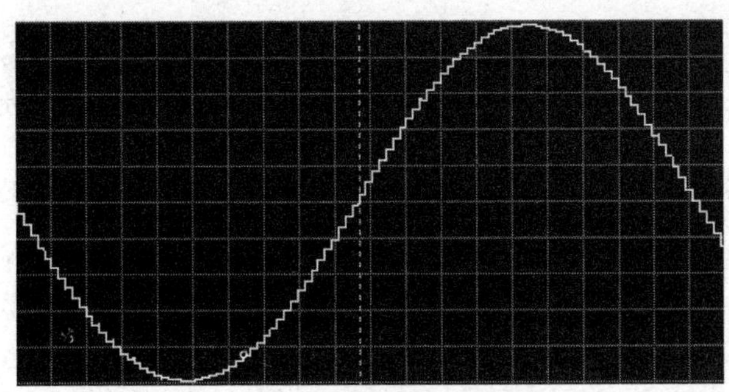

图 4.17 单片机产生的正弦波波形

2）变量定义

锯齿波信号发生程序变量定义如表 4.3 所示。

表 4.3 锯齿波信号发生程序变量定义

变 量 名	数 据 类 型	含 义
CS	sbit P2.0	DAC0832 片选引脚
WR1	sbit P2.1	DAC0832 输入寄存器写引脚
sin_tab[100]	unsigned char 型数组	幅值为 1 时的正弦表，参考正弦表
sin_tab1[100]	unsigned char 型数组	幅值调节后的正弦表，送 DAC0832
amp	float	正弦波幅值控制变量
trap_time	unsigned int	正弦阶梯波延时控制变量

3）源程序

```
#include"reg51.h"
#include"intrins.h"
sbit CS=P2^0;
sbit WR1=P2^1;
unsigned char code  sin_tab[100]={127,135,143,151,159,166,174,181,188,
                                  195,202,              //正弦表
                                  208,214,220,225,230,234,238,242,245,
                                  248,250,251,252,253,254,253,252,251,
```

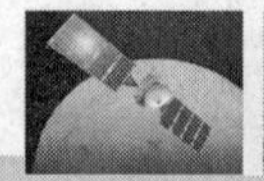

```
                       250,248,245,242,238,234,230,225,220,
                       214,208,202,195,188,181,174,166,159,
                       151,143,135,127,119,111,103,95,88,
                       80,73,66,59,52,46,40,34,29,24,20,16,
                       12,9,6,4,3,2,1,0,1,2,3,4,6,9,12,16,
                       20,24,29,34,40,46,52,59,66,73,80,88,
                       95,103,111,119};        //正弦表
unsigned char sin_tab1[100];     //保存改变幅值后的正弦表，该表内容送DAC0832
unsigned char trap_time;         //阶梯波延时控制变量
float amp;                       //幅值控制变量
void main()
{
        unsigned char i,j;
        trap_time=10;//阶梯波延时10 μs，100个阶梯波组成正弦，正弦周期约为10 ms
        amp=0.5;                 //幅值为2.5 V
        for(i=0;i<100;i++)       //根据幅值变量更新正弦表内容
                sin_tab1[i]=amp*sin_tab[i];
        while(1)
        {
                for(i=0;i<100;i++)
                {
                        P0=sin_tab1[i];                  //送正弦值
                        CS=0;WR1=0;_nop_();CS=1;WR1=1;
                        for(j=trap_time;j>0;j--);        //阶梯波延时
                }
        }
}
```

4）程序说明

此处重点说明正弦波幅值的控制，程序中定义了两个数组 sin_tab[100]和 sin_tab1[100]，sin_tab[100]存放基数为 1（即幅值为 5 V）的正弦表，sin_tab1[100]存放乘幅值系数后的正弦表，变量 amp 为幅值系数，在 0～1 之间取值。每次需要更改正弦幅值时，做“sin_tab1[i]=amp*sin_tab[i];”运算，实现新正弦表运算并更新正弦表的功能来实现幅值的调节。

5）程序仿真

正弦波程序仿真截图如图 4.18 所示。频率为 100 Hz，幅值为 2.5 V。

5. 可调三角波信号产生

1）功能分析

三角波的产生原理与锯齿波相似，不同之处在于从最小值递增到最大值后，再由最大值递减到最小值，不断循环。

2）变量定义

锯齿波信号发生程序变量定义如表 4.4 所示。

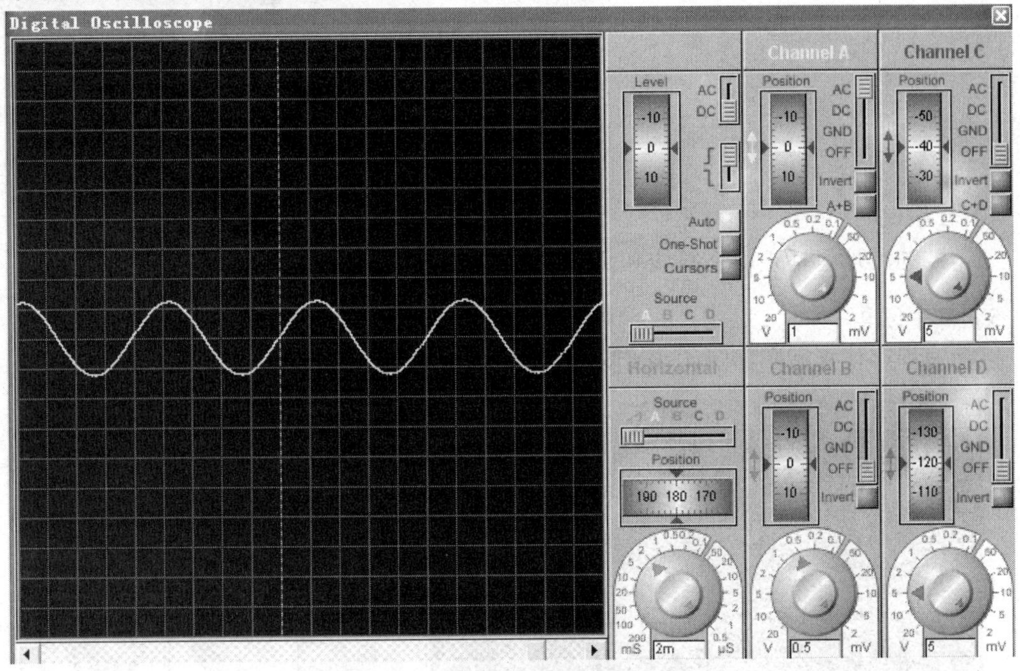

图 4.18 正弦波产生函数仿真截图

表 4.4 锯齿波信号发生程序变量定义

变 量 名	数 据 类 型	含 义
CS	sbit P2.0	DAC0832 片选引脚
WR1	sbit P2.1	DAC0832 输入寄存器写引脚
max_dat	unsigned char	三角波幅值控制变量
trap_time	unsigned char	三角阶梯波延时控制变量
rise	bit	递增递减标志，为 1 递增

3）源程序

```
#include"reg51.h"
#include"intrins.h"
sbit CS=P2^0;
sbit WR1=P2^1;
unsigned char trap_time,max_dat;          //阶梯波延时控制和幅值控制变量
bit rise;                                 //递增递减标志
void main()
{
    unsigned char i;
    max_dat=0XA0;                         //幅值为 4 V
    trap_time=10;                         //周期为 30 ms
    rise=1;                               //初始波形递增
    while(1)
    {
        if(rise){P0+=1;if(P0==max_dat)rise=0;}     //波形递增
```

```
                else{P0-=1;if(P0==0x00)rise=1;}                     //波形递减
                CS=0;WR1=0;_nop_();CS=1;WR1=1;
                for(i=trap_time;i>0;i--);                           //阶梯波延时
        }
    }
```

4）程序说明

三角波的波形包括正斜率斜线和负斜率斜线，用标志位 rise 指明。

5）程序仿真

三角波程序仿真截图如图 4.19 所示。频率为 33.3 Hz，幅值为 4 V。

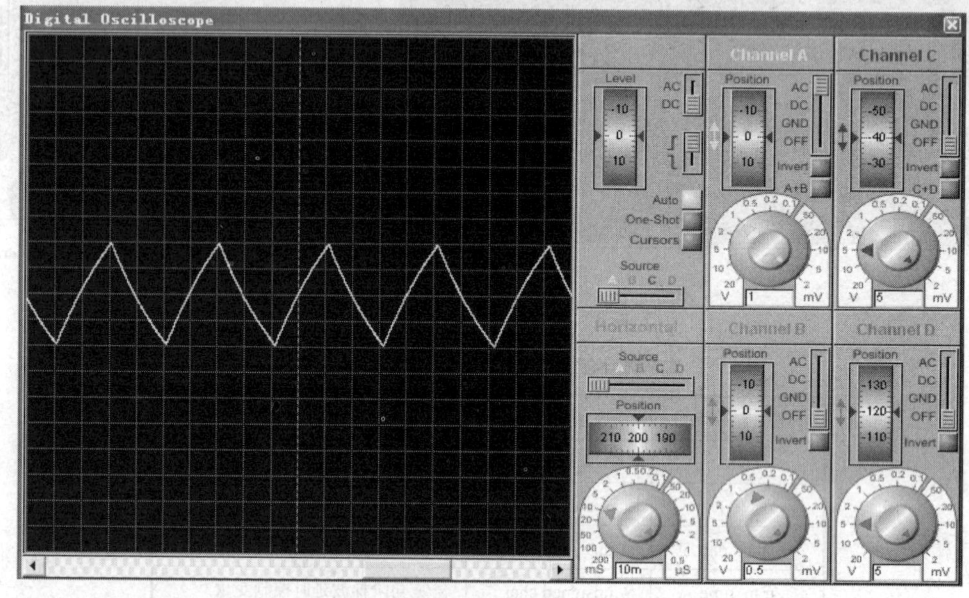

图 4.19　三角波发生程序仿真截图

4.2.2　可调低频信号发生器的设计

1. 系统功能分析

低频信号发生器要求能产生频率和幅值可调的正弦波、三角波、方波和锯齿波信号。系统的启停、波形的选择、频率的调节和幅值的调节由 4 个独立式按键控制实现。为了兼顾键盘输入和波形发生两个程序的实时处理，系统采用定时器中断程序实现波形的发生功能，而采用查询方式实现波形选择、调频和调幅等控制程序的编写。

2. 程序流程图

程序主要由主程序和定时器中断程序两部分组成。主程序完成初始化工作后，不断循环扫描按键，并根据按键值执行信号发生器的启停、波形选择、调频和调幅功能。定时中断程序主要完成波形产生的功能。此处重点介绍主程序流程，如图 4.20 所示。

3. 变量定义

锯齿波信号发生程序变量定义如表 4.5 所示。

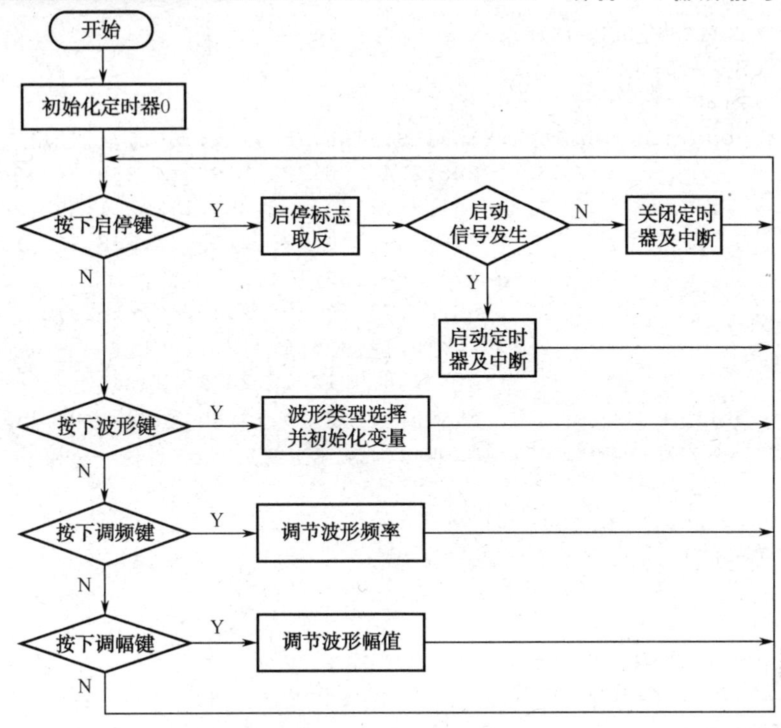

图 4.20　主程序流程图

表 4.5　锯齿波信号发生程序变量定义

变 量 名	数 据 类 型	含　义
CS	sbit P2.0	DAC0832 片选引脚
WR1	sbit P2.1	DAC0832 输入寄存器写引脚
wave_on	bit	波形发生启停标志，为 1 启动波形发生
wave_cat	unsigned char	波形类型变量
sin_num	unsigned char	正弦查表元素选择变量
low	bit	方波高低电平状态变量，为 1 表示当前正发送低电平
max_dat	unsigned char	三角波、阶梯波和方波幅值控制变量
trap_time	unsigned char	三角波、阶梯波和正弦波阶梯延时控制变量
rise	bit	三角波递增递减标志，为 1 递增

4. 系统源程序

```
#include"reg52.h"
#include"intrins.h"
#include"math.h"
#define uint unsigned int
#define uchar unsigned char
#define JVCI_LED 0xEF;
#define TRI_LED 0XDF;
#define SIN_LED 0XBF;
```

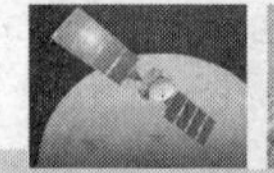

```
#define PULSE_LED 0X7F;
sbit CS=P2^0;
sbit WR1=P2^1;
uchar code sin_tab[100]={127,135,143,151,159,166,174,181,188,195,202,
                         208,214,220,225,230,234,238,242,245,248,250,
                         251,252,253,254,253,252,251,250,248,245,242,
                         238,234,230,225,220,214,208,202,195,188,181,
                         174,166,159,151,143,135,127,119,111,103,95,
                         88,80,73,66,59,52,46,40,34,29,24,
                         20,16,12,9,6,4,3,2,1,0,1,
                         2,3,4,6,9,12,16,20,24,29,34,
                         40,46,52,59,66,73,80,88,95,103,111,119};
uchar max_dat,wave_cat,sin_num;
uint trap_time;
bit wave_on,rise,low;
void main()
{
    TMOD=0X01;
    TH0=(65536-100)/256;
    TL0=(65536-100)%256;
    while(1)
    {
      if((P1&0x0F)!=0x0F)
      {
         switch(P1&0X0F)
         {
           case 0X0E:              //启停控制
           {
               wave_on=~wave_on;
               if(wave_on){TR0=1;EA=1;ET0=1;}
               else{TR0=0;ET0=0;P1=0XFF;}
               break;
           }
           case 0X0D:              //波形选择
           {
               if(wave_cat++>3)wave_cat=1;
               switch(wave_cat)
               {
                  case 1:{P1=JVCI_LED;max_dat=0xff;trap_time=100;break;}
                  case 2:{P1=TRI_LED;max_dat=0xFF;trap_time=100;break;
                  case 3:{P1=SIN_LED; trap_time=100; sin_num=0; break;}
                  case 4:{P1=PULSE_LED;trap_time=100;max_dat=0xFF;break;}
               }
               break;
           }
           case 0X0B: trap_time+= 50; break;                  //调频
```

```
            case 0X07: {if(wave_cat!=3) max_dat-=5; break; }    //调幅
        }
        while((P1&0x0F)!=0x0F);
      }
    }
  }
void int_t0() interrupt 1
{
    TH0=(65536-trap_time)/256;
    TL0+=(65536-trap_time)%256;
    switch(wave_cat)
    {
        case 1:
        {
            P0+=5;
            CS=0;WR1=0;_nop_();CS=1;WR1=1;
            if(P0>=max_dat)P0=0XFF;
            break;
        }
        case 2:
        {
            if(rise){P0+=5;if(P0==max_dat)rise=0;}
            else {P0-=5;if(P0==0)rise=1;}
            CS=0;WR1=0;_nop_();CS=1;WR1=1;
            break;
        }
        case 3:
        {
            P0=sin_tab[sin_num];
            CS=0;WR1=0;_nop_();CS=1;WR1=1;
            if(sin_num++>=99)sin_num=0;
            break;
        }
        case 4:
        {
            if(low){P0=max_dat;low=0;}
            else {P0=0X00;low=1;}
            CS=0;WR1=0;_nop_();CS=1;WR1=1;
            break;
        }
    }
}
```

5. 程序说明

此程序实现了性能较为粗糙的信号发生器功能，主要受限于 51 单片机的运行频率不高和内存较小的不足，但又不能将系统拓展得过于复杂，下面将对程序的不足和进一步拓展的思路做一详细说明，便于读者自行扩展。

1）频率调节

（1）三角波调频

输出数字量每次递增 5，当幅值设为 5 V 时，将 0～255 分成 52 个数进行发送，构成 52 个阶梯波，因此该三角波由 52 个上升阶梯波和 51 个下降阶梯波构成，注意阶梯波的数量与幅值有关，周期取决于各阶梯波的持续时间，在此选择单片机时钟频率为 24 MHz，定时器溢出周期初始化为 50 μs，即每个阶波梯持续时间为 50 μs，从而计算最大频率为 $1/(103\times50\div10^6)$=194.2 Hz，而通过调频键可以减小频率到 $1/(103\times65\,536\div10^6)$=0.15 Hz。

（2）锯齿波调频

类似于三角波，当幅值设为 5 V 时，锯齿波由 52 个阶梯波构成，注意阶梯波的数量与幅值有关，选择单片机时钟频率为 24 MHz，定时器溢出周期初始化为 50 μs，即每个阶波梯持续时间为 50 μs，从而计算最大频率为 $1/(52\times50\div10^6)$=384.6 Hz，而通过调频键可以减小频率到 $1/(52\times65\,536\div10^6)$=0.3 Hz。

（3）方波频调频

不同于前面的两种波形，方波信号是由高低两种电平构成选择单片机时钟频率为 24 MHz，定时器溢出周期初始化为 50 μs，从而计算最大频率为 $1/(2\times50\div10^6)$=10 kHz，而通过调频键可以减小频率到 $1/(2\times65\,536\div10^6)$=7.6 Hz。

（4）正弦波调频

正弦波由 100 个阶梯波构成，选择单片机时钟频率为 24 MHz，定时器溢出周期初始化为 50 μs，即每个阶波梯持续时间为 50 μs，从而计算最大频率为 $1/(100\times50\div10^6)$=200 Hz，而通过调频键可以减小频率到 $1/(200\times65\,536\div10^6)$=0.76 Hz。

观察阶梯波和三角波的频率调节会受到阶梯波个数（即幅值大小）的影响，精度要求较高时，阶梯延时可采用“阶梯延时=周期÷阶梯波个数”计算得到。

2）幅值调节

（1）三角波、锯齿波、方波调幅

三角波、锯齿波和方波的幅值取决于单片机输出到 DA0832 的数字量和参考电压，程序中每当识别到调幅键被按下时，幅值减 5，但这样处理会改变阶梯波的个数，导致幅值改变时频率也会随之变大，这是系统的不足。同理，精度要求较高时，阶梯延时可采用“阶梯延时=周期÷阶梯波个数”计算得到。幅值最大约 5 V，最小可降到 0 V。

（2）正弦波调幅

由于 51 单片机的内存受限，该程序中并未实现正弦波的幅值调节功能，幅值调节功能可采用如下方法实现：定义一幅值系数 sin_amp，每次按键后修改正弦表中的内容，即各元素乘以 sin_amp，再暂存到 RAM 中，执行正弦函数输出时，从计算后存放在 RAM 中的正弦表中依次取数据送入 DAC0832 即可。即在调幅按键中加入如下程序段。

```
if(wave_cat==3)
{
        sine_amp+=0.1;
        if(sine_amp>1.0)sine_amp=0.1;
        for(sin_num=0;sin_num<100;sin_num++)
```

```
                {sin_tab1[sin_num]=sine_amp*sin_tab[sin_num];}
            break;
        }
```

但此种做法需要用到浮点数运算和大量的 RAM 存储单元，可采用存储器扩展的方法实现，此系统设计未完成这部分工作。

6. 系统仿真

系统仿真截图如图 4.21 所示，按启停键，再按波形键，选择输出锯齿波，按调频或调幅键可改变输出锯齿波的频率和幅值；再按波形键可选择性输出不同的波形，并进行波形频率和幅值的修改。

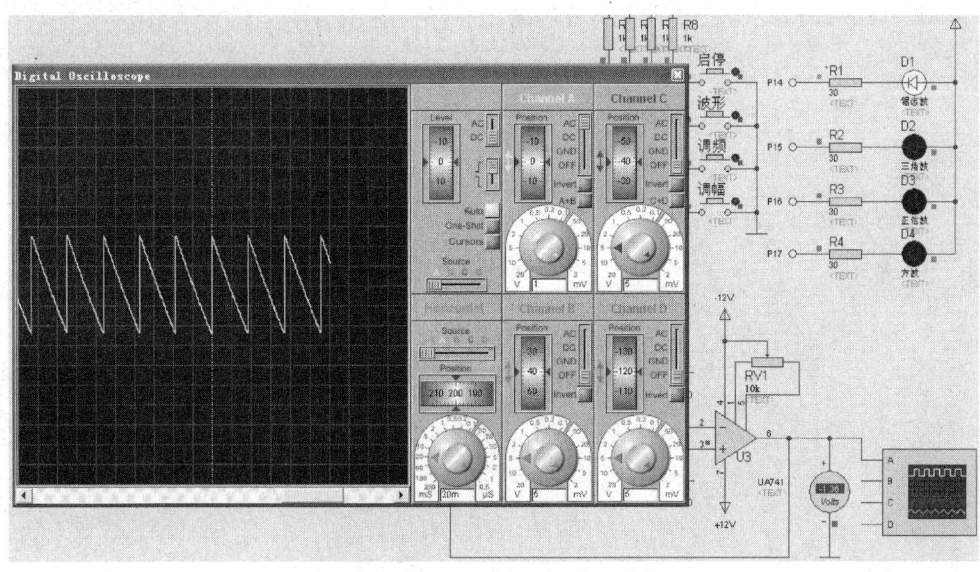

图 4.21　低频信号发生器仿真截图

思考与练习题 10

1. 简答题

（1）简述 DAC0832 的操作时序。

（2）简述 DAC0832 直通方式编程时序及步骤。

（3）简述低频信号发生器中三角波、锯齿波的编程原理。

（4）简述低频信号发生器中正弦波的查表方式编程方法。

（5）简述三角波、锯齿波和方波的调频、调幅设计方法。

（6）简述正弦波调频、调幅设计方法。

2. 设计题

（1）设计三角波输出信号，要求三角波频率为 50 Hz，幅值为 4 V，阶梯递进为 1，详细计算频率和幅值的实现的相关数据。

（2）设计正弦波输出信号，要求正弦波频率为 100 Hz，幅值为 4.5 V，详细分析频率计算及实现方法。

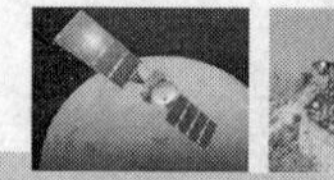

（3）设计 LED 灯亮度调节系统。要求结合 DAC0832 数/模转换电路，再设 8 个拨码键盘和一个 LED 灯电路，根据按键组合形式输出不同的电压控制灯的亮度。完成系统的 Proteus 软硬件仿真设计。

（4）拓展题：结合 ADC0809 模/数转换电路和 DAC0832 设计灯的亮度控制系统，要求利用电位器调节灯的亮度。

注：程序设计题全部要求完成流程图绘制、软件的编写、编译及软硬件仿真调试等功能，并按要求撰写设计报告。

项目5 数据存储及回放系统设计

项目要求

设计一数据存储及回放系统。要求利用 I^2C 通信的 AT24C02 存储芯片进行数据的存储；4×4 矩阵键盘实现数据的输入及系统的功能控制；LCD1602 进行系统工作过程的信息提示和数据显示。具体要求如下。

（1）系统有数据存储和数据回放两种工作模式，这两种工作模式可通过矩阵键盘进行调用。

（2）数据存储模式中，要求利用键盘输入 0～9 的 ASCII 码进行存储，数据所存储的单元地址可以任意选择。

（3）数据回放模式中，可选择性回放存储单元内任意地址单元的数据。

项目拓展要求

（1）可拓展数据采集系统的设计。如对电压、电流、温度、湿度、压力、流量、声音等物理量信号的采集并存储，形成生产过程中的历史数据。

（2）可拓展回放系统。如液晶系统显示历史数据曲线，语音系统回放历史声音等。

（3）可拓展电子密码锁、声音录放器、生产过程报表制作等综合系统的设计。

系统方案

1. 数据存储芯片

数据存储选用具有 I^2C 通信接口的 AT24C02 芯片。I^2C 通信接口具有硬件资源占用少，可扩展性强等优点，AT24C02 具有掉电不丢失、数据保存时间长、可重复擦写次数多的优点。

2. 输入设备

采用 4×4 矩阵键盘作为系统功能控制和数据输入设备。4×4 矩阵键盘共有 16 个按键，仅需 8 个单片机 I/O 口，具有 I/O 资源占用少的优点。

3. 显示器件

采用 LCD1602 液晶显示器进行提示信息和数据的显示，LCD1602 相比于数码管具有功耗小、显示精度高、显示字符丰富等优点，当然 LCD1602 不能显示中文和曲线画面等，但这种缺陷不影响系统功能的实现。

任务分解

该系统分解为单片机模拟 I²C 通信程序设计和基于 AT24C02 的数据存储及回放系统设计两个任务，具体包括认识 I²C 通信、单片机模拟 I²C 通信时序的软硬件实现、认识 AT24C02 芯片、矩阵键盘软硬件设计和基于 AT24C02 的数据存储及回放系统软硬件设计等几部分。

任务 5.1 单片机模拟 I²C 串口通信程序设计

任务要求

利用 AT89S51 单片机编程模拟 I²C 串行通信时序，能实现与基于 I²C 串行通信器件的数据传输，具体要求如下。

（1）完成 I²C 通信接口电路设计。

（2）完成单片机模拟 I²C 串行通信时序的程序设计。

教学目标

（1）掌握 I²C 通信原理及通信协议。

（2）掌握 I²C 通信接口电路的设计。

（3）掌握单片机模拟 I²C 通信程序的设计方法。

5.1.1 认识 I²C 通信

1. I²C 总线概述

I²C 总线是一种串行通信总线标准，采用串行总线技术可以使系统的硬件设计大大简化、系统的体积减小、可靠性高。同时，系统的更改和扩充极为容易。常用的串行扩展总线有：I²C（Inter-Integrated Circuit）总线、Microwire/PLUS、单总线（1-Wire Bus）及 SPI（Serial Peripheral Interface）总线等。

I²C 总线由 PHILIPS 公司推出的一种串行总线，是近年来微电子通信控制领域广泛采用的一种新型总线标准，它是同步通信的一种特殊形式，具有接口线少、控制简单、器件封

装形式小、通信速率较高等优点。

I^2C 总线具备多主机系统所需的包括总线裁决和高低速器件同步功能的高性能串行总线。I^2C 总线只有两根双向信号线：一根是数据线 SDA，另一根是时钟线 SCL。多主 I^2C 通信系统的连接如图 5.1 所示。

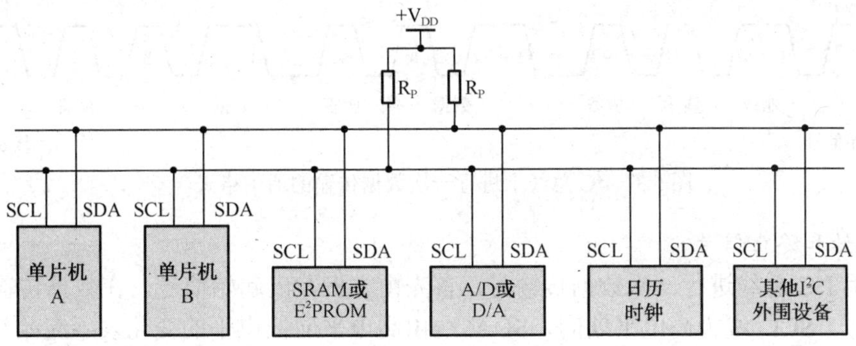

图 5.1　多主 I^2C 通信系统的连接

I^2C 总线通过上拉电阻接正电源。当总线空闲时，两根线均为高电平。连到总线上的任意一个器件输出的低电平，都将使总线的信号变低，即各器件的 SDA 及 SCL 都是线"与"关系。

每个接到 I^2C 总线上的器件都有唯一的地址。主机与其他器件间的数据传送可以由主机发送数据到其他器件，这时主机即为发送器。由总线上接收数据的器件则为接收器。

I^2C 总线支持多主和主从两种工作方式。在多主机系统中，可能同时有几个主机企图启动总线传送数据。为了避免混乱，I^2C 总线要通过总线仲裁，以决定由哪一台主机控制总线。

在主从工作方式中，系统中只有一个主器件（单片机），其他器件都是具有 I^2C 总线的外围从器件。主器件启动数据的发送（发出启动信号），产生时钟信号，发出停止信号。单主机主从方式 I^2C 总线系统硬件结构图如图 5.2 所示。

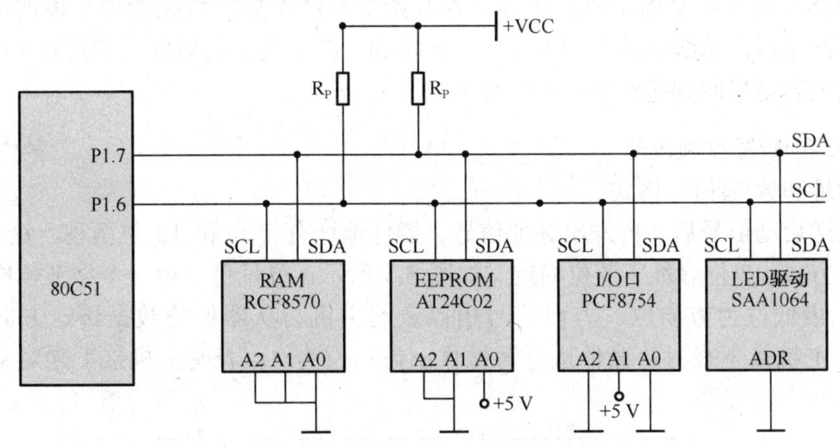

图 5.2　单主机主从方式 I^2C 总线系统硬件结构图

2. I^2C 通信协议

1）I^2C 通信数据传输格式

如图 5.3 所示为 I^2C 总线上进行一次数据传输的通信格式。由通信格式可以看出数据的通信是在 SCL 和 SDA 两个信号的配合下完成的。一次完整的数据通信往往由起始信号、地

址信号、读/写控制信号、数据、应答信号和结束信号等内容组成。

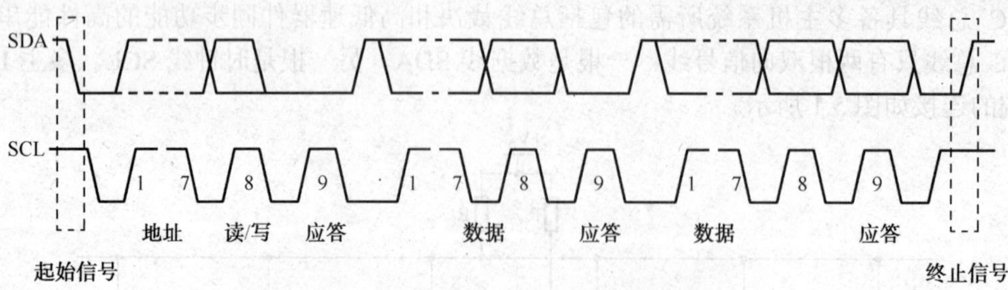

图 5.3 I^{2}C 总线上进行一次数据传输的通信格式

2）起始和终止信号

在利用 I^{2}C 总线进行一次数据传输时，首先由主机发出起始信号，在数据传输结束时发送终止信号。SCL 线为高电平期间，SDA 线由高电平向低电平的变化表示起始信号；SCL 线为高电平期间，SDA 线由低电平向高电平的变化表示终止信号。I^{2}C 总线起始和终止信号如图 5.4 所示。

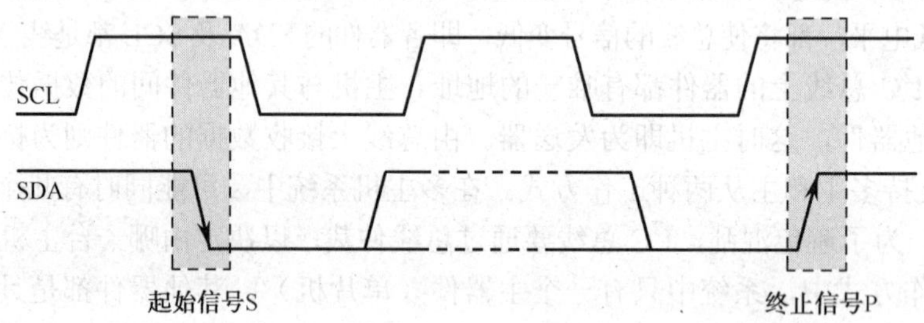

图 5.4 I^{2}C 总线起始和终止信号

起始和终止信号都是由主机发出的，在起始信号产生后，总线就处于被占用的状态；在终止信号产生后，总线就处于空闲状态。连接到 I^{2}C 总线上的器件，若具有 I^{2}C 总线的硬件接口，则很容易检测到起始和终止信号。

3）地址和读/写控制信号

（1）地址和读/写信号格式

主机发送启动信号后，再发出寻址信号。器件地址有 7 位和 10 位两种，这里只介绍 7 位地址寻址方式。7 位寻址字节位的定义如图 5.5 所示，寻址信号由一个字节构成，高 7 位为地址位，最低位为方向位。方向信号用以表明主机与从器件的数据传送方向。方向位为 0，表明主机接下来对从器件进行写操作；方向位为 1，表明主机接下来对从器件进行读操作。

位:	7	6	5	4	3	2	1	0
	从机地址							$R/\overline{W}$

图 5.5 寻址字节位的定义

（2）从机地址接收处理

主机发送地址时，总线上的每个从机都将这 7 位地址码与自己的地址进行比较，如果

相同，则认为自己正被主机寻址，根据R/W位将自己确定为发送器或接收器。

（3）7位从机地址构成

从机的地址由固定部分和可编程部分组成。在一个系统中可能希望接入多个相同的从机，从机地址中可编程部分决定了可接入总线的同类器件的最大数目。若一个从机的7位寻址位有4位是固定位，3位是可编程位，即在同一系统中主机可寻址8个同样型号的I^2C器件。

4）字节数据传输

（1）字节数据传送协议

I^2C 总线协议规定：每一个字节必须保证是8位长度，数据传送时，先传送最高位（MSB），再由高位到低位逐位发送；每传送一个字节数据（含地址及命令字）后，都要有一个应答或非应答信号，应答或非应答信号由接收设备产生。一帧数据传输时序图如图5.6所示。

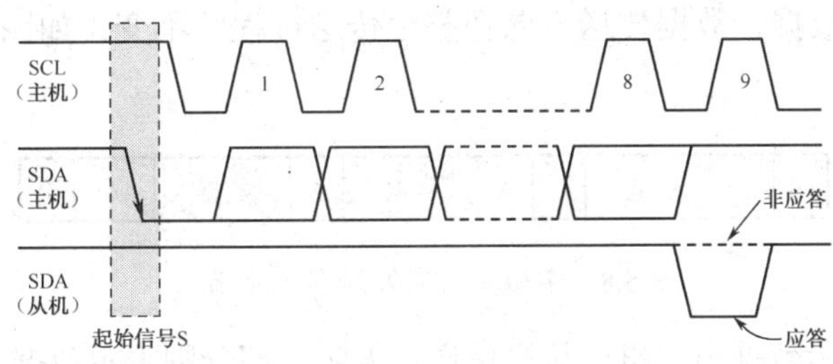

图5.6　一帧数据传输时序图

（2）数据位的有效性规定

每一位数据的传输包括数据发送和数据接收两个步骤：I^2C 总线进行数据传送时，只有在时钟信号线（SCL）为低电平期间，数据线（SDA）上的数据才能进行高、低电平的变化；时钟信号（SCL）为高电平期间，数据线（SDA）上的数据必须保持稳定。即SCL拉低时，发送方发送数据位，SCL拉高时，接收方接收数据位，如图5.7所示。

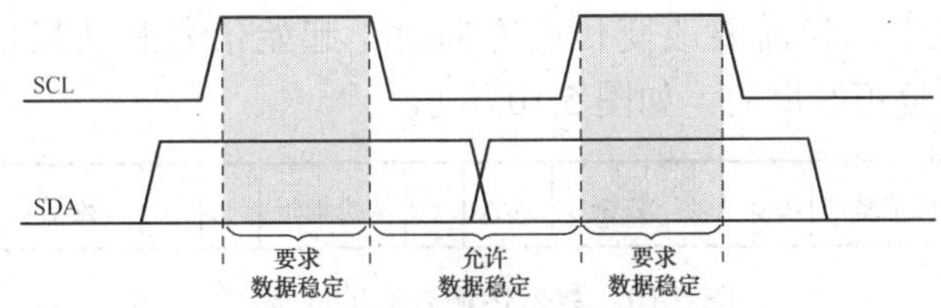

图5.7　I^2C 数据位的有效性规定

（3）应答和非应答信号

I^2C 总线协议规定，每传送一个字节数据（含地址及命令字）后，都要有一个应答信号，以确定数据传送是否被对方收到。由于某种原因从机不对主机寻址信号应答时（如从机正在进行实时性的处理工作而无法接收总线上的数据），它必须将数据线置于高电平，而由主机产生一个终止信号以结束总线的数据传送。

如果从机对主机进行了应答，但在数据传送一段时间后无法继续接收更多的数据时，从机可以通过对无法接收的第一个数据字节的“非应答”通知主机，主机则应发出终止信

号以结束数据的继续传送。

当主机接收数据时，它收到最后一个数据字节后，必须向从机发出一个结束传送的信号。这个信号是由对从机的“非应答”来实现的。之后，从机释放 SDA 线，以允许主机产生终止信号。

应答和非应答信号由接收设备产生，在 SCL 信号为高电平期间，接收设备将 SDA 拉为低电平，产生应答信号；在 SCL 信号为高电平期间，接收设备将 SDA 拉为高电平，即产生非应答信号。时序图如图 5.6 所示。

5）数据传输方式

I^2C 总线上传送的数据信号是广义的，既包括地址信号，又包括真正的数据信号。由图 5.3 可以看出，在起始信号后必须传送一个从机的地址（7 位），第 8 位是数据的传送方向位，用“0”表示主机发送数据，“1”表示主机接收数据。每次数据传送总是由主机产生的终止信号结束。在总线的一次数据传送过程中，有以下几种组合方式。

主机向从机发送数据，数据传送方向在整个传送过程中不变，如图 5.8 所示。对该图示做如下说明。

图 5.8　主机单方向发送多个字节

- 有阴影部分表示数据由主机向从机传送，无阴影部分则表示数据由从机向主机传送。
- A 表示应答，$\overline{A}$ 表示非应答（高电平）。S 表示起始信号，P 表示终止信号。

（1）主机在第一个字节后，立即由从机读数据，第一个字节为从机地址和读/写控制位“1”，“1”表示读从机数据，后面数据由从机发送，主机读取，如图 5.9 所示。

图 5.9　从机单方向发送多个字节

（2）在传送过程中，当需要改变传送方向时，起始信号和从机地址都被重复产生一次，但两次读/写方向位正好反向，如图 5.10 所示。

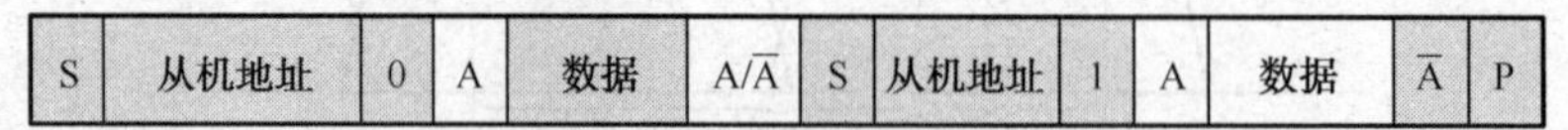

图 5.10　数据传输方向的改变

5.1.2　AT89S51 单片机模拟 I^2C 串行通信程序设计

目前市场上很多单片机都已经具有硬件 I^2C 总线控制单元，这类单片机在工作时，总线状态由硬件监测，无须用户介入，操作非常方便。但是还有许多单片机并不具有 I^2C 总线接口，如 AT89S51 单片机，不过我们可以在单片机应用系统中通过软件模拟 I^2C 总线的工作时序，在使用时，只需正确调用各个函数就能方便地扩展 I^2C 总线接口器件。

主机在采用不带 I^2C 总线接口的单片机时，利用软件实现 I^2C 总线的数据传送，即软件与硬件结合的信号模拟。

1. 典型信号模拟

为了保证数据传送的可靠性，标准 I^2C 总线的数据传送有严格的时序要求。I^2C 总线的起始信号、终止信号、应答信号和非应答信号的模拟时序图如图 5.11 所示。

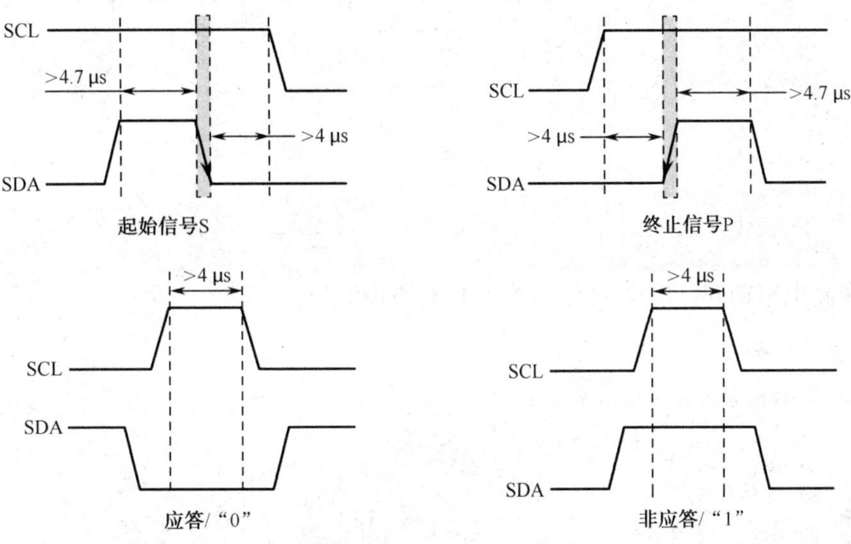

图 5.11 I^2C 总线模拟时序图

单片机在模拟 I^2C 总线通信时，需写出如下几个关键部分的程序：总线初始化、启动信号、应答信号、停止信号、写一个字节、读一个字节。下面分别给出具体函数的写法供大家参考，在阅读代码时请参考前面相关部分的文字描述及时序图。

2. 典型信号模拟子程序

1）总线初始化

```
void init_i2c()
{
    SCL=1;
    delay();
    SDA=1;
    delay();
}
```

将总线都拉高以释放总线。

2）起始信号

```
void start_i2c()
{
    SDA=1;
    delay();
    SCL=1;
    delay();
    SDA=0;
    delay();
}
```

SCL 在高电平期间，SDA 产生一个下降沿起始信号。

3）停止信号

```
void stop_i2c()
{
    SDA=0;
    delay();
    SCL=1;
    delay();
    SDA=1;
    delay();
}
```

SCL 在高电平期间，SDA 产生一个上升沿停止信号。

4）读应答信号

```
void ack_i2c()
{
    uchar i=0;
    SCL=1;
    delay();
    while((SDA==1)&&(i<255))i++;
    SCL=0;
    delay();
}
```

SCL 在高电平期间，SDA 被接收从机拉为低电平表示应答。上面代码中有一个（SDA==1）和（i<255）相与的关系，表示若在一段时间内没有收到从器件的应答则主器件默认从器件已经收到数据而不再等待应答信号。因为如果不加这个延时退出，一旦从器件没有发送应答信号，程序将永远停止在这里，而真正的程序中是不允许这样的情况发生的。

5）写一个字节

```
void writebyte(uehar date)
{
    uchar i,temp;
    temp=date;
    for(i=0;i<8;i++)
    {
        temp=temp<<1;
        SCL=0;
        delay();
        SDA=CY;
        delay();
        SCL=1;
        delay();
    }
    SCL=0;
    delay();
```

```
        SDA=1;
        delay();
    }
```

串行发送一个字节时，需要将字节数据一位一位地发出去，“temp=temp<<1;”表示将temp左移一位，最高位将移入PSW寄存器的CY位中，然后将CY赋给SDA进而在SCL的控制下发送出去。

6）读一个字节

```
uehar readbyte()
{
    uchar i,k;
    SCL=0;
    delay();
    SDA=1;
    For(i=0;i<8;i++)
    {
        SCL=1;
        delay();
        k=(k<<1)|SDA;
        SCL=0;
        delay();
    }
    delay();
    return k;
}
```

同样，串行接收一个字节时必须一位一位地接收，然后再组合成一个字节，上面代码中我们定义了一个临时变量k，将k左移一位后与SDA进行“或”运算，依次从高位到低位把8个独立的位放入一个字节中来完成接收。

思考与练习题11

1. 简答题

（1）简述I^2C通信协议的概念、优缺点及应用场合。

（2）简述I^2C通信协议硬件设计原理。

（3）简述I^2C通信数据传输格式。

（4）简述I^2C通信协议中从机地址的构成。

（5）简述I^2C起始信号、停止信号、应答信号、非应答信号、结束信号的实现方法。

（6）简述I^2C数据的有效性。

（7）简述I^2C通信的几种组合方式及程序设计步骤（多字节写、多字节读、多字节写转为多字节读等）。

（8）查阅资料阐述带I^2C通信模块的单片机型号及编程方法。

（9）简述单片机模拟I^2C通信协议的设计原理及关键程序的设计实现。

（10）简述单片机模拟I^2C时序程序中的读应答子函数的作用。

2. 设计题

（1）编写单片机模拟 I^2C 通信时序程序。

注：程序设计题全部要求完成流程图绘制、软件的编写、编译及软硬件仿真调试等功能，并按要求撰写设计报告。

任务 5.2 基于 AT24C02 的数据存储及回放系统设计

任务要求

设计 AT24C02 的数据存储及回放系统，包含数据存储及回放系统的硬件设计、矩阵键盘按键识别程序设计、AT24C02 通信程序设计、系统综合程序设计和系统仿真设计等几部分，具体要求如下。

（1）完成数据存储及回放系统的硬件电路设计。

（2）完成矩阵键盘识别程序设计。

（3）完成 AT24C02 与单片机的通信程序设计。

（4）完成数据存储及回放系统综合程序设计。

（5）完成数据存储及回放系统的 Proteus 软硬件联合仿真。

教学目标

（1）掌握 AT24C02 的基本结构、引脚及接口电路设计方法。

（2）掌握矩阵键盘电路设计原理、按键识别方法及编程步骤。

（3）掌握 AT24C02 与单片机的 I^2C 通信程序设计。

（4）掌握数据存储及回放系统综合程序设计方法。

（5）掌握数据存储及回放系统的 Proteus 软硬件联合仿真方法和步骤。

5.2.1 数据存储及回放系统的硬件设计

系统要求利用键盘输入信息并在液晶显示器上进行显示，按键要求有按键发声提示。硬件包括键盘电路、LCD1602 液晶显示电路、蜂鸣器接口电路和 AT24C02 存储器接口电路。

1. AT24C02 接口及蜂鸣器电路设计

在一些应用系统设计中，有时需要对工作数据进行掉电保护，如电子式电能表等智能化产品。若采用普通存储器，在掉电时需要备用电池供电，并需要在硬件上增加掉电检测电路，但这存在电池不可靠及扩展存储芯片占用单片机过多 I/O 口的缺点。采用具有 I^2C 总线接口的串行 E^2PROM 器件可很好地解决掉电数据保存问题，且硬件电路简单。

1）AT24C02 存储器概述

AT24C 系列 E^2PROM 就是一款具有 I^2C 总线接口的存储器，主要型号有 AT24C01/02/04/08/16 等，其对应的存储容量分别为 128×8b/256×8b/512×8b/1 024×8b/2 048×

8b。采用这类芯片可解决掉电数据保存问题，具有以下特性。

- 与 400 kHz I^2C 总线兼容。
- 1.8～6.0 V 工作电压范围。
- 低功耗 CMOS 技术。
- 写保护功能：当 WP 为高电平时进入写保护状态。
- 页写缓冲器。
- 自定时擦写周期。
- 100 万次编程/擦除周期。
- 可保存数据 100 年。
- 8 脚 DIP、SOIC 或 TSSOP 封装。
- 温度范围：商业级、工业级和汽车级。

2）AT24C02 引脚配置与引脚功能

AT24C02 芯片的常用封装形式有直插（DIP8）式和贴片（SO-8）式两种，DIP 封装器件实物如图 5.12 所示，其引脚分布如图 5.13 所示。各引脚功能如下。

- A0、Al、A2——可编程地址输入端。
- SDA——串行数据输入，输出端。
- SCL——串行时钟输入端。
- WP——写保护输入端，用于硬件数据保护。当其为低电平时，可以对整个存储器进行正常的读/写操作；当其为高电平时，存储器具有写保护功能，但读操作不受影响。
- VCC——电源正端。
- GND——电源地。

图 5.12　AT24C02 封装图

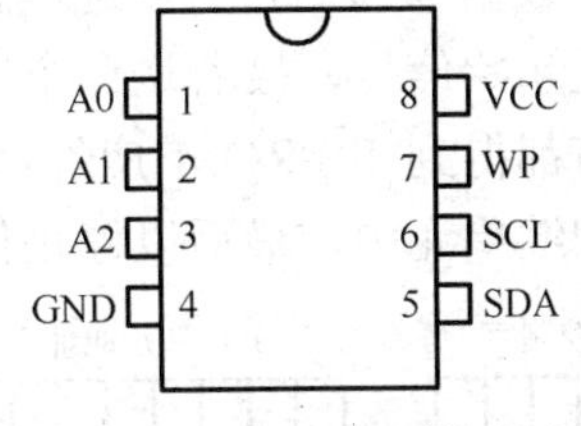

图 5.13　AT24C02 引脚分布

3）存储器结构与寻址

AT24C02 的存储容量为 256 B，内部分成 32 页，每页 8 B，操作时有两种寻址方式：芯片寻址和片内子地址寻址。

（1）芯片寻址

AT24C02 的芯片地址为 1010，其地址控制字格式为 1010A2A1A0 $R/\overline{W}$。其中 A2、Al、A0 为可编程地址选择位。A2、A1、A0 引脚接高、低电平后得到确定的三位编码，与 l010 形成 7 位编码，即为该器件的地址码。$R/\overline{W}$ 为芯片读写控制位，该位为 0，表示对芯片进行写操作；该位为 1，表示对芯片进行读操作。

（2）片内子地址寻址

芯片寻址可对内部 256 个字节中的任意字节进行读/写操作，其寻址范围为 00H～

FFH，共 256 个寻址单元。

4）读写操作时序

串行 E^2PROM 一般有两种写入方式：一种是字节写入方式；另一种是页写入方式。页写入方式允许在一个写周期内（10 ms 左右）对一个字节到一页的多个字节进行编程写入，AT24C02 的页面大小为 8 B。采用页写方式可提高写入效率，但也容易发生事故。AT24C 系列片内地址在接收到每一个数据字节后自动加 1，故装载一页以内数据字节时，只需输入首地址，如果写到此页的最后一个字节，主器件继续发送数据，数据将重新从该页的首地址写入，进而造成原来的数据丢失，这就是页地址空间的“上卷”现象。解决“上卷”现象的方法是：在第 8 个数据后将地址强制加1，或是将下一页的首地址重新赋给寄存器。

（1）指定字节写入方式

单片机在一次数据帧中只访问 E^2PROM 一个单元。在该方式下，单片机先发送起始信号，然后送一个字节的控制字，再送一个字节的存储器单元子地址，上述几个字节都得到 E^2PROM 响应后，再发送 8 位数据，最后发送 1 位停止信号。字节写入方式发送格式如图 5.14 所示。

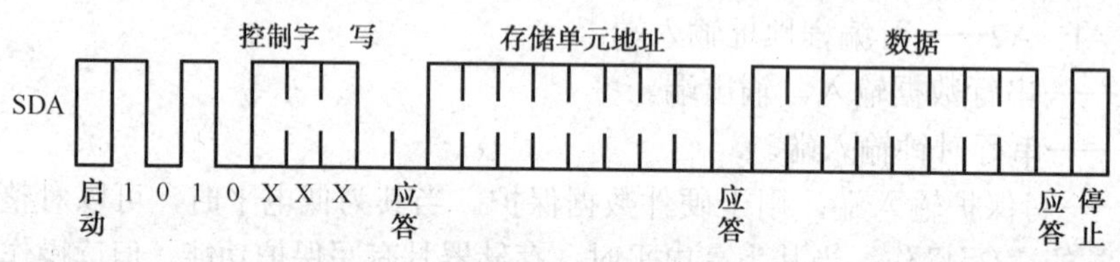

图 5.14　字节写入方式发送格式

（2）页写入方式

单片机在一个数据写周期内可以连续访问 1 页（8 个）E^2PROM 存储单元。在该方式下，单片机先发送起始信号，接着送一个字节的控制字，再送 1 个字节的存储器起始单元地址，上述几个字节都得到 E^2PROM 应答后即可发送最多 1 页的数据，并顺序存放在以指定起始地址开始的相继单元中，最后以停止信号结束。页写入帧格式如图 5.15 所示。

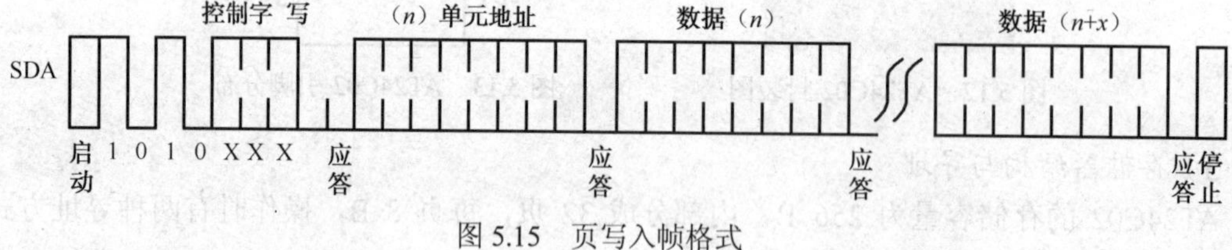

图 5.15　页写入帧格式

（3）指定地址读操作

读指定地址单元的数据。单片机在启动信号后先发送含有片选地址的写操作控制字，E^2PROM 应答后再发送 1 个（256 B 以内的 E^2PROM）字节的指定单元地址，E^2PROM 应答后再发送 1 个含有片选地址的读操作控制字，此时如果 E^2PROM 做出应答，被访问单元的数据就会按 SCL 信号同步出现在串行数据地址线 SDA 上。指定地址读数据帧格式如图 5.16 所示。

（4）指定地址连续读

此种方式的读地址控制与前面指定地址读操作相同。单片机接收到每个字节数据后应做出应答，只要 E^2PROM 检测到应答信号，其内部的地址寄存器就自动加 1 指向下一单元，并顺序将指向的单元的数据送到 SDA 串行数据线上。当需要结束读操作时，单片机接收到数据后在需要应答的时刻发送一个“非应答”信号，接着再发送一个停止信号即可。指定地址连续读数据帧格式如图 5.17 所示。

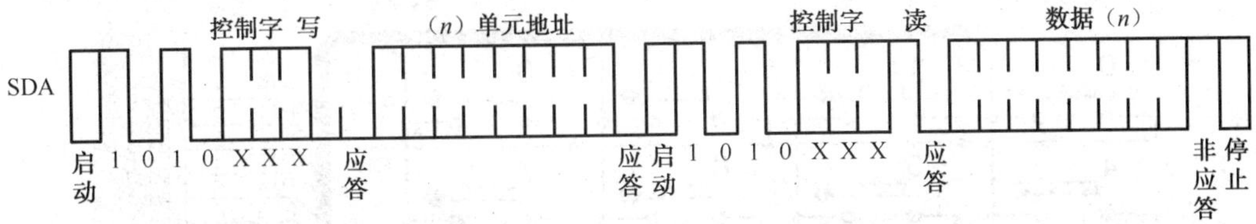

图 5.16 指定地址读数据帧格式

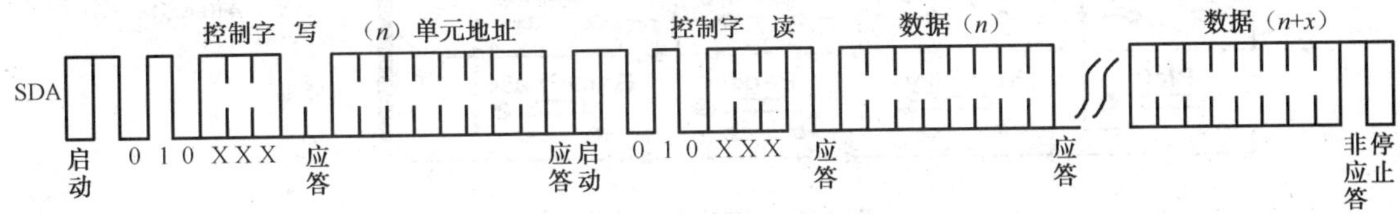

图 5.17 指定地址连续读数据帧格式

（5）写保护

写保护操作特性可以使用户避免由于不当操作而造成对存储区域内部数据的改写，当 WP 引脚接高电平时，整个寄存器区全部被保护起来而变为只可读取。AT24C02 可以接收从器件地址和字节地址，但是装置在接收到第一个数据字节后不发送应答信号，从而避免寄存器区域被编程改写。

5）AT24C02 接口及蜂鸣器电路设计

AT24C02 采用 I^2C 串行通信协议与单片机进行数据交换，时钟信号引脚 SCK 与单片机 P3.2 口连接，数据引脚 SDA 与单片机 P3.3 口相连，并在两根通信线上接上拉电阻；另外 AT24C02 的 WP 接地未进行写保护；A0、A1、A2 全部接地，可编程地址为 000。系统采用蜂鸣器进行按键声音提示，用单片机的 P3.7 引脚进行推动，注意在实际电路中蜂鸣器电路必须加驱动才能满足功率要求。其电路设计如图 5.18 所示。

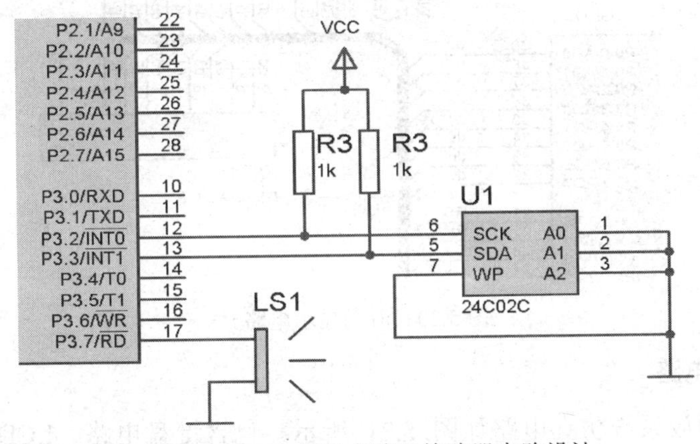

图 5.18 AT24C02 接口电路及蜂鸣器电路设计

2. 键盘电路设计

系统要求键盘能输入 0～9 的数字，并有存储键、存储停止键、翻页键、退格键、回放键、回放停止键等几个功能键，故采用 4×4 矩阵键盘构成 16 个按键来实现输入功能。矩阵键盘电路如图 5.19 所示，列线接单片机 P1.0～P1.3 引脚，行线接 P1.4～P1.7 引脚。

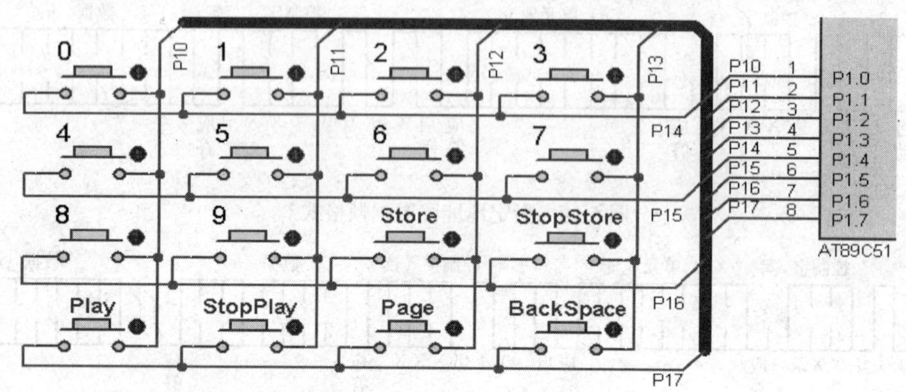

图 5.19　矩阵键盘电路

3. LCD1602 液晶显示电路设计

输入及回放数据由 LCD1602 进行显示，其电路包括控制信号、数据信号和辅助信号几部分。其电路如图 5.20 所示，控制引脚 RS、RW、E 接单片机的 P2.0、P2.1 和 P2.2 引脚，数据引脚 D0～D7 与单片机的 P0 口连接，注意单片机 P0 口需接上拉电阻。另外，液晶显示器的工作电压和对比度调节引脚分别接+5 V 电源的正负极和电位器抽头。

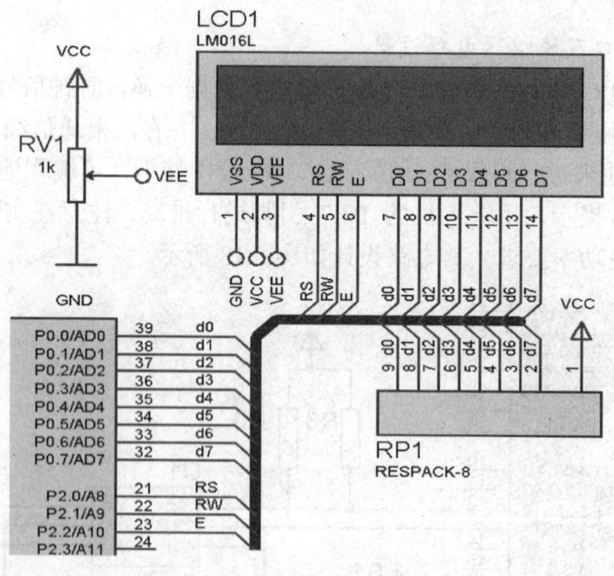

图 5.20　液晶显示电路

4. 系统仿真电路

数据存储及回放系统仿真电路如图 5.21 所示。包含键盘电路、LCD1602 液晶显示电路、AT24C02 存储器接口电路和蜂鸣器发声电路。

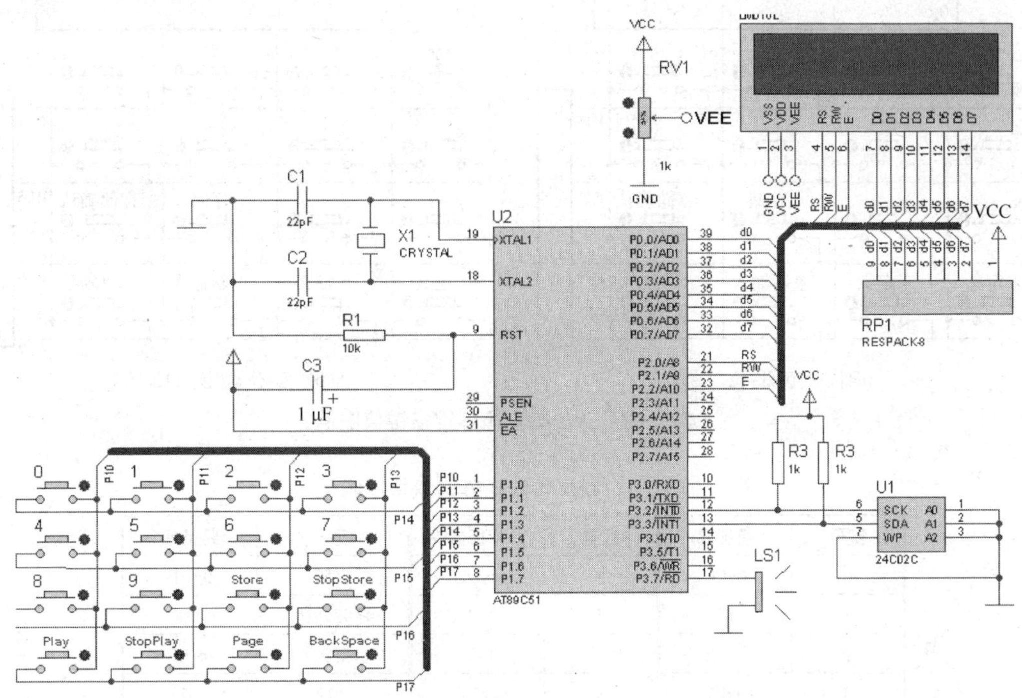

图 5.21　数据存储及回放系统仿真电路

5.2.2　基于 AT24C02 的数据存储及回放系统的设计

1. 矩阵键盘输入及显示程序设计

1）矩阵键盘的识别

矩阵键盘程序设计也包含判断是否有键按下、延时去抖、按键识别执行按键功能和等待按键释放几个步骤，按键识别的方法分为行扫描法（或列扫描法）和线反转法，由于行扫描法程序比较冗长，此处重点介绍线反转法的按键识别程序编写思路。

先从 P1 口的高 4 位输出低电平，低 4 位输出高电平，从 P1 口的低 4 位读取键盘状态。再从 P1 口的低 4 位输出低电平，高 4 位输出高电平，从 P1 口的高 4 位读取键盘状态。将两次读取结果组合起来就可以得到当前按键的特征编码。

如图 5.22 所示，假设数字键“0”被按下，先给 P1 口送 0x0F，读回 0x0E；再向 P1 口送 0xF0，读回 0xE0，将两次读回数据按位相或得到“0xEE”，即“0xEE”便是数字键“0”的特征码。同理可得到 14 个定义键盘的特征码，如表 5.1 所示。注意特征码与接线的方式有关。

当然在向 P1 口送 0x0F 时，读回也是 0x0F，则表明没有键被按下，从而不再需要进行特征码识别等后续操作。

2）键盘输入及键值显示程序设计

（1）功能分析

系统要求编程实现矩阵键盘按键值的识别，并在 LCD1602 上进行按键值的实时显示，每次按键进行发声提示；另外，要求将获取键值的 ASCII 码存入单片机 RAM 中。

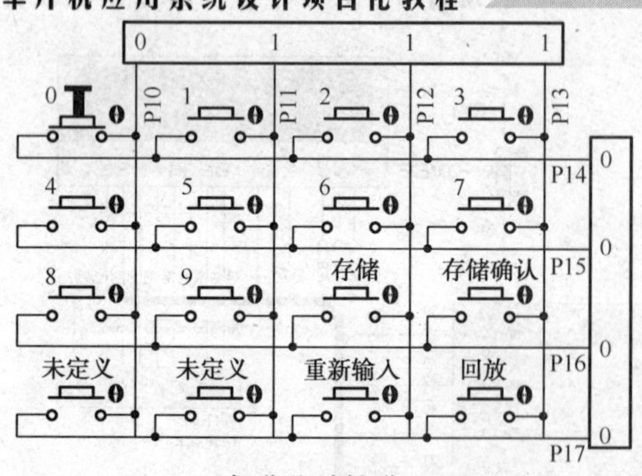

（a）高4位送0读低4位

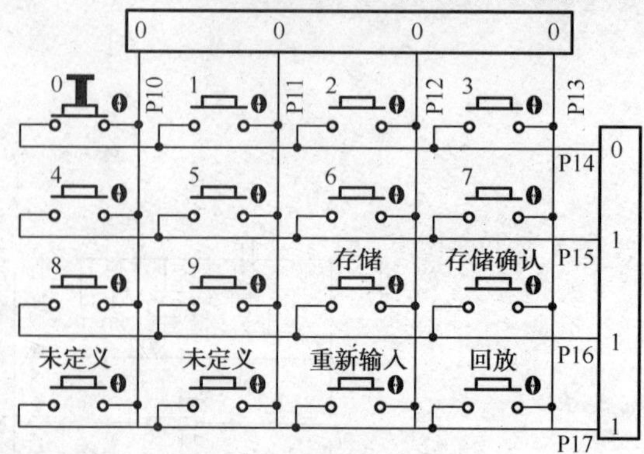

（b）低4位送0读高4位

图 5.22　线反转法确定矩阵键盘键值图例

表 5.1　线反转法矩阵键盘特征码

键号	特征码	键号	特征码	键号	特征码
0	0xEE	5	0xDD	存储	0xBB
1	0xED	6	0xDB	存储确认	0xB7
2	0xEB	7	0xD7	重新输入	0x7 B
3	0xE7	8	0xBE	回放	0x77
4	0xDE	9	0xBD		
注：P1.4～P1.7 接行线，P1.0～P1.3 接列线					

（2）变量定义

键盘输入及键值显示程序变量定义如表 5.2 所示。

表 5.2　键盘输入及键值显示程序变量定义

变 量 名	数 据 类 型	含　义
RS	sbit P2.0	1602 寄存器选择信号
RW	sbit P2.1	1602 读写信号
EN	sbit P2.2	1602 使能信号
BEEP	sbit P3.7	蜂鸣器接口
input_dat[10]	unsigned char 字符数组	10 个单元用于存放输入信息
key_message[]	unsigned char 字符数组	表格数组，存放键值提示信息

（3）源程序

```
#include<reg51.h>
#define uchar unsigned char
#define uint unsigned int
sbit RS=P2^0;
sbit RW=P2^1;
sbit EN=P2^2;
sbit BEEP=P3^7;
uchar input_dat[10];
uchar code key_message[]={"Key num is:"};
```

```
/**************延时程序****************/
void delayms(uint ms)
{
   uchar i;
   while(ms--)for(i=0;i<120;i++);
}
/************蜂鸣器发声程序************/
void beep()
{
   uchar i,j=100;
   for(i=0;i<100;i++)    //发50个方波信号
   {
     while(j--);
     BEEP=~BEEP;
     j=100;
   }
}
/***************忙检测***************/
uchar busy_check()
{
   uchar lcd_status;
   RS=0; RW=1; EN=1;
   delayms(1); lcd_status=P0; EN=0;
   return(lcd_status);
}
/**************写LCD命令**************/
void write_lcd_command(uchar cmd)
{
   while((busy_check()&0x80)==0x80);
   RS=0; RW=0; EN=0;
   P0=cmd;EN=1;delayms(1);EN=0;
}
/**************写LCD数据**************/
void write_lcd_data(uchar dat)
{
   while((busy_check()&0x80)==0x80);
   RS=1; RW=0; EN=0;
   P0=dat;EN=1;delayms(1);EN=0;
}
/**************LCD初始化**************/
void init_1602()
{
   write_lcd_command(0x38);
   delayms(1);
   write_lcd_command(0x01);
   delayms(1);
   write_lcd_command(0x06);
```

```
    delayms(1);
    write_lcd_command(0x0c);
    delayms(1);
}
/*************写显示内容**************/
void lcd_display(uchar addr,uchar *p)
{
    uchar k=0;
    write_lcd_command(0x80+addr);
    delayms(1);
    while(p[k]!='\0')
    {
      write_lcd_data(p[k]);
      delayms(1);
      k++;
    }
}
uchar key_scan()
{
    uchar temp,key_value=0xff;
    P1=0x0F;                            //送高 4 位，读低 4 位
    if(P1!=0X0F)
    {
      delayms(10);                      //延时去抖
      if(P1!=0X0F)
      {
            temp=P1;
            P1=0XF0;                    //送低 4 位，读高 4 位
            delayms(1);
            temp=temp|P1;               //两次读回数据按位相或取按键特征码
            switch(temp)                //根据特征码赋键值
            {
                  case 0xEE:key_value='0';break;
                  case 0xED:key_value='1';break;
                  case 0xEB:key_value='2';break;
                  case 0xE7:key_value='3';break;
                  case 0xDE:key_value='4';break;
                  case 0xDD:key_value='5';break;
                  case 0xDB:key_value='6';break;
                  case 0xD7:key_value='7';break;
                  case 0xBE:key_value='8';break;
                  case 0xBD:key_value='9';break;
                  case 0xBB:key_value='A';break;
                  case 0xB7:key_value='B';break;
                  case 0x7E:key_value='C';break;
                  case 0x7D:key_value='D';break;
                  case 0x7B:key_value='E';break;
```

```
                        case 0x77:key_value='F';break;
                    }
                    while(P1!=0X0F){P1=0x0F;delayms(1);}      //等待按键松开
                    beep();
                }
            }
            return(key_value);
        }
        void main()
        {
            uchar temp,num=0;
            init_1602();
            lcd_display(0x00,key_message);                //显示键值提示信息
            write_lcd_command(0x80+0x40);                 //送键值显示首地址
            while(1)
            {
              temp=key_scan();
              if(temp!=0xff)
              {
                   write_lcd_data(temp+0x30);             //显示按键值
                   input_dat[num]=temp+0x30;              //存储按键值
                   num++;
              }
            }
        }
```

（4）程序说明

① 键值识别。

程序采用线反转法识别矩阵键盘按键值，极大简化了程序的设计，按键程序包括判断是否有键按下、特征码提取、赋按键值、等待按键松开和按键发声几部分程序组成。其中按键特征码提取采用送行线读列线的结果和送列线读行线的结果按位相或得到，见程序中的“temp=temp|P1;”语句。

② 键值显示及存储。

LCD1602 要求送其 ASCII 码才能对应显示，因此在按键扫描程序中将键值赋为 0～F 的 ASCII 码。在此，为了规范，键值的存储也采用 ASCII 码进行。但是，由于 RAM 的特点，单片机掉电重启后，所存储的键值就会消失，因此，对于需要掉电保护的历史数据需采用掉电不丢失的存储器进行存储。

（5）仿真结果

程序仿真截图如图 5.23 所示，仿真时依次按 2、3、5、6、1、0、8 号键，LCD1602 进行了相应的显示。

2. AT24C02 数据存储及读取

1）功能要求

系统要求编写 AT24C02 的数据存取程序，能实现随机存储单元的单字节数据存储和读取，并要求字符以 ASCII 码的形式进行存放。

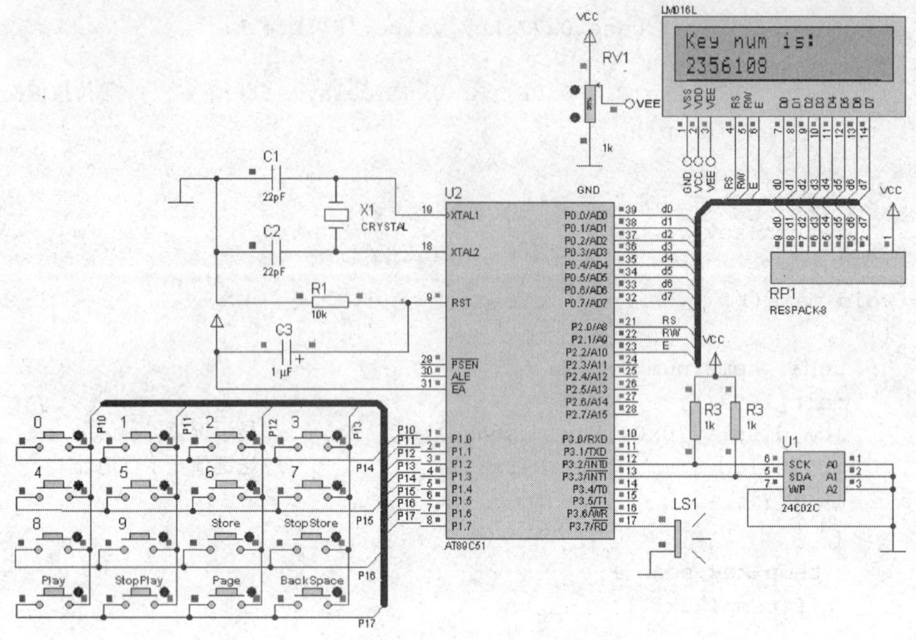

图 5.23　按键识别及键值显示系统仿真截图

2）流程图

程序包含基本 I^2C 通信程序和 AT24C02 存储器字节读、写程序和指定地址数据读、写程序，如图 5.24 和图 5.25 所示为 AT24C02 的指定地址写、读数据程序流程图。AT24C02 指定单元数据写、读时序图分别如图 5.14 和图 5.16 所示。

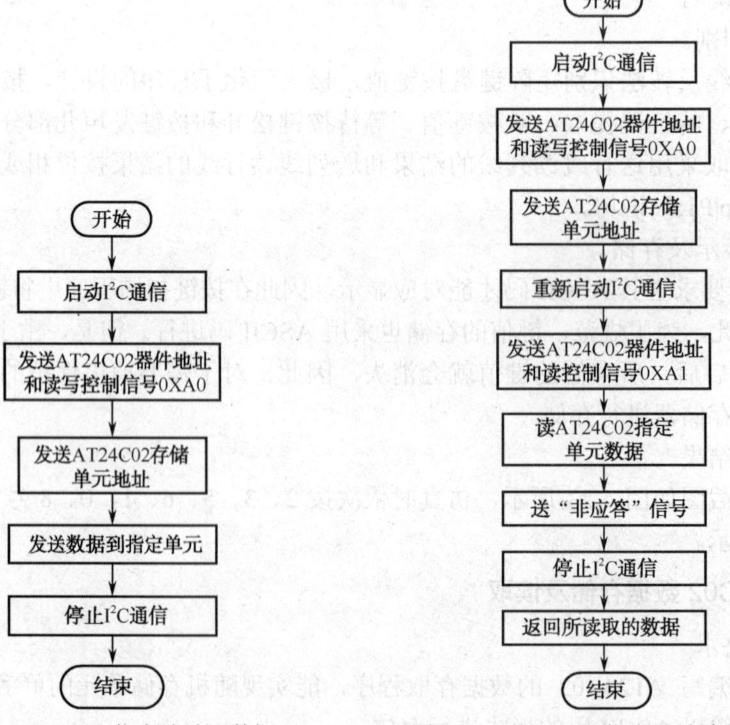

图 5.24　AT24C02 指定地址写数据　　　　图 5.25　AT24C02 指定地址读数据

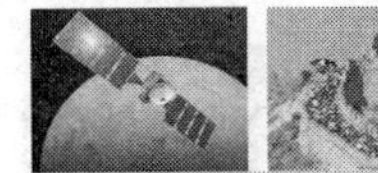

注意指定地址读数据程序在改变 I^2C 通信方向时，必须重新启动 I^2C 通信，另外，由于每次仅读一个字节，读回该字节后必须发“非应答”信号以结束 I^2C 通信。

3）变量定义

键盘输入及键值显示程序变量定义如表 5.3 所示。

表 5.3　键盘输入及键值显示程序变量定义

变　量　名	数 据 类 型	含　　义
SCL	sbit P3.2	I^2C 通信时钟信号
SDA	sbit P3.3	I^2C 通信数据信号
BEEP	sbit P3.7	蜂鸣器接口
input_dat[10]	unsigned char 字符数组	10 个单元用于存放输入信息
AT24C02_DAT[20]	unsigned char 字符数组	表格数组，存放键值提示信息

4）源程序

```
#include<reg51.h>
#include<intrins.h>
#define uchar unsigned char
#define uint unsigned int
#define delay4us() {_nop_();_nop_();_nop_();_nop_();}
sbit SCL=P3^2;
sbit SDA=P3^3;
sbit BEEP=P3^7;
uchar code hello_tab[]={"Welcom to AT24C02!"};
uchar AT24C02_DAT[20]='\0';
/************************延时程序************************/
void delayms(uint ms)
{
   uchar i;
     while(ms--)for(i=0;i<120;i++);
}
/***********************蜂鸣器发声***********************/
void beep()
{
   uchar i,j=100;
   for(i=0;i<100;i++)
   {
      while(j--);
      BEEP=~BEEP;
      j=100;
   }
}
/********************起动 I²C 总线函数*******************/
void start_i2c()
{
```

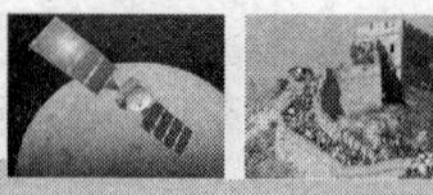

```
    SDA=1; SCL=1; delay4us(); SDA=0; delay4us(); SCL=0;
}
/**********************结束 I²C 总线函数*******************/
void stop_i2c()
{
    SDA=0; SCL=1; delay4us(); SDA=1; delay4us(); SCL=0;
}
/*************************读应答***********************/
bit read_ack()
{
    bit ack;
    SDA=1; delay4us(); SCL=1; delay4us();
    if(SDA==1)ack=0;
      else ack=1;
    SCL=0;
    return(ack);
}
/***发应答信号(单片机接收一个字节数据后调用，此处未用)**/
void ack_i2c()
{
      SDA=0; SCL=1; delay4us(); SCL=0; SDA=1;
}
/*******发非应答信号（单片机接收完所有数据后调用）******/
void Nack_i2c()
{
      SDA=1; SCL=1; delay4us(); SCL=0; SDA=0;
}
/**********字节数据发送函数,发送数据正常返回 1***********/
bit  i2c_write_byte(uchar c)
{
     uchar i;
     for(i=0;i<8;i++)
    {
         SDA=(bit)(c&0x80);_nop_();_nop_(); /*取最高位数据进行发送*/
         SCL=1;                              /*置时钟线为高，稳定数据位*/
         delay4us();                         /*延时，便于接收方读数据位*/
         SCL=0;                              /*为下一数据位写做准备*/
         c<<=1;                      /*被发送数据左移一位，准备发送下一位*/
     }
     return(read_ack());
}
/*****************字节数据接收函数*******************/
uchar i2c_read_byte()
{
      uchar  retc,i;
      retc=0;
```

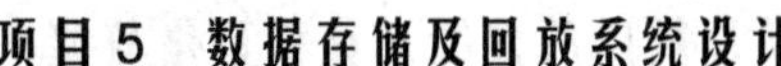


```
    for(i=0;i<8;i++)
    {
        SCL=1;                          //时钟信号拉高准备接收数据
        retc<<=1;                       //接收缓冲左移，存放本次接收的位数据
        retc|=SDA;                      //接收数据
        delay4us();
        SCL=0;                          //时钟信号拉低，便于发送方准备数据位
    }
    return(retc);
}
/******************指定地址写 AT24C02*******************/
void write_24c02(uchar addr,uchar dat)
{
    start_i2c();
    i2c_write_byte(0xA0+0);             //写 24C02 器件地址，0 代表写
    i2c_write_byte(addr);               //写 24C02 存储单元地址
    i2c_write_byte(dat);                //写 24C02 存储数据
    stop_i2c();                         //停止 I²C 通信
    delayms(10);
}
/******************指定地址读 AT24C02*******************/
uchar read_24c02(uchar addr)
{
    uchar dat;
    start_i2c();
    i2c_write_byte(0xA0+0);             //写 24C02 器件地址，0 代表写
    i2c_write_byte(addr);               //写 24C02 存储单元地址
    start_i2c();                        //改变数据传输方向，必须重新启动 AT24C02
    i2c_write_byte(0xA0+1);             //写 24C02 器件地址，1 代表读
    dat=i2c_read_byte();                //在 24C02 指定存储单元读一字节
    Nack_i2c();                         //送非应答信号，表示数据接收完成
    stop_i2c();                         //停止 I²C 通信
    return(dat);
}
void main()
{
    uchar i=0;
    while(hello_tab[i]!='\0')           //写数据到 AT24C02
    {
        write_24c02(i,hello_tab[i]);
        i++;
    }
    beep();
    for(i=0;i<20;i++)                   //从 AT24C02 读 20 个数据到单片机内部 RAM
    {
        AT24C02_DAT[i]=read_24c02(i);
```

```
        }
        beep();
        while(1);
    }
```

5）程序说明

（1）I^2C 通信写 AT24C02 数据程序

写 AT24C02 数据是通过调用 I^2C 字节写程序 I2C_write_ byte( )实现的，根据流程（如图 5.23 所示）按照启动 I^2C、写器件地址、写单元地址、写数据、停止 I^2C 通信的顺序编程完成向指定地址写入一个字节的功能。

I^2C 字节写程序编写时需注意 I^2C 通信协议要求是从高位到低位逐位写的。程序中通过“c<<=1;”语句逐次将数据从低位移至最高位，然后利用“SDA=(bit)(c&0x80);”指令每次取最高位进行发送。

还有就是为了简化，程序中仅仅读取了应答信号，并未对应答成功与否进行判断，所以在实际应用中需补充相关程序。

（2）I^2C 通信读 AT24C02 数据程序

读 AT24C02 数据通过调用 I^2C 字节读程序 I2C_read_byte( )实现，根据流程（如图 5.24 所示）按照启动 I^2C、写器件地址、写单元地址、启动 I^2C、读指定单元数据、发送“非应答”、停止 I^2C 通信的顺序完成指定单元数据读功能设计。同理根据 I^2C 协议发送方从高位到低位依次发送数据，程序中由“retc<<=1;”和“retc|=SDA;”语句来实现。其中“retc|=SDA;”中 retc 为字节变量，它和位变量 SDA 相或的运算规则是 retc 的最低位和 SDA 相或，保留高 7 位值和相或后的最低位值，从而完成数据的逐位读入。

（3）主程序

主程序循环调用 AT24C02 指定地址单字节读、写函数 write_24c02()和 read_24c02()完成成块数据的存储和回放，数据块读、写完成后调用蜂鸣器发声程序发送提示。

6）程序仿真

运行程序，按暂停键，分别调出 AT24C02 存储器和单片机内部存储器观察窗口，数据存放情况如图 5.26 所示。

3. 数据存储及回放程序设计

1）功能要求

系统设置 16 个按键，包括 10 个数字键和 6 个功能键，功能键包括存储键、退格键、存储结束键、翻页键、回放键以及回放结束键。具体要求如下。

（1）系统上电后，显示存储和回放提示信息：“Store_Key Write!”和“ Play_Key Read!”。

（2）循环扫描按键并根据按键值分别进入数据存储模式和数据回放模式。

（3）按下存储键“Store”，进入数据存储模式，该模式循环扫描按键，并根据返回的按键值执行以下功能：

- 按数字键“0～9”进行数字显示和存储；
- 按退格键“BackSpace”修改输入数据；

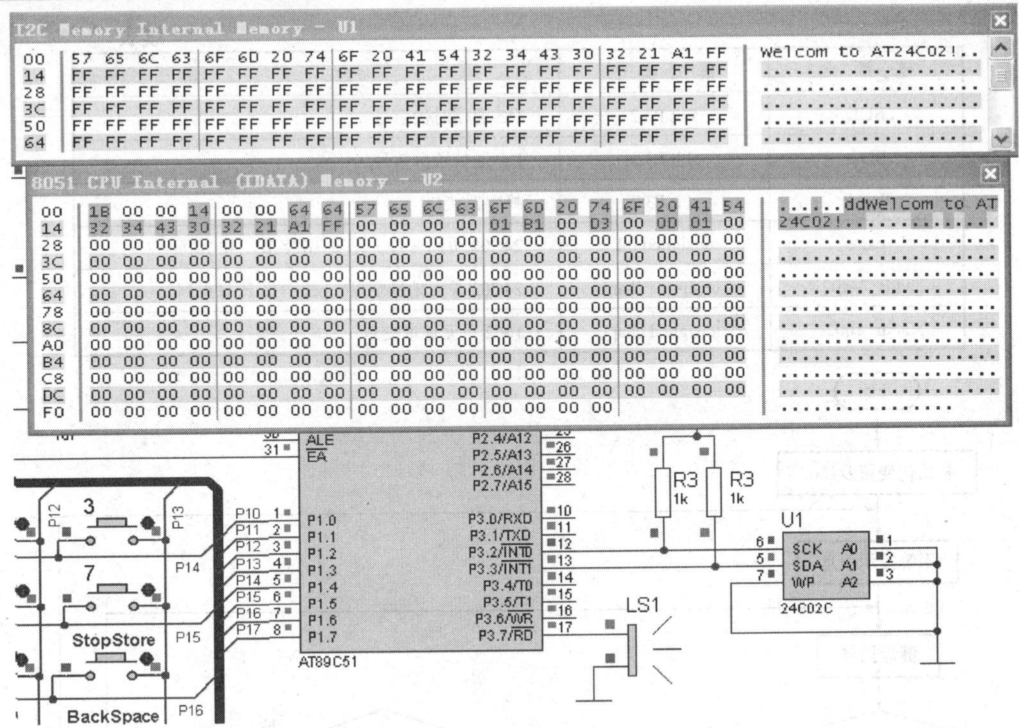

图 5.26　AT24C02 数据存储仿真截图

- 按翻页键"Page"选择 AT24C02 存储页码（此处定义 16 字节单元为 1 页，共 16 页）；
- 按存储结束键"StopStore"结束本次数据存储。

（4）按下回放键"Play"，首先读取 AT24C02 中第一页数据并进行显示，然后进入数据回放模式，该模式循环扫描按键，并根据按键值执行以下功能：

- 按翻页键"Page"进行翻页；
- 按回放键"Play"读取 AT24C02 当前页数据并送液晶显示；
- 按回放结束键"StopPlay"结束本次数据回放。

2）流程图

系统程序综合前面所讲的矩阵键盘识别程序、LCD1602 显示程序、蜂鸣器发声程序和 AT24C02 读写程序来实现，此处强调介绍主程序流程图，如图 5.27 所示。

3）变量定义

数据存储与回放系统程序变量定义如表 5.4 所示。

表 5.4　数据存储与回放系统程序变量定义

变 量 名	数 据 类 型	含　义
RS	sbit P2.0	1602 寄存器选择信号
RW	sbit P2.1	1602 读写信号
EN	sbit P2.2	1602 使能信号

续表

变 量 名	数 据 类 型	含 义
SCL	sbit P3.2	I^2C 通信时钟信号
SDA	sbit P3.3	I^2C 通信数据信号
BEEP	sbit P3.7	蜂鸣器接口
page	unsigned int	24C02 页码变量，每页 16 字节，共 16 页
addr_24c02	unsigned char	24C02 单元地址变量，page×16 计算得到
addr_1602	unsigned char	1602 单元地址变量

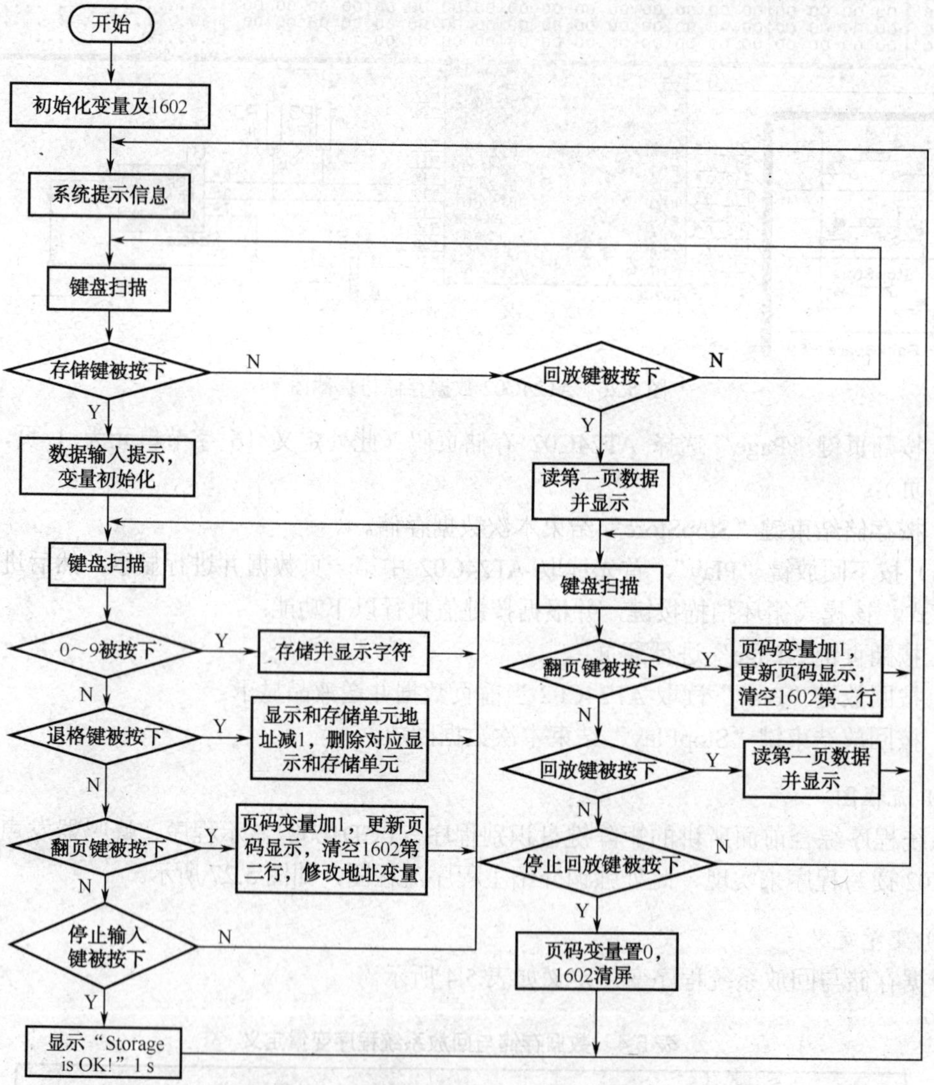

开始
初始化变量及1602
系统提示信息
键盘扫描
存储键被按下
N
Y
数据输入提示，变量初始化
键盘扫描
0～9被按下
Y
存储并显示字符
N
退格键被按下
Y
显示和存储单元地址减1，删除对应显示和存储单元
N
翻页键被按下
Y
页码变量加1，更新页码显示，清空1602第二行，修改地址变量
N
停止输入键被按下
N
Y
显示“Storage is OK!”1 s
回放键被按下
N
Y
读第一页数据并显示
键盘扫描
翻页键被按下
Y
页码变量加1，更新页码显示，清空1602第二行
N
回放键被按下
Y
读第一页数据并显示
N
停止回放键被按下
N
Y
页码变量置0，1602清屏

图 5.27　数据存储及回放系统主程序流程图

4）系统源程序

```
#include<reg51.h>
#include<intrins.h>
```

```
#define uchar unsigned char
#define uint unsigned int
#define delay4us() {_nop_();_nop_();_nop_();_nop_();}
sbit RS=P2^0;
sbit RW=P2^1;
sbit EN=P2^2;
sbit SCL=P3^2;
sbit SDA=P3^3;
sbit BEEP=P3^7;
uchar code hello_tab[]={" Store_Key Write!"};
uchar code store_tab[]={"  Play_Key Read!" };
uchar code input_tab[]={"  Write to P01:"  };
uchar code store_ok[] ={"  Storage is OK!" };
uchar code read_mess[]={"  Datas of P01:"  };
void main()
{
   uchar page=0,addr_1602,temp,i;
   uint addr_24c02;
   init_1602();
   while(1)                                    //主循环
   {
Next:  lcd_display(0x00,hello_tab);            //显示存储和回放提示信息
       lcd_display(0x40,store_tab);
       while(1)                                //数据存储循环
       {
         temp=key_scan();
         if(temp=='A')                         //按下存储键进入数据存储模式
         {
            page=1;addr_24c02=(page-1)*16;    //默认存储到AT24C02第一页
            write_lcd_command(0x01);          //清屏
            lcd_display(0x00,input_tab);
            addr_1602=0x40;
            while(1)
            {
                 temp=key_scan();
                 if(temp>='0'&&temp<='9')    //按下数字键，存储显示
                 {
                      write_lcd_command(0x80+addr_1602);
                      write_lcd_data(temp);
                      write_24c02(addr_24c02,temp);
                      addr_24c02++;addr_1602++;     //修改显示和存储单元
                  }
                  if(temp=='F'&&addr_24c02>0)       //退格键
                  {
                       addr_24c02--;addr_1602--;    //显示和存储单元地址减1
                       write_24c02(addr_24c02,' ');      //删除存储单元内容
```

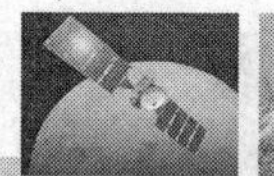

```
                write_lcd_command(0x80+addr_1602);
                write_lcd_data(' ');                //删除显示单元内容
            }
            if(temp=='E')                           //翻页键
            {
                if(page++>=16)page=1;               //更新页码
                write_lcd_command(0x80+12);         //更新显示页码
                write_lcd_data(page/10+0x30);
                write_lcd_data(page%10+0x30);
                write_lcd_command(0x80+0x40);//1602 第二行显示清空
                for(i=0;i<=15;i++)
                    write_lcd_data(' ');
                addr_1602=0x40;                     //修正 1602 单元地址
                addr_24c02=(page-1)*16;             //修正 24C02 单元地址
            }
            if(temp=='B')                           //存储停止键
            {
                write_lcd_command(0x01);
                lcd_display(0x00,store_ok); //显示存储成功信息 1s
                delayms(1000);
                write_lcd_command(0x01);    //1602 清屏
                goto Next;                  //结束本次存储
            }
        }
    }
    if(temp=='C')                           //按下回放键进入数据回放模式
    {
        page=1;                             //读第一页数据并显示
        write_lcd_command(0x01);
        lcd_display(0x00,read_mess);        //数据输出提示
        write_lcd_command(0x80+0x40);       //逐字节读数据并显示
        for(addr_24c02=(page-1)*16;addr_24c02<page*16;addr_24c02++)
            write_lcd_data(read_24c02(addr_24c02));
        while(1)                            //数据回放循环
        {
            temp=key_scan();
            if(temp=='E')                   //翻页键
            {
                if(page++>=16)page=1;       //更新页码
                write_lcd_command(0x80+12); //更新显示页码
                write_lcd_data(page/10+0x30);
                write_lcd_data(page%10+0x30);
                write_lcd_command(0x80+0x40);//清空 1602 第二行显示
                for(i=0;i<=15;i++)write_lcd_data(' ');
            }
            if(key_scan()=='C')             //回显键
```

```
                    {
                        write_lcd_command(0x80+0x40);
                        for(addr_24c02=(page1)*16;    //读当前页数据并显示
                        addr_24c02<page*16;addr_24c02++)
                           write_lcd_data(read_24c02(addr_24c02));
                    }
                    if(key_scan()=='D')
                    {
                        write_lcd_command(0x01);
                        goto Next;                  //结束本次回放，转到外循环
                     }
                 }
             }
         }
     }
     }
```

5）程序说明

（1）完整系统程序实现

该程序的按键程序、液晶显示程序、AT24C02 字节读写程序全部调用前面的相关子程序来完成。系统程序的编写、编译及调试时，只需将所需子程序进行复制并与上述主程序进行拼装即可。当然如果采用模块程序设计方法，仅需将编写相应的.c 和.h 文件即可，模块程序的设计方法可参见“天狼星单片机教学视频”的相关部分。

（2）AT24C02 分页单元地址定位

程序设计时，利用 LCD1602 的第二行显示存储或回放的数据，考虑到 LCD1602 单行只能同时显示 16 个字符，故将数据按 16 字节一页进行了分页，AT24C02 共可以存放 256 个字节，一共可分为 16 页。

程序中，“page”为页码变量，“addr_24c02”为 AT24C02 的存储单元地址变量，数据存储及回放时，需计算 AT24C02 某页的首地址和位地址，分别由“addr_24c02=(page-1)*16;”语句和“addr_24c02=page×16;”语句计算得到。例如，第 3 页的地址范围是 32～47，首地址由（3-1）×16 计算得到，末地址由 3×16 计算得到。

（3）C51 无条件跳转语句

指令格式：goto 标号。

指令功能：执行该指令将无条件地跳转到标号处执行程序，标号的设定方法与汇编语言相同。

程序中，在存储模式按“StopStore”键或在回放模式按“StopPlay”键后执行“goto Next;”语句实现相应模式的退出，并跳到 Next 标号处循环执行按键扫描程序等待下一次存储或回放命令的输入。

6）系统仿真

系统上电后显示如图 5.28 所示的主界面，液晶显示存储和回放按键功能提示，此时可以按键实现数据存储或回放功能。

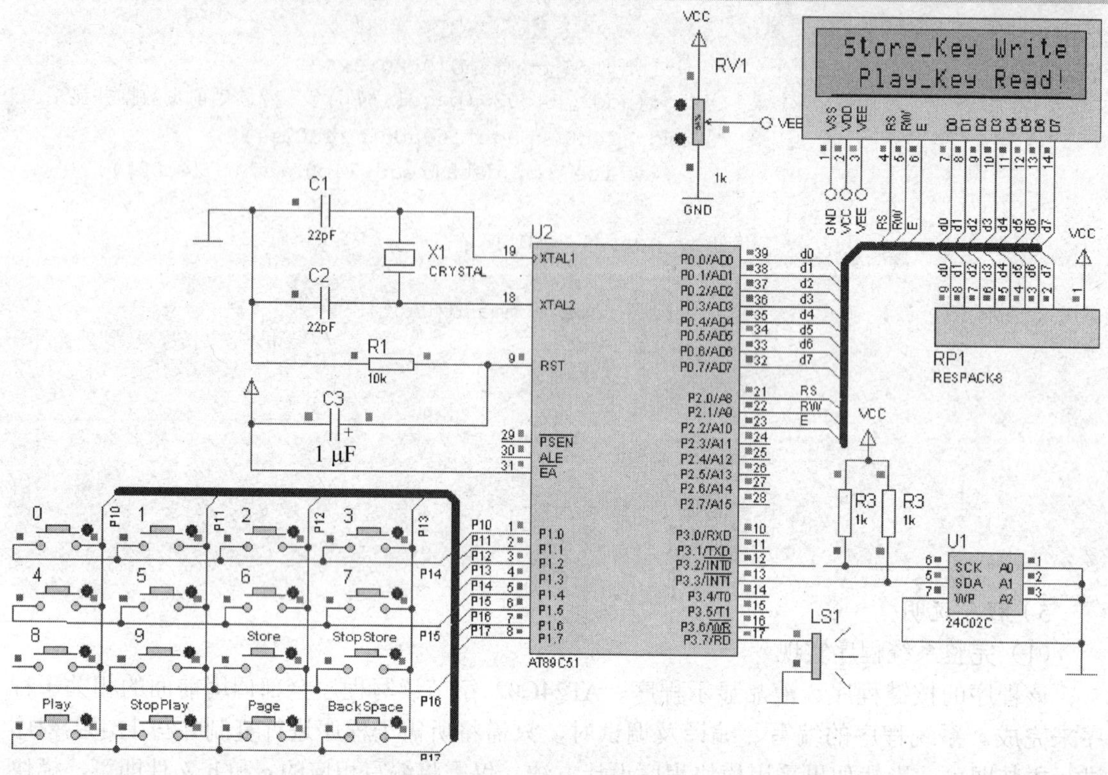

图 5.28　数据存储及回放系统主界面

在主界面按“Store”键进入数据存储模式。然后在“0～9”数字键和“Page”键的配合下对 AT24C02 全部存储单元进行赋值，存储截图如图 5.29 所示，赋值完成后按“StopStore”键结束本次存储，回到主界面。

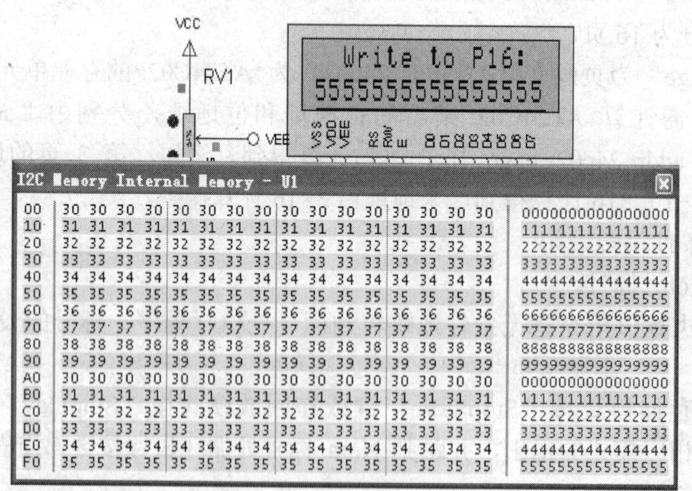

00	30 30 30 30	30 30 30 30	30 30 30 30	30 30 30 30	0000000000000000
10	31 31 31 31	31 31 31 31	31 31 31 31	31 31 31 31	1111111111111111
20	32 32 32 32	32 32 32 32	32 32 32 32	32 32 32 32	2222222222222222
30	33 33 33 33	33 33 33 33	33 33 33 33	33 33 33 33	3333333333333333
40	34 34 34 34	34 34 34 34	34 34 34 34	34 34 34 34	4444444444444444
50	35 35 35 35	35 35 35 35	35 35 35 35	35 35 35 35	5555555555555555
60	36 36 36 36	36 36 36 36	36 36 36 36	36 36 36 36	6666666666666666
70	37 37 37 37	37 37 37 37	37 37 37 37	37 37 37 37	7777777777777777
80	38 38 38 38	38 38 38 38	38 38 38 38	38 38 38 38	8888888888888888
90	39 39 39 39	39 39 39 39	39 39 39 39	39 39 39 39	9999999999999999
A0	30 30 30 30	30 30 30 30	30 30 30 30	30 30 30 30	0000000000000000
B0	31 31 31 31	31 31 31 31	31 31 31 31	31 31 31 31	1111111111111111
C0	32 32 32 32	32 32 32 32	32 32 32 32	32 32 32 32	2222222222222222
D0	33 33 33 33	33 33 33 33	33 33 33 33	33 33 33 33	3333333333333333
E0	34 34 34 34	34 34 34 34	34 34 34 34	34 34 34 34	4444444444444444
F0	35 35 35 35	35 35 35 35	35 35 35 35	35 35 35 35	5555555555555555

图 5.29　数据存储截图

在主界面按“Play”键进入数据回放模式。进入该模式后首先回放 AT24C02 第一页 16 个字节的数据，然后在“Page”键和“Play”键的配合下可实现对任意页数据回放的功能，回放截图如图 5.30 所示。回放完成后按“StopPlay”键结束本次回放，回到主界面。

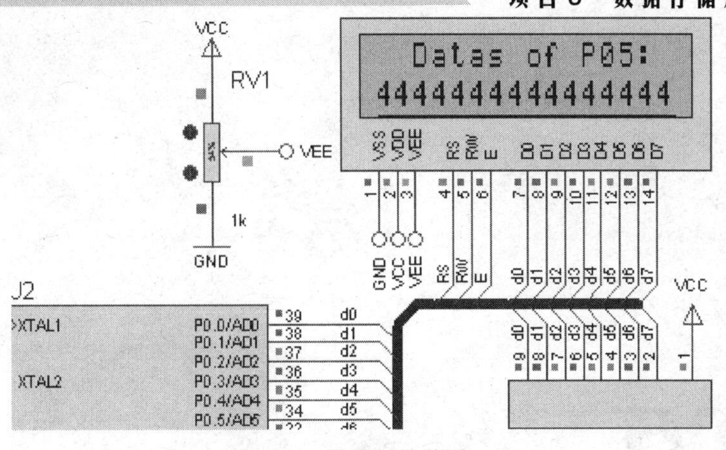

图 5.30 数据回放截图

思考与练习题 12

1. 简答题

（1）简述 AT24C02 存储芯片的特点。

（2）简述 AT24C02 存储芯片的引脚及其与单片机的接口电路设计原理。

（3）简述 AT24C02 存储芯片的器件地址构成。

（4）简述 AT24C02 存储芯片的指定地址写字节和指定地址读字节程序编写时序。

（5）简述矩阵键盘电路设计原理。

（6）简述矩阵键盘的线反转法键值识别原理。

（7）简述 goto 指令的功能及格式。

2. 设计题

（1）完成 AT24C02 与单片机接口电路及矩阵键盘电路的实物电路板Ⅵ的制作，并结合试验电路板Ⅰ和试验电路板Ⅳ构成数据存储及回放系统硬件电路。

（2）设计 AT24C02 数据存储程序，要求在 AT24C02 的 10H～1FH 单元存放 16 个数据，通过 Proteus 仿真观察数据存储的情况。自定义存储内容，要求存放字符 ASCII 码。

（3）设计 AT24C02 数据回放程序，要求读出上题中存放在 AT24C02 相关单元的数据，并利用 LCD1602 进行读出数据的显示，完成程序的 Proteus 仿真。

（4）利用键盘输入 8 个 LED 灯的显示编码，存储结束后，回读所存储显示编码送 LED 灯所接的 I/O 口控制 LED 灯实现多种花样的显示。

（5）拓展题：设计音乐播放器，利用 AT24C02 存储两首音乐的乐谱，按键选择在蜂鸣器上播放某首歌曲。

（6）拓展题：设计模拟电压历史数据存储系统，利用 ADC0809 采集模拟电压值，并将所采集的模拟电压数字量存入 AT24C02，可使用按键在 LCD1602 液晶模块上回放所存储的模拟电压值。

注：程序设计题全部要求完成流程图绘制、软件的编写、编译及软硬件仿真调试等功能，并按要求撰写设计报告。

项目 6

窗帘智能控制系统设计

项目要求

设计一个窗帘智能控制系统，要求智能控制器能实现手动和光控两种控制模式。手动模式采用无线遥控器控制窗帘的开关；光控模式要求利用室内光线的强弱控制窗帘的开关，具体要求如下。

（1）智能窗帘控制系统具有手动和光控两种控制模式，控制模式可以利用无线遥控器进行切换。

（2）手动控制采用无线遥控器控制，包括开、关和暂停三个键，可以实现窗帘任意开度的控制。

（3）光控模式要求可以根据室内光照度的强弱控制窗帘的开与关。

项目拓展要求

（1）光控模式可拓展窗帘任意开关度的控制。

（2）可利用定时器拓展窗帘白天/夜间开关控制。

（3）可拓展窗帘防盗系统的设计。

系统方案

1. 运动系统

系统负载不大，需要灵活准确地控制转角，故采用步进电机做驱动，其具有转角控制方便准确的特点。

2．手动控制系统

手动控制系统采用PT2262和PT2272构成的无线收发套件构成，该通信模块在30 m范围内信号接收效果好，满足室内窗帘控制系统的距离要求。并且该套件在市面上很容易买到商业化模块，具有价格便宜、性能优良、接口规范的优点。

3．光控系统

光照度的采集利用普通光敏电阻实现，作为家用光控窗帘，光照度控制要求不高，普通廉价的光敏电阻完全可以胜任，且工作原理简单，电路搭接方便。

任务分解

该系统分为窗帘运动控制系统设计和窗帘智能控制系统设计两个任务，具体包括步进电机软硬件设计、无线遥控系统软硬件设计和光控系统软硬件设计几部分。

任务6.1　窗帘运动控制系统设计

任务要求

设计基于步进电机的窗帘运动控制系统，含步进电机驱动电路设计、正反转及停机控制程序设计几部分，具体要求如下。

（1）完成步进电机的驱动电路设计。

（2）完成步进电机的正反转、角度、转速及停机控制程序设计。

（3）完成步进电机的Proteus仿真电路设计。

（4）完成步进电机运动控制的Proteus软硬件联合仿真。

教学目标

（1）掌握步进电机的工作原理。

（2）掌握步进电机驱动电路的设计方法。

（3）掌握步进电机的正反转、转速、转角及停机控制方法。

（4）掌握步进电机控制程序的设计方法。

（5）掌握步进电机控制系统的Proteus仿真。

6.1.1　窗帘运动控制系统硬件设计

随着科技的发展，人民生活和工作条件的不断改善，电动窗帘越来越为人所接受，在欧美等发达国家，电动窗帘已广泛应用。电动窗帘不但通过红外线、无线电遥控或定时控制实现自动化，而且运用阳光、温度、风等电子感应器，实现产品的智能化操作，不仅降低了劳动强度，延长了产品的使用寿命，而且满足了人们对建筑遮阳和装饰的要求，更充分体现了人们追求舒适方便，高品质生活的理念。

电动窗帘根据操作机构和装饰效果的不同分为电动开合帘系列、电动升降帘系列、电动天棚帘、电动遮阳板、电动遮阳篷等系列。

其中，电动开合窗帘系统主要包括电机系统、控制系统、轨道系统和装饰布帘等，在此主要介绍电机及其控制系统的设计方法。

1．步进电机概述

目前窗帘的电动系统主要采用直流电机或交流电机驱动。直流电机一般采用内置或外置电源变压器，驱动功率一般较小，能负载的布帘较轻，控制电路比较复杂，其主要优点是噪声比较小，主要应用在面积较小的窗户。交流电机驱动方式可直接使用 220 V 电源，控制电路简单，驱动功率较大，能负载较重的布帘，应用广泛，适用于宽大、明亮的落地窗等。

系统要求设计家用小型遥控电动窗帘，可选择直流电机或步进电机进行驱动，由于步进电机控制简单、便于实现精确定位，因此选用 12 V 步进电机作为执行机构驱动窗帘的开关。

1）步进电机结构

步进电机是将电脉冲信号转变为角位移或线位移的执行元件。在非超载的情况下，电机的转速、停止的位置只取决于脉冲信号的频率和脉冲数，而不受负载变化的影响，当步进驱动器接收到一个脉冲信号时，它就驱动步进电机按设定的方向转动一个固定的角度，称之为"步距角"，它的旋转是以固定的角度一步一步运行的。可以通过控制脉冲个数来控制角位移量，从而达到准确定位的目的；同时可以通过控制脉冲频率来控制电机转动的速度和加速度。步进电机实物图如图 6.1 所示，剖析图如图 6.2 所示。

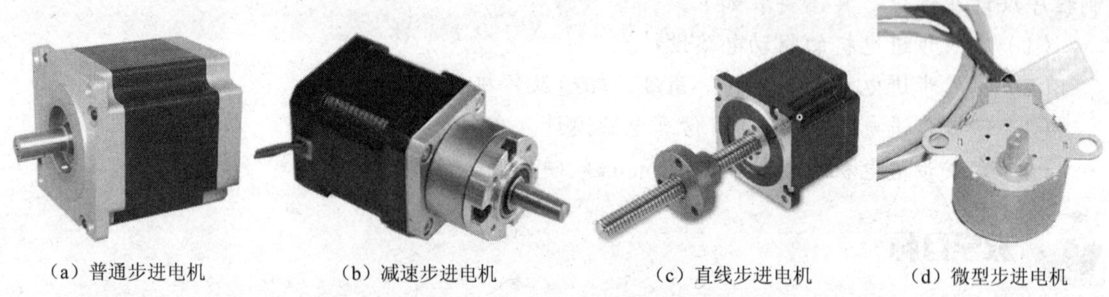
（a）普通步进电机　（b）减速步进电机　（c）直线步进电机　（d）微型步进电机

图 6.1　步进电机实物图

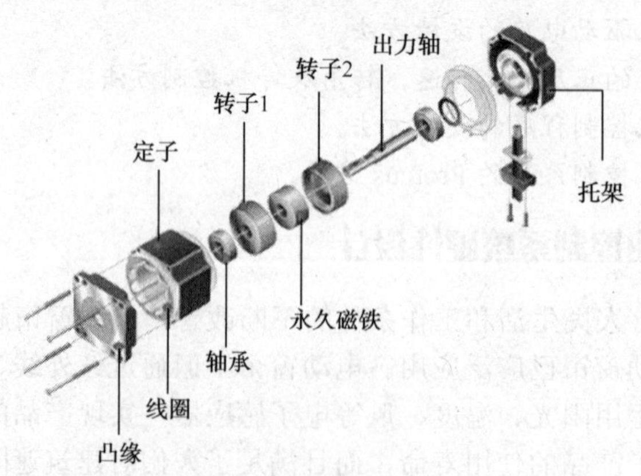

图 6.2　步进电机剖析图

2）步进电机分类

现在比较常用的步进电机包括反应式步进电机（VR）、永磁式步进电机（PM）、混合式步进电机（HB）和单相式步进电机等。

（1）永磁式步进电机

永磁式步进电机一般为两相，转矩和体积较小，步进角一般为7.5°或15°。

（2）反应式步进电机

反应式步进电机一般为三相，可实现大转矩输出，步进角一般为1.5°，但噪声和振动都很大。反应式步进电机的转子磁路由软磁材料制成，定子上有多相励磁绕组，利用磁导的变化产生转矩。

（3）混合式步进电机

混合式步进电机是指混合了永磁式和反应式的优点。它又分为两相和五相：两相步进角一般为1.8°而五相步进角一般为0.72°。这种步进电机的应用最为广泛。

3）技术指标

（1）步进电机的静态指标

① 步距角。

步距角是指控制系统每发一个步进脉冲信号，电机所转动的角度。电机出厂时给出了一个步距角的值，如86BYG250A型电机的值为0.9°/1.8°（表示半步工作时为0.9°、整步工作时为1.8°），这个步距角可称为“电机固有步距角”，它不一定是电机实际工作时的真正步距角，真正的步距角和驱动器有关。

② 相数。

相数是指电机内部的线圈组数。目前常用的有二相、三相、四相、五相步进电机。电机相数不同，其步距角也不同，一般二相电机的步距角为0.9°/1.8°、三相电机的步距角为0.75°/0.5°、五相电机的步距角为0.36°/0.72°。在没有细分驱动器时，用户主要靠选择不同相数的步进电机来满足自己对步距角的要求。如果使用细分驱动器，则“相数”将变得没有意义，用户只需在驱动器上改变细分数，就可以改变步距角。

③ 拍数。

拍数是指完成一个磁场周期性变化所需脉冲数或导电状态，或电机转过一个步距角所需脉冲数。以四相电机为例，有四相四拍运行方式，即AB-BC-CD-DA-AB；四相八拍运行方式，即A-AB-B-BC-C-CD-D-DA-A。

④ 保持转矩。

保持转矩是指步进电机通电但没有转动时，定子锁住转子的力矩。它是步进电机最重要的参数之一，通常步进电机在低速时的力矩接近保持转矩。由于步进电机的输出力矩随速度的增大而不断衰减，输出功率也随速度的增大而变化，所以保持转矩就成了衡量步进电机最重要参数之一。比如，当人们说2 N · m的步进电机时，在没有特殊说明的情况下，是指保持转矩为2 N · m的步进电机。

（2）步进电机的动态指标

① 步距角精度。

步距角精度是指步进电机每转过一个步距角的实际值与理论值的误差，用百分比表示：误差/步距角×100%。不同运行拍数其值不同，四拍运行时应在 5%之内，八拍运行时应在 15%以内。

② 失步。

电机运转时运转的步数不等于理论上的步数，称为失步。

③ 失调角。

失调角是指转子齿轴线偏移定子齿轴线的角度。电机运转必存在失调角，由失调角产生的误差，采用细分驱动是不能解决的。

④ 最大空载启动频率。

最大空载启动频率是指电机在某种驱动形式、电压及额定电流下，在不加负载的情况下，能够直接启动的最大频率。

⑤ 最大空载运行频率。

最大空载运行频率是指电机在某种驱动形式、电压及额定电流下，电机不带负载的最高转速频率。

⑥ 运行矩频特性。

电机在某种测试条件下，测得运行中输出力矩与频率关系的曲线称为运行矩频特性。它是电机诸多动态曲线中最重要的，也是电机选择的根本依据，如图 6.3 所示。

电机一旦选定，电机的静力矩即确定，而动态力矩却不然，电机的动态力矩取决于电机运行时的平均电流，平均电流越大，电机输出力矩越大，如图 6.4 所示。

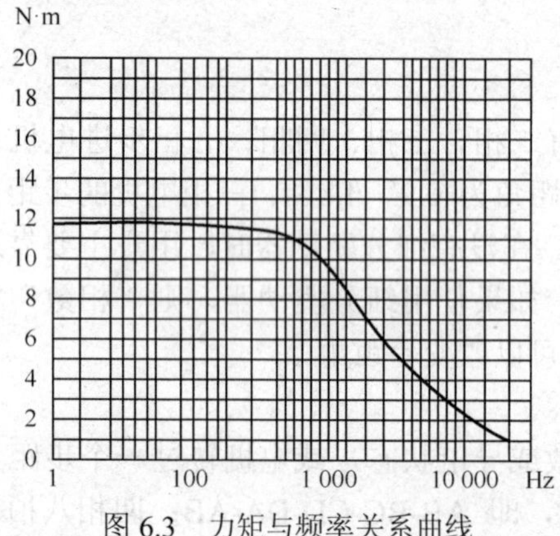

图 6.3　力矩与频率关系曲线

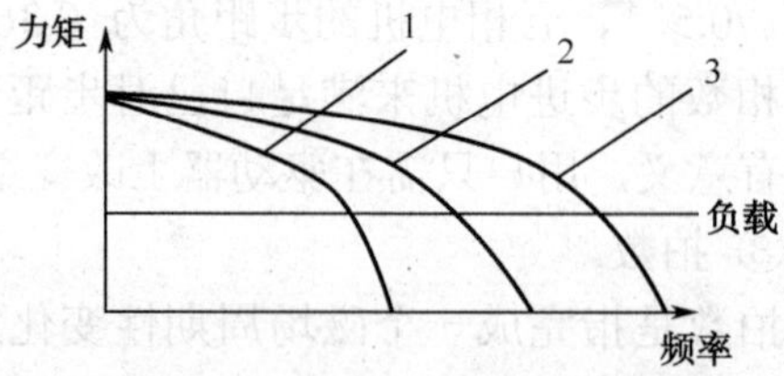

图 6.4　力矩与频率关系曲线

其中，曲线 3 电流最大或电压最高，曲线 1 电流最小或电压最低，曲线与负载的交点为负载的最大速度点。要使平均电流大，尽可能提高驱动电压，或采用小电感大电流的电机。

2. L298 驱动芯片简介

步进电机驱动电流要求比较大，单片机不能直接驱动，可采用专用的电机驱动模块进行驱动，如 L298，ULN2003 等。这类驱动模块接口简单、操作方便，它们既可驱动步进电机，也可驱动直流电机。除此之外，还可以利用三极管自己搭建驱动电路，不过这样做会非常麻烦，可靠性也会降低。

相对于 ULN2003，L298 的驱动能力可达 46 V、2.5 A，而 ULN2003 的最大驱动能力只有 50 V、500 mA，因而此处选择 L298 才能满足负载功率的要求。

L298N 是一款双全桥步进电机专用驱动芯片，其内部包含 4 信道逻辑驱动电路，可同时驱动 2 个二相或 1 个四相步进电机，内含 2 个 H-Bridge 的高电压、大电流双全桥式驱动器，接收标准 TTL 逻辑信号，且可以直接透过电源来调节输出电压。该芯片可直接由单片机的 I/O 口来提供模拟时序信号，L298N 引脚如图 6.5 所示。各引脚功能如下。

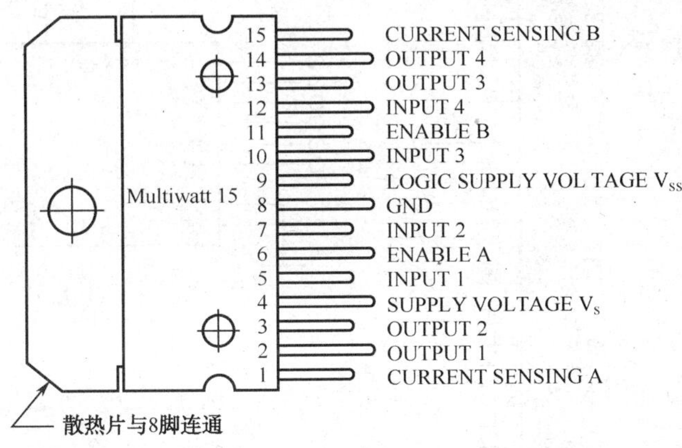

图 6.5　L298N 引脚图

- INPUT1～INPUT4：TTL 电平输入端，直接接单片机引脚，控制电机的启停、正反转及速度等。
- OUTPUT1～OUTPUT4：驱动输出端，接电机。
- V_{SS}：逻辑电平输入端，可输入 4.5～7 V 电压、典型值为 5 V。
- V_S：电机驱动电压，电压范围为 2.5～46 V，视电机工作电压大小而定。
- GND：公共地。
- ENABLE A、ENABLE B：输出使能端，接高电平时，芯片工作，可通过该引脚控制电机的启停。
- CURRENT SENSING A、CURRENT SENSING B：电流采样端，可形成电流反馈，不用时直接接地。

3. 步进电机驱动电路设计

如图 6.6 所示为步进电机的 Proteus 仿真电路图，实际接线图增加电源电路，一般采用的方案为，选用市电 220 V 转 12 V 线性或开关电源，为电机提供工作电源，再将 12 V 电源转换为 5 V 电源供单片机等控制器件使用，在选用电源时要注意电源输出功率应满足系统需要，功率应在 3 A 左右。P1.0～P1.3 口接 L298N 的 INPUT1～INPUT4 作为控制信号，L298N 的输出端 OUTPUT1～OUTPUT4 接步进电机的 A、B、C、D，OUTPUT 引脚电平的高低取决于 INPUT 引脚电平的高低，只是驱动能力得到提高。

6.1.2 窗帘运动控制程序设计

1. 步进电机励磁方式

步进电机是一种将电脉冲转换成相应角位移或线位移的电磁机械装置。它具有快速启、停能力，在电机的负荷不超过它能提供的动态转矩时，可以通过输入脉冲来控制它在一瞬间的启动或停止。步进电机的步距角和转速只和输入的脉冲频率有关，和环境温度、

气压、振动无关，也不受电网电压的波动和负载变化的影响。因此，步进电机多应用在需要精确定位的场合。

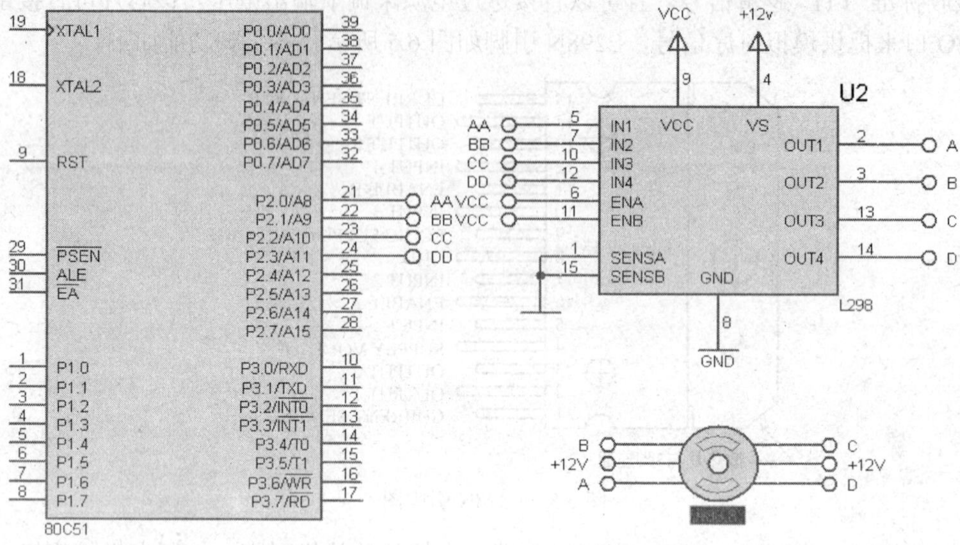

图 6.6　步进电机驱动仿真电路

1）步进电机控制等效电路

步进电机有三线式、五线式和六线式，但其控制方式均相同，都要以脉冲信号电流来驱动。假设每旋转一圈需要 200 个脉冲信号来励磁，可以计算出每个励磁信号能使步进电机前进 1.8°，其旋转角度与脉冲的个数成正比。步进电动机的正、反转由励磁脉冲产生的顺序来控制。六线式四相步进电机是比较常见的，它的控制等效电路如图 6.7 所示。它有 4 条励磁信号引线 A、$\overline{A}$、B、$\overline{B}$，通过控制这 4 条引线上励磁脉冲产生的时刻，即可控制步进电机的转动。每出现一个脉冲信号，步进电机只走一步。因此，只要依序不断送出脉冲信号，步进电机就能实现连续转动。

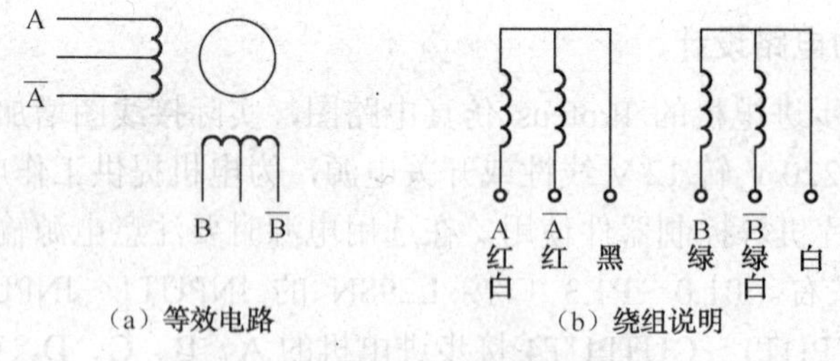

（a）等效电路　　（b）绕组说明

图 6.7　步进电机的控制等效电路

2）励磁方式

步进电机的励磁方式分为全步励磁和半步励磁两种。其中全步励磁又有一相励磁和二相励磁之分；半步励磁又称 1-2 相励磁。假设每旋转一圈需要 200 个脉冲信号来励磁，可以计算出每个励磁信号能使步进电动机前进 1.8°，简要介绍如下。

（1）一相励磁

在每一个瞬间，步进电机只有一个线圈导通。每送一个励磁信号，步进电机旋转，这

是三种励磁方式中最简单的一种。其特点是：精确度好、消耗电力小，但输出转矩最小，振动较大。如果以该方式控制步进电机正转，对应的励磁顺序如表 6.1 所示。若励磁信号反向传送，则步进电机反转。

（2）二相励磁

在每一个瞬间，步进电动机有两个线圈同时导通。每送一个励磁信号，步进电机旋转 1.8°。其特点是：输出转矩大，振动小。如果以该方式控制步进电机正转，对应的励磁顺序如表 6.2 所示。若励磁信号反向传送，则步进电机反转。

表 6.1　一相励磁顺序表

STEP	A	B	$\overline{A}$ (C)	$\overline{B}$ (D)
1	1	0	0	0
2	0	1	0	0
3	0	0	1	0
4	0	0	0	1

表 6.2　二相励磁顺序表

STEP	A	B	$\overline{A}$ (C)	$\overline{B}$ (D)
1	1	1	0	0
2	0	1	1	0
3	0	0	1	1
4	1	0	0	1

（3）1-2 相励磁

为一相励磁与二相励磁交替导通的方式。每送一个励磁信号，步进电机旋转 0.9°。其特点是：分辨率高，运转平滑，故应用也很广泛。如果以该方式控制步进电机正转，对应的励磁顺序如表 6.3 所示。若励磁信号反向传送，则步进电机反转。

表 6.3　1-2 相励磁顺序表

STEP	A	B	$\overline{A}$ (C)	$\overline{B}$ (D)
1	1	0	0	0
2	1	1	0	0
3	0	1	0	0
4	0	1	1	0
5	0	0	1	0
6	0	0	1	1
7	0	0	0	1
8	1	0	0	1

2．步进电机转角与转速控制

要弄清步进电机的转角及转速控制方式，首先要明确步距角的概念，即每发一个脉冲步进电机将旋转多少角度的问题。步距角可采用如下公式进行计算：

$$\alpha = \frac{360^\circ}{mzk}$$

式中：m——定子绕组的相数。

z——转子的齿数。

k——励磁方式系数，当 m 相 m 拍通电时，k=1；m 相 2 m 拍通电时，k=2。

以四相步进电机为例，m=4；采用四相四拍励磁方式时 k=1，而采用四相八拍励磁方式时 k=2；再假如电机转子齿数为 50，即 z=50。所以四相电机在采用四相四拍励磁时，每发一个脉冲电机转动角度α=360°/（50×4）=1.8°（俗称整步），四相八拍运行时步距角为α=360°/（50×8）=0.9°（俗称半步）。

因此转角控制可通过控制脉冲数来实现，脉冲数×步距角α即为步进电机转动的转角。

转速控制通过控制脉冲持续时间实现，电机转动一圈为 360°，假设四相电机采用四相八拍控制，步距角为 0.9°，则转动一圈需发送 400 个脉冲，如果每个脉冲持续时间为 1 ms，则转动一圈耗时 400 ms，其转速为 150 r/min。

3．步进电机运动控制程序设计

1）功能分析

程序要求采用广泛使用的 1-2 相励磁方式控制电机的旋转，可实现步进电机的启停、正反转、速度及转角控制。具体要求如下。

（1）系统启动后电机慢速正转 5 圈。

（2）停止 5 s 后再慢速反转 5 圈。

（3）停止 5 s 后再快速正转 5 圈。

（4）停止 5 s 后再快速反转 5 圈，然后停机。

2）系统源程序

```
#include<reg51.h>
#define uchar unsigned char
#define uint unsigned int
uchar code step_pulse[9]={0x01,0x03,0x02,0x06,0x04,0x0c,0x08,0x090,0x01};
/******四相八拍时序表******A — AB — B — BC —C— CD — D — DA — A*/
void delayms(uint x)
{
    uint i,j;
    for(i=x;i>0;i--)
        for(j=120;j>0;j--);
}
void main()
{
    uint k,pulse_num,speed;
    uchar j,i;
    while(1)
    {
        for(j=0;j<2;j++)
        {
            pulse_num=250;                  //转角为 250×8×0.9=1 800°
            speed=j?5:2;                    //j=0 高速旋转；j=1 低速旋转
            for(k=0;k<pulse_num;k++)        //正转，1-2 相励磁
            {
                for(i=0;i<=7;i++)
                {
                    P2=step_pulse[i];
                    delayms(speed);
                }
            }                               //停机 5 s
            P2=0x00;
            delayms(5000);
            for(k=0;k<pulse_num;k++)        //正转，1-2 相励磁
            {
                for(i=8;i>=1;i--)
                {
```

```
                P2=step_pulse[i];
                delayms(speed);
            }
        }                                       //停机 5s
        P2=0x00;
        delayms(5000);
    }
    break;
}
while(1);
}
```

3）程序说明

（1）电机正反转和停机的控制

步进电机的 A、B、C、D 驱动信号分别由单片机的 P2.0～P2.3 引脚发出，按照四相八拍励磁方式，建立励磁脉冲顺序时序数组 step_pulse[9]，注意数组定义为 9 个元素是考虑到正反转切换的方便性。正转时依次送 step_pulse[0]～step_pulse[7]数组元素到 P2 口；反转时依次送 step_pulse[8]～step_pulse[1]数组元素到 P2 口。

停机控制只需使电机的 A、B、C、D 引脚同时为低电平即可，在程序中“P2=0x00;”语句实现电机的停机控制。

（2）转角和速度控制

程序采用四相八拍励磁方式驱动电机转动，半步步距角为 0.9°，400 个脉冲为 1 圈。程序中定义了脉冲数变量“pulse_num”，选择转角 θ=pulse_num×8×0.9°，程序中 pulse_num=250，共发出 2 000 个脉冲，可控制电机选择 1 800°，即 5 圈。

速度控制通过调用毫秒级延时程序 delayms(speed)实现，速度控制变量 speed 通过三目运算符“speed=j?5:2;”实现。可以控制电机工作于两种速度，当 speed=2 时，每个脉冲持续时间约 2 ms，400 个脉冲一圈，转速约为 75 r/min；当 speed=5 时，每个脉冲持续时间约为 5 ms，400 个脉冲一圈，转速约为 30 r/min。

4）系统仿真

利用 Proteus 软件仿真时，必须对步进电机仿真模型进行参数设置。双击步进电机，调出步进电机参数设置对话框，将步距角参数（Step Angle）设为 1.8，注意此处的步距角为整步步距角；最大转速参数（Maximum RPM）设为 360 000，表示最大转速为 1 000 r/min。参数设置情况如图 6.8 所示。然后运行程序仿真，仿真截图如图 6.9 所示。

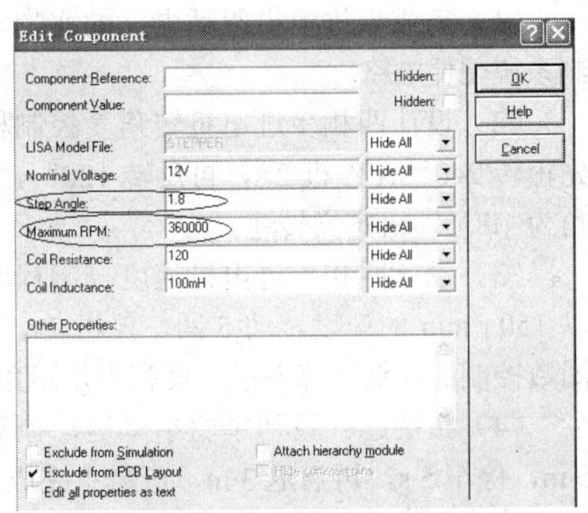

图 6.8 步进电机仿真模型参数设置

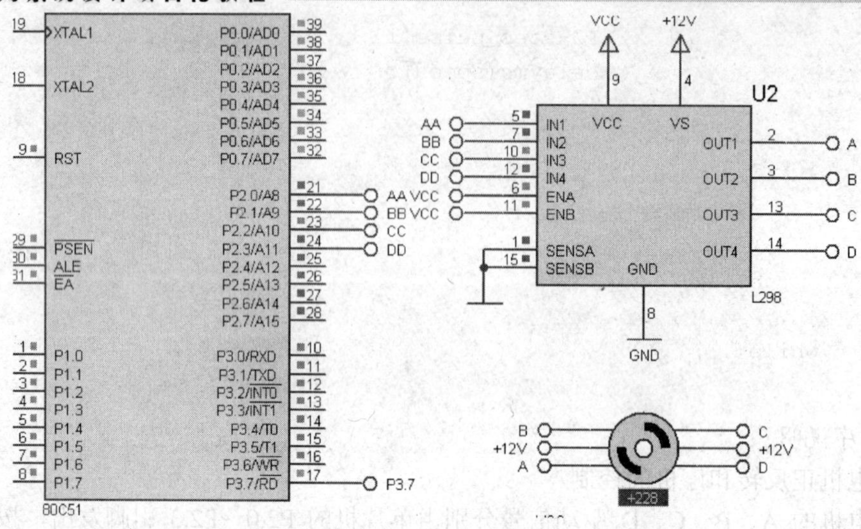

图 6.9 电机运动控制仿真截图

思考与练习题 13

1．简答题

（1）简述步进电机的工作原理。

（2）简述步进电机的主要技术参数。

（3）简述 L298 电机驱动芯片的特点、驱动能力及电路设计原理。

（4）简述步进电机驱动电路设计原理。

（5）简述四相步进电机的励磁方式以及各种励磁方式的优缺点。

（6）简述步进电机的正反转及启停控制方法。

（7）举例说明步进电机转角度及转速控制原理，列写具体计算公式。

2．设计题

（1）完成步进电机驱动电路的实物电路板Ⅶ的制作，并结合试验电路板Ⅰ构成电机控制系统硬件电路。

（2）设计四相步进电机转角度控制程序，要求采用四相四拍励磁方式，控制步进电机先正转 240°，停机 2 s，再反转 120°，停机，列写转角控制的详细计算办法。设整步步距角为 1.8°，自定义转速。

（3）设计四相步进电机速度控制程序，要求采用四相八拍励磁方式，先控制步进电机以 150 r/min 的速度转动 5 圈，停机 2s，再以 75 r/min 的速度转动 2 圈，停机，列写转速和圈数控制的详细计算办法。设整步步距角为 1.8°。

（4）拓展题：设计单驱小车运动控制系统。利用四相步进电机驱动，要求小车先前进 5 m，停车 5 s，再后退 3 m，可自主完成小车机械系统的设计。

注：程序设计题全部要求完成流程图绘制、软件的编写、编译及软硬件仿真调试等功能，并按要求撰写设计报告。

任务6.2 窗帘智能控制系统设计

任务要求

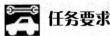

完成窗帘智能控制系统的设计，能实现窗帘的手动控制和光控功能。手动控制采用基于 PT2262 和 PT2272 的无线收发套件实现，结合光敏电阻实现窗帘的光控功能，具体要求完成如下任务。

（1）完成基于 PT2262 和 PT2272 的无线收发套件电路设计。

（2）完成基于光敏电阻的光信号采集电路设计。

（3）完成窗帘智能控制系统的 Proteus 仿真电路设计。

（4）完成窗帘智能控制系统的程序设计。

（5）完成窗帘智能控制系统的 Proteus 软硬件联合仿真。

教学目标

（1）掌握 PT2262 和 PT2272 的工作原理。

（2）掌握基于 PT2262 和 PT2272 的无线收发套件电路设计方法。

（3）掌握光敏电阻工作原理。

（4）掌握光信号采集电路设计方法。

（5）掌握窗帘智能控制系统程序的设计方法。

（6）掌握窗帘智能控制系统的 Proteus 仿真方法。

6.2.1 窗帘智能控制系统硬件设计

1. 无线控制系统硬件设计

1）无线遥控概述

无线遥控是指实现对被控目标的非接触远程控制，在工业控制、航空航天、家电领域应用广泛，相对于电缆连线，其优点是安装成本低（无须布线、不用地下工程、没有电缆槽），提高了灵活性并降低了维护成本。

无线遥控系统的种类和分类方法有很多，主要有如下几种。

（1）按传输控制指令信号的载体分：无线电遥控、红外线遥控、超声波遥控。

（2）按信号的编码方式分：频率编码和脉冲编码。

（3）按传输通道数分：单通道和多通道遥控。

（4）按同一时间能够传输的指令数目分：单路和多路遥控。

（5）按指令信号对被控目标的控制技术分：开关型和比例型遥控。

遥控系统一般由发射器和接收器两部分组成。发射器一般由指令键、指令编码电路、调制电路、驱动电路、发射电路等几部分组成。指令编码电路产生相应的指令编码信号，编码指令信号对载体进行调制，再由驱动电路进行功率放大后由发射电路向外发射经过调制的指令编码信号。接收器一般由接收电路、放大电路、解调电路、指令译码电路、驱动

电路和执行电路几部分组成。接收电路将发射器发射的已调制的编码指令信号接收下来，并进行放大后送解调电路。解调电路将已调制的编码解调下来，即还原为编码信号。指令译码器将编码指令信号进行译码，最后由驱动电路来驱动执行电路实现各种指令的操作。

系统选用 PT2262/2272 编解码集成电路实现无线收发控制。

2）PT2262/2272 编解码集成电路简介

（1）PT2262/2272 编解码集成电路工作原理

PT2262/2272 是一种 CMOS 工艺制造的低功耗、低价位通用编解码电路，PT2262/2272 最多可有 12 位（A0～A11）三态地址端引脚（悬空，接高电平，接低电平），如图 6.10 和图 6.11 所示，任意组合可提供 531441 地址码。PT2262 最多可有 6 位（D0～D5）数据端引脚，设定的地址码和数据码从 17 脚串行输出，可用于无线遥控发射电路。

编码芯片 PT2262 编码信号是由地址码、数据码、同步码组成一个完整的码字，从第 17 引脚输出到射频发射模块的数据输入端发射出去。射频接收模块接收后送到解码芯片 PT2272，其地址码经过三次比较核对后，PT2272 的 VT 引脚才输出高电平，与此同时与 PT2262 相应的数据脚也输出高电平，如果 PT2262 连续发送编码信号，PT2272 第 17 引脚和相应的数据脚便连续输出高电平。PT2262 停止发送编码信号，PT2272 的 VT 端便恢复为低电平状态。

高频发射电路完全受控于 PT2262 的 17 引脚输出的数字信号，从而对高频电路完成幅度键控（ASK 调制）相当于调制度为 100%的调幅。

（2）PT2262/2272 编解码集成电路引脚功能

PT2262 和 PT2272 各有 18 个引脚，引脚分布如图 6.10 和图 6.11 所示，各引脚功能如表 6.4 和表 6.5 所示。

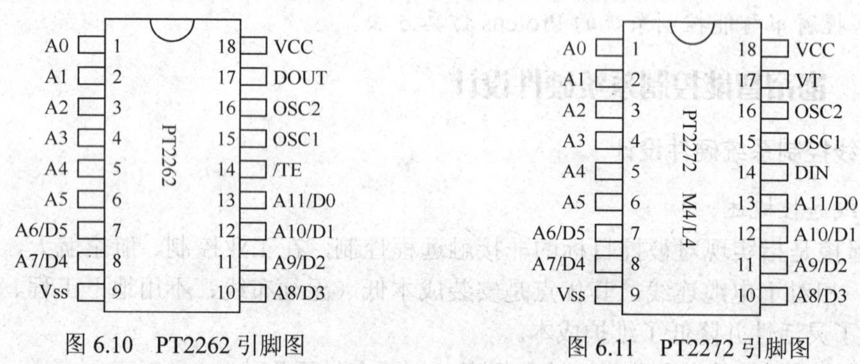

图 6.10 PT2262 引脚图　　　图 6.11 PT2272 引脚图

表 6.4 PT2262 引脚功能

名　称	引　脚	说　明
A0～A11	1～8、10～13	地址引脚，用于进行地址编码，可置为“0”、“1”、“f”（悬空）
D0～D5	7～8、10～13	数据输入端，有一个为“1”即有编码发出，内部下拉
Vcc	18	电源正端（+）
Vss	9	电源负端（−）
TE	14	编码启动端，用于多数据的编码发射，低电平有效
OSC1	16	振荡电阻输入端，与 OSC2 所接电阻决定振荡频率
OSC2	15	振荡电阻振荡器输出端
Dout	17	编码输出端（正常时为低电平）

表 6.5　PT2272 引脚功能

名　称	引　脚	说　明
A0～A11	1～8、10～13	地址引脚，用于进行地址编码，可置为“0”、“1”、“f”（悬空），必须与 2262 一致，否则不解码
D0～D5	7～8、10～13	地址或数据引脚，当作为数据引脚时，只有在地址码与 2262 一致，数据引脚才能输出与 2262 数据端对应的高电平，否则输出为低电平，锁存型只有在接收到下一数据才能转换
Vcc	18	电源正端（+）
Vss	9	电源负端（-）
DIN	14	数据信号输入端，来自接收模块输出端
OSC1	16	振荡电阻输入端，与 OSC2 所接电阻决定振荡频率
OSC2	15	振荡电阻振荡器输出端
VT	17	解码有效确认，输出端（常低）解码有效变成高电平（瞬态）

（3）PT2262/2272 之间的数据通信

PT2262 和 PT2272 通信内容包括地址码和数据码，通信字格式由 12 位数据组成，可由 6 位地址+6 位数据或 8 位地址+4 位数据的格式构成。通常在使用中，一般采用 8 位地址码和 4 位数据码，这时编码电路 PT2262 和解码 PT2272 的第 1～8 引脚为地址设定脚，有三种状态可供选择：悬空、接正电源、接地，3 的 8 次方为 6561，所以地址编码不重复度为 6561 组，只有发射端 PT2262 和接收端 PT2272 的地址编码完全相同，才能配对使用，例如，将发射机的 PT2262 的第 2 引脚接地，其他引脚悬空，那么接收机的 PT2272 只要第 2 引脚接地，其他引脚悬空就能实现配对接收。设置地址码的原则是：同一个系统地址码必须一致，不同的系统可以依靠不同的地址码加以区分。

当两者地址编码完全一致时，接收机再利用接收到的 4 位数据信号将对应的 Dl～D4 端输出约 4 V 互锁高电平控制信号，同时 VT 端也输出解码有效高电平信号。用户可将这些信号加一级三极管放大，便可驱动继电器等负载进行遥控操纵。

PT2262 可借助无线发射模块 F05V 发射射频信号，PT2272 再利用 J05V 射频信号接收模块接收信号并送给 PT2272。

3）F05V 和 J05V 无线收发模块

（1）F05V 无线射频发射模块

① F05V 的性能参数

F05V 是一款小体积、微功率 RF 无线发射模块；采用 SMT 工艺，性能稳定，特别适合低电压电池供电，无数据时休眠并符号 FCC 认证标准。如图 6.12 所示为 F05V 实物图，性能参数如下。

图 6.12　F05V 实物图

- 发射频率：315～433 MHz。
- 工作电压：DC 3 V（2.1～3.5 V）。
- 发射电流：10 mA/3 V（连发）。
- 发射功率：8 dBm。
- 传输速率：l～10 k。
- 频率稳定度：10^{-5}（声表稳频）。
- 调制方式：ASK。
- 工作温度：-40 ℃～+85 ℃。

② F05V 引脚定义。

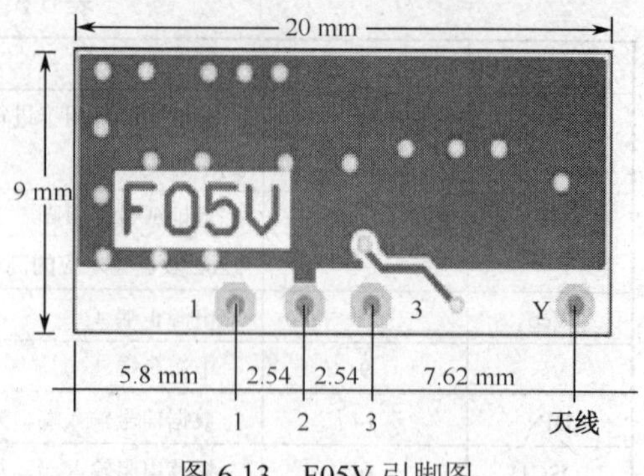

图 6.13　F05V 引脚图

引脚如图 6.13，各引脚定义如下。

- 1：正电源 3 V。
- 2：地。
- 3：数据信号输入。
- Y：外接天线。

③ 应用说明。

- F05V 工作电压不得超过 3.5 V，否则将烧坏芯片。
- F05V 无数据输入时休眠电流为 1 μA。但与 F05V 接口的电路不发送数据输入时必须处于低电平状态。
- F05V 最佳的安装是直插在印制板上，也可以将 F05V 覆铜面朝下贴在印制板上，天线要朝上。
- F05V 属于微功率发射模块，可以通过 FCC 认证，适合短距离数据传输。与 J05R、J05P、J05V 配套传输 PT 码加天线在开阔地参考距离大于 150 m。
- F05V 的天线匹配是否良好直接影响到 F05V 的发射效果，最简单的是一根四分之一波长的直导线，但不是最佳的匹配，也不方便安装。现介绍一种和 F05V 配套效果比较理想的螺旋天线。将天线靠近模块的边直接焊在模块 Y 点。没有天线 F05V 发射效果会很差。

④ 天线制作。

- 315M 螺旋天线。

线径为 0.5 mm（连皮 0.8 mm），线长为 36 cm，在直径 5 mm 的圆管上密绕完退出为空芯。长度约 l.8 cm。

- 433M 螺旋天线。

线径为 0.5mm（连皮 0.8 mm），线长为 28 cm，在直径 5 mm 的圆管上密绕完退出为空芯。长度约为 1.4 cm。

（2）J05V 射频接收模块

① J05V 的性能参数

J05V 可与 F05V 配套使用进行无线射频数据的接收，实物电路如图 6.14 所示，性能参数如下。

- 工作频率：315.0～433.92 MHz。
- 灵敏度：-103 dBm。

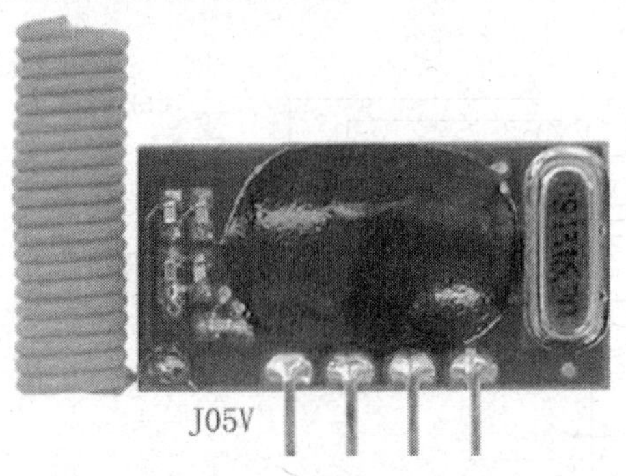

图 6.14　J05V 射频接收模块实物图

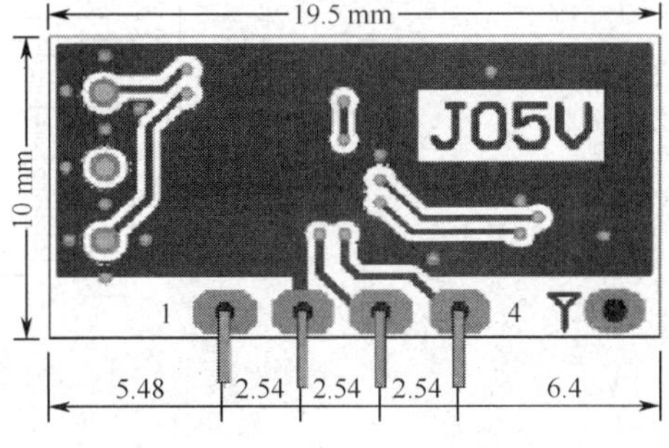

图 6.15　J05V 引脚图

- 工作电压：DC+3 V（2.4～3.6 V）。
- 调制方式：ASK。
- 工作电流：4.2 mA。
- 数据比率：2 k（300～50 k）。
- 转换时间：1 ms。

② J05V 引脚定义。

如图 6.15 所示为 J05V 引脚图，各引脚功能如下。

- 1：正电源（DC+3 V）。
- 2：地 Vss。
- 3：CE 端，工作模式转换。CE=0，休眠；CE=1，工作。
- 4：DATA 数据信号输出。
- Y：外接天线。

③ 应用说明。

- J05V 是一种低电压型超外差接收模块，典型应用电压 3 V；极限值为 2.4～3.6 V，超过 3.6 V 会烧毁芯片。
- J05V 具有休眠功能，CE=低（休眠）如果不需要休眠功能可以将 CE 端接到 VCC，不能悬空。
- J05V 最佳的安装是直插在印制板上，也可以将 J05V 覆铜面朝下贴在印制板上。天线要朝上。
- J05V 最佳的匹配天线是一根波长的四分之一直导线或螺旋天线。最好的效果是将天线靠近模块边直接焊在模块的 Y 点，见图 6.15，直导线天线要拉直，否则效果很差。没有天线灵敏度会很低。天线制作同 F05V。

4）无线收发电路设计

系统设置 4 个无线遥控按键，1 个手动自动控制切换键、1 个窗帘开关键、2 个备用，可进行定时开关功能扩展等。

（1）编/解码电路设计

图 6.16 和图 6.17 所示为 8 位地址 4 位数据的发/收电路原理图。主要由按键、接收指示、编/解码芯片电路、无线收发模块和收发天线等部分组成。

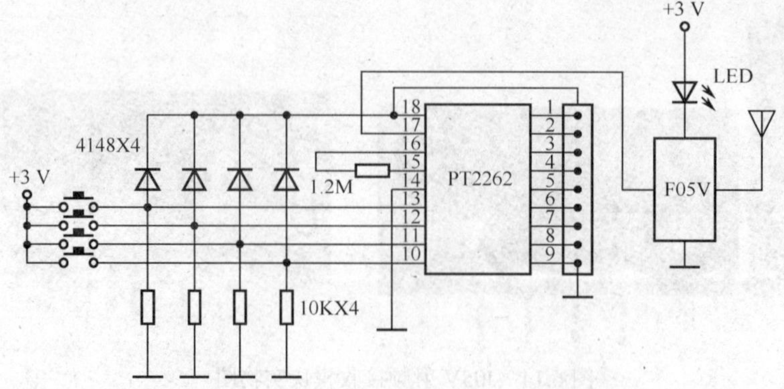

图 6.16　8 位地址、4 位数据无线发送电路

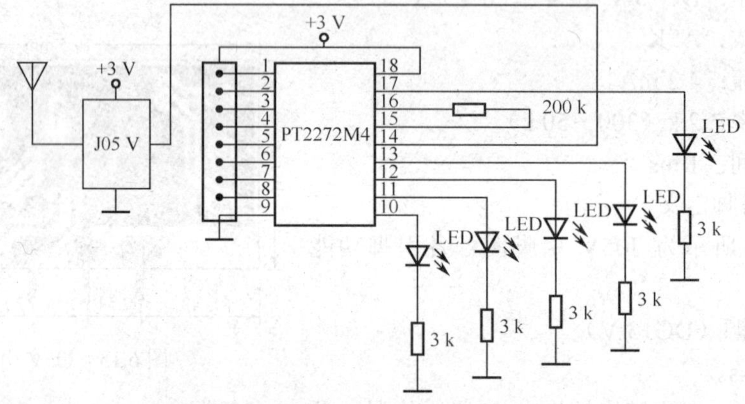

图 6.17　8 位地址、4 位数据无线接收电路

① 2262 和 2272 的地址匹配。

2262 和 2272 各自的第 1～8 引脚全部悬空即可。

② 振荡电阻匹配。

PT2262 和 PT2272 除地址编码必须完全一致外，振荡电阻还必须匹配，否则接收距离会变近甚至无法接收，在具体的应用中，外接振荡电阻可根据需要进行适当调节，阻值越大振荡频率越低，编码的宽度越大，发码一帧的时间越长。相对来说，PT2262 用 1.2 MΩ，2272 用 200 kΩ配套发射效果比较好。其他品牌的振荡电阻如何配套请参照各厂家提供的技术资料，目前 2262 和 2272 品牌比较多，振荡电阻配套也比较混乱。如表 6.6 所示，电路中分别采用 1.2 MΩ和 200 kΩ电阻进行匹配。

表 6.6　2262 与 2272 振荡电阻匹配表

编 码 芯 片					解 码 芯 片
PT2262	PT2260	SC2260	SC2262	CS5211	PT2272/SC2272/CS5212
1.2 M	无	3.3 M	1.1 M	1.3 M	200 k
1.5 M	无	4.3 M	1.4 M	1.6 M	270 k
2.2 M	无	6.2 M	2 M	2.4 M	390 k
3.3 M	无	9.1 M	3 M	3.6 M	680 k
4.7 M	1.2 M	12 M	4.3 M	5.1 M	820 k

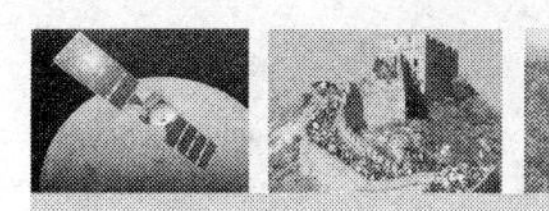

③ 电源设计。

另外，2272 解码芯片的工作电压的最小值和最大值标注不同，有的标注在 2.4～6 V，有的是 2.4～15 V，有的是 4～18 V，使用时请注意查阅各厂家提供的技术资料。一般情况下，各种品牌的 2272 工作电压在 3～5 V 比较可靠，最低工作电压 2.4 V 没有问题，最高工作电压超过 5 V 易烧毁。特别需要注意 2272 的地址端高电电平不得超过 18 引脚的工作电压。本系统采用 3.2 V 电压提供工作电源，如图 6.18 所示为两种电源电路图。

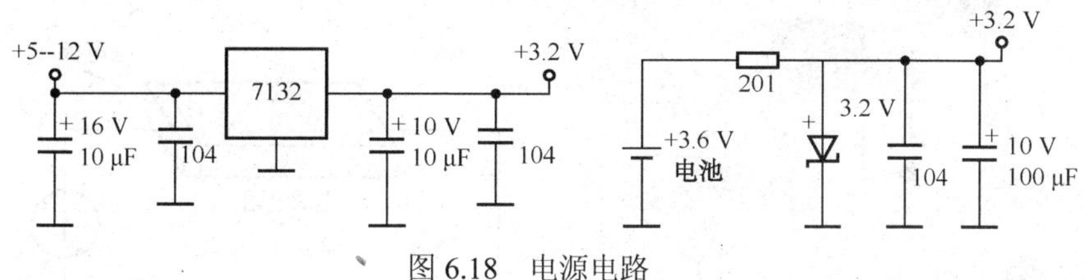

图 6.18 电源电路

④ 输出使能和解码成功端设计。

2262 发射使能端 14 引脚为低电平，允许发送无线数据，可编程控制，在此将该引脚接地，使能位一直有效；2272 接收芯片接收到无线信号并解码成功后会将 17 引脚置为高电平，单片机可查询该位或利用该位申请中断读取无线数据。设计时，可将 17 引脚接到单片机 INT0 引脚上形成外部中断。

⑤ 发射按键和数据接收端设计。

按键经下拉电阻接 PT2262 数据端 10～13 引脚，PT2272 的 10～13 引脚接单片机的 P3.0～P3.3 引脚及信号指示灯，当 PT2262 某个按键被按下时，将会导致 PT2272 相应引脚信号变高。定义各引脚功能后，再通过判断引脚电平便可进入相应的功能程序。

（2）F05V 和 J05V 射频收发电路设计

① 发射电路。

F05V1 引脚经发光二极管接 3 V 电源，2 引脚接地，3 引脚接 PT2262 数据输出端 17 引脚，天线接 Y 引脚即可。

② 接收电路。

同理，J05V1 引脚经发光二极管接 3 V 电源，2 引脚接地，4 引脚接 PT2272 数据接收端 14 引脚，天线接 Y 引脚。另外，J05V 接 3 V 电源，不使用休眠模式。

2. 窗帘光控系统硬件设计

系统要求采集室外光信号，当室外光照度大于一定的光照度时，自动打开窗帘，反之自动关闭窗帘。系统由光照度采集电路、自动控制窗帘软件等部分组成。

光照度可通过光敏电阻、光敏二极管或光敏三极管等光敏器件进行采集。这类器件的特点是其导电能力将受光强度的变化而变化，从而可以将光强度转换为相应变化的电信号，单片机通过读取该电信号即可判断出光的强度。

1）光敏电阻概述

（1）光敏电阻的工作原理

光敏电阻是一种光电效应半导体器件，如图 6.19 所示，应用于光存在与否的感应（数字量）以及光强度的测量（模拟量）等领域。它的体电阻系数随照明强度的增强而减小，

容许更多的光电流流过。这种阻性特征使得它具有很好的品质：通过调节供应电源就可以从探测器上获得信号流，且有着很宽的范围。

光敏电阻是薄膜元件，如图 6.20 所示，它是在陶瓷底衬上覆一层光电半导体材料，金属接触点盖在光电半导体面下部。这种光电半导体材料薄膜元件有很高的电阻，所以在两个接触点之间，做得狭小、交叉，使得在适度的光线时产生较低的阻值。

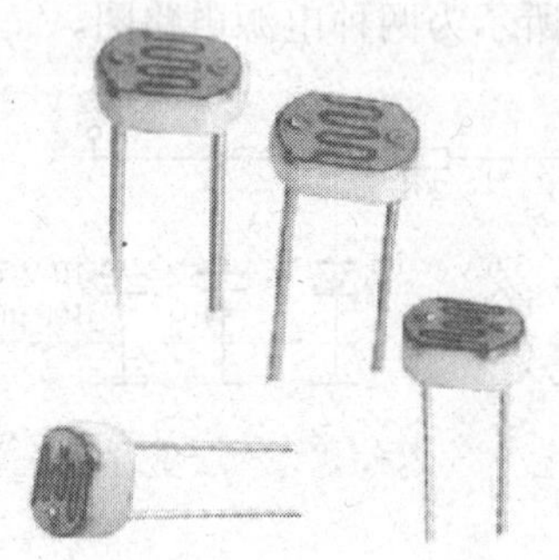

图 6.19　光敏电阻实物图

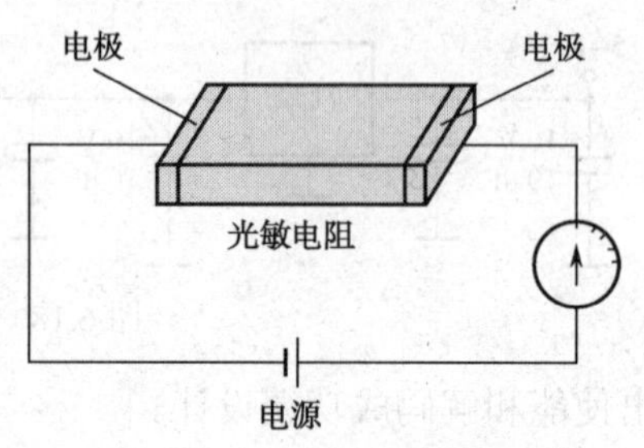

图 6.20　光敏电阻工作原理

（2）检测光敏电阻好坏的方法

① 用一黑纸片将光敏电阻的透光窗口遮住，此时万用表的指针基本保持不动，阻值接近无穷大。此值越大说明光敏电阻性能越好。若此值很小或接近为零，说明光敏电阻已烧穿损坏，不能再继续使用。

② 将一光源对准光敏电阻的透光窗口，此时万用表的指针应有较大幅度的摆动，阻值明显减小，此值越小说明光敏电阻性能越好。若此值很大甚至无穷大，说明光敏电阻内部电路损坏，也不能再继续使用。

③ 将光敏电阻透光窗口对准入射光线，用小黑纸片在光敏电阻的遮光窗上部晃动，使其间断受光，此时万用表指针应随黑纸片的晃动而左右摆动。如果万用表指针始终停在某一位置不随纸片晃动而摆动，说明光敏电阻的光敏材料已经损坏。

（3）光敏电阻的主要参数和基本特性

① 光电流。

光敏电阻在室温、无光照的全暗条件下，经过一定的时间之后，测得的电阻值称为暗电阻，或暗阻，此时流过光敏电阻的电流称为暗电流。

光敏电阻在受到某一光线照射时的电阻值称为亮电阻，或称亮阻，此时流过的电流称为亮电流。亮电流和暗电流之差称为光电流。

光敏电阻的暗电阻越大越好，亮电阻越小越好；即暗电流要小，亮电流要大，这样光电流才可能大，光敏电阻的灵敏度才会高。

② 光敏电阻的伏安特性。

在一定光照强度下，光敏电阻两端所加的电压和流过的光电流之间的关系曲线，称为光敏电阻的伏安特性。光照强度越大，光电流就越大；电压越大，产生的光电流也就越大。

③ 光敏电阻的光照特性。

光敏电阻的光电流 I 和光强ϕ之间的关系曲线，称为光敏电阻的光照特性。不同类型的光敏电阻，其光照特性是不同的，但大多数的光敏电阻的光照特性曲线类似，如图 6.21 所示。

由于光敏电阻的光照特性曲线呈现非线性，因此它不适宜作为线性测量元件，这是光敏电阻的一个缺点。在自动控制系统中，一般被用做开关式光电信号传感元件。

2）光采集电路设计

系统要求采集室外光照度，光线超过一定强度时，窗帘打开，低于该光照度时窗帘关闭，对精度要求不高，属简单的开关量控制系统。其电路如图 6.22 所示，当光照度较低时，流经光敏电阻 VR1 的电流减小，NPN 管 Q1 的基极电流 I_{Q1b} 增大，使 Q1 导通，经 Q2 放大后在 P3.7 处产生高电平，发光二极管亮，反之当光照度较强时，P3.7 处产生低电平。P3.7 连接单片机的 P3.7 引脚，单片机查询该引脚的高低电平可以知道光照度的强弱，从而控制窗帘的开关。电位器 RV1 可调节开关窗的光照度门限值。

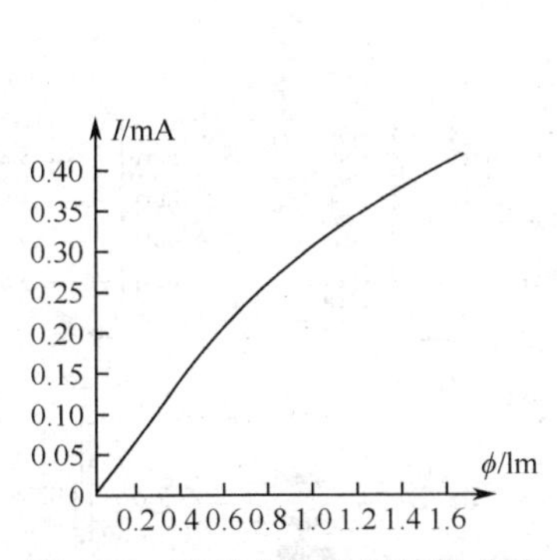

图 6.21　光敏电阻光照特性曲线

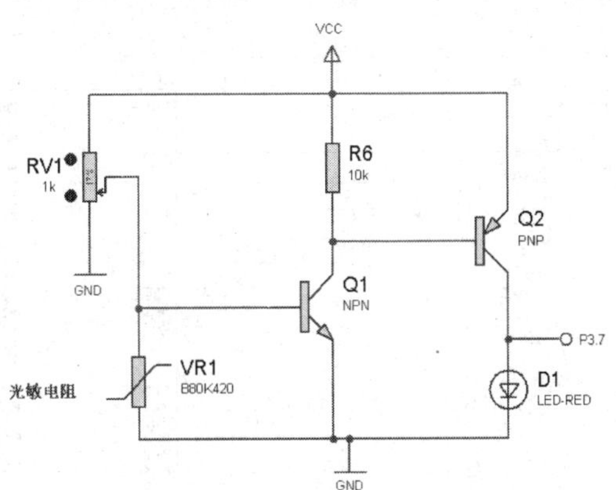

图 6.22　光敏电阻光开关电路

3．窗帘智能控制系统仿真电路设计

1）无线信号接收模拟电路

在实际应用时，经常购买现成的无线收发套件构成无线收发装置。如图 6.23 所示为一个基于 PT2262 和 PT2272 构成的四通道无线收发套件，包括无线信号发送器和无线信号接收器两个模块，单片机系统通过 I/O 口与无线信号接收模块的 4 个引脚直接连接，当发送模块的某个键被按下时，接收模块对应的引脚便会呈现低电平，单片机对与之连接的 I/O 口进行检测即可判断发送器是哪个键被按下，再进行相应的操作即可实现无线控制功能。由此可见，对单片机而言，无线信号就相当于一个按键开关信号，因此，Proteus 仿真电路中采用 4 个独立按键模拟无线发射器发送过来的按键信号。

图 6.23　PT2262 和 PT2272 组成的无线收发套件

2）光控电路的模拟设计

在 Proteus 仿真软件中有一个光照度仿真模型 LDR，如图 6.24 中的 LDR1。该模型由一个光源和推进装置，以及一个发光灯丝组成，当按加减键时，可以调节光源与发光灯丝之间的距离，当距离越近流经发光灯丝的电流越大，灯丝就会越亮，反之，电流减小灯丝变暗，从而利用该模型可以很好地实现光控仿真的效果。

3）窗帘智能控制仿真电路设计

窗帘智能控制仿真电路包括无线接收仿真电路（键盘电路）和光控仿真电路，并结合前面的电机驱动电路等几部分组成，仿真电路如图 6.24 所示。4 个键盘模拟无线信号，分别用于模式选择、窗帘的开、关和停止控制等功能。

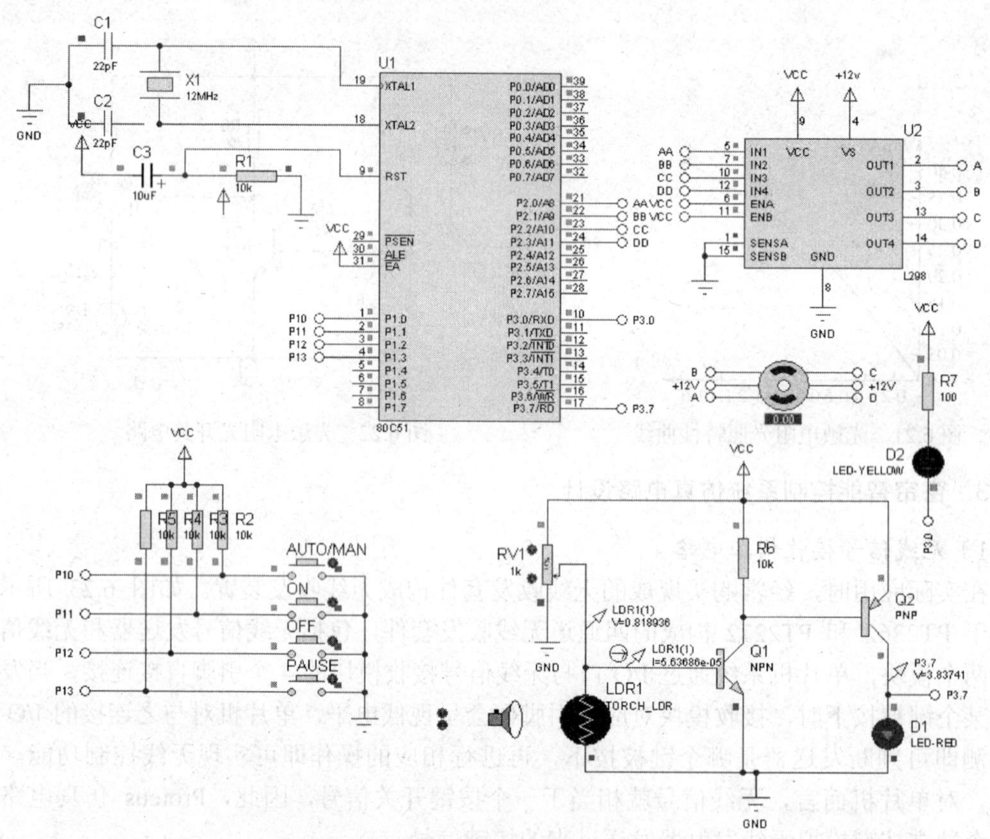

图 6.24　窗帘智能控制系统仿真电路

6.2.2　窗帘智能控制系统软件设计

1. 系统功能分析

窗帘智能控制系统要求具有手动和光控两种工作模式，手动和光控两种模式可以进行切换。手动模式通过无线发射器发送控制信号控制窗帘的开关，光控模式通过室内光信号强弱控制窗帘的开关，具体要求如下。

（1）上电后，控制系统处于手动模式，可以进行模式切换。

（2）手动模式运行时，按“ON”键开窗帘，按“OFF”键关窗帘，按“PAUSE”键暂停窗帘开关功能。

（3）光控模式运行时，室内光照度较弱时窗帘打开，光照度较强时窗帘关闭。

2．系统流程图

系统软件包括主程序、电机控制程序、键盘扫描程序和光控程序等几部分组成，下面主要介绍主程序流程，如图 6.25 所示。

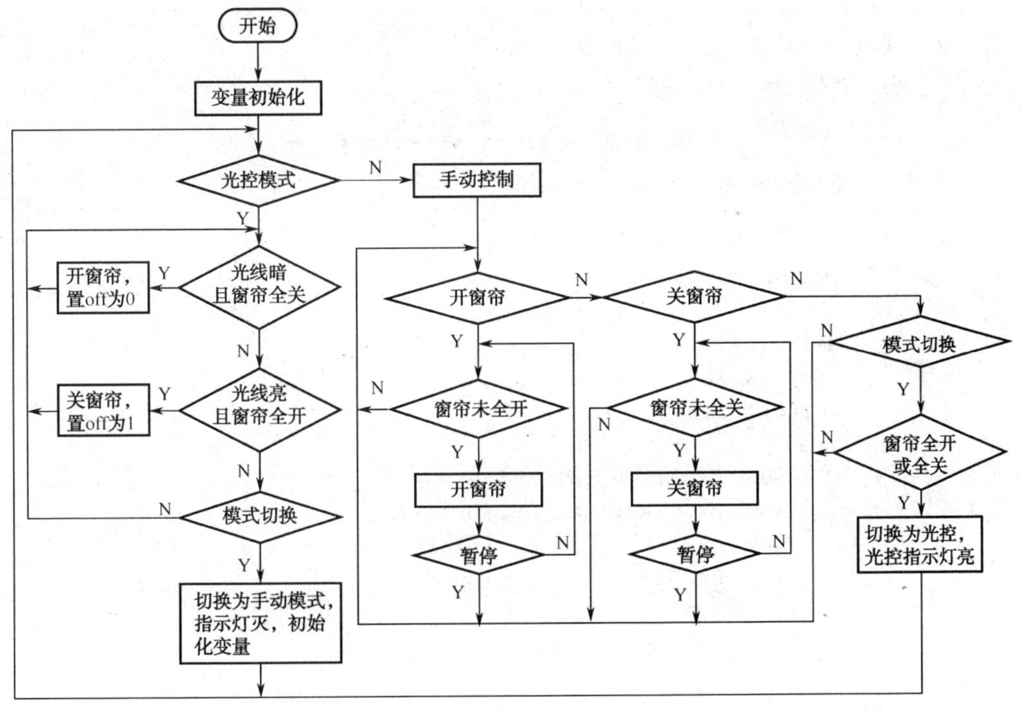

图 6.25　窗帘智能控制系统主程序流程图

3．变量定义

窗帘智能控制系统程序变量定义如表 6.7 所示。

表 6.7　窗帘智能控制系统程序变量定义

变 量 名	数 据 类 型	含　义
OUTO_LED	sbit P3.0	手动/光控指示灯，为 0 灯亮，光控；为 1 灯灭，手动
auto_con	bit	手动/光控
light	sbit P3.7	光强弱信号，为 1，室内光线弱，开窗帘；反之关窗帘
pulse_num	int	电机驱动脉冲数量控制
off	bit	窗帘开关状态，为 1 窗帘是关状态；为 0 是开状态

4．系统源程序

```
#include<reg51.h>
#define uchar unsigned char
#define uint unsigned int
sbit OUTO_LED=P3^0;
```

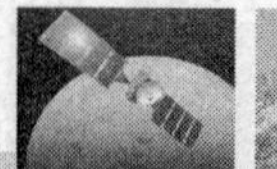

```
sbit light=P3^7;
bit off;
uchar step_pulse[]={0x01,0x03,0x02,0x06,0x04,0x0c,0x08,0x090,0x01};
/****四相八拍时序表**A — AB — B — BC —C— CD — D — DA — A*/
/*****************毫秒级延时程序*******************/
void delayms(uint x)
{
    uint i,j;
    for(i=x;i>0;i--)
      for(j=120;j>0;j--);
}
/*****************键盘扫描程序*******************/
uchar key_scan()
{
    uchar key_value=0;
    if((P1&0X0F)!=0X0F)
    {
        delayms(10);
        if((P1&0X0F)!=0X0F)
        switch(P1&0X0F)
        {
            case 0x0E:key_value=1;break;
            case 0x0D:key_value=2;break;
            case 0x0B:key_value=3;break;
            case 0x07:key_value=4;break;
        }
        while((P1&0X0F)!=0X0F);
    }
    return(key_value);
}
/*****************开窗帘子程序*******************/
void curtains_on()                    //每次送 8 个脉冲
{
    uchar i;
    for(i=0;i<=7;i++)
    {
        P2=step_pulse[i];
        delayms(5);
    }
}
/*****************关窗帘子程序*******************/
void curtains_off()
{
    uchar i;
    for(i=8;i>=1;i--)
    {
        P2=step_pulse[i];
        delayms(5);
```

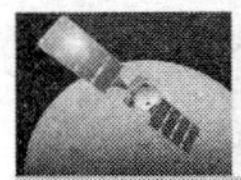

```
    }
}
/*******************主程序*********************/
void main()
{
    int pulse_num;
    uchar temp,k;
    bit auto_con;
    pulse_num=0;light=0;off=1; OUTO_LED=1;auto_con=0;  //变量初始化
    while(1)
    {
        if(auto_con)                                  //是否为光控模式
        {
            while(1)
            {
                temp=key_scan();
                if(temp==1)                           //是否为模式切换
                {
                    auto_con=0;OUTO_LED=1;  //切换为手动模式，指示灯灭
                    if(off)pulse_num=0;     //窗帘全关，脉冲次数置0
                    else  pulse_num=100;    //窗帘全开，脉冲次数置100
                    break;
                }
                if((light&&off))                      //光线暗且窗帘全关，则全开窗帘
                {
                    for(k=0;k<100;k++)curtains_on();
                    off=0;
                }
                else if((light==0&&off==0))//光线亮且窗帘全开，则全关窗帘
                {
                     for(k=100;k>0;k--)curtains_off();
                     off=1;
                }
            }
        }
        else if(!auto_con)                            //是否为手动模式
        {
            while(1)
            {
                temp=key_scan();
                if(temp==1)                           //是否为模式切换
              {
                if(pulse_num==0||pulse_num==100)//全开或全关状态下模式切换
                {auto_con=1;OUTO_LED=0; break;} //切换为光控模式，指示灯亮
              }
              if(temp==2)                                 //是否为手动开窗帘
              {
                 while(pulse_num<100)                     //是否为窗帘未全开
                 {
                     curtains_on();                       //开窗帘
```

```
                    pulse_num++;
                    if(key_scan()==4)break;      //暂停，则退出开窗帘程序
                }
                if(pulse_num>=100)off=0;
            }
            if(temp==3)                          //是否为手动关窗帘
            {
                while(pulse_num>0)               //是否为窗帘未全关
                {
                    curtains_off();              //关窗帘
                    pulse_num--;
                    if(key_scan()==4)break;      //暂停，则退出关窗帘程序
                }
                if(pulse_num<=0)off=1;
            }
        }
    }
  }
}
```

5. 程序说明

1）开关窗帘子程序

开关窗帘由两个子程序构成，分别是 curtains_on()和 curtains_off()，这两个子程序执行一次，将顺序发正转或反转时序脉冲 8 个，按照整步距角 1.8° 计算，执行一次该程序，电机将正向或反向旋转 7.2° 。

2）光控程序

光控程序不断循环执行模式切换、光控开窗帘和光控关窗帘三部分功能程序。模式切换需扫描按键；窗帘的开关控制取决于光线的强弱或窗帘的状态，程序不断采集光线信号，光线弱且原来窗帘为全关状态则执行开窗帘功能，反之执行关窗帘功能。

另外，光控程序只能控制窗帘为全关或全开状态，不能根据光线强弱调整窗帘的开关度，这是该程序的一个不足之处，要解决这个问题可以利用 A/D 转换将光的强弱信号直接送入单片机，单片机再做一个调节算法即可实现比较精确的光照度智能控制系统。

3）手动控制程序

手动控制程序由开窗帘、关窗帘和模式切换三个程序模块构成，程序不断循环执行该三个程序模块。当按下开窗帘按键时，执行开窗帘功能程序，仅当按下暂停键或窗帘全开时退出开窗帘程序模块，同理，当按下关窗帘按键时，执行关窗帘功能程序，仅当按下暂停键或窗帘全关时退出关窗帘程序模块。

该程序的不足之处在于模式切换，只有当窗帘处于全开或全关状态时才能切换控制模式，这给使用带来了一定的不方便，读者可以尝试修改程序以实现任何时候可切换功能，但一定要注意切换前后电机转角的控制问题。

6. 系统仿真

1）手动模式仿真

系统上电后默认为手动模式，此时按如下步骤操作将得到相应的仿真效果，设电机上

电时所处状态为原点状态。

（1）按“OFF”键电机停机，按“ON”键电机正转。

（2）正转期间按“PAUSE”键，电机停机；不按“PAUSE”键，则电机旋转两周后停机。

（3）正转停机后按“OFF”键电机反转，反转期间按“PAUSE”键，电机停机；不按“PAUSE”键则反转到原点后停机。

（4）反转停机后按“ON”键电机又开始正转。

观察仿真过程，达到了手动控制目的，并可以任意控制窗帘的开度。

2）光控模式仿真

上电后在手动模式工作，期间按切换键“OUTO/MAN”切换到光控模式，在此模式下做如下操作，观察电机运行情况，假设窗帘原先处在全关状态。

（1）将 LDR1 的光源向后推，P3.7 引脚电压将会上升，当上升到 2.7 V 以上时，P3.7 引脚将会呈现高电平，说明光线变暗，之前窗帘又处于全关状态，因此电机会正转 2 圈后停止，即窗帘完全打开。

（2）再将 LDR1 的光源向前推，P3.7 引脚电压将会下降，当下降到 2.7 V 以下时，P3.7 引脚将会呈现低电平，说明光线变亮，之前窗帘又处于全开状态，因此电机会反转 2 圈后停止，即窗帘完全关闭。

观察仿真过程，达到光控开关的效果，不足之处就是窗帘的开关度无法实时控制，只能全开或全关。仿真截图如图 6.26 所示。

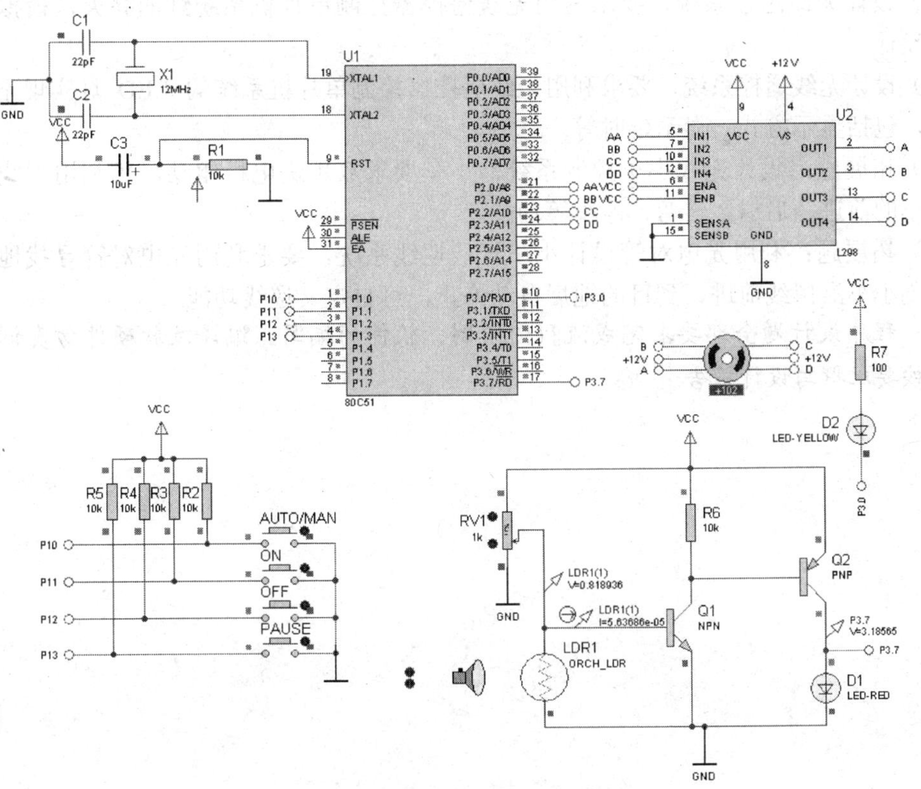

图 6.26　窗帘智能控制系统仿真截图

思考与练习题 14

1．简答题

（1）简述无线遥控系统的概念及应用。

（2）简述 PT2262 及 PT2272 无线编码/解码芯片的工作原理。

（3）简述 PT2262 及 PT2272 无线编码/解码芯片的引脚功能。

（4）简述 PT2262 及 PT2272 无线编码/解码芯片地址。

（5）简述 F05V 和 J05V 无线收/发模块的特点。

（6）简述 F05V 和 J05V 无线收/发模块的引脚功能。

（7）简述利用 F05V 和 J05V 无线收/发模块设计无线收/发电路的注意事项。

（8）简述光敏电阻的功能、特点、技术参数（重点阐述光照特性）。

（9）简述光敏电阻的检测方法。

（10）简述利用光敏电阻设计光信号采集电路的设计原理。

（11）查阅基于 PT2262 和 PT2272 的无线收/发模块的特点及应用案例。

2．设计题

（1）完成窗帘智能控制系统的实物电路板Ⅷ的制作，包括光信号采集电路和无线遥控器的制作，并结合试验电路板Ⅰ和试验电路板Ⅶ构成窗帘智能控制系统硬件电路，可自行扩展窗帘机械部分的实物设计。

（2）设计无线遥控系统，要求利用无线遥控器控制单片机系统灯的亮灭，模拟无线遥控锁的设计。

（3）设计无线遥控系统，要求利用无线遥控器控制单片机系统的 LED 灯实现不同的显示功能，包括显示方式、显示延时等。

（4）拓展题：设计无线小车控制系统，小车要求双步进电机驱动，可利用无线遥控器控制小车的前进、后退、转弯、停车等功能。

（5）拓展题：利用光电对管设计小车智能巡线系统，要求利用光电对管寻找地上的黑线，控制小车沿黑线前进，到目的地后自动停止，可自定义巡线功能。

注：程序设计题全部要求完成流程图绘制、软件的编写、编译及软硬件仿真调试等功能，并按要求撰写设计报告。

附录A AT89S51 单片机引脚功能

AT89S51 单片机的引脚有 40 个（如图 A.1 所示），很多引脚具有多种功能，一般可以将其分为电源引脚、时钟引脚、复位引脚、I/O 口引脚和辅助引脚几部分。

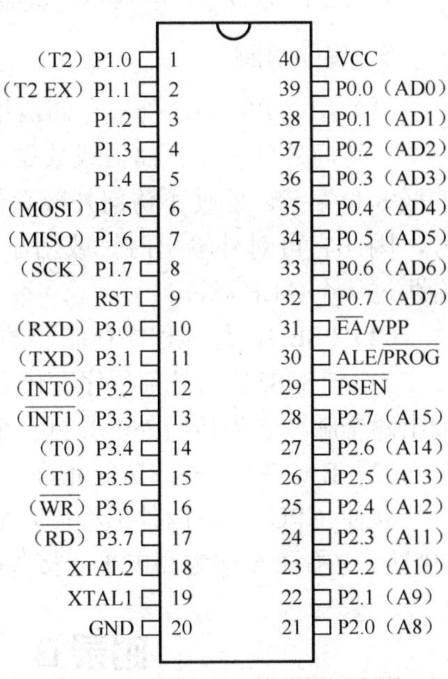

图 A.1 AT89S51 单片机引脚图

1. 电源引脚

（1）VCC：电源+5 V 输入；

（2）VSS：GND 接地。

2. RST 复位信号

当输入的信号连续 2 个机器周期以上高电平时即为有效，用以完成单片机的复位初始化操作，当复位后程序计数器 PC=0000H，即复位后将从程序存储器的 0000H 单元读取第一条指令码。

3. 时钟引脚

XTAL1 和 XTAL2：外接晶振引脚。当使用芯片内部时钟时，此 2 个引脚用于外接石英晶体和微调电容；当使用外部时钟时，用于接外部时钟脉冲信号。

4. I/O 引脚

（1）P0 口，P0.0～P0.7，8 位双向口线（39～32 引脚），如下 3 个功能。

① 外部扩展存储器时，当做数据总线（D0～D7 为数据总线接口）。

② 外部扩展存储器时，当做地址总线（A0～A7 为地址总线接口）。

③ 不扩展时，可做一般的 I/O 使用，但内部无上拉电阻，作为输入或输出时应在外部接上拉电阻。

（2）P1 口，P1.0～P1.7，8 位双向口线（1～8 引脚），通常做 I/O 口使用。其内部有上拉电阻，其中 P1.5、P1.6 及 P1.7 除了作为通用 I/O 口使用外，在对单片机系统进行编程时，还被用做 ISP 串行编程，其中 P1.5 为 MOSI 引脚；P1.6 为 MISO 引脚；P1.7 为 SCK 引脚。

（3）P2 口，P2.0～P2.7，8 位双向口线（21～28 引脚），P2 口有如下 2 个功能。

① 做一般 I/O 口使用，其内部有上拉电阻。

② 扩展外部存储器时，当做地址总线使用。

（4）P3 口，P3.0～P3.7，8 位双向口线（10～17 引脚），P3 口除作为通用 I/O 口使用外每个引脚都具有第二功能：

① P3.0，RXD（串行输入口）；

② P3.1，TXD（串行输出口）；

③ P3.2，INT0（外部中断 0 输入口）；

④ P3.3，INT1（外部中断 1 输入口）；

⑤ P3.4，T0（定时器/计数器 0 外部输入口）；

⑥ P3.5，T1（定时器/计数器 1 外部输入口）；

⑦ P3.6，WR（外部数据存储器写选通端）；

⑧ P3.7，RD（外部数据存储器读选通端）。

5．辅助引脚

（1）ALE/PROG，外部存储器地址锁存信号

当访问外部程序存储器或数据存储器时，ALE（地址锁存允许）输出脉冲用于锁存地址的低 8 位字节。即使不访问外部存储器，ALE 仍以时钟振荡频率的 1/6 输出固定的正脉冲信号，因此它可对外输出时钟或用于定时目的。需要注意的是：每当访问外部数据存储器时将跳过一个 ALE 脉冲。

（2）PSEN，外部程序存储器的读选通信号

当 AT89S51 由外部程序存储器取指令(或数据)时，每个机器周期两次 PSEN 有效，即输出两个脉冲。当访问外部数据存储器，没有两次有效的 PSEN 信号。

（3）EA/VPP，外部访问允许

欲使 CPU 仅访问外部程序存储器（地址为 0000H～FFFFH），EA 端必须保持低电平（接地）。如 EA 端为高电平（接 VCC 端），CPU 则执行内部程序存储器中的指令。

附录B　51系列单片机寻址方式

指令的一个重要组成部分是操作数，由它指定参与运算的数据或数据所在的存储器单元或寄存器或 I/O 接口的地址。指令中所规定的寻找操作数的方式就是寻址方式。每一种计算都具有多种寻址方式，寻址方式越多，计算机的功能就越强，灵活性就越大。寻址方式的多少及寻址功能是反映指令系统优劣的主要因素之一。要掌握指令系统也可从寻址方式入手。

MCS-51 指令系统的寻址方式有 7 种：立即寻址（#data）、寄存器寻址（Rn）、间接寻址（@Ri/@DPTR）、直接寻址（direct）、变址寻址（A+）、相对寻址（rel）和特定寄存器寻址（A）。有些书把 A 当寄存器寻址，把位寻址单独作为一种寻址方式，不管怎么分类其目的是为了便于记忆。

1．立即寻址（#data）

操作数包含在指令字节中，操作数直接出现在指令中，并存放在程序存储器中，这种方式称为立即寻址。

立即寻址指令的操作数是一个 8 位或 16 位的二进制常数，它前面以“#”号标志，例如，ADD A，#56H，即#56H 与累加器 A（设为 31H）内容相加，结果（87H）存于累加器 A 中。这条指令的机器码为 2456H。

2．寄存器寻址（Rn）

由指令指出某一个寄存器中的内容作为操作数，这种寻址方式称为寄存器寻址。在这种寻址方式中，指令的操作码中包含了参加操作的工作寄存器 R0～R7 的代码（指令操作码

字节的低3位指明所寻址的工作寄存器)。例如,ADD A,Rn 中的 Rn,当 n 为 0、1、2 时,机器码分别为 28、29、2A。

3. 间接寻址(@Ri/@DPTR)

由指令指出某一个寄存器内容作为操作数的地址。这种寻址方式称为寄存器间接寻址。访问外部 RAM 时,可使用 R0、R1 或 DPTR 作为地址指针,寄存器间接寻址用符号“@”表示。

例如,MOV A,@R0(机器码 E7)是指:若 R0 内容为 66H(内部 RAM 地址单元 66H),而 66H 单元中内容是 27H,则指令的功能是将 27H 这个数送到累加器 A。

4. 直接寻址(direct)

在指令中直接给出操作数所在存储单元的地址(一个 8 位二进制数),称为直接寻址。直接寻址用 direct 表示。

直接寻址方式中操作数存储的空间有以下 3 种。

(1)内部数据存储器的低 128 个字节单元(00H~7FH)。

(2)位地址空间(有些书把这种寻址方式单独作为一种寻址方式)。

(3)特殊功能寄存器,特殊功能寄存器只能用直接寻址方式进行访问。

5. 基址加变址寻址(@A+PC/@A+DPTR)

以 16 位寄存器(DPTR 或 PC)作为基址寄存器,加上地址偏移量(累加器 A 中的 8 位无符号数)形成操作数的地址。变址寻址方式有如下两类。

(1)以程序计数器的值为基址,例如:

```
MOVC A, @A+PC;        ; (A) ← ((A) + (PC))
```

指令的功能是先使 PC 指向本指令下一条指令地址(本指令以完成),然后 PC 地址与累加器内容相加,形成变址寻址的单元地址内容送 A。

(2)以数据指针 DPTR 为基址,以数据指针内容和累加器内容相加形成地址,例如:

```
MOV DPTR #4200H       ; 给 DPTR 赋值
MOV A, #10H           ; 给 A 赋值
MOVC A , @A+DPTR      ; 变址寻址方式 (A) ← ((A) + (DPTR))
```

三条指令的执行结果是将 4210H 单元内容送 A 中。

6. 相对寻址(rel)

以程序计数器 PC 的当前值为基址,加上相对寻址指令的字节长度,再加上指令中给定的偏移量 rel 的值(rel 是一个 8 位带符号数,用二进制补码表示),形成相对寻址的地址。例如:

```
JNZ rel    (或 rel = 23H, 机器码为 7023)
```

当 A≠0 时,程序跳到这条指令后面,相差 23 个字节运行下一条指令。

7. 特定寄存器寻址(A)

累加器 A 和数据指针 DPTR 这两个使用最频繁的寄存器又称为特殊寄存器。对特定寄存器的操作指令,指令不再需要指出其地址字节,指令码本身隐含了操作对象 A 或 DPTR。例如:

```
INC  A   (指令码 04)              ；累加器加 1
MOV  A,#12H   (指令码 7412)       ；数 12 送累加器
INC  DPTR  (指令码 A3)            ；数据指针内容加 1
```

综上所述，寻址方式与存储器结构有密切的关系。一种寻址方式只适合于对一部分存储器进行操作，在使用时要加以注意。

附录 C　MCS-51 系列单片机汇编指令速查

MCS-51 指令系统有 111 条指令，可按下列几种方式分类：

- 按指令字节数分类

单字节指令（49 条）、双字节指令（46 条）和三字节指令（16 条）。

- 按指令执行时间分类

单机器周期指令（65 条）、双机器周期指令（44 条）和四机器周期指令（2 条）。

- 按功能分类

数据传送指令（29 条）、算术操作指令（24 条）、逻辑操作指令（24 条）、控制转移指令（17 条）和位操作指令（17 条）。

操作数说明

- Rn（n=0～7）：表示当前工作寄存器 R0～R7 中的任一个寄存器。
- Ri（i=0 或 1）：表示通用寄存器组中用于间接寻址的两个寄存器 R0 和 R1。
- #data：表示 8 位直接参与操作的立即数。
- #data16：表示 16 位直接参与操作的立即数。
- direct：表示片内 RAM 的 8 位单元地址。
- addr11：表示 11 位目的地址，主要用于 ACALL 和 AJMP 指令中。
- addr16：表示 16 位目的地址，主要用于 LCALL 和 LJMP 指令中。
- rel：用补码形式表示的 8 位二进制地址偏移量，取值范围为–128～+127，主要用于相对转移指令，以形成转移的目的地址。
- DPTR：数据指针，用于寄存器间接寻址方式和变址寻址方式。
- bit：表示片内 RAM 的位寻址区，或者是可以位寻址的 SFR 的位地址。
- A（或 ACC）、B：表示累加器、B 寄存器。
- C：表示 PSW 中的进位标志位 Cy。

符号说明

- @：在间接寻址方式中，表示间接寻址寄存器指针的前缀标志。
- $：表示当前的指令地址。
- /：在位操作指令中，表示对该位先求反后再参与操作。
- （X）：表示由 X 所指定的某寄存器或某单元中的内容。

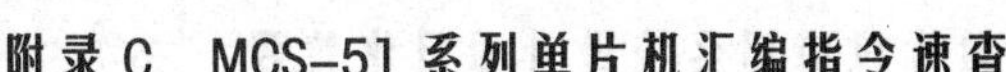

- ((X))：表示由 X 间接寻址单元中的内容。
- ←：表示指令的操作结果是将箭头右边的内容传送到左边。
- →：表示指令的操作结果是将箭头左边的内容传送到右边。
- ∨、∧、⊕：表示逻辑或、与、异或。

1. MCS-51 数据传送指令

数据传送指令共有 29 条，数据传送指令一般的操作是把源操作数传送到目的操作数，指令执行完成后，源操作数不变，目的操作数等于源操作数。如果要求在进行数据传送时，目的操作数不丢失，则不能用直接传送指令，可采用交换型的数据传送指令，数据传送指令不影响标志 C、AC 和 OV，但可能会对奇偶标志 P 有影响。

（1）以累加器 A 为目的操作数类指令（4 条）

这 4 条指令的作用是把源操作数指向的内容送到累加器 A。有直接、立即数、寄存器和寄存器间接寻址方式。

- MOV A, data;（data）→（A）：直接单元地址中的内容送到累加器 A。
- MOV A, #data; #data→（A）：立即数送到累加器 A。
- MOV A, Rn;（Rn）→（A）：Rn 中的内容送到累加器 A。
- MOV A, @Ri;（（Ri））→（A）：Ri 内容指向的地址单元中的内容送到累加器 A。

（2）以寄存器 Rn 为目的操作数的指令（3 条）

这 3 条指令的功能是把源操作数指定的内容送到所选定的工作寄存器 Rn 中。有直接、立即和寄存器寻址方式。

- MOV Rn, data;（data）→（Rn）：直接寻址单元中的内容送到寄存器 Rn。
- MOV Rn, #data; #data→（Rn）：立即数直接送到寄存器 Rn。
- MOV Rn, A;（A）→（Rn）：累加器 A 中的内容送到寄存器 Rn。

（3）以直接地址为目的操作数的指令（5 条）

这组指令的功能是把源操作数指定的内容送到由直接地址 data 所选定的片内 RAM 中。有直接、立即、寄存器和寄存器间接 4 种寻址方式。

- MOV data, data;（data）→（data）：直接地址单元中的内容送到直接地址单元。
- MOV data, #data; #data→（data）：立即数送到直接地址单元。
- MOV data, A;（A）→（data）：累加器 A 中的内容送到直接地址单元。
- MOV data, Rn;（Rn）→（data）：寄存器 Rn 中的内容送到直接地址单元。
- MOV data, @Ri;（（Ri））→（data）：寄存器 Ri 中的内容指定的地址单元中数据送到直接地址单元。

（4）以间接地址为目的操作数的指令（3 条）

这组指令的功能是把源操作数指定的内容送到以 Ri 中的内容为地址的片内 RAM 中。有直接、立即和寄存器 3 种寻址方式。

- MOV @Ri, data;（data）→（（Ri））：直接地址单元中的内容送到以 Ri 中的内容为地址的 RAM 单元。
- MOV @Ri, #data; #data→（（Ri））：立即数送到以 Ri 中的内容为地址的 RAM 单元。
- MOV @Ri, A;（A）→（（Ri））：累加器 A 中的内容送到以 Ri 中的内容为地址的

RAM 单元。

（5）查表指令（2 条）

这组指令的功能是对存放于程序存储器中的数据表格进行查找传送，使用变址寻址方式。

- MOVC A, @A+DPTR;（（A））+（DPTR）→（A）：表格地址单元中的内容送到累加器 A。
- MOVC A, @A+PC;（PC）+1→（A），（（A）+（PC））→（A）：表格地址单元中的内容送到累加器 A。

（6）累加器 A 与片外数据存储器 RAM 传送指令（4 条）

这 4 条指令的作用是累加器 A 与片外 RAM 间的数据传送。使用寄存器寻址方式。

- MOVX @DPTR, A;（A）→（（DPTR））：累加器中的内容送到数据指针指向片外 RAM 地址。
- MOVX A, @DPTR;（（DPTR））→（A）：数据指针指向片外 RAM 地址中的内容送到累加器 A。
- MOVX A, @Ri;（（Ri））→（A）：寄存器 Ri 指向片外 RAM 地址中的内容送到累加器 A。
- MOVX @Ri, A;（A）→（（Ri））：累加器中的内容送到寄存器 Ri 指向片外 RAM 地址。

（7）堆栈操作类指令（2 条）

这类指令的作用是把直接寻址单元的内容传送到堆栈指针 SP 所指的单元中，以及把 SP 所指单元的内容送到直接寻址单元中。这类指令只有两条，下述的第一条指令常称为入栈操作指令，第二条指令称为出栈操作指令。需要指出的是，单片机开机复位后，（SP）默认为 07H，但一般都需要重新赋值，设置新的 SP 首址。入栈的第一个数据必须存放于 SP+1 所指存储单元，故实际的堆栈底为 SP+1 所指的存储单元。

- PUSH data;（SP）+1→（SP），（data）→（SP）：堆栈指针首先加 1，直接寻址单元中的数据送到堆栈指针 SP 所指的单元中。
- POP data;（SP）→（data）（SP）-1→（SP）：堆栈指针 SP 所指的单元数据送到直接寻址单元中，堆栈指针 SP 再进行减 1 操作。

（8）交换指令（5 条）

这 5 条指令的功能是把累加器 A 中的内容与源操作数所指的数据相互交换。

- XCH A, Rn;（A）←→（Rn）：累加器与工作寄存器 Rn 中的内容互换。
- XCH A, @Ri;（A）←→（（Ri））：累加器与工作寄存器 Ri 所指的存储单元中的内容互换。
- XCH A, data;（A）←→（data）：累加器与直接地址单元中的内容互换。
- XCHD A, @Ri;（A 3-0）←→（（Ri）3-0）：累加器与工作寄存器 Ri 所指的存储单元中的内容低半字节互换。
- SWAP A;（A 3-0）←→（A 7-4）：累加器中的内容高低半字节互换。

（9）16 位数据传送指令（1 条）

这条指令的功能是把 16 位常数送入数据指针寄存器。

- MOV DPTR, #data16; #dataH→（DPH），#dataL→（DPL）：16 位常数的高 8 位送

到 DPH，低 8 位送到 DPL。

2. MCS-51 算术运算指令

算术运算指令共有 24 条，算术运算主要是执行加、减、乘、除法四则运算。另外 MCS-51 指令系统中有相当一部分是进行加 1、减 1 操作，BCD 码的运算和调整，我们都将其归类为运算指令。虽然 MCS-51 单片机的算术逻辑单元 ALU 仅能对 8 位无符号整数进行运算，但利用进位标志 C，则可进行多字节无符号整数的运算。同时利用溢出标志，还可以对带符号数进行补码运算。需要指出的是，除加 1、减 1 指令外，这类指令大多数都会对 PSW（程序状态字）有影响。这在使用中应特别注意。

（1）加法指令（4 条）

这 4 条指令的作用是把立即数，直接地址、工作寄存器及间接地址内容与累加器 A 的内容相加，运算结果存在 A 中。

- ADD A, #data;（A）+#data→（A）：累加器 A 中的内容与立即数#data 相加，结果存在 A 中。
- ADD A, data;（A）+（data）→（A）：累加器 A 中的内容与直接地址单元中的内容相加，结果存在 A 中。
- ADD A, Rn;（A）+（Rn）→（A）：累加器 A 中的内容与工作寄存器 Rn 中的内容相加，结果存在 A 中。
- ADD A, @Ri;（A）+（（Ri））→（A）：累加器 A 中的内容与工作寄存器 Ri 所指向地址单元中的内容相加，结果存在 A 中。

（2）带进位加法指令（4 条）

这 4 条指令除与加法指令功能相同外，在进行加法运算时还需考虑进位问题。

- ADDC A, data;（A）+（data）+（C）→（A）：累加器 A 中的内容与直接地址单元的内容连同进位位相加，结果存在 A 中。
- ADDC A, #data;（A）+#data+（C）→（A）：累加器 A 中的内容与立即数连同进位位相加，结果存在 A 中。
- ADDC A, Rn;（A）+Rn+（C）→（A）：累加器 A 中的内容与工作寄存器 Rn 中的内容、连同进位位相加，结果存在 A 中。
- ADDC A, @Ri;（A）+（（Ri））+（C）→（A）：累加器 A 中的内容与工作寄存器 Ri 指向地址单元中的内容、连同进位位相加，结果存在 A 中。

（3）带借位减法指令（4 条）

这组指令包含立即数、直接地址、间接地址及工作寄存器与累加器 A 连同借位位 C 内容相减，结果送回累加器 A 中。

这里我们对借位位 C 的状态做出说明，在进行减法运算中，CY=1 表示有借位，CY=0 则表示无借位。OV=1 声明带符号数相减时，从一个正数减去一个负数结果的为负数，或者从一个负数减去一个正数的结果为正数的错误情况。在进行减法运算前，如果不知道借位标志位 C 的状态，则应先对 CY 进行清零操作。

- SUBB A, data;（A）-（data）-（C）→（A）：累加器 A 中的内容与直接地址单元中的内容、连同借位位相减，结果存在 A 中。

- SUBB A, #data;（A）-#data-（C）→（A）：累加器 A 中的内容与立即数、连同借位位相减，结果存在 A 中。
- SUBB A, Rn;（A）-（Rn）-（C）→（A）：累加器 A 中的内容与工作寄存器中的内容、连同借位位相减，结果存在 A 中。
- SUBB A, @Ri;（A）-（（Ri））-（C）→（A）：累加器 A 中的内容与工作寄存器 Ri 指向的地址单元中的内容、连同借位位相减，结果存在 A 中。

（4）乘法指令（1 条）

这个指令的作用是把累加器 A 和寄存器 B 中的 8 位无符号数相乘，所得到的是 16 位乘积，这个结果低 8 位存在累加器 A 中，而高 8 位存在寄存器 B 中。如果 OV=1，说明乘积大于 FFH，否则 OV=0，但进位标志位 CY 总是等于 0。

- MUL AB;（A）×（B）→（A）和（B）：累加器 A 中的内容与寄存器 B 中的内容相乘，结果存在 A、B 中。

（5）除法指令（1 条）

这个指令的作用是把累加器 A 的 8 位无符号整数除以寄存器 B 中的 8 位无符号整数，所得到的商存在累加器 A 中，而余数存在寄存器 B 中。除法运算总是使 OV 和进位标志位 CY 等于 0。如果 OV=1，表明寄存器 B 中的内容为 00H，那么执行结果为不确定值，表示除法有溢出。

- DIV AB;（A）÷（B）→（A）和（B）：累加器 A 中的内容除以寄存器 B 中的内容，所得到的商存在累加器 A 中，而余数存在寄存器 B 中。

（6）加 1 指令（5 条）

这 5 条指令的功能均为将原存储单元的内容加 1。上述提到，加 1 指令不会对任何标志有影响，如果原存储单元的内容为 FFH，执行加 1 后，结果就会是 00H。这组指令共有直接、寄存器、寄存器间址等寻址方式。

- INC A;（A）+1→（A）：累加器 A 中的内容加 1，结果存在 A 中。
- INC data;（data）+1→（data）：直接地址单元中的内容加 1，结果送回原地址单元中。
- INC @Ri;（（Ri））+1→（（Ri））：寄存器的内容指向的地址单元中的内容加 1，结果送回原地址单元中。
- INC Rn;（Rn）+1→（Rn）：寄存器 Rn 的内容加 1，结果送回原地址单元中。
- INC DPTR;（DPTR）+1→（DPTR）：数据指针的内容加 1，结果送回数据指针中。

在 INC data 这条指令中，如果直接地址是 I/O，其功能是先读入 I/O 锁存器的内容，然后在 CPU 进行加 1 操作，再输出到 I/O 上，这就是"读—修改—写"操作。

（7）减 1 指令（4 条）

这组指令的作用是把所指的存储单元内容减 1，若原存储单元的内容为 00H，减 1 后即为 FFH，运算结果不影响任何标志位。这组指令共有直接、寄存器、寄存器间址等寻址方式，当直接地址是 I/O 口锁存器时，"读—修改—写"操作与加 1 指令类似。

- DEC A;（A）-1→（A）：累加器 A 中的内容减 1，结果送回累加器 A 中。
- DEC data;（data）-1→（data）：直接地址单元中的内容减 1，结果送回直接地址单元中。
- DEC @Ri;（（Ri））-1→（（Ri））：寄存器 Ri 指向的地址单元中的内容减 1，结

果送回原地址单元中。

- DEC Rn;（Rn）-1→（Rn）：寄存器 Rn 中的内容减 1，结果送回寄存器 Rn 中。

（8）十进制调整指令（1 条）

在进行 BCD 码运算时，这条指令总是跟在 ADD 或 ADDC 指令之后，其功能是将执行加法运算后存于累加器 A 中的结果进行调整和修正。

- DA A

3. MCS-51 逻辑运算及移位指令

逻辑运算和移位指令共有 25 条，有与、或、异或、求反、左右移位、清零等逻辑操作，有直接、寄存器和寄存器间址等寻址方式。这类指令一般不影响程序状态字（PSW）标志。

（1）循环移位指令（4 条）

这 4 条指令的作用是将累加器中的内容循环左移或右移一位，后两条指令是连同进位位 CY 一起移位的。

- RL A;：累加器 A 中的内容左移一位。
- RR A;：累加器 A 中的内容右移一位。
- RLC A;：累加器 A 中的内容连同进位位 CY 左移一位。
- RRC A;：累加器 A 中的内容连同进位位 CY 右移一位。

（2）累加器半字节交换指令（1 条）

这条指令是将累加器中的内容高低半字节互换，这在之前的内容已有介绍。

- SWAP A;：累加器中的内容高低半字节互换。

（3）求反指令（1 条）

这条指令将累加器中的内容按位取反。

- CPL A;：累加器中的内容按位取反。

（4）清零指令（1 条）

这条指令将累加器中的内容清零。

- CLR A; 0→（A）：累加器中的内容清零。

（5）逻辑与操作指令（6 条）

这组指令的作用是将两个单元中的内容执行逻辑与操作。如果直接地址是 I/O 地址，则为“读—修改—写”操作。

- ANL A, data;：累加器 A 中的内容和直接地址单元中的内容执行与逻辑操作。结果存在寄存器 A 中。
- ANL data, #data;：直接地址单元中的内容和立即数执行与逻辑操作。结果存在直接地址单元中。
- ANL A, #data;：累加器 A 的内容和立即数执行与逻辑操作。结果存在累加器 A 中。
- ANL A, Rn;：累加器 A 的内容和寄存器 Rn 中的内容执行与逻辑操作。结果存在累加器 A 中。
- ANL data, A;：直接地址单元中的内容和累加器 A 的内容执行与逻辑操作。结果存在直接地址单元中。

- ANL A, @Ri;：累加器 A 的内容和工作寄存器 Ri 指向的地址单元中的内容执行与逻辑操作。结果存在累加器 A 中。

（6）逻辑或操作指令（6 条）

这组指令的作用是将两个单元中的内容执行逻辑或操作。如果直接地址是 I/O 地址，则为“读—修改—写”操作。

- ORL A, data;：累加器 A 中的内容和直接地址单元中的内容执行逻辑或操作。结果存在寄存器 A 中。
- ORL data, #data;：直接地址单元中的内容和立即数执行逻辑或操作。结果存在直接地址单元中。
- ORL A, #data;：累加器 A 的内容和立即数执行逻辑或操作。结果存在累加器 A 中。
- ORL A, Rn;：累加器 A 的内容和寄存器 Rn 中的内容执行逻辑或操作。结果存在累加器 A 中。
- ORL data, A;：直接地址单元中的内容和累加器 A 的内容执行逻辑或操作。结果存在直接地址单元中。
- ORL A, @Ri;：累加器 A 的内容和工作寄存器 Ri 指向的地址单元中的内容执行逻辑或操作。结果存在累加器 A 中。

（7）逻辑异或操作指令（6 条）

这组指令的作用是将两个单元中的内容执行逻辑异或操作。如果直接地址是 I/O 地址，则为“读—修改—写”操作。

- XRL A, data;：累加器 A 中的内容和直接地址单元中的内容执行逻辑异或操作。结果存在寄存器 A 中。
- XRL data, #data;：直接地址单元中的内容和立即数执行逻辑异或操作。结果存在直接地址单元中。
- XRL A, #data;：累加器 A 的内容和立即数执行逻辑异或操作。结果存在累加器 A 中。
- XRL A, Rn;：累加器 A 的内容和寄存器 Rn 中的内容执行逻辑异或操作。结果存在累加器 A 中。
- XRL data, A;：直接地址单元中的内容和累加器 A 的内容执行逻辑异或操作。结果存在直接地址单元中。
- XRL A, @Ri;：累加器 A 的内容和工作寄存器 Ri 指向的地址单元中的内容执行逻辑异或操作。结果存在累加器 A 中。

4．MCS-51 控制转移指令

控制转移指令用于控制程序的流向，所控制的范围即为程序存储器区间，MCS-51 系列单片机的控制转移指令相对丰富，有可对 64 KB 程序空间地址单元进行访问的长调用、长转移指令，也有可对 2 KB 进行访问的绝对调用和绝对转移指令，还有在一页范围内短相对转移及其他无条件转移指令，这些指令的执行一般都不会对标志位有影响。

（1）无条件转移指令（4 条）

这组指令执行完毕后，程序就会无条件转移到指令所指向的地址上去。长转移指令访问的程序存储器空间为 16 地址 64 KB，绝对转移指令访问的程序存储器空间为 11 位地址

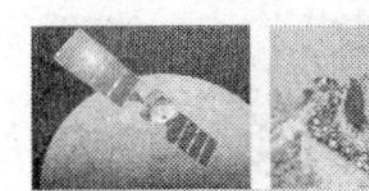

2 KB 空间。

- LJMP addr16; addr16→（PC）：给程序计数器赋予新值（16 位地址）。
- AJMP addr11;（PC）+2→（PC），addr11→（PC 10-0）：程序计数器赋予新值（11 位地址），（PC 15-11）不改变。
- SJMP rel;（PC）+ 2 + rel→（PC）：当前程序计数器先加上 2 再加上偏移量给程序计数器赋予新值。
- JMP @A+DPTR;（A）+（DPTR）→（PC）：累加器所指向地址单元的值加上数据指针的值给程序计数器赋予新值。

（2）条件转移指令（8 条）

程序可利用这组指令根据当前的条件进行判断，看是否满足某种特定的条件，从而控制程序的转向。

- JZ rel; A=0,（PC）+2+rel→（PC）：累加器中的内容为 0，则转移到偏移量所指向的地址，否则程序往下执行。
- JNZ rel; A≠0，（PC）+ 2 + rel→（PC）：累加器中的内容不为 0，则转移到偏移量所指向的地址，否则程序往下执行。
- CJNE A, data, rel; A≠（data），（PC）+ 3 + rel→（PC）：累加器中的内容不等于直接地址单元的内容，则转移到偏移量所指向的地址，否则程序往下执行。
- CJNE A, #data, rel; A≠#data，（PC）+ 3 + rel→（PC）：累加器中的内容不等于立即数，则转移到偏移量所指向的地址，否则程序往下执行。
- CJNE Rn, #data, rel; A≠#data，（PC）+ 3 + rel→（PC）：工作寄存器 Rn 中的内容不等于立即数，则转移到偏移量所指向的地址，否则程序往下执行。
- CJNE @Ri, #data, rel; A≠#data，（PC）+ 3 + rel→（PC）：工作寄存器 Ri 指向地址单元中的内容不等于立即数，则转移到偏移量所指向的地址，否则程序往下执行。
- DJNZ Rn, rel;（Rn）−1→（Rn），（Rn）≠0，（PC）+ 2 + rel→（PC）：工作寄存器 Rn 减 1 不等于 0，则转移到偏移量所指向的地址，否则程序往下执行。
- DJNZ data, rel;（Rn）−1→（Rn），（Rn）≠0，（PC）+ 2 + rel→（PC）：直接地址单元中的内容减 1 不等于 0，则转移到偏移量所指向的地址，否则程序往下执行。

（3）子程序调用指令（1 条）

子程序是为了便于程序编写，减少那些需反复执行的程序占用多余的地址空间而引入的程序分支，从而有了主程序和子程序的概念。需要反复执行的一些程序，我们在编程时一般都把它们编写成子程序，当需要用它们时，就用一个调用命令使程序按调用的地址去执行，这就需要子程序的调用指令和返回指令。

- LCALL addr16;：长调用指令，可在 64 KB 空间调用子程序。此时（PC）+ 3→（PC），（SP）+ 1→（SP），（PC 7-0 ）→（SP），（SP）+ 1→（SP），（PC 15-8）→（SP），addr16→（PC），即分别从堆栈中弹出调用子程序时压入的返回地址。
- ACALL addr11;：绝对调用指令，可在 2 KB 空间调用子程序，此时（PC）+ 2→（PC），（SP）+ 1→（SP），（PC 7-0）→（SP），（SP）+ 1→（SP），（PC 15-8）→（SP），addr11→（PC 10-0）。

- RET;：子程序返回指令。此时（SP）→（PC 15-8），（SP）-1→（SP），（SP）→（PC 7-0），（SP）-1→（SP）。
- RETI;：中断返回指令，除具有 RET 功能外，还具有恢复中断逻辑的功能，需注意的是，RETI 指令不能用 RET 代替。

（4）空操作指令（1 条）

这条指令将累加器中的内容清零。

- NOP;：这条指令除了使 PC 加 1，消耗一个机器周期外，没有执行任何操作。可用于短时间的延时。

5. MCS-51 布尔变量操作指令

布尔处理功能是 MCS-51 系列单片机的一个重要特征，这是出于实际应用需要而设置的。布尔变量也即开关变量，它是以位（bit）为单位进行操作的。

在物理结构上，MCS-51 单片机有一个布尔处理机，它以进位标志作为累加位，以内部 RAM 可寻址的 128 为存储位。

既然有布尔处理机功能，所以也就有相应的布尔操作指令集，下面我们分别讨论。

（1）位传送指令（2 条）

位传送指令就是可寻址位与累加位 CY 之间的传送，指令有两条。

- MOV C, bit; bit→CY：某位数据送 CY。
- MOV bit, C; CY→bit：CY 数据送某位。

（2）位置位/复位指令（4 条）

这些指令对 CY 及可寻址位进行置位或复位操作，共有 4 条指令。

- CLR C; 0→CY：清 CY。
- CLR bit; 0→bit：清某一位。
- SETB C; 1→CY：置位 CY。
- SETB bit; 1→bit：置位某一位。

（3）位运算指令（6 条）

位运算都是逻辑运算，有与、或、非 3 种指令，共 6 条。

- ANL C, bit; (CY)∧(bit)→CY
- ANL C, /bit; (CY)∧(/bit)→CY
- ORL C, bit; (CY)∨(bit)→CY
- ORL C, /bit; (CY)∨(/bit)→CY
- CPL C; (/CY)→CY
- CPL bit; (/bit)→bit

（4）位控制转移指令（5）

位控制转移指令是以位的状态作为实现程序转移的判断条件，具体介绍如下。

- JC rel; (CY)=1 转移，（PC）+2+rel→PC，否则程序往下执行，（PC）+2→PC。
- JNC rel; (CY)=0 转移，（PC）+2+rel→PC，否则程序往下执行，（PC）+2→PC。
- JB bit, rel;：位状态为 1 转移。
- JNB bit, rel;：位状态为 0 转移。

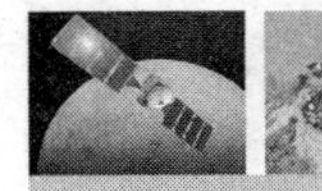

● JBC bit, rel;：位状态为 1 转移，并使该位清 0。

后 3 条指令都是三字节指令，如果条件满足，（PC）+3+rel→PC，否则程序往下执行，（PC）+3→PC。

附录 D MCS-51 系列单片机常用伪指令及常见出错表

1. 符号定义伪指令

伪指令符号定义名、用法及说明如表 D.1 所示。

表 D.1 伪指令符号定义名、用法及说明

符号定义名	用　法	说　明
EQU	为常量，符号名等定义符号化常量名	符号名不能重名定义
=	为常量，符号名等定义符号化常量名	符号名不能重名定义
DATA	用来为一个字节类型的符号定值	符号名不能重名定义
BYTE	用来为一个字节类型的符号定值	符号名不能重名定义
WORD	用来为一个字类型的符号定值	符号名不能重名定义
BIT	用来定义一个字位类型	符号名不能重名定义
SET	用来定义整数类型的符号名	符号名可重名定义

（1）EQU（=）指令

EQU 指令用于将一个数值或寄存器名赋给一个指定符号名。

指令格式：符号名 EQU（=）表达式

符号名 EQU（=）寄存器名

经过 EQU 指令赋值的符号可在程序的其他地方使用，以代替其赋值。

例如：MAX EQU 2000

即在程序的其他地方出现 MAX，就用 2000 代替。

（2）SET 指令

SET 指令类似于 EQU 指令，不同的是 SET 指令定义过的符号可重定义。

指令格式：符号名 SET 表达式

符号名 SET 寄存器名

例如：MAX SET 2000

MAX SET 3000

（3）BIT 指令

BIT 指令用于将一个位地址赋给指定的符号名。

指令格式：符号名 BIT 位地址

经 BIT 指令定义过的位符号名不能更改。

例如：X_ON BIT 60H；定义一个绝对位地址

X_OFF BIT 24h.2；定义一个绝对位地址

（4）DATA（BYTE）指令

DATA 指令用于将一个内部 RAM 的地址赋给指定的符号名。

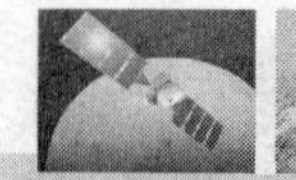

指令格式：符号名 DATA 表达式

数值表达式的值应在 0~255 之间，表达式必须是一个简单再定位表达式。

例如：REGBUF DATA（BYTE）40H

PORT0 DATA（BYTE）80H

DATA 与 BYTE 的区别：DATA 与 BYTE 是类似的伪指令。当程序运行到 DATA 伪指令定义的符号名时，该符号名将被显示；而由 BYTE 定义的符号名则不被显示。

（5）XDATA 指令

XDATA 指令用于将一个外部 RAM 的地址赋给指定的符号名。

指令格式：符号名 XDATA 表达式

例如：RSEG XSEG1；选择一个外部数据段

ORG 100H

MING DS 10；在标号 MING 处保留 10 个字节

HOUR XDATA MING+5

MUNIT XDATA HOUR+5

（6）IDATA 指令

IDATA 指令用于将一个间接寻址的内部 RAM 地址赋给指定的符号名。

指令格式：符号名 IDATA 表达式

例如：FULLER IDATA 60H

（7）CODE 指令

用于将程序存储器 ROM 地址赋给指定的符号名。

指令格式：符号名 CODE 表达式

例如：RESET CODE 00H

（8）SEGMENT 指令

SEGMENT 指令用来声明一个再定位段和一个可选的再定位类型。

指令格式：再定位段型 SEGMENT 段类型（再定位类型）

段类型用于指定所声明的段所处的储存器地址空间，可用的段类型有 CODE、XDATA、DATA、IDATA 和 BIT。

例如：FLAG SEGMENT BIT

PONITER SEGMENT IDATA

2．保留和初始化存储器空间

此类指令用于在存储器空间内保留和初始化字、字节和位单元，保留空间始于当前地址的绝对段和当前偏移地址再定位段。

（1）DS

以字节为单位在内部和外部存储器保留存储器空间。

指令格式：[标号：]DS 数值表达式

DS 指令使当前数据段的地址计数器增加表达式结果的值，地址计数器与表达式结果之和不能超过当前地址空间。标号值将是保留区的第一个字节地址。

例如：ORG 0200H

CUNTER DS 10　　;COUNTER 的地址是 0200H。

（2）DBIT

在内部数据区的 BIT 段以位为单位保留存储空间。

指令格式：[标号：]DBIT 数值表达式

其操作类似于 DS。

（3）DB

以给定表达式的值的字节形式初始化代码空间。

指令格式：[标号：]DB 数值表达式

其操作类似于 DS。

（4）DW

以给定表达式的值的双字节形式初始化代码空间。

指令格式：[标号：]DB 数值表达式

其操作类似于 DS。

3．控制连接伪指令

控制连接伪指令共有 3 条，用于表明当前模块中需要使用的外部函数名及可被其他模块调用的函数名，当该函数用于让 C 调用时，声明时前要加下画线"_"。

（1）PUBLIC

声明可被其他模块使用的公共函数名。

指令格式：PUBLIC 符号[，符号，符号[，…]]

PUBLIC 后可跟多个函数名，用逗号格开。每个函数名都必须是在模块内定义过的。

例如：PUBLIC INTER，_OUTER

其中_OUTER 可供 C 调用。

（2）EXTRN

EXTRN 是与 PUBLIC 配套使用的，要调用其他模块的函数，就必须先在模块前声明。

指令格式：EXTRN 段类型（符号，符号…）

例如：EXTRN CODE (TONGXING,ZHUANHUAN)

调用外部 TONGXING 和 ZHUANHUAN 程序。

（3）NAME

用来给当前模块命名。

指令格式：NAME 模块名

例如：NAME TIMER

定义一个模块名为 TIMER 的模块。

4．段选择指令

段选择指令用来选择当前段是绝对段还是再定位段。

（1）绝对段选择指令

绝对选择指令有 CSEG、DSEG、XSEG、ISEG 和 BSEG，分别选择绝对代码段、内部绝对数据段、外部绝对数据段、内部间接寻址绝对数据段和绝对位寻址数据段。指令格式：

CSEG [AT 绝对地址表达式]

DSEG [AT 绝对地址表达式]

XSEG [AT 绝对地址表达式]

ISEG [AT 绝对地址表达式]

BSEG [AT 绝对地址表达式]

（2）再定位段选择指令

再定位段选择指令为 RSEG，用于选择一个已在前面定义过的再定义段作为当前段，指令格式：RSEG 段名

段名必须是在前面声明过的再定位段。例如：

DATAS SEGMENT DATA：声明一个再定位 DATA 段

CODES SEGMENT CODE；声明一个再定位 CODE 段

BSEG AT 60H

RSEG CODES；选择前面声明的再定位 CODE 段作为当前段。

5．条件伪操作

条件伪操作格式：

```
IF    表达式
       [ 程序块 1 ]
[ ELSE ]
       [ 程序块 2 ]
ENDIF
```

当 IF 指令中的表达式为真时，被汇编的代码段是程序块 1；当 IF 指令中的表达式为假时，被汇编的代码段是程序块 2。在一个条件结构中，仅有一个代码段被汇编，其他的则被忽略。

6．宏处理操作

在源程序中，如果有一段程序需要多次使用，为了不重复书写这段程序，可用宏定义把所需要重复出现的程序块定义为宏指令，此后在宏指令出现的地方，宏汇编程序总是自动地把它们替换成相应的代码段。

（1）宏指令格式

```
[ 宏指令名 ]  MACRO  [形式参数，…]
       代码段
ENDM
```

在宏定义中，使用了"形式参数"，它们引用宏指令时被给出的一些名字或数值（实在参数）所替换。使用形式参数给宏指令带来了很大的灵活性。

（2）宏调用格式

```
[ 宏指令名 ]  [实在参数，…]
```

注意：

- 当有两个以上的实在参数时，它们之间要用逗号、空格或列表符隔开。
- 实在参数项将对应替换宏指令中形式参数。如果形式参数为标号时，则在宏调用中，实在参数也应为标号，且要求实在参数是唯一的。如果宏定义中有自己的标号，则在宏调用时，汇编程序自动地把标号变成唯一的标号。

7. 其他

（1）替换名 ALTNAME

功能：这一伪指令用来自定义名字，以替换源程序中原来的保留字，替换的保留字均可等效地用于子程序中。

格式：ALTNAME 保留字 自定义名

注意：自定义名与保留字之间首字符必须相同。

（2）文件的连接 INCLUDE

功能：利用此伪指令可将一个源文件插入到当前源文件中一起汇编，最终成为一个完整的源程序。

格式：INCLUDE [驱动器名:] [路径名] 文件名

注意：

- 文件名中若没有扩展名，则系统默认是 ASM（该文件必须是能打开的）。
- 被插入的源程序中不能包含 END 伪指令，否则汇编会停止运行。被连接文件的每一行，在程序清单中以“I”开头。
- 连接伪指令可有 8 级嵌套，若要求嵌套级数多，则要修改 DOS 中的 CONFIG，SYS 文件的 FILES 参数。

8. ASM-51 汇编出错信息表

（1）Address Out of Range：一个被计值的目标地址超出了当前语句的范围。

（2）Badly Formed Argument：数字规定的类型中有非法数字存在。

（3）Illefal Equale：有不允许的类型约定。

（4）Label Name Conflicts With Symbol Name：在程序中有两个符号相同。

（5）Label Address Changed On Pass 2：源程序在此错误之前，还有一些错误。

（6）Missing Argument in Expression：表达式中算术运算符后面没有操作数。

（7）Missing END Statrment：汇编的源程序结尾未发现 END 语句。

（8）Multiply Defined Label：源程序中定义了两个标号。

（9）Unbalanced Parentheses：表达式中多余或缺少括号。

（10）Undefined Symbol：语句中的符号名可能拼错或未被定义。

（11）Unrecognized Statemen or Undefined Argument：未定义参数的指令或代码。

（12）Value Out of Range：有一个非法的值来说明一个有着可能值限制的语句。

附录 E　MCS-51 系列单片机存储器

MCS-51 单片机在物理结构上有 4 个存储空间：

（1）片内程序存储器。

（2）片外程序存储器。

（3）片内数据存储器。

（4）片外数据存储器。

但在逻辑上，即从用户的角度上看，8051 单片机有 3 个存储空间：

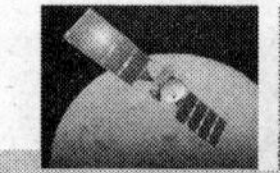

（1）片内外统一编址的 64 KB 的程序存储器地址空间（MOVC）。

（2）256 B 的片内数据存储器的地址空间（MOV）。

（3）以及 64 KB 片外数据存储器的地址空间（MOVX）。

在访问 3 个不同的逻辑空间时，应采用不同形式的指令，以产生不同的存储器空间的选通信号。

程序存储器的配置和数据存储器的配置如图 E.1 和图 E.2 所示。

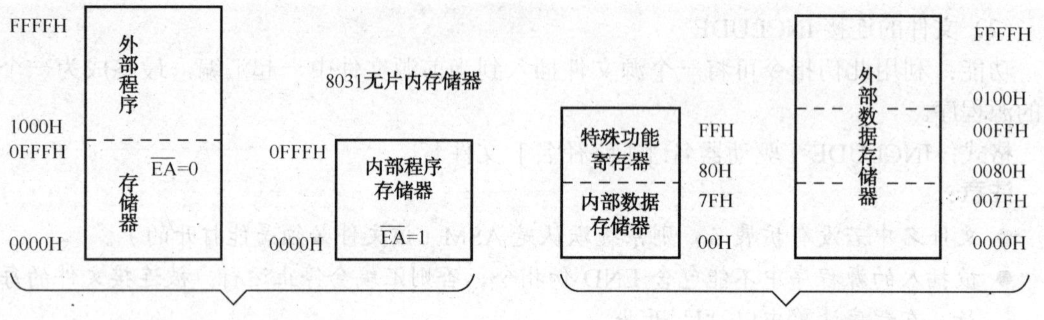

图 E.1　程序存储器的配置　　　　图 E.2　数据存储器的配置

1．程序内存 ROM

寻址范围：0000H～FFFFH 容量 64 KB。

EA = 1，寻址内部 ROM；EA = 0，寻址外部 ROM。

地址长度：16 位。

作用：存放程序及程序运行时所需的常数。

7 个具有特殊含义的单元是：

- 0000H —— 系统复位，PC 指向此处。
- 0003H —— 外部中断 0 入口。
- 000BH —— T0 溢出中断入口。
- 0013H —— 外部中断 1 入口。
- 001BH —— T1 溢出中断入口。
- 0023H —— 串口中断入口。
- 002BH —— T2 溢出中断入口。

2．内部数据存储器 RAM

8051 单片机 RAM，物理上分为两大区：00H～7FH 即 128 B RAM 和 SFR 区。

作用：用做数据缓冲器。

内部数据存储器的配置如图 E.3 所示。

（1）128 B RAM

128 B RAM 分为以下 3 个区。

① 通用寄存器区（00H～1FH）

32 个字节，分为 4 组，每组 8 个字节，每组的 8 个字节都以 R0～R7 命名，即有 4 个字节都用同样的名字“R0”，到底是哪个地址则取决于当前用的是哪组通用寄存器，组别用状态字寄存器 PSW 的 RS0 和 RS1 来区分，CPU 复位后定位在第 0 组。

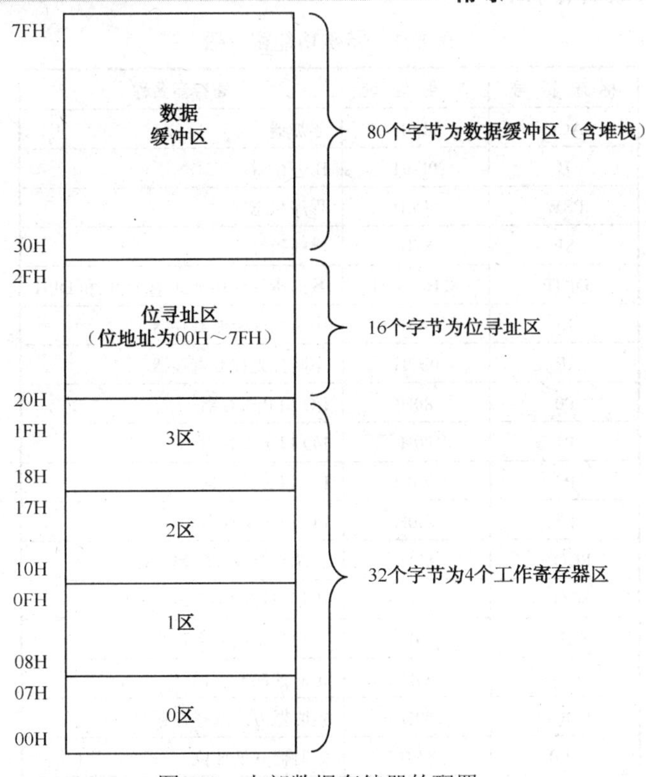

图 E.3　内部数据存储器的配置

② 位寻址区（20H～2FH）

16 个字节，一个字节 8 位，共 128 位，位地址编号为 00H～7FH，由专门的位操作指令进行读写。前面的 R0～R7 只能进行字节操作（8 位），而所谓位寻址是指 CPU 可以对这 128 位中的任意一位进行读写（当然也可以进行字节操作）。

③ 用户区（30H～7FH）

该区域共有 80 个字节，没有特殊的意义，就是供用户使用的一般数据存储区，只能进行字节操作。

（2）特殊功能寄存器 SFR（专用寄存器）

专用于控制、选择、管理、存放单片机内部各部分的工作方式、条件、状态、结果的寄存器。不同的 SFR 管理不同的硬件模块，负责不同的功能——各司其职，换言之，要让单片机实现预定的功能，必须有相应的硬件和软件，而软件中最重要的一项工作就是对 SFR 写命令（要求）。

特殊功能寄存器的映射地址为 80H～0FFH，AT89S51 共 21 个 SFR，占据了高 128 个字节地址中的 21 个（52 单片机为 26 个），其中地址能被 8 整除的 SFR 可以进行位寻址。这些寄存器很重要，单片机功能实际上就是通过读写这些特殊功能寄存器来实现的，如表 E.1 所示。

3. 特殊功能寄存器详解

（1）累加器（ACC）

一个被众多指令用得最频繁的特殊功能寄存器（如运算、数据传输等）。

表 E.1 特殊功能寄存器

标志符号	映射地址	寄存器名称
ACC	0E0H	累加器
B	0F0H	B 寄存器
PSW	0D0H	程序状态字
SP	81H	堆栈指针
DPTR	82H、83H	数据指针（16 位）含 DPL 和 DPH
IE	0A8H	中断允许控制寄存器
IP	0B8H	中断优先控制寄存器
P0	80H	I/O 口 0 寄存器
P1	90H	I/O 口 1 寄存器
P2	0A0H	I/O 口 2 寄存器
P3	0B0H	I/O 口 3 寄存器
PCON	87H	电源控制及波特率选择寄存器
SCON	98H	串行口控制寄存器
SBUF	99H	串行数据缓冲寄存器
TCON	88H	定时控制寄存器
TMOD	89H	定时器方式选择寄存器
TL0	8AH	定时器 0 低 8 位
TH0	8CH	定时器 0 高 8 位
TL1	8BH	定时器 1 低 8 位
TH1	8DH	定时器 1 高 8 位

（2）副累加器（B）

一个经常与 ACC 配合在一起使用的特殊功能寄存器（如乘法、除法），此外，它也经常当做普通寄存器使用。

（3）特殊功能寄存器（PSW）

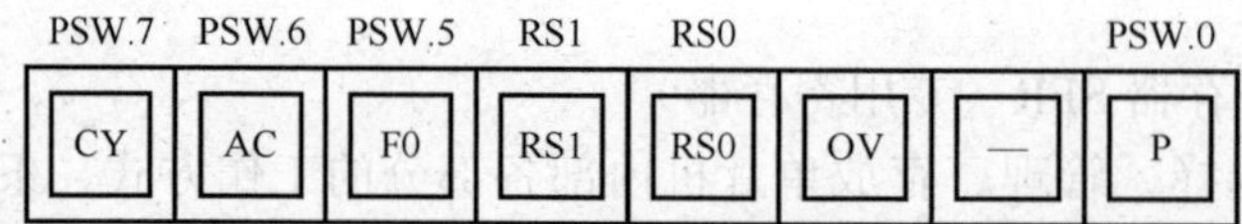

- CY（PSW.7）：进位/借位标志位。若 ACC 在运算过程中发生了进位或借位，则 CY=1；否则 CY=0。它也是布尔处理器的位累加器，可用于布尔操作。
- AC（PSW.6）：半进位/借位标志位。若 ACC 在运算过程中，D3 位向 D4 位发生了进位或借位，则 CY=1，否则 CY=0。机器在执行“DA A”指令时自动判断这一位。
- F0（PSW.5）：可由用户定义的标志位。
- RS1（PSW.4）、RS0（PSW.3）：工作寄存器组选择位。
- OV（PSW.2）：溢出标志位。

  OV=1 时特指累加器在进行带符号数（-128～+127）运算时出错（超出范围）；OV=0 时未出错。
- PSW.1：未定义。

● P（PSW.0）：奇偶标志位。

P=1 表示累加器中“1”的个数为奇数。

P=0 表示累加器中“1”的个数为偶数。

（4）堆栈指针寄存器（SP）

用于堆栈操作，始终指向栈顶，复位后为 07H，但该区域为通用寄存器区，通常需要重新赋值指向用户区。

（5）数据指针寄存器（DPTR）

数据指针可以用来访问外部数据存储器中的任一单元，也可以作为通用寄存器使用。

DPTR 是一个 16 位的专用寄存器，其高位字节寄存器用 DPH 表示，低位字节寄存器用 DPL 表示。它既可作为一个 16 位寄存器 DPTR 来处理，也可作为两个独立的 8 位寄存器 DPH 和 DPL 来处理。主要用来存放 16 位地址，当对 64 KB 外部数据存储器空间寻址时，作为间址寄存器用。在访问程序存储器时，用做基址寄存器。

（6）中断允许控制寄存器（IE）

中断允许控制是通过设置中断允许寄存器 IE 相应位来实现的，包括总中断允许 EA 和相应中断允许标志两部分。

位	7	6	5	4	3	2	1	0	
字节地址：A8H	EA			ES	ET1	EX1	ET0	EX0	IE

● EA（IE.7)：CPU 中断允许（总允许）位。

● EX0（IE.0)：外部中断 0 允许位。

● ET0（IE.1)：定时/计数器 T0 中断允许位。

● EX1（IE.2)：外部中断 0 允许位。

● ET1（IE.3)：定时/计数器 T1 中断允许位。

● ES（IE.4)：串行口中断允许位。

相应标志置“1”即可开启中断，否则屏蔽，开启中断必须开启总中断，并同时将相应允许标志置“1”。

（7）中断优先级控制寄存器（IP）

51 单片机有 5 个中断源，假如有两个或以上中断源同时向 CPU 提出申请，且相应中断都被开启，到底 CPU 执行应先响应哪个中断申请，取决于其各自优先级的高低。

51 单片机有两个中断优先级，即可实现二级中断服务嵌套。每个中断源的中断优先级高低可以通过编程优先级寄存器（IP）进行设置。

位	7	6	5	4	3	2	1	0	
字节地址：B8H			PT2	PS	PT1	PX1	PT0	PX0	IP

● PX0（IP.0)：外部中断 0 优先级设定位。

● PT0（IP.1)：定时/计数器 T0 优先级设定位。

● PX1（IP.2)：外部中断 0 优先级设定位。

● PT1（IP.3)：定时/计数器 T1 优先级设定位。

● PS（IP.4)：串行口优先级设定位。

● PT2（IP.5）：定时/计数器 T2 优先级设定位。

某位置“1”，便将相应的中断设为高优先级，同一优先级中的中断申请不止一个时，其优先级由中断系统硬件确定的自然优先级，单片机复位后 IP 各位置“0”，遵循自然优先级。

（8）P0、P1、P2、P3

它们是 4 个并行输入/输出口的寄存器，它里面的内容对应着相应引脚的输出。

（9）电源管理及波特率控制寄存器（PCON）

位	7	6	5	4	3	2	1	0	
字节地址：87H	SMOD								PCON

用于电源及串行口波特率控制，作为电源管理使用时可将单片机设置为低功耗模式和掉电模式。

SMOD（PCON.7）为波特率倍增位。在串行口方式 1、方式 2、方式 3 时，波特率与 SMOD 有关，当 SMOD=1 时，波特率提高一倍。复位时，SMOD=0。

（10）串行口控制寄存器（SCON）

串行口的工作方式设置、接收/发送使能控制以及设置状态标志等功能，可以通过设定特殊功能寄存器 SCON 的相关位来实现。

位	7	6	5	4	3	2	1	0	
字节地址：98H	SM0	SM1	SM2	REN	TB8	RB8	TI	RI	SCON

● 工作方式选择位（SM0、SM1）

SM0 和 SM1 为工作方式选择位，可选择 4 种工作方式。

● 多机通信控制位（SM2）

SM2 主要用于方式 2 和方式 3，实现多机通信的控制。

● REN，允许串行接收位

由软件置 REN=1，则启动串行口接收数据；若软件置 REN=0，则禁止接收。

● 发送数据的第 9 位（TB8）

在方式 2 或方式 3 中，是发送数据的第 9 位，可以用软件规定其作用。可以用做数据的奇偶校验位，或在多机通信中，作为地址帧/数据帧的标志位。

在方式 0 和方式 1 中，该位未用。

● 接收数据第 9 位（RB8）

在方式 2 或方式 3 中，是接收到数据的第 9 位，作为奇偶校验位或地址帧/数据帧的标志位。在方式 1 时，若 SM2=0，则 RB8 是接收到的停止位。

● 发送中断标志位（TI）

在方式 0 时，当串行发送第 8 位数据结束时，或在其他方式，串行发送停止位的开始时，由内部硬件使 TI 置 1，向 CPU 发中断申请。在中断服务程序中，必须用软件将其清零，取消此中断申请。

● 接收中断标志位（RI）

在方式 0 时，当串行接收第 8 位数据结束时，或在其他方式，串行接收停止位的中间时，由内部硬件使 RI 置 1，向 CPU 发中断申请。也必须在中断服务程序中，用软件将其清

零，取消此中断申请。

（11）串行数据缓冲寄存器（SBUF）

串口收发器有两个物理上独立的接收、发送缓冲器 SBUF，它们占用同一地址 99H，发送 SBUF 只能写不能读，而读 SBUF，只能读接收 SBUF，因而不会产生重叠错误。

发送数据时，数据通过累加器 A 写入发送 SBUF，再通过发送控制器控制数据经 TXD（P3.1）引脚送出去；接收数据时，接收控制器控制数据经 RXD（P3.0）引脚送入移位寄存器，再送到接收 SBUF，并读入累加器 A。

（12）定时器控制寄存器（TCON）

TCON 的低 4 位用于控制外部中断，高 4 位用于控制定时/计数器的启停和溢出标志。

位	7	6	5	4	3	2	1	0	
字节地址：88H	TF1	TR1	TF0	TR0					TCON

- TF1（TCON.7）：T1 溢出志位，定时器溢出时硬件自动置 1，表示定时时间到或计数个数到，可供 CPU 查询或向 CPU 申请中断。查询时必须软件清零 TF1，响应中断后 TF1 由硬件自动清零。
- TR1（TCON.6）：T1 启停控制位。

GATE=0 时，软件将 TR1 置 1 时，T1 开始加 1 计数；TR1 置 0 时，T1 停止工作。

GATA=1 时，软件将 TR1 置 1，同时外部中断引脚 $\overline{\text{INT1}}$（P3.3）为高电平时，才能启动定时/计数器工作。

- TF0（TCON.5）：T0 溢出标志位，其功能与 TF1 类同。
- TR0（TCON.4）：T0 启停控制位，其功能与 TR1 类同。

（13）定时器工作方式选择寄存器（TMOD）

工作方式选择寄存器 TMOD 用于设置定时/计数器的工作方式，低 4 位用于 T0，高 4 位用于 T1。注意，TMOD 映射地址为 89H，不能位寻址，只能进行字节操作。

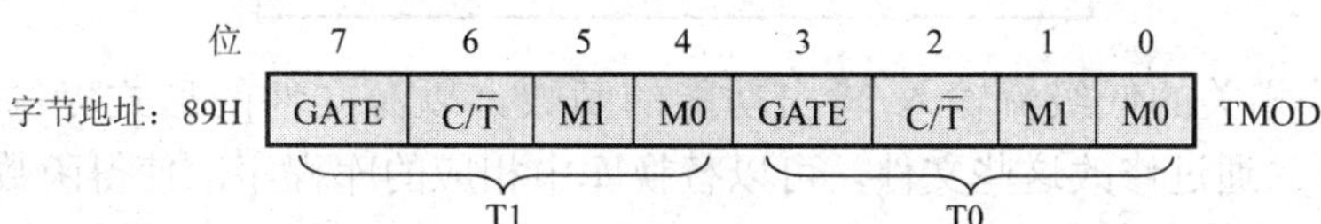

- GATE：门控位。

GATE=0 时，只要用软件使 TCON 中的 TR0 或 TR1 为 1，就可以启动定时/计数器工作；

GATA=1 时，要用软件使 TR0 或 TR1 为 1，同时外部中断引脚（$\overline{\text{INT0}}$（P3.2）或 $\overline{\text{INT1}}$（P3.3））为高电平时，才能启动定时/计数器工作。

提示：GATE=1 常用来测量外中断引脚上正脉冲的宽度，作为普通定时/计数器使用时，一般将 GATE 置 0。

- $C/\overline{T}$：定时/计数模式选择位。
- $C/\overline{T}=\begin{cases}1，\text{计数工作模式}\\0，\text{定时工作模式}\end{cases}$
- M1M0：工作方式设置位

定时/计数器有 4 种工作方式，由 M1M0 进行设置。

（14）定时器计数寄存器（TH0、TL0、TH1、TH0）

用于存放定时器/计数器计数值，有加 1 计数功能。

附录 F　C51 库函数

C51 运行时间库提供大量可用于 8051 系列 C 语言程序的预定义函数和宏。它大大简化了 8051 的 C 程序设计过程。

大部分库函数与 ANSI-C 兼容，其中部分函数为了能更好发挥 8051 结构的特性，做了少量的改动。例如，isdigit 函数返回的是位值，而不是整数。只要可能，函数的参数和返回值总是尽量采用体积最小的数据类型，总是尽量采用无符号数。这些对标准库的变动，提高了函数性能，也减小了程序代码体积。

所有函数的实现与函数选用的寄存器组无关。

1. C51 库文件

C51 有 6 种编译时间库，支持绝大部分 ANSI-C 函数。它们分别适用于不同的应用存储模式，如表 F.1。

表 F.1　编译时间库

库 文 件	说　明
C51S.LIB	小模式，无浮点运算
C51PS.LIB	小模式，有浮点运算
C51C.LIB	紧凑模式，无浮点运算
C51FPC.LIB	紧凑模式，有浮点运算
C51L.LIB	大模式，无浮点运算
C51FPL.LIB	大模式，有浮点运算

实现与硬件相关的低级流输入/输出功能的函数，以源文件的形式提供，它们可以在 LIB 目录下找到。通过修改这些文件，可以替换库中相应的库程序，使得函数库能够适应目标系统中的流输入/输出环境。

2. C51 的库函数分类

库函数分为几大类，基本上分属于不同的 H 文件。这些文件在 INC 目录下可以找到，其中包含常数定义、宏定义、类型定义和原型函数。以下先按 H 文件，分别对各个库函数做简要说明。

（1）ABSACC.H

ABSACC.H 中包含了允许直接访问 8051 不同区域存储器的宏。

① CBYTE。

允许访问 8051 程序存储器中的字节。例如：

```
Rval=CBYTE[0x0002];
```

从程序存储器地址 0002h 读出内容。

② CWORD。

允许访问 8051 程序存储器中的字。例如：

```
rval=CWORD[0x0002];
```

从程序存储器地址 0004h 读出内容，地址计数：2*sizeof(unsigned int)。

③ DBYTE。

允许访问 8051 片内 RAM 中的字节。例如：

```
rval=DBYTE[0x0002];
DBYTE[0x0002]=5;
```

从片内 RAM 地址 02h 读出或写入内容。

④ DWORD。

允许访问 8051 片内 RAM 中的字节。例如：

```
rval=DWORD[0x0002];
DWORD[0x0002]=57;
```

从片内 RAM 地址 0004h 读出和写入内容。

⑤ PBYTE。

允许访问 8051 片外 RAM 页面中的字节。例如：

```
rval=PBYTE[0x0002];
PBYTE[0x0002]=57;
```

从片外 RAM 页的相对地址 0002h 读出或写入内容。

⑥ PWORD。

允许访问 8051 片外 RAM 页面中的字。例如：

```
rval=PWORD[Ox0002];
PWORD[0x0002]=57;
```

从片外 RAM 页的相对地址 0004h 读出和写入内容。

⑦ XBYTE。

允许访问 8051 片外 RAM 页面中的字节。例如：

```
rval=PBYTE[0x0002];
PBYTE[0x0002]=57;
```

从片外 RAM 地址 0002h 读出或写入内容。

⑧ XWORD。

允许访问 8051 片外 RAM 中的字。例如：

```
rval=XWORD[0x0002];
XWORD[0x0002]=57;
```

从片外 RAM 地址 0004h 读出和写入内容。

（2）ASSERT.H

ASSERT.H 包含 assert 宏。assert 对程序生成测试条件。

（3）CTYPE.H

CTYPE.H 中包含 ASCII 字符的分类和转换函数。

- isalnum：可重入，测试是否为字母数字。
- isalpha：可重入，测试是否为字母。
- iscntrl：可重入，测试是否为控制字符。

- isdigit：可重入，测试是否为十进制数字。
- isgraph：可重入，测试是否为可打印字符，不包括空格。
- islower：可重入，测试是否为小写字母。
- isprint：可重入，测试是否为可打印字符，包括空格。
- ispunct：可重入，测试是否为标点符号。
- isspace：可重入，测试是否为空白字符。
- isupper：可重入，测试是否为大写字母。
- isxdigit：可重入，测试是否为十六进制数字。
- toascii：可重入，将字符转换成 7 位 ASCII 码。
- toint：可重入，将十六进制数转换成十进制数。
- tolower：可重入，测试字符并将大写字母转换成小写字母。
- _tolower：可重入，无条件将字符转换成小写。
- toupper：可重入，测试字符并将小写字母转换成大写字母。
- _toupper：可重入，无条件将字符转换成大写。

（4）INTRINS.H

INTRINS.H 包含内部函数，编译时产生的是插入代码，而不是产生 ACALL 或 LCALL 指令去调用一个功能函数。因此代码量小，效率更高。

- _chkfloat_：内部函数，检查浮点数状态，返回说明浮点数状态的无符号字符。
- _crol_：内部函数，无符号字符左循环移位。
- _cror_：内部函数，无符号字符右循环移位。
- _irol_：内部函数，无符号整数左循环移位。
- _iror_：内部函数，无符号整数右循环移位。
- _lrol_：内部函数，无符号长整数左循环移位。
- _lror_：内部函数，无符号长整数右循环移位。
- _nop_：内部函数，在程序中插入 NOP 指令。
- _testbit_：内部函数，在程序中插入 JBC 指令。

（5）MATH.H

MATH.H 中包含算术运算函数，包括浮点运算。

- abs：可重入，求整数的绝对值。
- acos：计算反余弦。
- asin：计算反正弦
- atan：计算反正切。
- atan2：计算分数的反正切。
- cabs：可重入，求字符的绝对值。
- ceil：求大于或等于参数的最小整数。
- cos：计算余弦。
- cosh：计算双曲余弦。
- exp：计算参数的指数函数。
- fabs：可重入，求浮点数的绝对值。

- floor：求小于或等于浮点数的最大整数。
- fmod：计算浮点数的余数。
- labs：可重入，求长整数的绝对值。
- log：计算参数的自然对数。
- Log10：计算参数的常用对数。
- modf：分离参数的整数和分数部分。
- pow：计算幂函数。
- sin：计算正弦。
- sinh：计算双曲正弦。
- sqrt：计算平方根。
- tan：计算正切。
- tanh：计算双曲正切。

（6）SETJMP.H

SETJMRH 定义用于 setjmp 和 longjmp 程序的 jmp_buf 类型。

jmp_buf 用于 setjmp 和 lonjmp 中保护和恢复程序环境。jmp_buf 类型定义如下：

```
#define _JBLEN  7
typedef char jmp_buf[_JBLEN];
```

- longjmp：长跳转。
- setjmp：设置长跳转的返回点。

（7）STDARG.H

STDARG.H 定义访问函数参数的宏。定义保持函数调用参数的 va_1ist 数据类型。

- va_arg：读函数调用中的下一个参数。
- va_end：结束读函数调用参数。
- va_start：开始读函数调用参数。

（8）STDDEF.H

STDDEEH 定义 0ffsetof 宏。

Offsetof：计算结构成员的偏移量。

（9）STDIO.H

STDI0.H 中包含流输入/输出的原型函数，定义 EOF 常数。

- getchar：可重入，用_getkey 和 putchar 读入和回应一个字符。
- _getkey：用 8051 串行接口读一个字符。
- gets：用 geltchar 读入一字符串。
- printf：用 putchar 写格式化数据。
- putchar：用 8051 串行接口写一个字符。
- puts：可重入，用 putchar 写字符串和换行字符。
- scanf：用 getchar 读格式化数据。
- sprintf：写格式化数据到字符串。
- sscanf：从字符串读格式化数据。
- ungetchar：将一个字符返回到 getchar 输入缓存。

- vprintf：写格式化数据到标准输出设备。
- vsprintf：写格式化数据到字符串。

（10）STDLIB.H

STDLIB.H 中包含数据类型转换和存储器定位函数。

- atof：将字符串转换成浮点数。
- atoi：将字符串转换成整数。
- atol：将字符串转换成长整数。
- calloc：为数组在存储池中定位。
- free：释放用 calloc、malloc 或 realloc 定位的存储块。
- init_mempool：初始化存储池的定位和体积。
- malloc：从存储池中定位一个存储块。
- rand：可重入，产生一个伪随机数。
- realloc：从存储池中重定位一个存储块。
- srand：初始化伪随机数发生器。
- strtod：将字符串转换成浮点数。
- strtol：将字符串转换成长整数。
- strloul：将字符串转换成无符号长整数。

（11）STRING.H

STRING.H 中包含字符串和缓存操作函数，定义了 NULL 常数。

- memccpy：从一个缓存向另一个复制，直至复制了指定字符或指定字符数。
- memchr：可重入，返回指定字符在缓存中首次出现的位置指针。
- memcmp：可重入，对两个缓存中给定数量字符做比较。
- memcpy：可重入，将给定数量字符从一个缓存复制到另一个。
- memmove：可重入，将给定数量字符从一个缓存移动到另一个。
- memset：可重入，将缓存中指定字节初始化为指定值。
- strcat：连接两个字符串。
- strchr：可重入，返回指定字符在字符串中首次出现的位置指针。
- strcmp：可重入，比较两个字符串。
- strcpy：可重入，复制字符串。
- strcspn：返回字符串指定字符与另一个字符串匹配的位置指针。
- strlen：可重入，返回字符串的长度。
- strncat：将字符串中指定字符连接到另一个字符串。
- strncmp：比较两个字符串的指定数量字符。
- strncpy：将字符串中指定数量字符复制到另一个字符串。
- strpbrk：返回一个字符串中与另一个字符串匹配的第一个字符的位置指针。
- strpos：可重入，返回字符串中指定字符首次出现的位置指针。
- strrchr：可重入，返回字符串中指定字符最后出现的位置指针。
- strrpbrk：返回字符串中最后一个与另一个字符串中任意字符匹配的字符位置指针。
- strrpos：可重入，返回字符串中指定字符最后出现的位置指针。

- strspn：返回字符串中第一个与另一个字符串中任意字符不匹配的字符位置指针。
- strstr：返回字符串中与另一个字符串相同的子串的位置指针。

3．库函数说明

（1）CTYPE.H

- 函数名：isalnum

原型：bit isalnum(char c);

功能：测试字符是否为字母或数字，如果是，返回 1，否则返回 0。

- 函数名：isalpha

原型：bit isalpha(char c);

功能：测试字符是否为字母，如果是，返回1，否则返回 0。

- 函数名：iscntrl

原型：bit iscntrl(char c);

功能：测试字符是否为控制字符，如果是，返回1，否则返回 0。

- 函数名：isdigit

原型：bit isdigit(char c);

功能：测试字符是否为十进制数，如果是，返回 1，否则返回 0。

- 函数名：isgraph

原型：bit isgraph(char c);

功能：测试字符是否为非空白可打印字符，如果是，返回1，否则返回 0。

- 函数名：islower

原型：bit islower(char c);

功能：测试字符是否为小写字母，如果是，返回1，否则返回 0。

- 函数名：isprint

原型：bit ispri nl(char c):

功能：测试字符是否为包括空格在内的可打印字符，如果是，返回1，否则返回 0。

- 函数名：ispunct

原型：bit ispunct(char c):

功能：测试字符是否为除了空格、数字或字母之外的可打印字符，如果是，返回 1，否则返回 0。

- 函数名：isspace

原型：bit isspace(char c);

功能：测试字符是否为空白字符，如果是，返回1，否则返回 0。

- 函数名：isupper

原型：bit isupper(char c);

功能：测试字符是否为大写字母，如果是，返回1，否则返回 0。

- 函数名：isxdigit

原型：bit isxdigit(char c):

功能：测试字符是否为大写或小写十六进制数字，如果是，返回1，否则返回 0。

● 函数名：toascii

原型：char toascii(char c)；

功能：将字符转换成 7 位 ASCII 码，即保留最低 7 位。返回 c 的 7 位 ASCII 码。

● 函数名：toint

原型：char toint(char c)；

功能：将数字 c 按十六进制转换成数值，如 c 不是十六进制数字，转换失败。成功，返回 c 的数字，失败返回-1。

● 函数名：tolower

原型：char tolower(char c)：

功能：将字符转换为小写，如不是字母，不产生影响，返回 c 所表示字符的小写。

● 函数名：_tolower

原型：char _tolower(char c)；

功能：将字符转换为小写，用于已知是大写字母时，返回 c 对应的小写字母。

● 函数名：toupper

原型：char toupper(char c)：

功能：将字符转换为大写，如不是字母，不产生影响。返回 c 所表示字符的大写。

● 函数名：_toupper

原型：char _toupper(char c)；

功能：将字符转换为大写，用于已知是小写字母时，返回 c 对应的大写字母。

（2）INTRINS.H

● 函数名：_chkfloat_

原型：unsigned char _chkfloat_ (float val)；

功能：检查浮点数状态，返回说明浮点数状态的无符号字符。

● 函数名：_crol_

原型：unsigned char_crol_(unsigned char c，unsigned char b)；

功能：将字符 c 循环左移 b 位，返回左移后的 c。

● 函数名：_cror_

原型：unsigned char_cror_(unsigned char c，unsigned char b)；

功能：将字符 c 右循环移位 b 位，返回右移后的 c。

● 函数名：_irol_

原型：unsigned char _irol_(unsigned char i，unsigned char b)；

功能：将整数 i 循环左移 b 位，返回左移后的 i。

● 函数名：_iror_

原型：unsigned int _iror_(unsigned int i，unsigned char b)；

功能：将整数 i 循环右移 b 位，返回右移后的 i。

● 函数名：_lrol_

原型：unsigned long _lrol_(unsigned long 1，unsigned char b)；

功能：将长整数 l 循环左移 b 位，返回左移后的 l。

● 函数名：_lror_

原型：unsigned long _lrol_(unsigned long 1，unsigned char b);

功能：将长整数1循环右移b位，返回右移后的l。

● 函数名：_nop_

原型：void _nop_(void);

功能：插入NOP指令，用于延迟。

● 函数名：_testbit_（内部函数，在程序中插入JBC指令）

原型：bit _testbit_(bit b);

功能：产生JBC指令，只能用于位寻址变量，任何形式表达式均无效，返回b。

（3）MATH.H

● 函数名：abs

原型：int abs(int x);

功能：求x的绝对值，返回x的绝对值。

● 函数名：acos

原型：float acos(float x);

功能：求x的反余弦主值，弧度，返回x的浮点反余弦值。

● 函数名：asin

原型：float asin(float x);

功能：求x的反正弦，弧度，返回x的浮点反正弦值。

● 函数名：atan

原型：float atan(float x);

功能：求x的反正切值，弧度，返回浮点反正切值。

● 函数名：atan2（计算分数的反正切）

原型：float atan2(float x,float y);

功能：求x/y的反正切值，弧度，用参数符号确定返回值所在象限，返回x/y的浮点反正切值

● 函数名：cabs（可重入，求字符的绝对值）

原型：char cabs(char x);

功能：求x的绝对值，返回x的绝对值，字符型。

● 函数名：ceil

原型：float ceil(float x);

功能：求大于等于x的最小整数，返回大于x的最小整数值，浮点数。

● 函数名：cos

原型：float cos(float x);

功能：求x弧度的余弦，返回x的余弦值，浮点数。

● 函数名：cosh

原型：float cosh(float x);

功能：求x弧度的双曲正弦，返回x的浮点双曲正弦。

● 函数名：exp

原型：float exp(float x);

功能：求浮点数 x 的指数函数，返回 x 的指数函数值，浮点型。

● 函数名：fabs

原型：float fabs(float x);

功能：求浮点数 x 的绝对值，返回 x 的浮点数绝对值。

● 函数名：floor（求小于或等于浮点数的最大整数）

原型：float floor(float x);

功能：求小于或等于 x 的最大整数，返回含有小于或等于 x 的最大整数的浮点数。

● 函数名：fmod

原型：float fmod(float x,float y);

功能：求 x/y 的余数，返回 x/y 得到的浮点数。

● 函数名：labs

原型：long labs(long x);

功能：求长整型数 x 的绝对值，返回 x 的绝对值，长整型。

● 函数名：log

原型：float log(float x);

功能：求 x 的自然对数，返回 x 的自然对数，浮点数。

● 函数名：log10

原型：float log10(float x);

功能：求 x 的以 10 为底的常用对数，返回 x 的以 10 为底的常用对数，浮点数。

● 函数名：modf

原型：float modf(float value,float *iptr);

功能：分离 value 的小数和整数部分，两部分的符号与 value 相同，返回 value 的小数部分，有符号数。

● 函数名：pow

原型：float pow(float x,float y);

功能：计算一个数的幂，返回 x 的 y 次幂。

● 函数名：sin

原型：float sin(float x);

功能：求 x 弧度的正弦，返回 x 的浮点正弦值。如 x 数值越界，返回 NaN 错。

● 函数名：sinh

原型：float sinh (float x);

功能：求 x 弧度双曲正弦，返回 x 的浮点双曲正弦值。如 x 数值越界，返回 NaN 错。

● 函数名：sqrt

原型：float sqrt (float x);

功能：求 x 的平方根，返回 x 的浮点平方根。

● 函数名：tan

原型：float tan(float x);

功能：求 x 的正切值，，返回 x 的浮点正切值。如 x 数值越界，返回 NaN 错。

● 函数名：tanh

原型：float tan(float x);

功能：求 x 的双曲正切值，返回 x 的浮点双曲正切值。

（4）STDIO.H

● 函数名：_getkey

原型：extern char _getkey();

功能：_getkey()从 8051 串口读入一个字符，然后等待字符输入，这个函数是改变整个输入端口机制应做修改的唯一一个函数。

● 函数名：getchar

原型：extern char _getchar();

功能：getchar()使用_getkey 从串口读入字符，除了读入的字符马上传给 putchar 函数以做响应外，与_getkey 相同。

● 函数名：gets

原型：extern char *gets(char *s，int n);

功能：该函数通过 getchar 从控制台设备读入一个字符送入由“s”指向的数据组。考虑到 ANSI 标准的建议，限制每次调用时能读入的最大字符数，函数提供了一个字符计数器“n”，在所有情况下，当检测到换行符时，放弃字符输入。

● 函数名：ungetchar

原型：extern char ungetchar(char);

功能：ungetchar 将输入字符推回输入缓冲区，因此下次 gets 或 getchar 可用该字符。ungetchar 成功时返回 char，失败时返回 EOF，不可能用 ungetchar 处理多个字符。

● 函数名：_ungetchar

原型：extern char _ungetchar(char);

功能：_ungetchar 将传入字符送回输入缓冲区并将其值返回，调用者，下次使用 getkey 时可获得该字符，写回多个字符是不可能的。

● 函数名：putchar

原型：extern putchar(char);

功能：putchar 通过 8051 串口输出 char，和函数 getkey 一样，putchar 是改变整个输出机制所需修改的唯一一个函数。

● 函数名：printf

原型：extern int printf(const char*，…);

功能：printf 以一定格式通过 8051 串口输出数值和串，返回值为实际输出的字符数，参量可以是指针、字符或数值，第一个参量是格式串指针。

注：允许作为 printf 参量的总字节数由 C51 库限制，因为 8051 结构上存储空间有限，在 SMALL 和 COMPACT 模式下，最大可传递 15 个字节的参数（即 5 个指针，或 1 个指针和 3 个长字节），在 LARGE 模式下，至多可传递 40 个字节的参数。

● 函数名：sprintf

原型：extern int sprintf(char *s，const char*，…);

功能：sprintf 与 printf 相似，但输出不显示在控制台上，而是通过一个指针 s，送入可寻址的缓冲区。

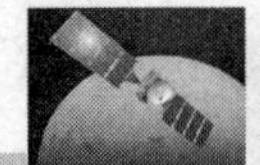

注：sprintf 允许输出的参量总字节数与 printf 完全相同。

● 函数名：puts

原型：extern int puts(const char*，…);

功能：puts 将串 s 和换行符写入控制台设备，错误时返回 EOF，否则返回一非负数。

● 函数名：scanf

原型：extern int scanf(const char*，…);

功能：scanf 在格式串控制下，利用 getcha 函数由控制台读入数据，每遇到一个值（符号格式串规定），就将它按顺序赋给每个参量，注意每个参量必须都是指针。scanf 返回它所发现并转换的输入项数。若遇到错误返回 EOF。

● 函数名：sscanf

原型：extern int sscanf(const *s,const char*，…);

功能：sscanf 与 scanf 方式相似，但串输入不是通过控制台，而是通过另一个以空结束的指针。

注：sscanf 参量允许的总字节数由 C51 库限制，这是因为 8051 处理器结构内存的限制，在 SMALL 和 COMPACT 模式，最大允许 15 字节参数（即至多 5 个指针，或 2 个指针，2 个长整型或 1 个字符型）的传递。在 LARGE 模式下，最大允许传送 40 个字节的参数。

（5）STDLIB.H

● 函数名：atof

原型：float atof(void *string);

功能：将 string 所指的 ASCII 字符串转换为浮点数。转换时跳过空白字符，并在遇到不可识别的字符时结束。返回字符串所表达的浮点数。

● 函数名：atoi

原型：float atoi(void *string);

功能：将 string 所指的 ASCII 字符串转换为整型数。转换时跳过空白字符，并在遇到不可识别的字符时结束。返回字符串所表达的整型数。

● 函数名：atol

原型：float atof(void *string);

功能：将 string 所指的 ASCII 字符串转换为长整型数。转换时跳过空白字符，并在遇到不可识别的字符时结束。返回字符串所表达的长整型数。

● 函数名：calloc

原型：void *calloc(unsigned int num，unsigncd int len);

功能：为给定大小的目标数组分配存储块，并初始化为 0。空间体积的字节数为元素与元素体积的乘积。成功，指针指向数组存储块的最低字节地址。失败，如果没有数组所需存储块可分配时，为 0。

● 函数名：free

原型：viod flee(void xdata *p);

功能：释放被 p 所指向的存储块。p 必须在此以前已由 malloc、catloc 或 realloc 赋值，无返回值。

● 函数名：init_mempool

原型：void init_mempool(void xdata *p,unsigned int size)；

功能：初始化存储池的定位和体积，p 必须在此以前已由 malloc、catloc 或 realloc 赋值，无返回值。

● 函数名：malloc

原型：void *malloc(unsigned int size)；

功能：为说明体积的缓存分配存储区。成功，指向缓存存储区最低字节地址的指针。失败，如果没有缓存所需存储区可分配，为 0。

● 函数名：rand

原型：int rand(void)；

功能：产生伪随机数，分布任[0，32767]范围内。返回随机数序列的下一个数。

● 函数名：realloc

原型：void *realloc(void xdata *p,unsigned int size)；

功能：改变原先由 malloc、calloc 或 realloc 分配的存储区体积。p 指向已分配的存储块，size 说明新的块体积。块中原有内容复制到新块，如新块体积较大，超过部分不做初始化。成功，指向新存储区最低地址的指针。失败，如果没有所需存储区可供分配，返回 null。

● 函数名：srand

原型：void srand(unsigned int seed)；

功能：伪随机数发生器初始化。对于给定的 seed，产生的随机数序列相同，无返回值。

● 函数名：strtod

原型：flote strtod(const char *s，char ** ptr)；

功能：将字符串转换成浮点数，抛弃前导空白字符，成功，s 所指字符串表示的浮点数，ptr 指向转换常数后第一个字符。失败，为 0，ptr 指向第一个非空白字符。

● 函数名：strtol

原型：long strtol(const char *s，ch ar **ptr，unsigned char base)；

功能：将字符串转换为长整型值，去除前导空白字符。如基数为 0，结果是十进制、十六进制、八进制整数，基数必须在 2～36 之间。字母[a，z]和[A，Z]表示值为 10～35，如果基数为 16，那么十六进制整数的 0x 部分允许作为起始序列。成功，s 所指字符串表示的整型，ptr 指向转换常数后第一个字符。失败，为 0，ptr 指向第一个非空白字符。

● 函数名：strloul

原型：unsigned long strtoul(const char *s，char **ptr，unsigned char base)；

功能：将字符串转换为长整型值，除去前导空白字符。如基数为 0，结果是十进制、十六进制、八进制整数，基数必须在 2～36 之间。字母[a，z]和[A，Z]表示值 10～35，如果基数为 16，那么十六进制整数的 0x 部分允许作为起始序列。成功，s 所指字符串表示的整型，ptr 向转换常数后第一个字符。失败，0，ptr 指向第一个非空白字符。

（6）STRING.H

● 函数名：memccpy

原型：void *memccpy(void *s1,const void *s2,char c,int len)；

功能：将字符从源复制到目的，直至复制 len 个字符或复制字符 c。完整复制，返回为

s1，如果复制了指定的结束字符则返回 0。

● 函数名：memchr

原型：void *memchr(void *s．char c，int len);

功能：在指针所指缓存前 len 字节内搜索首次出现的字符 c。成功，指向 c 在缓存中首次出现的位置的指针 s。失败，返回 null。

● 函数名：memcmp

原型：char memcmp(void *s1，void*s2，int len);

功能：比较两个缓存区域的前 len 个字符。返回值为 s1、s2 字符串 ASCII 码的大小，含义如下。

```
>0:     s1>s2
=0:     s1=s2
<0:     s1<s2
```

● 函数名：memcpy

原型：void *memcpy(void*s1，const void *s2，int len);

功能：将指定数目的字符从源复制到目的，如存储器重叠．则结果是不确定的。应用 memmove 函数替代，返回 s1。

● 函数名：memmove

原型：void *memmove(void *s1，void *s2，int len);

功能：将 len 个字符从源复制到目的。能保证复制时不发生存储器重叠。返回 s1。

● 函数名：memset

原型：void *memset(void *s，int c，int len);

功能：将缓存的前 len 字节设置为 c，返回 s。

● 函数名：strcat

原型：char *strcal(char *s1，const char *s2);

功能：将第二个字符串复制后添加到第一个字符串的末尾。第二个字符串的首字符覆盖第一个字符串的结束字符(null)，返回 s1。

● 函数名：strchr

原型：char *strchr(const char *s，int c);

功能：在字符串中搜索指定字符的首次出现位置，结束字符 null 也视为字符串的一部分。成功，指向 c 在 s 所指字符串中首先出现的位置的指针。失败，找不到 c，返回 null。

● 函数名：strcmp

原型：int strcmp(const char *sl，const char *s2);

功能：比较 2 个字符串。返回比较 2 个字符串的结果，整型数，含义如下：

```
>0    s1>s2
=0    s1=s2
<0    s1<s2
```

● 函数名：strcpy

原型：char *strcpy(char *sl．const char *s2);

功能：将源字符串复制到目的字符串，以 null 结束。返回 s1。

● 函数名：strcspn

原型：int strcspn(char *sl，char *s2)；

功能：查找主题字符串中不包含对象字符串中字符的最大起始片段。返回 s1 字符串中最大片段，其中的字符都不在 s2 字符串中。S1 中第一个字符在 s2 中，返回 0；s1 中字符串不在 s2 中返回 s1 长度。

● 函数名：strlen

原型：int strlen(char *s)；

功能：求字符串中的字符数，但不包括结束字符(null)。返回字符串长度。

● 函数名：strncat

原型：char *strncat(char *s1，const char *s2，int len)；

功能：将源字符串中不超过 len 个的起始字符连接到目的字符串的末尾。返回 sl。

● 函数名：strncmp

原型：char strncmp(char *s1，char *s2，int len)；

功能：比较 2 个字符串不超过 len 个的起始字符。返回 2 个字符串中不超过 len 个的起始字符比较的整型结果，意义如下：

```
>0    s1>s2
=0    s1=s2
<0    s1<s2
```

● 函数名：strncpy

原型：char *stmcpy(char *s1，char *s2，int len)；

功能：将来自源字符中不超过 len 个的起始字符复制到目的字符串。返回 s1。

● 函数名：strpbrk

原型：char *strpbrk(char *s1，char *s2)；

功能：在一个字符串中搜索第二个字符串中任意字符的出现位置，不包括 null。成功，指针指向 s1 字符串中首次出现 s2 字符串中任意字符的位置。失败，未发现，返回 null。

● 函数名：strpos

原型：int strpos(const char *s，char c)；

功能：，在一个字符串中搜索字符 c 首次出现的位置，包括 null。成功，返回 s 字符串中首次出现 c 字符的位置，第一个字符为 0。失败，未发现，返回-1。

● 函数名：strrchr

原型：char *strrchr(const char *s，char c)；

功能：在字符串中搜索字符 c 最后出现的位置，包括 null。成功，指针指向 s 所指字符串中 c 最后出现的位置。失败，未发现，返回 null。

● 函数名：strrpbrk

原型：char *strrpbrk(char *s1，char *s2)；

功能：在字符串中搜索另一个字符串中任意字符最后出现的位置，不包括 null。成功，指针指向 s1 字符串中最后出现 s2 字符串中任意字符的位置。失败，未发现，返回 null。

● 函数名：strrpos

原型：int strrpos(const char *s，char c)；

功能：在字符串中搜索字符 c 最后出现的位置，包括 null。成功，s 字符串中最后出现字符 c 的位置，第一个字符为 0。失败，未发现，返回-1。

● 函数名：strspn

原型：int strspn(char *s1，char *s2);

功能：在主题字符串中寻找只含有对象字符串中字符的最大起始片段。返回 s1 字符串中只含有 s2 所指字符串中字符的最大起始片段的长度。

● 函数名：strstr

原型：char *strstr(const char *s1，char *s2);

功能：在一个字符串中搜索第二个字符串出现的位置。成功，在 s1 字符串中首次出现 s2 字符串的位置，不包括 null。失败，字符串未找到，返回 null。

附录 G　Proteus 库元件认识

库元件的调用是 Proteus 画图的第一步，如何快速准确地找到元件是绘图的关键。而 Proteus ISIS 的库元件都是以英文来命名的，这给英文水平不够好的读者带来不小的障碍。下面我们对 Proteus ISIS 的库元件按类进行详细介绍，使读者能够对这些元件的名称、位置和使用有一定的了解。

1. 库元件的分类

（1）大类（Category）

元件拾取对话框如图 G.1 所示。在左侧的“Category”中，共列出了以下几个大类，其含义如下。

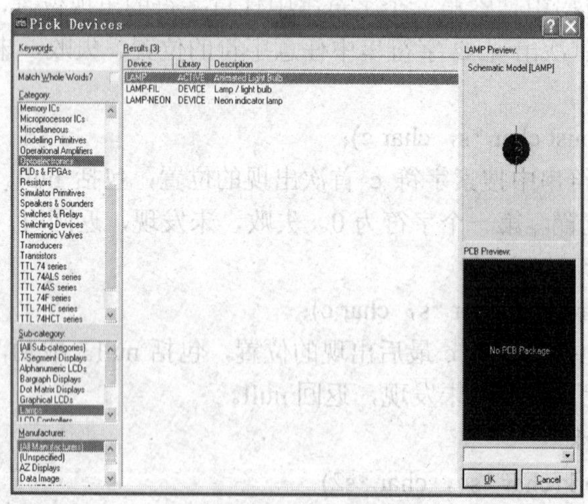

图 G.1　元件拾取对话框

● Analog ICs：模拟集成电路库。

● Capacitors：电容库。

● CMOS 4000 series：CMOS 4000 系列库。

● Connectors：连接器，插头插座库。

- Data Converters：数据转换库（ADC DAC）。
- Debugging Tools：调试工具库。
- Diodes：二极管库。
- ECL 10000 series：ECL 10000 系列库。
- Electromechanical：电动机库。
- Inductors：电感库。
- Laplace Primitives：拉普拉斯变换库。
- Memory ICs：存储器库。
- Microprocessor ICs：微处理器库。
- Miscellaneous：其他混合类型库。
- Modelling Primitives：简单模式库，如电流源、电压源等。
- Operational Amplifiers：运算放大器库。
- Optoelectronics：光电器件。
- PLDs&FPGAs：可编程逻辑器件。
- Resistors：电阻。
- Simularor Primitives：简单模拟器件。
- Speakers&Sounders：扬声器和音响器件。
- Switches&Relays：开关和继电器。
- Switching Devices：开关器件（可控硅）。
- Thermionic Valves：热电子器件（电子管）。
- Transistors：晶体管。
- TTL 74 series：TTL 74 系列器件。
- TTL 74LS series：TTL 74LS 系列器件。

当要从库中拾取一个元件时，首先要清楚它的分类是位于哪一大类，然后在打开的元件拾取对话框中，选中“Category”中相应的大类。

（2）子类（Sub-category）

选取元件所在的大类（Category）后，再选子类（Sub-category），也可以直接选生产厂家（Manufacturer），这样会在元件拾取对话框中间部分的查找结果（Results）中显示符合条件的元件列表。从中找到所需的元件，双击该元件名称，元件即被拾取到对象选择器中去了。如果要继续拾取其他元件，最好使用双击元件名称的办法，对话框不会关闭。如果只选取一个元件，可以单击元件名称后单击“OK”按钮，关闭对话框。

如果选取大类后，没有选取子类或生产厂家，则在元件拾取对话框中的查询结果中，会把此大类下的所有元件按元件名称首字母的升序排列出来。

2．各子类介绍

（1）Analog ICs

模拟集成器件共有 8 个子类，如表 G.1 所示。

（2）Data Converters

数据转换器共有 4 个分类，如表 G.2 所示。

表 G.1 Analog ICs 子类

子　类	含　义
Amplifier	方大器
Comparators	比较器
Display Drivers	显示驱动器
Filters	滤波器
Miscellaneous	混杂器件
Regulators	三端稳压器
Timers	555 定时器
Voltage References	参考电压

表 G.2 Data Converters 子类

子　类	含　义
A/D Converters	模/数转换器
D/A Converters	数/模转换器
Sample & Hold	采样保持器
Tempe rat ure Sensors	温度传感器

（3）Capacitors

电容共有 23 个分类，如表 G.3 所示。

表 G.3 Capacitors 子类

子　类	含　义	子　类	含　义
Animated	可显示充放电电荷电容	Miniture Electrolytic	微型电解电容
Audio Grade Axial	音响专用电容	Multilayer Metallised Polyester Film	多层金属聚酯膜电容
Axial Lead polypropene	径向轴引线聚丙烯电容	Mylar Film	聚酯薄膜电容
Axial Lead polystyrene	径向轴引线聚苯乙烯电容	Nickel Barrier	镍栅电容
Ceramic Disc	陶瓷圆片电容	Non Polarised	无极性电容
Decoupling Disc	解耦圆片电容	Polyester Layer	聚酯层电容
Generic	普通电容	Radial Electrolytic	径向电解电容
High Temp Radial	高温径向电容	Resin Dipped	树脂蚀刻电容
High Temp Axial Electrolytic	高温径向电解电容	Tantalum Bead	钽珠电容
Metallised Polyester Film	金属聚酯膜电容	Variable	可变电容
Metallised polypropene	金属聚丙烯电容	VX Axial Electrolytic	VX 轴电解电容
Metallised polypropene Film	金属聚丙烯膜电容		

（4）CMOS 4000 series

CMOS 4000 系列数字电路共有 16 个分类，如表 G.4 所示。

表 G.4 CMOS 4000 series 子类

子　类	含　义	子　类	含　义
Adders	加法器	Gates & Inverters	门电路和反相器
Buffers & Drivers	缓冲和驱动器	Memory	存储器
Comparators	比较器	Misc Logic	混杂逻辑电路
Counters	计数器	Mutiplexers	数据选择器
Decoders	译码器	Multivibrators	多谐振荡器
Encoders	编码器	Phase-locked Loops（PLL）	锁相环
Flip-Flops & Latches	触发器和锁存器	Registers	寄存器
Frequency Dividers & Timer	分频和定时器	Signal Switcher	信号开关

（5）Connectors

接头共有 8 个分类，如表 G.5 所示。

表 G.5　Connectors 子类

子　类	含　义
Audio	音频接头
D-Type	D 型接头
DIL	双排插座
Header Blocks	插头
Miscellaneous	各种接头
PCB Transfer	PCB 传输接头
SIL	单排插座
Ribbon Cable	蛇皮电缆
Terminal Blocks	接线端子台

（6）Debugging Tools

调试工具数据共有 3 个分类，如 G.6 所示。

表 G.6　Debugging Tools 子类

子　类	含　义
Breakpoint Triggers	断点触发器
Logic Probes	逻辑输出探针
Logic Stimuli	逻辑状态输入

（7）Inductors

电感共有 3 个分类，如表 G.7 所示。

表 G.7　Inductors 子类

子　类	含　义
Generic	普通电感
SMT Inductors	表面安装技术电感
Trans formers	变压器

（8）Diodes

二极管共有 8 个分类，如表 G.8 所示

表 G.8　Diodes 子类

子　类	含　义
Bridge Rectifiers	整流桥
Generic	普通二极管
Rectifiers	整流二极管
Schottky	肖特基二极管
Switching	开关二极管
Tunnel	隧道二极管
Varicap	变容二极管
Zener	稳压二极管

（9）Laplace Primitives

拉普拉斯模型共有 7 个分类，如表 G.9 所示。

表 G.9　Laplace Primitives 子类

子　类	含　义
1st Order	一阶模型
2nd Order	二阶模型
Controllers	控制器
Non-Linear	非线性模模型
Operators	算子
Poles/Zeros	极点/零点
Symbols	符号

（10）Memory ICs

存储器芯片共有 7 个分类，如表 G.10 所示。

表 G.10　Memory ICs 子类

子　类	含　义
Dynamic RAM	动态数据存储器
EEPROM	电可擦除程序存储器
EPROM	可擦除程序存储器
I2C Memories	I^2C 总线存储器
Memory Cards	存储卡
SPI Memories	SPI 总线存储器
Static RAM	静态数据存储器

（11）Switching Devices

开关器件共有 4 个分类，如表 G.11 所示。

（12）Switches & Relays

开关和继电器共有 4 个分类，如表 G.12 所示。

（13）Microprocessor ICs

微处理器芯片共有 13 个分类，如表 G.13 所示。

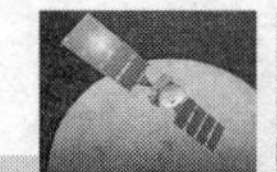

表 G.11　Switching Devices 子类

子　类	含　义
DIACs	两端交流开关
Generic	普通开关元件
SCRs	可控硅
TRIACs	三端双向可控硅

表 G.12　Switches & Relays 子类

子　类	含　义
Key pads	键盘
Relays（Generic）	普通继电器
Relays（Specific）	专用继电器
Switches	开关

表 G.13　Microprocessor ICs 子类

子　类	含　义	子　类	含　义
68000 Family	68000 系列	PIC 10 Family	PIC 10 系列
8051 Family	8051 系列	PIC 12 Family	PIC 12 系列
ARM Family	ARM 系列	PIC 16 Family	PIC 16 系列
AVR Family	AVR 系列	PIC 18 Family	PIC 18 系列
BASIC Stamp Modules	Parallax 公司微处理器	PIC 24 Family	PIC 24 系列
HC11 Family	HC11 系列	Z80 Family	Z80 系列
Peripherals	CPU 外设		

（14）Modelling Primitives

简单模式共有 9 个分类，如表 G.14 所示。

（15）Operational Amplifiers

运算放大器共有 7 个分类，如表 G.15 所示。

表 G.14　Modelling Primitives 子类

子　类	含　义
Analog（SPICE）	模拟（仿真分析）
Digital（Buffers & Gates）	数字（缓冲器和门电路）
Digital（Combinational）	数字（组合电路）
Digital（Miscellaneous）	数字（混杂）
Digital（Sequential）	数字（时序电路）
Mixed Mode	温合模式
PLD Elements	可编程逻辑器件单元
Realtime（Actuators）	实时激励源
Realtime（Indictors）	实时指示器

表 G.15　Operational Amplifiers 子类

子　类	含　义
Dual	双运放
Ideal	理想运放
Macromodel	大量使用的运放
Octal	八运放
Quad	四运放
Single	单运放
Triple	三运放

（16）Transducers

传感器共有 2 个分类，如表 G.16 所示。

表 G.16　Transducers 子类

子　类	含　义
Pressure	压力传感器
Temperature	温度传感器

（17）Optoelectronics

光电器件共有 11 个分类，如表 G.17 所示。

表 G.17　Optoelectronics 子类

子　类	含　义	子　类	含　义
7-Segment Displays	7 段显示	LCD Controllers	液晶控制器
Alphanumeric LCDs	液晶数码显示	LCD Panels Displays	液晶面板显示
Bargraph Displays	条形显示	LEDs	发光二极管
Dot Matrix Displays	点阵显示	Optocouplers	光电耦合
Graphical LCDs	液晶图形显示	Serial LCDs	串行液晶显示
Lamps	灯		

（18）Resistors

电阻共有 11 个分类，如表 G.18 所示。

表 G.18　Resistors 子类

子　类	含　义	子　类	含　义
0.6W Metal Film	0.6W 金属膜电阻	High Voltage	高压电阻
10 Watt Wirewound	10W 绕线电阻	NTC	负温度系数热敏电阻
2 W Metal Film	2W 金属膜电阻	Resistor Packs	排阻
3 Watt Wirewound	3W 绕线电阻	Variable	滑动变阻器
7 Watt Wirewound	7W 绕组电阻	Varisitors	可变电阻
Generic	普通电阻		

（19）Thermionic Valves

热电子器件共有 4 个分类，如表 G.19 所示。

（20）Transistors

晶体管共有 8 个分类，如表 G.20 所示。

表 G.19　Thermionic Valves 子类

子　类	含　义
Diodes	二极管
Pentodes	五极真空管
Tetrodes	四极管
Triodes	三极管

表 G.20　Transistors 子类

子　类	含　义
Bipolar	双极型晶体管
Generic	普通晶体管
IGBT	绝缘栅双极晶体管
JFET	结型场效应管
MOSFET	金属氧化物场效应管
RF Power LDMOS	射频功率 LDMOS 管
RF Power VDMOS	身频功率 VDMOS 管
Unijunction	单结晶体管

（21）Simulator Primitives

简单模拟器件共有 3 个分类，如表 G.21 所示。

表 G.21　Simulator Primitives 子类

子　类	含　义
Flip-Flops	触发器
Gates	门电路
Sources	电源

参考文献

[1] 刘守义．单片机应用技术[M]．第二版．西安电子科技大学出版社，2007.8.

[2] 求是科技．单片机典型模块设计实例导航[M]．第二版．人民邮电出版社，2006.7.

[3] 楼然苗．8051 系列单片机 C 程序设计[M]．北京：北京航空航天大学出版社，2007.7.

[4] 求是科技．单片机典型模块设计实例导航[M]．第二版．人民邮电出版社，2008.7.

[5] 彭伟．单片机 C 语言程序设计实训 100 例——基于 8051+Proteus 仿真[M]．北京：电子工业出版社，2010.6.

[6] 江志红．51 单片机技术与应用系统开发案例精选[M]．清华大学出版社，2008.12.

[7] 郭天祥．新概念 51 单片机 C 语言教程——入门、提高、开发[M]．北京：电子工业出版社，2009.1.